자궁 이야기

WOMB

몸의 중심에서
우리를 기쁘게도
슬프게도 하는
존재에 관하여

리어 해저드
김명주 옮김

아날로그

자궁 이야기

1판 1쇄 인쇄 2024. 2. 21.
1판 1쇄 발행 2024. 2. 29.

지은이 리어 해저드
옮긴이 김명주

발행인 박강휘
편집 임솜이 **디자인** 박주희 **마케팅** 고은미 **홍보** 박은경
발행처 김영사
등록 1979년 5월 17일 (제406-2003-036호)
주소 경기도 파주시 문발로 197(문발동) 우편번호 10881
전화 마케팅부 031)955-3100, 편집부 031)955-3200 **팩스** 031)955-3111

값은 뒤표지에 있습니다.
ISBN 978-89-349-4147-7 03470

홈페이지 www.gimmyoung.com   블로그 blog.naver.com/gybook
인스타그램 instagram.com/gimmyoung 이메일 bestbook@gimmyoung.com

좋은 독자가 좋은 책을 만듭니다.
김영사는 독자 여러분의 의견에 항상 귀 기울이고 있습니다.

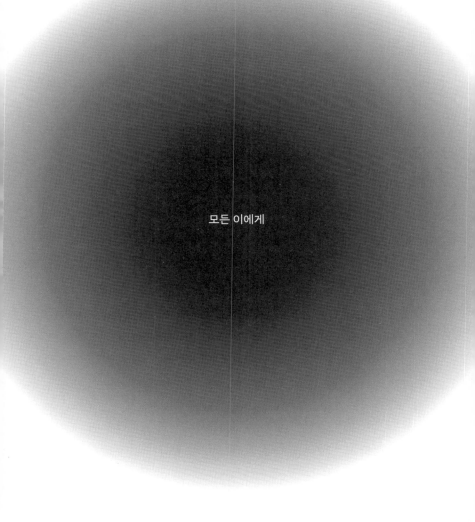

모든 이에게

자궁을 찾아서

인체의 경이로움을 보여주는 박물관보다 해부학을 배우기에 더 좋은 장소가 있을까?

선선한 가을 햇볕 속에서 에든버러의 고풍스러운 돌 첨탑들조차 윙크하는 것처럼 보이는 화창한 10월 아침, 나는 우연히도 그런 장소에 와 있다. 시체 도둑과 유령에 얽힌 섬뜩한 역사가 있는 이 도시를 방문한 것은 친구를 만나기 위해서였다. 시간이 좀 남아서 왕립외과의사회Royal College of Surgeons의 인상적인 아치길을 지나가는데, 문지방에 새겨진 '히크 사니타스Hic sanitas'라는 문구가 유혹하듯 눈길을 끈다. '여기에 건강이 있다'는 뜻이다.

10년 전 나는 아이들을 데리고 왕립외과의사회의 홀박물관Hall Museum을 방문한 적이 있다. 아이들은 (갤러리 안내 책자에 적힌 문구를 빌리면) '병 속의 표본들'을 구경하고, 종이반죽으로 피투성이 상처를 만들어 붙인 마네킹 위로 연미복 차림의 의사들이 몸을 굽히고 있는, 조명이 환하게 밝혀진 디오라마를 보면서 감탄사를 연발했다. 그 후 나는 조산사 수련을 받고 실습을 하면서 분만실, 지역 진료소, 환자 분류실, 산전 및 산후 병동에서 일했다. 그 과정에서 해부학에 대한 나의 매혹은 내 딸들에 국한된 일시적인 관심을 넘어 뚜렷한 산과적 관점을 띠게 되었다. 내게 여성의 생식기관 (그것의 기능과 기능 장애, 생명을 낳거나 죽음을 초래하는 방식, 기쁨과 고통을 공평하게 가져다주는 방식)은 직업적인 환경일 뿐만 아니라 열정의 대상이다. 인체에서 가장 기적적이면서도 가장 오해를 많이 받는 기관에 관한 이 책의 아이디어가 잉태되고, 영감이 번득이고 가능성으로 충만한 순간을 맞이한 것이 바로 이때다. 내가 그곳에 간 이유는 자궁을 보기 위해서였다.

산부인과 전시실은 2층 뒤편에 있다는 표지판을 보고 서둘러 그쪽으로 향한다. 하지만 그전에 큐레이터가 더 그럴싸하고 매력적으로 보일 것이라고 여긴 다른 기관들을 먼저 둘러봐야 한다. 가장 달콤한 것을 맨 앞과 한가운데에 배치하는 슈퍼마켓처럼, 박물관 입구에는 큰 규모의 군사의학 전시실이 있다. 조각난 두개골과 절단된 팔다리 조각들은 남자들이 전쟁터에서 서로를 해치고 치료한 다양한 방식을 보여준다. 분명 영광스러운 일이다. 하지만 나는 서둘러 통로를 지나간다. 감명을 받지 않아서가 아니라 오늘은 조금 다른 것을 보러 왔기 때문이다. '더 약하고', '더 예쁜' 성性에 속하는 기관, 출산으로 인한 혼돈과 여성의 일생에 걸친 변화를 목격한 기관이다.

나는 간과 창자, 구멍 뚫린 맹장, 그리고 부풀어 오른 회색 심실을 가로질러 칼에 찔린 상처가 있는 심장을 지나친다. 혈관수술 전시실에는 박리된 정맥들과 발 하나가 있다. 안과학 전시실에는 멍하니 쳐다보는 눈이 있고, 구강악안면 전시실에는 형태가 일그러진 턱이 놓여 있다. 비뇨기학 전시실에서는 잠시 빈둥거리며 고환과 음경의 개수를 세어본다. 고환은 스무 개, 음경은 셀 수 없이 많다. 이 음경들은 질병과 건강의 다양한 단계를 보여준다. 나는 혹시 목적지를 놓치지 않았는지 확인하기 위해 다시 한번 지도를 살펴본다. 맞다, 이대로 계속 박물관의 깊숙한 뒤편으로 가면 된다.

뒤쪽 계단 옆에 전시된 인상적인 동맥류를 지나 모퉁이를 돌자 마침내 산부인과 전시실이 나온다. 그곳은 박물관의 가장 작은 섹션으로 표본 선반이 겨우 네 개뿐이다. 나는 실망하지 않으려고 애쓴다. 그리고 각각의 병 앞에 멈추어 차례로 살펴보며 하나하나에 합당한 존경을 표하고, 과학이라는 이름으로 박제되고 조각난 여성들을 떠올려본다. 자궁은 열세 개가 있다. 조금 전에 본 고환보다 개수가 적다. 일부는 자궁근종과 암으로 부풀어 올랐고, 한 개는 가느다란 흰색 뱀처럼 꼬인 피임 코일이 여전히 박혀 있다. 몸에서 분리된 외음부에는 놀랍도록 선명한 생강색 털이 그대로 남아 있다. 뭐랄까, 과거에서 온 의미를 상실한 신호처럼 보인다. 어느 자궁에도 이름은 없다. 카드에는 진단명이 간략하게 적혀 있을 뿐 어떤 개인정보도 없다. 인간의 생명을 잉태하는 기관이지만 지금은 불안할 정도로 조용하다. 첨부된 설명에는 어느 자궁이 아이를 낳았는지 적혀 있지 않지만, 표본들 대부분이 신뢰할 만한 피임법이 등장하기 전인 100년 전에 채취되었다는 사실을 고려하면, 거의 모든 자궁이 아이를 낳았을 것이다.

자궁의 이 기능을 강조하려는 의도인지, 아니면 전시물의 상대적 빈약함을 보완하려는 의도인지는 모르겠지만, 니스가 칠해진 단단한 받침대가 달린 18세기 '산부인과 의자'가 구석에 놓여 있다. "이 받침대는 바닥에 고정할 수 있다"라고 카드에 설명이 적혀 있다. 마치 출산하는 여성의 힘이 너무 강하거나 너무 위험해서 분만의 힘으로 로켓처럼 지구 궤도로 날아가지 않도록 지상에 고정해야 한다고 말하는 듯하다. 조산사로서 나는 이 힘의 위력을 여러 번 목격했다. 여성들은 성난 악마로 변신한다. 자궁이 수축할 때마다 몸이 들썩이고 눈은 이글이글 불타오른다. 하지만 포름알데히드 용액에 잠긴 이 자궁들은 죽은 지 오래고 미동도 없다. 이 자궁들은 조용히 비밀을 지키고 있다.

그때 두 명의 젊은 여성이 내 몽상을 깬다. 산부인과 전시실을 지나가던 그들은 전시된 자궁을 보더니 흠칫한다. "가자, 자궁이다!" 둘 중 한 명이 친구를 보며 무표정하게 말한다. 그들은 몸 밖으로 꺼내져 있는 자궁을 보며 얼굴을 찡그리더니 서둘러 옆방인 이비인후과 전시실로 가서 귀와 코를 천천히 감상하고, 그런 다음에는 건너편 방의 덜 거북한 아기 팔다리를 한참 살펴본다.

유리병 안에 조용히 놓인 자궁의 무언가가 두 여성에게는 너무 부담스럽고, 너무 가깝게 느껴진 모양이다. 그건 전쟁터의 잔해보다 무섭고, 병든 장과 방광보다 싫은 것이었다.

때로는 보지 않는 것이, 모르는 것이 더 편할 때가 있다. 몸을 지도처럼 꿰고 있으면 힘이 생기지만 그만큼 불안해질 수 있다. 자각은 불편한 답을 지닌 질문들을 낳기 때문이다. 하지만 우리는 강인하고 진취적이다. 자궁을 이해하고 모두가 시작된 그곳에 대해 알아낼 준비가 된 우리는 이제 그 앞에 걸음을 멈추고 서서, 유리병 속에 있는 것을 오래 찬찬히 살펴본다.

* * *

정상적인 자궁(나는 '정상적'이라는 말을 의도적으로 썼다)은 높이가 약 7센티미터, 폭이 5센티미터, 벽의 두께가 2.5센티미터다. 자궁은 뒤집어놓은 서양 배를 닮았다고 하지만, 임신 말기에 이르면 수박만큼 커질 수 있다. 여성의 생식기관은 종종 음식에 비유되는데(배 같은 자궁, 아몬드 같은 난소, 자두나 귤 같은 태아), 아마 해당 부위를 기분 좋은 것으로 만들려는 의도일 것이다. 설탕과 향신료 그리고 온갖 달콤한 것이 들어 있는 부드럽고 맛있는 음식처럼 말이다. 즉 여성은 맛보라고 있는 맛있는 무언가란 뜻이다. 이 서사는 우리 사회가 태곳적부터 지겹게 불러온 후렴구 같은 것이다. 하지만 나는 이제부터 모든 종류의 음식 은유를 피하려고 한다. 곧 알게 되겠지만, 자궁은 사탕과자나 텅 빈 그릇이라는 말로는 다 표현할 수 없는 존재다. 자궁은 근육이고, 따라서 크기에서나 힘에서나 꽉 쥔 주먹에 비유하는 것이 더 정확하다.

사실 자궁은 훨씬 더 유명한 기관인 심장과 크기 및 구조가 놀랍도록 비슷하다. 심장과 마찬가지로 자궁도 세 개의 층으로 이루어져 있다. 자궁내막(월경주기에 따라 매달 두꺼워졌다가 떨어져나오는 안쪽 층으로, 임신 중에는 태아와 태반에 영양을 공급한다), 자궁근층(촘촘하게 짜인 근섬유로 이루어진 평활근층으로, 조여들고 이완하면서 경련이나 수축을 일으킬 수 있다), 그리고 자궁을 덮는 막인 자궁외막이다.

자궁 양쪽에는 난자가 저장된 장소인 난소로 이어지는 가느다란 관이 있고, 자궁 아래쪽의 '목'에는 질로 통하는 살집 많은 관문인 자궁경부가 있다. 많은 사람들이 학교에 다닐 때 자궁을 그려보고 각 부위에 이름도 붙여봤을 테지만, 다들 나이를 먹으면서 잊어버리는 듯하다. 2016년과 2017년에 부인과 건강 자선단체인 이브어필Eve Appeal이 실시한 설문조사에 따르면, 여성 생식기관의 부위별 이름을 제대로 모르는 젊은 여성이 많았다.[1] 남성은 약 50퍼센트만이 해부도에서 질을 식별할 수 있었고, 자궁의 위치는… 말을 말자. 상식에 뚫린 그 커다란 구멍에 대해서는 말해봐

야 입만 아프다.[2]

'정상적인' 자궁에 무한한 변형이 있다는 사실은 문제를 더 복잡하게 만든다. 어떤 형태는 놀랍도록 흔하고, 또 어떤 형태는 아주 드물다. 예를 들어 골반 내에서 자궁의 위치는 매우 다양할 수 있다. 자궁이 이웃 장기인 방광에 기대어 있는 전굴자궁(앞으로 기울어진 자궁)은 여성의 50퍼센트에서만 발견된다. 나머지 50퍼센트는 중간 위치(설명이 필요없다)와 후굴자궁(장 쪽으로 기울어진 자궁)으로 반씩 나뉜다. 이렇게 보면 우리 중 약 절반만 '정상'인 셈이다.

어떤 사람들은 학교에서 배운 그림과 거의 닮지 않은 자궁을 가지고 있다. 먼저 자궁의 한쪽만 발달한 단각單角자궁이 있다. 실망스러울지도 모르지만, 그건 골반 안을 뛰어다니는 유니콘이 아니라, 자궁의 한쪽만 하나의 난관과 난소로 분기되는 자궁, 즉 '뿔'이 하나인 자궁을 말한다. 그리고 내가 가장 좋아하는 형태는 여성의 약 3퍼센트가 가지고 있는 쌍각雙角자궁이다. 대략 심장처럼 생겼는데 자궁꼭대기가 움푹 들어가 있다. 이 경우 임신은 약간 더 위험할 뿐 불가능한 것은 아니다.

소수이긴 하지만 상당수 여성이 두 개의 자궁(중복자궁)을 가지고 태어난다. 각각의 자궁은 서로 다른 시기에 태아를 잉태해 나이가 다른 '쌍둥이'를 낳을 수 있다. 어떤 여성은 자궁 없이 태어나기도 하는데, 이 경우를 마이어-로키탄스키-퀴스터-하우저증후군MRKH이라는 화려한 이름으로 부른다. 자궁이 없는 여성은 10대에 이르러 월경의 징후가 없을 때 자신의 자궁이 남들과 다르다는 걸 알게 된다. 나중에 살펴볼 텐데, 선구적인 이식술 덕분에 이런 여성 중 일부는 임신이 가능하다.

따라서 정상적인 자궁이라는 개념은 여러 가지 면에서 주관적이다. 자궁은 넘어지거나 기울어질 수 있고, 크거나 작을 수 있으며, 뿔이 하나이거나 둘, 또는 아예 없을 수도 있다. 남성도 자궁이 있을 수 있다는 사실도 알아둬야 한다. 물론 남성의 입장에서는 당연히 자궁의 존재가 놀라움으로 다가올 것이다. 인도의 한 70세 남성은 정상적으로 작동하는 것처럼 보이는 남성 생식기관으로 네 자녀를 낳았지만 언젠가부터 생식기 통증이 사라지지 않았다. 의사를 찾아갔더니, 일부만 형성된 자궁이 숨어 있다가 일종의 고환 탈장을 일으킨 것이라는 진단을 받았다.[3] 소변에 피가 섞여 나오자 병원을 찾은 37세 영국 남성에게도 비슷한 운명이 기다리고 있었다. 방광암일까봐 두려웠던 그는 암보다는 낫지만 충격적이기는 마찬가지인 소식을 들었다. 오랫동안 잠자고 있던 자궁이 음경을 통해 월경을 했던 것이다.[4] 또 다른 예로, 수천 킬로미터 떨어진 곳에서 1년 간격으로 태어난 두 남성은 태아의 꼬리 끝을 따라 배열되는 생식관이 외부적으로는 남성 생식기, 내부적으로는 여성 생식기를 형성하는 똑같은 태아 발달 기형을 가지고 있었다.

이렇게 남성도 자궁을 가질 수 있는데, 태어날 때 생물학

적 남성으로 간주되는 사람만이 아니라, 뒤늦게야 자신의
남성성을 확인하는 사람도 자궁을 가지고 있다. 여성으로
태어났지만 자기 내면의 성정체성에 따라 남자로 살기로
결심한 일부 트랜스 남성은 수술로 자궁을 제거하기도 한
다. 하지만 자궁을 유지하는 경우도 있는데, 이때는 호르몬
치료에 따라, 그리고 원하는 생활방식에 따라 월경을 계속
할 수 있고, 심지어 출산도 할 수 있다. 이 독특한 시나리오
는 이 책의 뒷부분에서 다시 다룰 것이다.

자궁을 가진 남성의 경험은 남성 자체만큼이나 다양하
지만, 그들의 존재를 이해하려면 자궁 이야기의 태피스트
리를 짜기 전에 먼저 성과 젠더라는 얽힌 실타래를 풀어야
한다. 서구의 백인 이성애자 남성이 가진 사고방식의 유산
인 의학은 오랫동안 성이 이분법적이며 젠더는 태어날 때
정해진다고 주장해왔다. 하지만 자궁의 다채롭고 종종 놀
라운 이야기는 우리에게 더 복잡하고 미묘한 현실을 볼 것
을 권유한다. 그것은 바로 모든 몸에 있는 자궁은 훌륭하고
소중하며, 무엇이든 가능하다는 사실이다.

* * *

만일 '정상적인 자궁'이라는 것이 실제로 존재한다면 그건
의심할 나위 없이 사회적 구성물이다. 우리는 대부분의 여
성이 우리가 학창 시절에 그렸던 그림처럼 귀엽고 작은 배

모양의 자궁을 가지고 있으며, 이 자궁은 특정 모양을 띠고 특정 방식으로 행동한다고 알고 있다. 하지만 우리가 이제 막 이해하기 시작한 진실에 따르면, 많은 경우 (심지어는 일부 남성도) 자궁은 다르게 생길 수 있고, 자신의 존재를 다른 방식으로 선언하며 다소 특이한 일을 할 수 있다는 것이다.

이제 출발하자. 말 그대로 "가자, 자궁이다!"

차례

몸은 더럽혀지지 않았다.
몸은 용서받아야 할 더러움이 아니다.
몸에 대해 사과하지 말라.

소냐 르네 테일러, 《몸에 대해 사과하지 말라》에서

자궁

: 어릴 때와 쉴 때

내 안에서 천 가지 가능성이
솟아나는 것을 느낀다.

버지니아 울프, 《파도》

아기를 가질 준비를 하고, 아기를 잉태하고, 아기를 출산하고, 산후 회복 중이 아닐 때 자궁은 무엇을 할까? 자궁을 주로 생식 역할로만 생각하는 사회에서는 이런 질문을 거의 하지 않는다. 산업화된 서구 세계의 관점에서 자궁은 그 자체로 연구하고 고려할 가치가 있는 존재라기보다는, 다음 세대를 담는 그릇으로서 새 생명에 대한 약속을 충실히 이행할 때만 관심을 받는다. 성숙한 가임기의 자궁은 과학적으로나 사회적으로나 끝없는 매혹을 불러일으킨다. 그래서 모든 세대의 연구자들은 양날의 검과도 같은 불임과 피임이라는 딜레마, 차고 기우는 신비로운 월경주기, 작은 세포 덩어리에서 우렁차게 우는 아기가 되는 임신과 출산의 기적을 새롭게 탐구한다. 하지만 그냥 놀고 있을 때 자궁은 무엇을 할까? 이 질문은 평범하면서도 급진적인 것처럼 보이는데, 이는 쉬고 있는 자궁도 탐색할 가치가 있으며 자궁이 그 소유자에게 생식 이상의 어떤 본질적 가치를 지닐 수 있다는 가능성을 암시하기 때문이다.

출산이라는 맥락에서 벗어나 자궁을 진지하게 탐구하려면, 처음, 즉 유아기에서 시작하는 것이 합리적이다. 여아의 자궁을 떠올리는 것이 불편할 수도 있겠지만, 그러기 전에 먼저 그 불편함을 잠시 감내하면서 그것에 대해 생각해보는 시간을 가져보면 좋겠다. 갓 태어난 신체 기관의 해부 구조와 생리 기능에 대해 생각하지 말아야 할 이유가 있을까? 여아가 태어날 때 그 아이의 작은 자궁은 그저 하나의 기관일 뿐이다. 아직 성숙하지 않았으며 생식 능력도 없다. 우리가 성인의 자궁에 투사하는 수많은 이상과 금기와 감정의 영향을 받지도 않고, 자궁의 기능을 규제하고 제약하는 사회 규범과 법률에 구속되지도 않는다. 부드럽고 분홍빛을 띠며 새롭고 생명력으로 넘치는 이 기관은 그냥 **거기에** 있을 뿐이다. 거기서 폐나 간처럼 조용히 중립을 지키며 주인의 맥박에 맞추어 맥동할 뿐이다. 따라서 이 작은 자궁을 상상할 때 우리가 느끼는 불안은 자궁 자체보다는 우리 사회가 젊은 여성과 소녀를 성애화sexualization하는 방식에 대해 더 많은 것을 말해준다고 주장하고 싶다. 아기의 자궁에 대해 생각하는 건 아기의 질에 대해 생각하는 것과 종이 한 장 차이고(하지만 아기의 질 역시 우리의 관심과는 무관하게 그냥 **거기에** 있을 뿐이다), 소녀들이 점점 더 어린 나이에 성애화되고 고정관념화되는 세상에서 그런 생각은 분노나 음탕함, 또는 수치심을 불러일으킬 수 있다. 하지만 이 책에서 우리는 쉬고 있는 자궁을, 심지어 작은 골반에 아늑하게 안겨 있는 유아의 자궁까지도 명료하고 탐구적이고 불편하지 않은 시선으로 바라볼 준비가 되어 있다.

누구나 예상할 수 있듯이 신생아의 자궁은 성숙한 성인의 자궁보다 연구가 잘되어 있지 않다. 그나마 나와 있는 소수의 논문도 그 자궁 안에서 무슨 일이 일어나는가 보다는 그 어린 기관의 크기와 모양에 대해 가볍게 언급할 뿐이다. 그러므로 우리도 모양과 크기에서 시작해보자. 유아의 자궁은 성인의 자궁처럼 눈물방울을 거꾸로 뒤집어놓은 모양이 아니라 튜브나 스페이드 모양이다. 길이는 2.5~4.5센티미터이고, 두께는 약 1센티미터다.[1] 신생아의 자궁과 자궁내막은 출생 후 몇 시간 동안 모체의 에스트로겐과 프로게스테론의 영향을 얼마쯤 받지만, 이 호르몬들은 생후 첫 주 동안 점점 감소하다가 초보 부모에게 생각지도 못한 두려움을 안기는 경우가 종종 있다. 바로 거짓월경 pseudomenses (가성월경假性月經이라고도 한다 - 옮긴이)이다.

산후병동에서 조산사로 일하는 동안 나는 밤낮을 가리지 않고 아연실색한 얼굴로 나를 찾아오는 산모들에게 익숙해지게 되었다. 그들은 검사 패드에 묻은 응고된 혈액이나 덧대는 천(거짓)에서 발견된 봉합사 조각 같은, 분만 과정에서 나올 법하지 않은 다양한 물질을 내게 보여주었다. 하지만 분홍색 줄무늬가 생긴 작은 기저귀만큼 산모들을 놀라게 하는 건 없었다. 그들은 "딸이 피를 흘려요"라고 소리치면서 당혹스러워하는 동시에 걱정했고, 또 적지 않게 역겨워했다.

이 산모들이 본 것은 정상적인 생리적 과정이었지만 여성의 삶의 많은 부분이 그렇듯 아무도 그들에게 미리 알려주지 않았다. 어머니의 임신 호르몬이 딸의 작은 자궁의 내막을 일시적으로 두꺼워지게 했다가 출생 후 어머니에게서 온 에스트로겐과 프로게스테론 수치가 감소함에 따라 그 작은 내막이 떨어져나온다. 이것이 아기 몸에서 작은 월경(난자도, 임신 가능성도 전혀 없는 월경)의 형태를 띠었던 것이다. 이 지극히 정상적인 생리 현상에 놀란 엄마들을 안심시키는 데는 몇 마디 설명이면 충분하다. 하지만 그런 대화와 설명이 필요하다는 사실 자체가 이 지구상에 여성이 처음 생겼을 때부터 여성의 몸은 무지와 두려움, 충격과 수치심의 상징이었다는 사실을 상기시킨다. 그래야 할 필요는 없다. 지식으로 쉽게 채울 수 있는 공백을 치고 들어오는 실체 없는 공포보다 설명이 훨씬 간단하다. 하지만 이건 아주 오래 전에 쓰인 이야기이며, 말 그대로 요람에서 무덤까지 여성들을 따라다닌다.

* * *

오래전부터 과학은 혼란스럽고 예측 불가능하고 때로는 역겨운, 있는 그대로의 자궁이 가진 실제 형태와 기능을 고려하기보다는, 임신하지 않은 자궁을 티 없이 깨끗한 일종의 수정구슬, 태아의 미래를 예측할 때에 한해서만 의미를 갖는 불활성 물체로 상상했다. 과학은 여성의 순결과 처녀성에 대한 이상을 인체에서 가장 여성적인 기관에 투사함으로써 무균 자궁 패러다임을 만들어냈는데, 이 도그마는 최근에야 의미 있는 방식으로 도전받기 시작했다.

과학계를 지배하는 많은 이론과 마찬가지로 이 패러다임을 처음 제시한 사람은 유럽의 백인 남성이었다. 이 남성은 화려한 콧수염과 꿰뚫어보는 눈빛을 가진 독일계 오스트리아인 소아과 의사였던 테오도어 에셰리히Theodor Escherich다. 하지만 대부분의 진지한 과학 도그마와 달리 무균 자궁 개념은 보잘것없는 검고 찐득찐득한 물질인 태변(쉽게 말해 신생아의 대변)에서 시작되었다.

빈에서 경력을 시작한 에셰리히는 파리로 건너가 당대 최고 석학들의 강연을 들었다. 그중 한 사람이 신경학자 장 마르탱 샤르코Jean-Martin Charcot였는데, 그의 히스테리 이론은 여성의 몸을 정신질환과 신체질환이 싹트는 위험한 장소로 보았다. 특히 신체질환에 매료된 에셰리히는 뮌헨으로 가서 출생 후 다양한 간격으로 배출되는 태변의 생화학적 특성을 연구했다.2 이 실험은 악취를 풍겼음이 틀림없지만 그럼에도 그는 중요한 사실을 발견한 것 같다. 즉 아기의 장은 처음에는 무균 상태이며, 자궁 밖으로 나온 첫 몇 시간 또는 며칠 동안 미생물이 그곳을 점유하게 된다는 것이다. 자궁 자체는 태아가 성장하고 자라는 완벽하게 깨끗한 환경이거나 적어도 그런 것처럼 보였다.

실험 방법의 엄밀함 때문인지, 아니면 이 도그마가 모성의 미덕을 치켜세웠던 당대의 수사를 편리하게 반영했기 때문인지는 모르지만, 이 개념은 에셰리히의 동료들에게 빠르게 받아들여졌다. 1900년 프랑스의 소아과 의사 앙리 티시에Henri Tissier가 바통을 이어받아 "태아는 무균 환경에서 산다"[3]고 처음 선언했고, 실험 결과 신생아의 장은 티 없이 깨끗한 상태에서 시작하지만 험난하기로 악명 높은 통로인 질을 통과하는 동안 미생물에게 점유된다는 가설을 세웠다. 이렇게 해서 '무균 자궁 패러다임'이라고 불리게 된 이 가설은 소아과와 산과학 그리고 여성혐오가 교차하는 접점으로서 무난하게 받아들여졌다. 태아가 모체의 생식기와 접촉한 뒤에야 비로소 미생물에게 점유된다(심지어는 오염된다는 표현까지 사용했다)는 생각은 20세기 초의 남성 지배적인 과학계에서는 부정할 수 없으며 필연적인 진실처럼 보였을 것이다.

하지만 예리한 과학도라면, 아니 평범한 관찰자조차도 진실이란 건 특정 장소와 시대를 지배하는 가치관과 선입견에 따라 변한다는 사실을 잘 알고 있다. 무균 자궁 패러다임은 한동안 영향력을 발휘했지만, 21세기로 오면서 과학과 사회는 새로운 종류의 진실을 고려할 만큼 충분히 발전했다. 즉 자궁은 차갑고 메마른 수정구슬이 아니라 비옥하고 생명력으로 충만한 환경이라는 사실이다.

오늘날에는 많은 과학자들이 아홉 달 동안의 임신 기간에만 자궁 안에 생명체가 사는 건 아니라고 생각한다. 임신하지 않은 자궁, 즉 오랫동안 무시되었던 쉬고 있는 자궁에서도 미생물 군집이 번성할 수 있다. 박테리아와 곰팡이부터 바이러스와 효모에 이르기까지 수십억 종의 자생 미생물이 자궁 안에 살면서 임신과 불임부터 면역과 암 발병에 이르기까지 여성의 건강에 광범위한 영향을 미친다. 돌리 파튼이 노래하듯 "마법은 당신 안에 있다. 수정구슬은 없다."4

* * *

대중의 과학적 상상력 속에서 자궁이 어떻게 미생물의 불모지에서 생명체가 번성하는 메트로폴리스로 변했는지 이해하려면, 먼저 우리의 오랜 친구인 태변으로 돌아가야 한다. 21세기로 넘어갈 무렵 신기술 덕분에 아주 작은 남는 유전물질 조각을 통해 미생물의 존재를 확인할 수 있게 되었다. 이런 정교한 장비와 기술로 무장한 연구자들은 아기 변으로 관심을 돌렸고 흥미로운 결과를 얻었다. 에셰리히, 티시에, 그리고 그들의 많은 제자들이 주장한 것과 달리, 새천년의 세균 사냥꾼들은 출생 시점 또는 직후에 분비되는 태변에 박테리아가 존재한다는 사실을 밝혀냈다.5 여기서 놀라운 발견은, 출산 당시 감염된 상태였던 어머니에게서 태어난 아기의 장에 미생물이 존재한다는 사실이 아니었다. 조만간 미생물학과 면역학 그리고 부인학gynaecology(이는 '여성의학'으로 번역되기도 한다 – 옮긴이)을 가장 예상치 못한 방식으로 결합하게 되는 발견은, 출산 시 건강한 여성에게서 태어난 아기의 변에도 다양한 종류의 박테리아가 살고 있다는 것이었다. 이 아기들이 출생 전에는 자궁이라는 환경에서만 살았다는 사실을 고려하면, 이 변화가 일어날 수 있는 유일한 장소는 이른바 '무균' 환경으로 여겨졌던 자궁이라는 것은 누가 봐도 분명했다.

새로운 분석 방법이 새로운 결과를 내놓기 시작하면서, 과학자들은 자궁 내부 또는 주변에서 생성될 수 있는 모든 물질의 샘플을 채취하고 연구하는 경쟁에 뛰어들었다. 전 세계 실험실의 시험관, 슬라이드, 원심분리기는 양수, 자궁내막 조직, 탯줄에서 유래한 혈액(제대혈), 태반과 태반막의 조각, 그리고 태변으로 채워졌다. 연구가 계속되면서, 무해해 보이는 '공생' 박테리아부터 연쇄상구균과 대장균 Escherichia coli(테오도어 에셰리히의 이름을 땄으며, 보통 '이 콜라이 E. coli'라고 불린다)에 이르기까지[6,7] 자궁 안에 사는 엄청나게 다양한 미생물의 존재가 확인되었다. 결과의 편차가 심했기 때문에, 일부 비판자들은 미생물이 검출된 이유는 연구 환경이나 각 실험에 사용된 화학 용액으로부터 세균이 오염되었기 때문이라고 지적하면서 이런 연구 결과에는 심각한 결함이 있다고 주장했다.[8]

무균 자궁 패러다임처럼 뿌리 깊은 생각이 몇 년 만에 뒤집히는 건 불가능해 보였지만, 반대 목소리가 커지면서 이 '새로운' 현상에 대한 연구 데이터도 점점 증가했다. 2016년 벨기에의 한 연구팀은 자궁내막 조직을 채취해

183회의 염기서열 분석을 실시한 결과, **모든** 분석에서 열다섯 종류의 미생물이 확인되었다고 발표했다. 연구팀은 "임신하지 않은 사람의 자궁내막에 … 살고 있는 독특한 미생물 군집의 존재를 확인해주는 결과"라고 선언할 만큼 이 연구 결과에 자신감을 보였다. 그들은 나아가 "자궁 내 미생물 군집은 자궁 생리와 인간 생식에서 그동안 알려지지 않았던 역할을 할 가능성이 있다"라고 조심스럽게 추측했다.[9]

　단순하지만 과학적으로 급진적인 이 전제는 지난 10년에 걸쳐 여성의 생식 건강에 변화를 가져왔고, 미래에는 산부인과 질환(자궁근종, 불임, 자궁내막증, 자간전증 등)을 예방, 진단, 치료하는 방식을 혁명적으로 바꿀 가능성이 있다. 이 새로운 과학 분야가 갖는 엄청난 함의를 이해하기 위해 나는 시드니로 향했다. 정확히 말하면, 집필 시점에 팬데믹이 한창이었으므로 '줌'을 통해 시드니에서 자궁 미생물 군집을 연구하는 여성과 이야기를 나누었다. 그녀가 하고 있는 연구는 매년 30만 명 이상의 여성(즉 그녀와 나 같은 여성, 그리고 여러분과 여러분의 파트너, 또는 어머니 같은 사람들)을 죽이는 암을 조기에 발견할 수 있게 해줄 것이다.

* * *

컴퓨터 화면이 깜박거리더니 프랜시스 번Frances Byrne 박사가 등장한다. 화면 밖에서 아이가 떼를 쓰고 있는 와중에 프로페셔널해 보이려고 애쓰는 엄마가 고통스러운 표정을 짓고 있다. 내가 있는 스코틀랜드는 오전 8시이고 프랜시스가 있는 호주는 저녁 7시였다. 늦은 저녁 특유의 지친 아이 울음소리가 들리고, 곧이어 딸을 다른 방으로 데려가서 달래는 남편의 나지막한 목소리가 들린다.

"미안해요." 프랜시스가 사과하자 나는 내게도 두 딸이 있다고 말하고 옆에 있는 사다리를 가리키며 큰딸의 이층 침대 아래 칸에 즉석으로 마련한 '사무실'에서 이 대화를 녹음하고 있는 모습을 보여준다. 곧 그녀의 긴장이 눈에 띄게 풀리며 서먹함이 가신다. 우리는 더 이상 인터뷰하는 사람과 인터뷰 대상이라는 공식적인 역할로 만난 낯선 사람들이 아니다. 이제 우리는 엄마로서의 의무와 직업적 열망 사이에서 끝없는 죄책감에 시달려야 하는 전쟁에 참전한 전우이자 동지다.

"10대 자녀를 키우고 계시다니까, 앞으로 더 나빠지는지 알려주세요." 프랜시스가 말한다.

"아뇨, 점점 나아져요. 터널 끝에는 빛이 있어요." 나는 그녀를 안심시킨다.

각자의 자궁에서 맺은 열매를 건사하는 일이 만만치 않다는 걸 인정한 후 우리는 본론으로 들어간다. 즉 자궁 미생물 군집(마이크로바이옴), 그것과 질병의 관계, 그리고 그것이 부인과 질환에 대한 이해를 바꿀 수 있는 잠재력에 대한 프랜시스의 선구적인 연구다. 연구 초점은 자궁내막암, 비만, 그리고 자궁의 뒤틀린 삼각관계이지만, 프랜시스는 이 초점을 더 확대하면 무수한 병리적 문제를 다룰 수 있다고 말한다.

"자궁내막암은 말 그대로 자궁내막에 생기는 암입니다." 그녀는 설명한다. "폐경 이후의 여성에게 주로 발생해요. 그런데 자궁내막암은 지금까지 알려진 모든 암 가운데 비만과 가장 밀접한 관계가 있어요. 자궁내막암 사례의 50퍼센트 이상이 비만에서 기인하는 것 같아요. 하지만 비만 여성이라고 해서 모두 자궁내막암에 걸리는 건 아니에요. 따라서 우리가 알아내려는 건 '비만이 어떻게 자궁내막암 발생을 촉진하는가'입니다. 지금까지 많은 연구에서 호르몬의 영향과, 비만으로 인한 호르몬 불균형을 다뤘어요. 이런 요인들이 세포 성장을 자극해 암 발병을 촉진하는 것 같아요. 하지만 미생물 군집의 역할은 비교적 개척되지 않은 분야예요."

바로 이 분야에 뉴사우스웨일스대학교의 생명공학·생체분자과학과 소속인 프랜시스의 연구팀이 뛰어들었다. 암에 걸린 여성과 걸리지 않은 여성의 자궁 미생물 군집을 조사한 연구가 이미 존재하지만, "그런 연구들은 다양한 집단의 여성을 구체적으로 조사하지 않았다"고 프랜시스는 설명한다. "하지만 우리는 그런 조사를 할 수 있는 특별한 위치에 있어요. 몇 년 전부터 비만 집단과 마른 집단 각각에서 자궁내막암에 걸린 여성과 걸리지 않은 여성의 병리 조직 샘플을 채취하기 시작했기 때문이에요." 두 집단을 비교한 결과 중요한 사실이 발견되었다.

"비만 여성들은 실제로 암에 걸린 여성들(마른 여성이든 비만 여성이든)과 더 비슷한 미생물 군집 특징을 가지고 있어요. 그리고 암에 걸린 모든 여성은 대조군에 비해 [자궁 내] 유산균 수치가 낮았어요." 유산균lactobacillus은 프로바이오틱('좋은' 균)으로 생요거트와 기타 발효 식품(된장, 소금에 절인 배추 등)에서 발견되며, 장부터 질까지 몸 전체에 존재하면서 유익한 역할을 하는 것으로 알려져 있다. 최근 실시된 다른 연구들에 따르면 유산균이 생식기관을 보호해 HIV, 단순포진 바이러스, 임질, 세균성 질염의 감염을 줄이거나 예방하는 것 같지만, 그런 효과를 일으키는 정확한 메커니즘이나 과정을 확실하게 밝힌 연구는 아직 없다.10 프랜시스는 앞으로는 유산균이 아닌 존재로 질병을 찾아낼 수 있을 것이라고 말한다. "이런 미생물들이 생산하는 물질, 그리고 이 미생물들이 특정 환경에서 유발하는 염증이 이 [자궁내막] 암의 성장을 촉진할 가능성이 있어요."

또한 프랜시스는 이런 설득력 있는 초기 결과들이 단순히 오염의 산물이 아니라는 것을 확신한다. 그녀의 연구팀은 자궁절제 직후 자궁에서 샘플을 채취함으로써 최대한 무균 환경을 유지했고, 절차를 최대한 신속하게 진행했다. 게다가 자궁 미생물 군집의 유전물질을 찾아내는 신기술은 불과 몇 년 전 이 분야 초창기에 쓰였던 것보다 훨씬 더 정확하고 감도가 높다.

여기까지 들으면 우리는, 다 좋은데 호주에서 적출된 자궁 몇 개가 세계 나머지 지역의 생식 건강과 무슨 관계가 있는지 궁금증이 든다. 프랜시스의 설명에 따르면 꽤 많은 관계가 있다. 나는 모닝커피를 홀짝이고 있고, 프랜시스는 저녁 해가 비스듬히 들어오는 방에서 내게 말한다. 자궁 미생물 군집과 특정 질병 사이의 확실한 관계가 밝혀지면 수많은 여성에게 덜 침습적이면서도 더 효과적인 진단 도구와 치료법을 사용할 수 있는 새로운 시대가 열릴 거라고.

"어쩌면 자궁 내 미생물 군집을 검사해서 뭔가 문제가 있는지, 비정상적인지, 또는 특정 시술 후 어떤 변화가 생겼는지 등을 확인해볼 수 있을지도 몰라요." 검사 결과 질병 친화적인 미생물 군집이 나왔다면, 원인이 유산균의 불균형 때문이든 다른 어떤 세균 때문이든, 위험에 처한 여성의 자궁에 건강한 여성의 미생물 군집 샘플을 '이식'할 수도 있을 것이라고 프랜시스는 말한다. "안 될 이유가 없다고 생각해요. 이미 분변 미생물 군집을 이식하고 있어요." 그것을 FMT라고 부르는데, 건강한 공여자의 대변을 미리 선별해 특수 처리를 한 후 건강하지 못한 수혜자에게 직장을 통해 투여하는 것이다. 이상하게 들릴지도 모르지만, FMT는 이미 대장염과 클로스트리듐 디피실레 장염 같은 다양한 소화기 질환의 치료에서 효과를 보여주었다.[11, 12]

현재 전 세계에서 300건 이상의 임상시험이 진행되고 있는데, 이 연구들은 거식증에서부터 간염에 이르는 훨씬 더 광범위한 질병의 치료에 FMT를 사용하는 방법을 모색하고 있다.[13] 프랜시스는 분변, 자궁내막, 그 밖의 생체 물질에 서식하는 미생물 군집을 이식하는 것과 같은 혁신적인 시술이 의학계의 항생제 의존도를 줄일 수 있을 것으로 기대한다. 항생제 의존은 세계 보건을 위협하는 가장 심각한 문제 중 하나인 항생제 내성을 초래하기 때문이다.

"박테리아를 모조리 없애버리는 치료가 아니라 박테리아의 힘을 활용한다고 생각해보세요. 정말 멋지지 않나요." 프랜시스는 덧붙인다.

대화가 끝나자 프랜시스는 딸을 돌보러 간다. 내 딸은 옆방에서 역사 선생님과 화상 수업을 하고 있는 모양이다. 나는 방금 들은 이야기가 너무 어마어마해서 텅 빈 컴퓨터 화면을 쳐다보며 잠시 멍하니 앉아 있다. 무균 자궁 패러다임은 확실히 틀렸다. 자궁은 '텅 빈' 수정구슬이 아니라 놀라운 다양성과 무한한 가치를 지닌 공간이다. 앞으로 우리 딸들은 질병의 첫 징후가 나타나면 자궁 미생물 군집 샘플을 채취해 검사한 후 건강한 미생물 군집을 이식받는 방법으로 질병이나 감염, 심지어는 불임까지 예방할 수 있을지도 모른다.

물론 이 새로운 미개척지에는 아직 발견해야 할 것이 많다. 어떤 길은 탐험해야 하고, 어떤 길은 가지 말아야 할 것이다. 하지만 이 미지의 영역을 개척해나가는 동안 다른 전망이 우리 앞에 펼쳐져 (우리에게는 아닐지라도 우리 아이들, 또는 우리 아이들의 자녀들에게) 새로운 가능성을 약속할 것이다. 과학자들은 다양한 질병 상태의 미생물 군집을 조사했지만, 건강한 여성에게 존재하는 '핵심' 미생물 군집의 결정적인 지도는 아직 만들지 못했다. 자궁의 이 '핵심' 미생물 군집은 연령과 인종에 따라 큰 차이를 보일 것으로 예상된다.[14] 게다가 생식 건강에 관한 많은 연구가 아직 인종별로 세분화된 데이터를 제시하지 못하고 있다. 흑인과 기타 소수민족 여성이 자궁내막암에서부터 자궁근종까지 특정 부인과 질환에 불균형하게 많이 걸리는 데다 이런 집단에서 자궁내막증을 포함한 여러 질환이 과소 진단되기로 악명 높다는 사실을 고려하면, 연구의 공백을 한시라도 빨리 메워야 한다. 다행히 지난 2년 동안 많은 연구자들이 이런 불균형을 바로잡으려고 시도해왔고, 초기 결과는 호주 원주민, 흑인, 히스패닉·라틴계 여성이 백인 여성과는 뚜렷하게 다른 자궁 미생물 군집을 가지고 있다는 것을 뒷받침하는 증거를 보여준다.[15,16] 아는 것이 힘이라는 말이 있듯이, 이런 차이에 대해 더 많은 사실을 알아낸다면 자궁을 가진 사람들이 평생 동안 생식 건강을 유지하는 데 큰 힘이 될 것이다.

따라서 잠자코 있는 자궁은 쉬고 있는 게 아니다. 생후 첫 몇 시간 동안에도 자궁은 호르몬 수치의 오르내림을 겪다가 어느 순간 거짓월경의 충격적인 핏줄기와 함께 자신의 존재를 스스로 알린다. 성인의 자궁은 과거에는 잠자고 있는 순수한 존재, 여성다움과 여성의 미덕에 대한 이상을 투사하는 텅 빈 그릇으로 여겨졌지만, 과학은 이제 자궁의 많은 비밀을 해독하기 시작했다. 부인과에서 궁금해하는 많은 질문에 대한 답을 모든 자궁 안에 우글거리는 수십억 마리의 작은 미생물에서 찾을 수 있을지도 모른다.

생리

: 새빨간 조류, 금맥이 흐르는 액체

2

나는 오직 아이들과
신앙심 깊은 사람들만이 믿는
생각을 했다.
나는 더 이상 소녀가 아니라는
생각을. 내가 소환한 피,
도장 같은 얼룩, 선홍색 회원증이
내 가장 안쪽 주머니에서
빠져나왔다.
나는 열두 살이었고,
겁을 먹을 만큼 사리에 밝았다.

레일라 차티, 〈무브타디야〉

속설에 따르면 우리는 쥐와는 2미터 이상, 거미와는 3미터 이상 떨어져 있지 않다고 한다. 이런 이야기는 혐오감을 불러일으키거나 자극적으로 들릴지도 모른다. 하지만 생리 중인 누군가와 1미터 이상 떨어져 있지 않다는 말을 들으면 어떤 기분이 드는가? 버스에서, 모닝 라테를 주문하고 기다릴 때, 공장 조립라인에서, 슈퍼마켓에서, 심지어 스트립 클럽이나 일등석 라운지 또는 연회장에서도 여성들과 몇몇 트랜스젠더 남성들이 조용히 피를 흘리고 있다. 그들의 자궁은 수천 년 동안 자궁이 해왔던 일을 하고 있다. 즉 자궁 내막을 떨구어내며 새 출발을 하면서, 이번 달에는 수정이 될 거라는 맹목적인 믿음으로 또 다른 주기를 시작한다.

전 세계 문화권에서 월경하는 사람과 그들이 흘리는 피에 수치심과 오명이 덧씌워졌다. 성서와 문학, 구전 역사에는 월경하는 소녀와 여성을 불결하고 부정하며 악마에 가까운 존재로 취급해온 수많은 이야기가 기록되어 있다. 여성의 피에는 더럽히고 훼손하는 힘, 사냥이나 추수, 축제와 같은 중요한 행사를 방해하고, 성욕이나 여성의 쾌락을 금지하는 힘이 있다고 여겨졌다. 월경 중인 여성은 공동체와 일상에서 배제되었고, 때로는 물리적으로 고립되기도 했다. 지금도 일부 지역에서는 그렇다. 많은 책이 월경의 불명예스러운 역사를 파헤쳐왔지만, 이 책은 그런 종류의 책이 아니다. 당신이 월경하는 자궁을 가지고 있다면 이미 그런 오명과 수치심을 잘 알 것이다. 소매 속에 탐폰을 넣고 교실에서 복도를 거쳐 화장실로 끝이 없어 보이는 길을 걸어봤거나, 예기치 못한 출혈로 인해 번지는 핏자국을 가리기 위해 허리에 점퍼를 둘러 묶어본 적이 있거나, 심한 경련 때문에 체육시간에 빠졌다가 꾸중을 들어봤다면, 그 수치심에 대해 잘 알 것이다. 탐폰 끈을 수영복 거짓으로 집어넣어본 적이 있거나, 청바지에 생리대 자국이 나는지 살펴보기 위해 목을 뒤로 꺾어봤다면, 그 오명에 대해 잘 알 것이다. 그리고 당신이 월경하는 사람은 아니지만 여자친구가 사용한 변기 바닥에 내려가지 않고 그대로 있는 시뻘건 휴지를 보고 하얗게 질린 적이 있거나, 슈퍼마켓에 진열된 생리용품 앞을 서둘러 지나친 적이 있거나, 가장 얇은 최신 생리대 광고가 나올 때 끙 소리를 내며 채널을 황급히 돌려봤다면, 광고 속 생리대가 불쾌감을 유발하지 않는 푸른색 합성 피를 흡수하는 것보다 훨씬 수치심과 오명을 잘 흡수했을 것이다. 그러므로 성인 자궁의 매달 반복되는 정상적인 생리 기능이 왜 난처하고 역겹고 완전히 위험한 것으로 여겨지게 되었는지 알려주는 책은 당신에게 필요하지 않다. 당신에게는 월경을 할 때 자궁이 실제로 무슨 일을 하는지, 무엇이 나오는지, 그리고 당신이 감춰온 피가 어떻게 질병과 우리 몸, 그리고 우리 인생에 대한 이해를 바꿀 수 있는지 설명하는 이 책이 필요하다.

자, 마음의 준비를 하시라. '그날'이다.

* * *

월경의 무한한 잠재력을 하나하나 파헤쳐보기 전에, 먼저 원점으로 돌아가 월경이 실제로 무엇인지 상기해볼 필요가 있다. 나처럼 보건 시간(또는 성교육, 아니면 뭐라고 부르든 성 건강과 성관계에 대해 교육하는 시간)에 집중하지 않았다면, 월경 생리학에 대해 알고 있는 지식이라고는 1일차부터 28일차까지 에스트로겐과 프로게스테론이 무작위로 치솟는 것처럼 보이는, 기억도 가물가물한 호르몬 그래프뿐일 것이다. 아, 이제 떠올랐다고? 잠시 그 그래프로 돌아가서 두 번 다시 말할 일이 없게 확실히 이해하고 넘어가자.

대략 10세에서 16세 사이에 대부분의 여자아이가 초경을 하고, 이 월경의 (그리고 이후 모든 월경주기의) 첫날을 1일차라고 부른다. 그 후 며칠 동안 에스트로겐이 점점 증가해 난소에서 하나 이상의 난포가 성숙하도록 돕는다. 14일차 전후로 황체형성호르몬(이것도 배웠지만 잊어버렸을 것이다)이라는 호르몬이 급증하면, 난포들 중 하나가 터져서 자궁 본체로 이어지는 가느다란 관 중 하나로 난자를 방출한다. 그러면 프로게스테론이 난자와 정자가 수정되어 착상할 곳이 필요할 경우에 대비해 자궁내막을 두껍게 만든다. 하지만 수정이 되지 않으면 프로게스테론 수치가 급격히 감소하고, 결국 28일 전후로 난자와 자궁내막이 떨어져 우리가 '월경혈'이라고 알고 있는 형태로 배출된다. 그러면 다음 주기의 1일차가 시작된다. 약 30~70밀리리터의 체액이 몸에서 빠져나오기까지 대략 3일에서 7일이 걸리고, 복부 경련부터 유방 압통, 두통, 설사, 불안에 이르기까지 다양한 증상을 동반할 수 있다(이 증상이 모두 나타날 수도 있지만 전혀 나타나지 않을 수도 있다). 그런 다음에는 이 지긋지긋한 주기가 다시 시작된다.

눈치챘겠지만, 생리에 대해 이야기할 때는 '대략'이나 '약' 같은 말과 근삿값이 많이 사용된다. 초경은 9세에 할 수도 있고, 15세에 할 수도 있다. 주기는 25일이 될 수도 있고 30일이 넘을 수도 있다. 어떤 사람들은 사흘 동안 가볍고 통증 없는 출혈을 경험하고, 어떤 사람들은 일주일 동안 몸이 힘들 정도의 통증과 심한 출혈을 경험한다. 이 모든 요인의 온갖 조합이 가능하고 변형도 있을 수 있다. 심지어 '심한'의 정의에 대해서도 갑론을박할 수 있다. 몇몇 자료에는 심하다는 건 매시간 생리대와 탐폰을 교체해야 하거나, 옷 밖으로 혈액이 새거나, 일상생활에 지장을 줄 정도의 출혈을 의미한다고 나와 있다. 부인과 건강의 많은 측면이 그렇듯 과학계는 월경에 대해 생각해보고 나서는 어깨를 으쓱하고 두 손을 들며, 뭐가 정상이고 뭐가 정상이 아닌지에 대해 대충 얼버무리고 끝낸다.

그러면 실제로 나오는 물질은 어떨까? 그냥 피일 뿐일까? 여성들은 어릴 때부터 그것을 감추는 방법(허리에 점퍼를 두른다든지, 바지에 휴지를 두툼하게 채워 넣는 것 등)과 생리대를 버리는 방법(증거물을 변기로 흘려보내거나, 광고에서 선전하는, 냄새를 가려주고 소리가 거의 나지 않는 포장지로 싸인 생리대를 사용하는 등, 가능한 한 빠르고 신중하게 처리한다)을 배운다. 텔레비전과 인쇄 광고에는 딱 붙는 흰색 청바지나 테니스 반바지를 입은 날씬하고 행복한 여성이 생리의 모범으로 추켜세워진다. 이 여성은 생리 중에도 즐겁고 활동적이며 깨끗하다. 그녀는 피를 흘리지만 아무도 그것을 모른다. 그녀는 웃고 있지만 속으로는 그렇지 않다.

우리는 생리혈을 더럽고 비밀스러운 것, 관리하고 감추고 처리해야 하는 부끄러운 분비물로 여긴다. 하지만 우리가 그토록 감추고 제거하고 싶어 하는 피가 실은 찬양하고 탐구해야 할 개인 고유의 서명이 담긴 귀중한 생화학적 정보원이라면? 생리혈을 채취해 분석함으로써 수년의 진단 지연 문제와 고통스러운 검사 절차를 줄일 수 있다면? 또 생리혈이 환자 대기시간을 줄이고 국가 보건 예산을 수백만 달러 절감해줄 사금과 같은 존재임을 국가 재정 관리자들이 안다면? 가볍든 심하든, 선홍색이든 늦가을 낙엽색이든 우리가 감추는 그 물질이 광고에 등장하는 연한 푸른색 물방울이 아니라 진짜 몸에서 나온 진품이기만 하다면, 그 자체로 보물단지일지도 모른다면?

* * *

생리혈의 중요성을 알아보기 전에, 우리는 먼저 그 안에 무엇이 들어 있는지 알아야 한다. 사실을 말하자면, 피는 월경으로 흘러나오는 물질의 일부에 불과하며, 경우에 따라서는 절반도 차지하지 않는다. 이 물질에 대한 몇 안 되는 종합적인 연구 중 하나에 따르면, 월경 조직의 평균 36퍼센트만이 혈액이고 나머지 64퍼센트는 자궁내막 세포, 점액, 자생세균(앞에서 말한 박테리아 군집), 질 분비물이 뒤섞인 물질인 것으로 나타났다.[1] 그런데 여기서 주의할 점은 생리혈에 '정상'이나 '표준'은 존재하지 않는다는 것이다. 같은 연구에서, 생리혈의 구성 성분은 개인차가 커서 어떤 여성은 혈액이 1.6퍼센트에 불과한 반면 어떤 여성은 81.7퍼센트에 이른다는 사실이 밝혀졌다. 이 논문의 저자들은 이런 차이가 왜 생기는지에 대해서는 조사하지 않았다. 예를 들어 혈액과 기타 물질의 비율이 나이나 인종, 또는 질병 상태에 따라 달라지는지는 확실하지 않다. 여성 건강에 대한 많은 연구와 마찬가지로 새로운 정보는 답해주는 것보다 의문을 더 많이 제기하며, 후속 연구의 진행 여부는 연구비와 그 연구비를 배정하는 사람들에게 달려 있다.

그러면 다시 혈액, 즉 많은 과학자들이 '월경 유출물menstrual effluent'이라고 부르는 것으로 돌아가보자. 유출물이라는 단어는 오물과 잔해를 연상시킨다. 《케임브리지

44

사전The Cambridge Dictionary》에서는 유출물을 '공장이나 하수를 처리하는 곳에서 배출되는 액체 폐기물로, 대개 강이나 호수 또는 바다로 흘러가는 것'으로 정의한다.[2] 인류학자 에밀리 마틴은 의학계에서는 오랫동안 월경을 단순히 쓸모없는 죽은 조직이 배출되는 것으로 생각했다고 주장한다.

"[의학 문헌에 제시된] 설명을 읽다 보면 마치 어그러진 시스템이 쓸모없는 상품, 사양에 맞지 않는 상품, 판매할 수 없는 상품, 폐기물, 고철 덩어리를 생산하고 있는 것 같은 인상을 받는다. 널리 쓰이는 의학 교과서에 등장하는 한 삽화에는 월경이 형태가 어지럽게 붕괴되는 것처럼 그려져 있는데, 이는 월경을 '멈춤', '죽어감', '소실', '탈락', '배출'로 묘사하는 많은 교과서와 너무나도 잘 어울리는 그림이다.[3]

생리혈을 묘사하는 말로 '유출물'을 채택한 것은 언뜻 월경에 관한 지배적 서사와 아귀가 잘 맞는 것처럼 보인다. 이 서사는 선사시대의 금기와 미신에서 시작되었고, "여성은 하수구 위에 지어진 사원"이라고 선언한 2~3세기 인물인 테르툴리아누스 같은 초기 신학자들에게 영감을 준 뒤로 오늘날까지 이어지고 있다. 당신은 생식에 필수적이고 생리적으로 건강한 분비물을 온갖 부정적 의미가 내포된 말인 '유출물'로 부르는 것이 영 내키지 않을지도 모른다. 이는 여성의 몸을 폄하하고 비하하는 언어의 또 다른 예가 아닐까? 묵살이고 모욕이 아닐까? 하지만 경솔한 반응은 금물이다. 좀 더 자세히 살펴보자.

유출물을 있는 그대로 풀이하면 '흘러나오는 물질'이다. 이 용어를 사용하는 사람들은 경멸적 의미를 떠나 사실을 있는 그대로 기술할 뿐이다. 이들은 월경하는 사람들이 매달 배출하는 물질이 단순히 피가 아니며, 따라서 우리가 그것을 피라고 불러서는 안 된다고 생각한다. 우리는 그것을 흘러나오는 무언가라고 부를 수 있으며, 그렇게 함으로써 그것을 오물이나 폐기물이 아니라 단순히 A에서 B로 이동하는 물질로 인지하게 된다. 즉 우리는 중립적인 태도로 가능성의 문을 열 수 있다. 크리스틴 메츠Christine Metz 박사만큼 열정적으로 그 문을 열어젖히고 당당히 걸어 나오는 사람은 보기 드물다. 따라서 메츠와 그녀의 연구팀은 발을 차고 비명을 지르며 저항하는 의학계를 그 문으로 이끌게 될 것이다.

* * *

"우웩."

크리스틴 메츠는 의약생화학연구소 책임자, 파인스타인 의학연구소의 분자의학 교수, 노스쇼어 대학병원과 롱아일랜드 유대인의료센터에서 추진하는 산모·태아 펠로십 프로그램의 산부인과 연구 책임자 같은 화려한 직함을 가지고 있다. 그럼에도 불구하고 메츠가 지금은 이 분야의 가장 중요한 프로젝트 중 하나가 된 연구를 처음 제안했을 때 많은 동료들이 보인 압도적인 반응은 '우웩'이었다. 왜 이런 혐오 반응이 나왔을까? 의사들은 의과대학을 다니며 시체, 외상성 상처, 곪고 있는 농양, 축 늘어진 토사물 봉지 등 회진 한두 번만 돌면 만나게 되는 것들을 통해 혐오 요인에 잘 훈련되어 있을 텐데 말이다. 게다가 공정함과 동정심의 대명사인 의사는 함부로 '우웩'이라고 말하지 않는다고 알려져 있다.

하지만 연구 대상 물질이 월경 유출물일 때 그들은 확실히 '우웩'이라고 반응했다. 크리스틴은 ROSE('연구는 자궁내막증을 이긴다Research OutSmarts Endometriosis'라는 문장의 머리글자를 딴 것) 연구에서, 여성들이 생리컵이나 특수 생리대로 월경 유출물을 채취해 연구센터로 보내면 임상 의사가 생리혈 내의 특정 세포를 조사해서 자궁내막증의 잠재적 표지를 찾아낼 수 있다고 제안했다.

2월의 어느 화창한 날 아침 책상 앞에서 나와 영상통화를 하면서 크리스틴은 비정상적인 기질세포stromal cell(자궁내벽을 두껍게 하고 임신 초기에 태반 형성을 돕는 세포)의 존재는 특정 질환의 징후일 수 있는데, 이 질환은 진단되기까지 평균 7~10년이 걸리며, 고통스럽고 값비싼 검사와 수술을 요한다고 말한다(이 책의 뒷부분에서 이 질환의 괴로움에 대해 다시 다룰 것이다).

크리스틴은 밝고 활기찬 얼굴로 대화를 시작한다. 자신의 연구를 누군가와 함께 나눌 수 있어서 기쁜 듯하고 열정을 주체할 수 없는 것처럼 보인다. 하지만 그녀는 ROSE 연구를 추진하는 것은 힘든 과정이었다고 인정한다. 난처할 수 있는 온갖 물질을 연구하는 데 아무 거리낌이 없는 현대 의학계에도 월경에 대한 혐오감이 깊이 뿌리박혀 있었기 때문이다.

"월경 유출물에 대한 연구가 전혀 이루어지지 않았다는 사실은 충격적이에요." 크리스틴은 말한다. "최근 〈미국 산부인과 저널American Journal of Obstetrics and Gynecology〉에 기고할 리뷰 논문을 쓰기 위해 월경 유출물에 대한 논문이 몇 편이나 발표되었는지 조사해봤는데, 정액이나 정자에 대한 논문에 비하면 극소수였어요." 나중에 나도 같은 조사를 직접 해봤는데 결과는 똑같았다. 정액이나 정자에 대한 논문은 1만 5000편이 넘는 데 비해, 월경 유출물에 대한 논문은 약 400편에 불과했다. 불균형은 확연하다.

크리스틴은 과학계가 월경 유출물을 간과한 탓에 여성 의료에 커다란 빈틈이 생겼다고 말한다. "월경 유출물은 우리의 연구 초점인 자궁내막증 외에도 자궁 건강에 대해 많은 것을 알려주는 정말 중요한 생물학적 표본이에요. 불임과 임신에 관한 정보가 담긴 금맥일 뿐만 아니라, 자궁선근증, 자궁근종, 초기 암, 비정상적인 자궁 출혈, 그리고 많은 소녀와 여성을 괴롭히는 심각한 문제인 월경곤란증[생리통] 같은 문제에 대해서도 알려줘요. 하지만 아무도 이 표본에 주목하지 않았어요."

근본 원인은 월경을 둘러싼 수치심과 사회적 낙인에 있다. 우리보다 잘 알고 있을 의학 전문가들 사이에서도 상황은 다르지 않다. 크리스틴과 나는 딸을 키우는 엄마로서, 우리도 겪어봤고 나중에 우리 아이들도 겪게 될 일이기 때문에 이 문제를 등한시해서는 안 된다며 맞장구를 쳤다.

"의사들은 환자의 월경에 대해 자세히 이야기하는 것을 꺼려요." 크리스틴은 말한다. "산부인과에 가면 몇 가지 항목에 체크하라고 할 뿐 '생리는 어떤가요?', '생리통이 있나요?', '생리통이 얼마나 오래 지속되나요?', '언제 통증이 있나요?'라고 아무도 묻지 않아요." 나 역시 월경에 대한 질문을 받아본 적이 없다. 딸이 생리 때마다 힘들어하기 전까지는 생리가 심하다는 게 뭔지도 몰랐다. 왜냐하면 아무도 그 이야기를 하지 않았으니까. 우리는 그런 이야기를 혐오스럽다고 생각한다.

유감스럽게도 크리스틴이 ROSE 연구에 대한 지원을 요청했을 때 동료들도 혐오로 반응했다. "우리 연구를 홍보하고 연구에 참여할 여성들을 모집하기 시작했을 때, 대부분의 의사들은 우리를 도우려 하지 않았어요. 그들은 환자들에게 우리 연구에 대해 말하기를 몹시 꺼렸어요. 그 의사들은 '내 환자들은 월경 유출물을 주지 않을 겁니다. 절대 줄리가 없어요. 그렇게 하고 싶어 하지 않을 거예요'라고 말했죠." 크리스틴과 그녀의 팀이 연구에 발을 들여놓기도 전에 문이 쾅 닫힌 것처럼 보였다.

하지만 이 이야기의 결말은 해피엔딩이었고, ROSE 연구는 현재 활발히 진행 중이다. 처음에 의사들이 거부감을 보였음에도, 여성들 스스로가 열의를 가지고 참여했기 때문이다. 많은 여성이 요청을 받고 기꺼이 응했을 뿐만 아니라, 크리스틴조차 걱정했던 방대한 설문지도 열심히 작성해주었다. "자궁내막증 진단을 받은 여성들은 [세계 자궁내막증 연구재단World Endometriosis Research Foundation에서 제공하는] 40쪽 분량의 WERF라는 설문지를 작성해야 해요." 크리스틴은 말한다. "하지만 여성들은 이 설문지를 즐겁게 작성해요. 그들은 자신의 이야기를 공유하고 싶어 하고, 어떤 점이 힘든지 적극적으로 알리려고 해요. 설문지 분량이 어마어마해서 아무도 작성하지 않을 줄 알았거든요!" 크리스틴이 웃으며 컴퓨터 화면을 향해 몸을 기울인다. "하지만 실제로는 정반대였어요." 참가자들은 수년 동안 가정의학과 의사와 부인과 의사들이 하지 않았던 그 질문들을 환영하는 것을 넘어, 그동안 이야기하고 싶었던 많은 정보를 적극적으로 공유해주었다. 이런 풍부한 정보에 신중한 시료 분석이 더해져 ROSE 연구팀은 매우 인상적인 결과를 내놓기 시작했다.

"지금까지 우리는 이 진단법이 매우 우수하다는 것을 보여주는 두 편의 논문을 발표했어요. '그래프 곡선 아래 면적'을 의미하는 AUC는 0.92로 매우 높은 수치고, 이는 우리가 자궁내막증 환자를 식별해낼 수 있다는 뜻이에요"[4]

쉽게 풀이하면, 자궁내막증이 있는 여성들에게서 채취한 월경 유출물을 조사한 결과 이 질병을 강력하게 암시하는 세포 특징을 확인할 수 있었다는 뜻이다. 하지만 크리스틴은 이런 초기 성공에 만족하지 않고 더 크고 빠른 진전을 기대하고 있다. "현재 우리의 질문은 '증상은 있지만 아직 진단받지 않은 사람들을 찾아낼 수 있는가'예요. 그런 연구가 현재 진행 중이에요. 우리가 [최근] 발표한 논문에는 자궁내막증이 의심되지만 아직 진단받지 않은 피험자들이 소수 포함되어 있어요." 지금까지의 연구 결과, 이들의 월경 유출물 속 세포들이 자궁내막증으로 진단받은 피험자들의 세포와 매우 비슷한 특징을 보였다고 크리스틴은 설명한다. "우리는 이 방법이 효과가 있을 거라고 생각해요."

당신은 처음에 저항했던 의학계도 이 연구 결과를 열렬히 환영할 거라고 생각할지도 모른다. 그런데 과연 그랬을까? 과학계는 뻣뻣한 방향타를 가진 거대한 배처럼, 이런 방향 전환을 받아들이는 데 굼떴다. 월경 유출물에서 쉽게 확인할 수 있는 세포 특징을 지금까지는 자궁내막 조직 검사를 해야만 확인할 수 있었다고 크리스틴은 설명한다. 조직 검사를 위해서는 질을 열어 자궁경부를 고정한 다음 가느다란 관을 집어넣어 자궁내막에서 세포를 채취해야 한다. "매우 침습적인 방법이죠." 크리스틴은 말한다. "게다가 상당히 고통스러워서 여성들은 조직 검사를 두번 다시 받으려 하지 않아요. 그런데도 내가 미국 NIH(국립보건원)에 연구비를 신청했을 때 NIH의 의견은 '조직 검사를 하면 되는데 왜 굳이 월경 유출물을 채취하려고 하는지 이해가 안 된다'는 것이었어요. 이런 입장은 우리 연구팀의 접근방식인 '비침습적인 방법을 사용하고, 여성들이 꺼리지 않으며 어떤 고통도 감내할 필요가 없어야 한다'와는 정반대예요."

여성의 편안함과 편의를 생각하지 않는 것 외에도, 크리스틴의 많은 동료들은 월경 유출물 샘플에서 정확한 세포를 채취해 배양하는 데 약 한 달이 걸린다는 점을 들어 반대했다. 크리스틴은 이런 속도에 대한 요구는 어처구니없는 이중잣대라고 지적한다. "진단을 위해 세포를 배양해야 한다는 점 때문에 많은 비판이 있었고, 실제로 사람들은 그것을 엄청난 시간 지연이라고 생각해요. 하지만 현재 여성들이 자궁내막증 진단을 받기까지는 7년에서 10년이 걸려요. 이거야말로 지연이죠. 세포를 배양하는 데 걸리는 한 달이 문제인가요?"

크리스틴은 내게 이런 현실을 설명할 때, 반대하는 사람들에게 자기 아이디어의 장점을 설득하는 데 이골이 난 사람이 느끼는 피곤함을 감추려고 애썼다. 나도 그런 표정을 잘 알고 있다. 그건 자명한 진실을 설명해야 하는 데서 느끼는 피곤함이기도 하지만, 크리스틴의 경우에는 그동안 부인과 질환으로 수년간 불필요하게 고통을 겪어온 많은 여성들의 심정을 대변하는 슬픔이기도 했다. 이는 물론 의료기관이 더 빠르고 더 나은 진단 및 관리 방법을 받아들이

지 않았기 때문에 생긴 일이다.

"자궁내막증을 앓는 많은 여성들이 한 달에 이틀 정도 병가를 내다가 결국 실직하거나 승진에서 누락된다는 사실이 가장 슬퍼요. 그들은 좋은 의료 서비스를 받고 있지 못해요. … 이 때문에 자신의 잠재력을 충분히 발휘하지 못하고 있죠. 그리고 실제로 그 결과로 인해 고통받고 있고요. … 그래서 난 외과적 방법보다 저렴한 진단 방법을 개발하고 싶어요. 외과적 검사 비용은 미국의 경우 1만 달러나 돼요. 우리가 개발하는 방법은 그보다 훨씬 저렴할 거예요."

우리 모두가 알다시피, 크리스틴이 살고 일하는 미국처럼 의료 시스템이 민간에 맡겨져 있든, 내가 사는 영국처럼 국가가 운영하든, 결국은 돈이 관건이다.

* * *

자궁을 가진 사람에게는 다행스럽게도, 사적이든 공적이든 의료에 대한 투자가 최선의 결과로 돌아올 수 있도록 노력하는 미래 지향적인 사람들이 적지만 있다. 캔디스 틴젠 Candace Tingen도 그런 사람들 중 하나다. 캔디스는 메릴랜드의 자택에서 나와 영상통화를 하며, (아이들이 산책을 나갔지만 언제 돌아와 소리를 지를지 모른다며 양해를 구한 후) 돈, 월경 유출물, 그리고 기술의 만남이 왜 부인학이 그토록 기다려왔던 최적 조건인지 설명한다.

"나는 국립아동보건 및 인간발달연구소에서 프로그램 책임자로 일하고 있어요." 캔디스가 설명한다. "자궁근종과 월경 장애, 그리고 월경 건강 전반을 다루는 연구 제안서를 검토하는 것이 내 업무예요." 과학계는 이 분야의 새로운 가능성을 받아들이는 걸 꺼릴 수 있지만 일반 대중은 전혀 그렇지 않다고 캔디스는 말했다. "좋은 세상이 왔어요." 그녀는 흥분된 목소리로 말한다. "가정에서 본인의 생리혈을 관찰하고 그것에 대해 생각해보고 생리가 얼마나 심한지 말할 수 있다는 것을 누구보다 여성들이 제일 먼저 받아들였어요. 지금 틱톡에 가보면, 젊은 여성들이 월경 유출물의 농도, 응고 문제, 색깔 등에 대해 이야기를 나누고 있어요. 그들은 이 모두에 대해 거리낌 없이 이야기해요. 연구자들과 일부 기성세대는 생각하지 못한 일이지만, 젊은 세대의 사고방식으로는 얼마든지 토론할 수 있는 주제가 되었죠." 나는 그 말을 들으며 내 열네 살짜리 딸에게 'K-팝톡'(한국 팝음악 팬들을 위한 톡)이나 '트와일라잇 톡'(늑대인간 밈을 위한 톡)의 경이로움에 눈뜨게 해준 것처럼 '생리 톡'이란 게 있다면 소개해달라고 부탁해야겠다고 마음먹는다. 캔디스는 톡과 기술을 향유하는 이 새로운 세대가 생리 건강에 관한 최신 발전을 대중이 이용할 수 있는 형태로 만드는 데 중요한 역할을 할 수 있는 이유를 설명해준다.

"우리는 작은 기업들에게 이 분야의 연구 프로젝트를 추진하도록 요청해왔고, 월경 유출물 연구를 하는 경우 보너스 점수를 줘요. 그 결과 현재 특정 화학물질과 특정 단백질을 찾아내는 생물학적 센서가 이미 존재해요. 예를 들어 이런 센서 중 하나를 탐폰에 넣으면 센서가 특정 질병의 바이오 마커(생물학적 표지)를 탐지해낼 수 있어요. 센서는 탐폰이나 생리대에 넣을 수도 있고, 별도의 용기에 넣을 수도 있어요. 예를 들어 혈액 한 방울을 채취해 특정 바이오 마커를 찾아내는 작은 탭에 떨어뜨리면, 월경 유출물 속에 이 바이오 마커가 존재하는지 '예' 또는 '아니오'로 간단하게 알려줄 거예요. 또 그런 탭을 한두 개 또는 여러 개의 바이오 마커를 읽는 휴대폰 앱과 연결해 해당 정보를 임상의에게 전송하면, 의사가 '문제가 있거나 앞으로 문제가 될 수 있는 결과가 나왔으니 내원해서 자세히 살펴보고 증상에 대해 이야기해봅시다'라고 말할 수 있어요. 탐폰과 휴대폰, 그리고 의사를 연결하는 건 아직은 내 꿈에 불과해요. 탐폰과 휴대폰, 의사를 연결하는 단일 경로가 있으면 얼마나 좋을까요. 그런 현장 진단기기가 나온다면 여성들이 문제가 생길 때마다 병원을 찾지 않아도 될 거예요."

캔디스가 열정적으로 말하는 것을 들으니 나도 그 아이디어가 마음에 들지만 과연 우리 생전에 실현될 수 있을지 궁금하다. 우리 세대 여성도 이런 기술의 혜택을 받을 수 있을지 묻자 캔디스의 대답은 확고하다. "물론이죠. 그렇게 될 겁니다." 캔디스는 넥스트젠 제인NextGen Jane(용감한 여성 우주비행사의 이미지를 연상시키는 이름이다)이라는 회사가 '스마트 탐폰'을 개발하고 있다고 말한다. 스마트 탐폰이 개발 된다면, 월경하는 사람들이 집에서 자신의 생리혈로 건강 을 관리할 수 있는 현장 진단 수단이 생기는 것이다. 이런 발전은 특히 부인과 진료를 받기 어려웠던 사람들에게 큰 도움이 될 것이다. 캔디스는 말한다. "미국 카운티의 약 절 반이 산부인과를 갖추고 있지 않아서, 많은 카운티에서 여 성들은 부인과 문제로 일반 의사를 찾아가거나, 특정 산부 인과 진료가 필요한 경우에는 다른 카운티로 가야 해요. 심 지어 자궁내막증이나 자궁근종을 전문적으로 보는 산부인 과도 아니에요. 진단 지연 문제가 왜 생기는지 이제 이해가 될 거예요. 모든 일차 진료기관의 사무실에 우리가 있다면, 매년 건강검진 때 탐폰을 놓고 오면 돼요. 우리가 그걸 가 지고 문제가 있는 사람을 선별해 맞춤형 치료로 연결할 수 있다면, 새로운 문이 열릴 거예요."

의료 시스템이 국가마다 조금씩 다르긴 하지만, 전 세계 에서 여성들은 물리적 거리나 비용 탓에, 직장이나 학교 또 는 돌봄 책임 때문에, 아니면 뿌리 깊은 인종차별이나 성차 별에서 비롯된 더 복잡한 장벽 때문에 거주 지역에서 전문 산부인과 진료를 받지 못하는 경우가 많다. 캔디스와 나는 가까운 병원에 탐폰이나 생리대 또는 생리컵을 놓고 오는 것이 소변 샘플을 제출하거나 채혈하는 것만큼이나 일상적 인 일이 되는 미래의 판타지 세계에 대해 열광적으로 이야 기하며 대화를 마무리한다. 마흔세 살인 나는 그런 날이 오기 전에 폐경에 이르겠지만, 옆방에서 틱톡을 하는 내 딸에게는 스마트 탐폰이 매우 스마트한 해결책이 될 수 있을 것이다.

* * *

월경에 대해 '스마트'해지는 것, 즉 월경을 예측하고 이해하고 관리하는 일은 인류가 시작된 이래로 언제나 사람들의 관심을 끌었다. 2014년 〈가디언〉에 실린 '그래서 여성들은 이것을 창조했다'라는 제목의 기사에서 샌디 톡스빅은 이렇게 썼다.

"몇 년 전 대학에서 인류학을 공부하던 시절, 한 여성 교수님이 사슴의 갈라진 뿔에 28개의 표식이 새겨진 사진을 보여주었다. '인류가 달력을 만든 최초의 시도로 보인다'고 교수님이 말했다. 우리는 모두 감탄의 눈길로 그 뿔을 보았다. 교수님은 이어서 이렇게 물었다. '28일이 지난 후 알아야 할 게 무엇이었을까요? 이건 여성들이 만든 최초의 달력일 거예요.'"5

요즘은 간단히 스마트폰을 톡 치기만 하면 생리주기를 추적할 수 있다. 2015년에 애플 헬스가 처음 출시된 뒤로 생리주기 추적 앱은 서구 선진국에서 보편화되었다. 안 될 이유가 있을까? 예전에는 추측에 의존하던 문제(더 체계적인 사람들의 경우 달력에 자기만 알아볼 수 있는 점을 찍거나 날짜에 동그라미를 치는 방법을 사용했다)를 지금은 컴퓨터 알고리즘이 순식간에 해결해준다. 지난 10년 동안 왜 수많은 생리주기 추적 앱이 개발되었는지, 그리고 왜 이런 앱이 수억 회 다운로드되었는지 이해하기는 어렵지 않다. 그날이 예기치 않게 '닥치는' 상황을 피할 수 있고, 월경주기 중간쯤인 가임기를 대략 예측할 수 있다는데 혹하지 않을 여성이 있을까.

편의상의 이유든 임신을 위해서든, 월경주기를 예측하고 이해하는 일에 대한 여성의 관심은 월경 자체만큼이나 오래되었음이 분명하다. 아랫배가 뒤틀리고 나서 허벅지 안쪽에 피가 흐르는 것을 느낀 최초의 동굴인, 또는 임신으로 몸이 무거워지자 곧 월경이 멈춘 것을 알아챈 유목민 부족의 여성을 상상해보라. 인간은 타고나기를 호기심이 많고 앎을 추구한다. 그러니 월경 달력이 당연히 존재하지 않았을까? 샌디 톡스빅의 교수님이 보여준 표식이 새겨진 사슴뿔처럼, 인류 초기의 '생리 추적 앱'이 있지 않았을까? 애석하게도 여성의 생리주기에 대한 가장 오래된 기록은 사라졌거나 무시되었거나, 또는 톡스빅의 교수님이 암시하듯 역사학자와 인류학자들에 의해 잘못 해석되었을 공산이 크다. 하지만 갑자기 속옷에 피가 쏟아져 나오는 경험을 하고 나서 그날을 예측할 수 있으면 좋겠다고 생각해본 사람이라면, 초기 여성들이 월경주기 추적에 관심이 **없었을 것이라는** 주장이 관심이 있었을 것이라는 주장보다 훨씬 설득력이 떨어진다는 생각이 들 것이다.

인류 초기의 월경하는 사람들에 대한 진실에 가까이 다가가는 방법은, 현대 기술의 등장에도 불구하고 오래된 관습을 비교적 큰 변화 없이 유지하고 있는 원주민 부족의 관습을 살펴보는 것이다. 예를 들어, 네덜란드의 역사학자이자 인류학자인 욘 아빈크Jon Abbink는 2015년 에티오피아 남서부에 사는 수리족의 젊은 여성들을 대상으로 실시한 연구에서, "수리족 소녀들이 생리주기를 추적하는 방법은 밧줄에 작은 매듭을 짓거나 구슬을 엮어서 날짜를 계산하는 것인데, 각각의 매듭과 구슬은 하루를 나타내고, 매듭과 구슬의 개수는 주기의 단계를 나타낸다"라고 썼다. "소녀들은 이 밧줄을 가죽 치마 속에 넣고 다니며 매달 월경이 시작되는 날 날짜 계산을 다시 시작한다."6 간단하고, 신중하고, 휴대 가능하며, 정확한 방법이다. 수리족 소녀들은 자신의 필요와 가용 자원에 맞는 방식으로 생리주기를 추적하는 것으로 보인다. 이와 비슷한 방법을 사용한 원주민 부족이 그 밖에도 얼마나 많은지는 기록되어 있지 않지만, 그 방법을 수리족만 사용했다고 상상하기는 어렵다.

현대의 생리 추적 앱(이런 앱은 단순히 월경 시작을 예측하는 목적 외에도 기분, 수면, 통증 정도, 성 활동 등을 추적할 수 있다)의 인기는 증명하기가 훨씬 쉽다. 가장 인기 있는 앱인 플로Flo와 클루Clue는 최근 월 사용자가 각기 1억 명과 1200만 명으로 추산되며,7 생리주기 추적 앱의 세계 시장 규모는 2025년까지 5000만 달러에 이를 것으로 예상된다.8 나는 소셜미디어 사용자들을 대상으로 비공식 설문조사를 해봤는데, 593명의 응답자(주로 18~45세 연령대) 중 72퍼센트가 생리 추적 앱을 사용한다고 응답했다. 그리고 많은 이들이 월경 시작을 미리 예측해 직장에서 더 잘 대비할 수 있는 점, 자궁내막증의 증상이나 생리주기에 따른 기분 변화를 추적할 수 있는 점, 가임 기간을 계산해 임신에 최적인 날을 고르거나 피임을 할 수 있는 점을 장점으로 꼽았다. 스코틀랜드에 사는 스물아홉 살의 보건원 스테이시는 생리 추적 앱 덕분에 삶의 많은 부분이 개선되었다고 설명했다.

"월경과 체온을 추적하기 시작하면서 약 7년 동안 호르몬 피임법을 사용하지 않았어요. 내 몸의 주기를 잘 이해하고 있다는 느낌이 들어요. 기분이 어떤지, 식사 조절에 좀더 느슨해져도 되는 때가 언제인지, 근력 운동이나 유산소 운동을 더 많이 해야 할 때가 언제인지 알 수 있어요. 친구들이 고민을 말하면(예를 들어 복통, 뾰루지, 원인 모를 설사 등) 난 가장 먼저 '지금 월경주기의 어느 단계인지' 물어요! 그런데 자기 몸에 대해 모르는 여성이 얼마나 많은지 놀라울 정도예요."9

스테이시에게 (그리고 비슷한 견해를 보여준 설문조사의 많은 응답자들에게) 생리 추적 앱은 자기 몸의 일상 기능(그리고 기능장애)을 더 깊이 이해할 수 있도록 돕는 수단이다.

런던정치경제대학교의 앨누어 비마니Alnoor Bhimani 교수는 생리 추적 앱의 경제적 잠재력을 평가하면서, 그런 앱의 가장 큰 매력은 '더럽다'고 여겨지는 과정을 깨끗해 보이게 만드는 데 있다고 주장한다. "생리혈 중심의 계산은 여성의 몸에 대한 정보를 깨끗하게 표현할 수 있다는 점이 중요하다. 정량화는 현실에서 정량화되는 대상이 가지고 있는 오물을 제거하는 역할을 한다. … 데이터는 불결한 것으로 간주되던 것을 깨끗해 보이게 만든다."[10]

여성들이 '깨끗해 보이게 만드는' 앱에 의지할 정도로 월경에 덧씌워진 뿌리 깊은 오명을 내면화했다는 견해는 도발적이지만, 내 설문조사에 참여한 응답자들의 상당수는 '관리', '예측', '계획', '통제'(가장 많이 사용함) 같은 단어를 자주 사용하면서, 이런 앱이 그들의 삶에 가져다준 질서를 높이 평가했다. 아일랜드에서 채권 추심 상담사로 일하는 스물일곱 살의 카오일린은 불규칙한 생리를 추적하고 예측할 수 있는 앱을 발견하고 얼마나 안도했는지 설명한다. "마침내 어느 정도 통제되고 있다는 느낌이 들었어요. 난생처음으로 내 몸을 이해하게 된 것 같았죠."[11] 카오일린 같은 사용자들에게 기술은 월경이라는 어수선한 일을 가지런하게 정돈해주고, 혼란스럽고 관리하기 힘든 경험에 질서를 가져다주는 존재다. 마침내 (여성의 자궁이 아니라) 여성이 통제력을 쥔 것이다.

하지만 기술의 도움을 받아 스스로를 통제하는 일에도 단점이 없지는 않다. "공짜는 없다"라는 격언을 증명하듯 생리 추적 앱은 월경하는 사람이 입력한 데이터만큼만 정확하다. 비마니는 앱 사용자를 '프로슈머'(생산 참여 소비자)로 묘사한다. 프로슈머는 알고리즘으로 계산되는 정보를 제공받기 위해 개인 데이터를 넘겨줘야 하며, 더 많이 넘길수록 더 많은 것을 얻는다고 그는 지적한다. 생리 시작일, 생리 기간, 생리 강도와 함께 한 달 내내 시기별 증상을 성실하게 입력하는 사람은 가끔 로그인하는 사용자보다 앱에서 훨씬 더 많은 정보를 얻을 수 있다. 앱 자체가 이런 관계를 반영하고 장려한다. 예를 들어 클루에 세부 정보를 입력하면 '클루가 점점 더 스마트해지고 있습니다'라는 팝업 메시지가 뜬다.

앱이 점점 스마트해진다는 건 사용자와 사용자의 자궁에 대한 더 많은 정보를 저장하고 분석한다는 뜻이지만, 많은 앱이 더 향상된 기능과 콘텐츠에 더 높은 요금을 부과하는 방법으로 수익을 창출하기 때문에, 자궁과 자궁 기능의 상품화를 둘러싼 몇 가지 심각한 윤리적 문제가 제기되고 있다. 미국에서 생리 추적 앱은, 건강과 관련된 상황에서의 개인 데이터 사용을 감독하는 광범위한 개인정보 보호법인 의료보험 이동성 및 책임에 관한 법률HIPAA, Health Insurance Portability and Accountability Act을 지킬 필요가 없다. 그리고 유럽에서는 2018년에야 앱이 수집한 데이터의 수거 및 공유를 감독하는 더 엄격한 규제를 명시한 법률인 일반 개인정보 보호법GDPR, General Data Protection Regulation이 만들어졌다. 이런 엄격한 규제는 난데없이 나온 것이 아니다. 2019년 영국에 본사를 둔 프라이버시 인터내셔널이 실시한 조사에서, 앱 미아펨MIA Fem과 마야Maya가 적절한 동의 없이 사용자의 개인 데이터를 페이스북과 공유해온 사실이 드러났다. 비슷한 시기에 플로는 사용자를 속이고 페이스북 및 구글과 불법적으로 개인정보를 공유한 혐의로 연방거래위원회로부터 피소된 후 합의 절차를 밟았다.12 지금도 사용자들은 자신의 개인 데이터가 어떻게 사용되고 수집되는지 잘 모를 것이다. 스테이시처럼 신경 쓰지 않는 사용자도 있다. "내가 사용하는 수많은 디바이스가 모두 연결되어 있어요. 나는 개인정보 공유에 대해 별로 고민하지 않는 세대인 것 같아요. 내가 아는 한 [내 생리주기 추적 앱에는] 읽기 쉽게 적힌 개인정보 보호 정책이 있지만, 그것에 대해 생각해본 적은 별로 없어요." 한편 데이터 수집의 복잡한 과정을 파악하려고 시도하는 사용자들은 앱의 모호한 설명에 고개를 갸우뚱할 것이다. 예를 들어 클루의 공식 트위터 계정에 올라온 한 게시물에는 이렇게 적혀 있다. "당신이 클루에서 추적하는 모든 것은 당사의 백엔드(일반 사용자의 눈에는 보이지 않는 서버에서 작용하는 기술 – 옮긴이)에 안전하게 저장됩니다."13 이 문구에 담긴 의도는 사용자를 안심시키는 것이지만, 안심할 수 있는지 여부는 사용자가 데이터 보안이라는 개념을 제대로 이해하고 신뢰하느냐, 또는 앱의 '백엔드'가 뭔지 아느냐에 달려 있다.

나는 좀 더 확실히 알기 위해 당사자(앱 개발자)에게 직접 물어보기로 했다. 클루의 공동 개발자인 아이다 틴은 베를린의 아파트에서 영상통화로 나와 이야기를 나눴고, 우리는 팬데믹 시기를 맞아 가정과 일의 상충되는 요구를 다루는 어려움에 대해 잡담을 주고받은 후 생리주기 추적 업계의 핵심 딜레마로 화제를 옮겼다.

"데이터 프라이버시는 매우 중요해요." 아이다는 말한다. "우리는 사용자에게 생리 데이터를 공유하도록 요청합니다. 우리는 이런 개인정보를 보호할 방법, 그리고 신뢰를 구축할 방법에 대해 날마다 많은 고민을 합니다." 아이다는 소비자 데이터를 오용하는 예도 일부 있다는 사실을 시인한다. "그건 앱 경제에서 큰 문제예요. … 일부 기업이 어떻게 돈을 버는지 안다면 아마 소비자들은 그 회사의 제품을 사용하고 싶지 않을 거예요. 사람들은 프라이버시에 대해 우려하고 있고, 여기에는 타당한 이유가 있다고 생각해요. 데이터로 비윤리적인 일을 하는 업체가 많기 때문이죠." 사실 아이다는 생리 관련 데이터를 사용하는 것 자체가 윤리적으로 옳은 일인지 근본적인 의문이 든다고 말한다. "지극히 개인적인 정보에 기술이 개입해도 되는지 의문이 들어요." 클루와 경쟁 앱들은 '점점 더 스마트해지고' 있지만 그 대가는 무엇일까? 아이다는 기술이나 데이터의 사용 및 오용을 사용자들이 투명하게 알지 못하는 건 문제라고 인정한다. "일반 사용자가 데이터 처리 방법을 파악하기란 말 그대로 불가능하기 때문에 '데이터 사용 모범 기업'과 같은 일종의 인증 제도가 있으면 좋을 것 같아요."'백엔드'는 현재 철저히 신비에 싸여 있다.

아이다는 클루와 같은 수백만 파운드 규모의 앱이 어느 시점부터 수익을 추구해야 한다는 사실을 부정할 수는 없지만, 자신의 회사가 수집하고 분석한 데이터가 여성 건강에 대한 중요한 정보를 산출했다는 점을 지적하고 싶어 한다. 비정상적인 통증이나 출혈 같은 증상을 앱으로 체계적으로 관리하면 질병의 징후를 그냥 넘길 확률이 낮을 것이다. "사용자들로부터 다양한 피드백을 받았어요." 그녀가 말한다. "앱 덕분에 실제로 암을 조기에 발견했다거나, 자궁외임신 사실을 알게 되었다거나, 생명을 위협하는 다른 문제를 발견했다고 말하는 사람들도 있어요." 더 큰 규모에서 보면, 크고 다양한 피험자 집단을 대상으로 하는 실험으로 활용할 수 있을 것이고, 그렇게 함으로써 연구자들은 수백만 명의 표본을 가지고 생식 건강과 질병 추세를 파악할 수 있는 기회를 얻게 될 것이다.

"우리는 이미 다낭성난소증후군의 패턴을 파악하기 위한 알고리즘을 보스턴대학교의 훌륭한 연구자와 함께 개발했어요." 아이다가 말한다. "지금 당장은 앱에서 활발하게 사용되지 않지만, 앞으로는 점점 많이 사용될 거예요. 자궁내막증이나 우리가 아직 발견하지 못한 다른 질환에도 이 알고리즘을 사용할 수 있을지도 몰라요." 아이다가 궁극적으로 꿈꾸는 미래는 생리 추적 앱을 통해 사용자들이 생식 건

강을 관리하고 이해하며, 이런 이해가 적절한 의료 서비스
와 매끄럽게 연결되는 것이다.

"이런 장기적인 데이터 세트에는 소비자 수준에서 우리
가 아직 활용하지 못하고 있는 강력한 정보가 담겨 있다고
생각해요. … 단순히 주치의에게 자신의 완전한 데이터, 즉
전반적인 건강 지도를 보여주며 평가해달라고 요청하는 수
준을 넘어 우리 각자가 자신의 건강 지도를 스스로 들여다
볼 수 있다면 정말 매력적일 거예요. 나는 전망이 밝다고
생각해요. 사람들이 평생 자신의 건강을 관리할 수 있도록
돕는다면, 정말 멋지지 않을까요?"

궁극적으로 생리 추적 앱이 임신부터 질병에 이르기까
지 자궁의 모든 기능을 더 깊이 이해할 수 있는 선한 힘이
될지, 아니면 이윤 추구가 모든 이타적 동기를 압도하고 오
염시킬지는 좀 더 지켜볼 일이다. 부인과 건강의 다른 많은
분야와 마찬가지로 이런 앱에 대한 연구는 한심할 정도로
부족하다. 앱 사용 사례를 종합적으로 검토한 논문은 단 한
편에 불과하며, 여기에 검토 대상으로 포함된 654개 문헌
가운데 저자들의 기준을 충족할 만큼 탄탄한 논문은 18편
에 불과했다. 검토 결과 저자들은 딱 한 가지 확실한 결론
을 도출할 수 있었다. "임신과 월경을 관리하는 앱의 개발,
평가, 사용, 규제에 대한 비판적 토론과 참여가 부족하다."
저자들은 극도로 절제된 어조로 논문을 마무리한다. "증거
에 기반한 연구가 부족한 점과, 임신 및 건강 전문가와 사

용자가 연구에 참여하지 않는 점이 문제로 제기된다."[14] 생리주기 추적 앱의 백엔드는 적극적인 사용자들이 제공하는 끝없는 데이터 덕분에 매 순간 확장되고 있지만, 연구가 이 업계의 발전을 따라잡을 때까지는 앱 자체에 대한 정보가 답답할 정도로 제한적일 수밖에 없다.

* * *

월경주기를 추적하고 생리용품을 선택, 구매하고 통증과 피로를 관리하는 부담, 그리고 그런 와중에도 기분 좋고 유능하고 사회적으로 용인되는 얼굴을 세상에 보여주기 위해 소모하는 전반적인 감정 에너지까지 고려하면, 자궁의 가장 규칙적인 기능인 월경은 월경하는 사람의 뇌 용량을 엄청나게 잡아먹는다. 경제적 비용은 아직 고려하지도 않았다. 한 자료에 따르면, 평생 생리용품을 구매하는 데만 5000파운드가 든다고 한다(이 비용을 감당할 수 없는 사람도 많다).[15] 그뿐 아니라 영국에서만 생리 증상으로 인한 병가가 연간 500만 일에 달한다는 사실을 고려하면, 이런 병가가 초래하는 경제적 비용은 더 클 것이다.[16] 게다가 4주 중 1주 동안 출혈로 인해 신체적으로 손해를 본다. 특히 월경 기간이 길거나 출혈량이 많은 불운한 사람들은 빈혈에 걸릴 위험이 높고, 평생 일어나는 월경 횟수가 증가할수록 특정 부인과 암에 걸릴 확률이 높다. 생식적 목적을 빼면 이 모든 것을 감내할 이유가 있을까?

적어도 지난 50년 동안 빠르게 증가해온 강한 목소리를 내는 소수집단은 '그럴 필요가 없다'고 답한다. 〈애틀랜틱〉에 실린 '꼭 월경을 해야 할 필요는 없다'라는 자극적인 제목의 최근 기사는 "월경은 선택적인 신체 과정이 되었다"라고 선언한다.[17] 한 진취적인 부인과 의사는 소셜미디어에 익숙한 밀레니얼 세대에 호소하고자 #PeriodsOptional(생리는선택)이라는 해시태그까지 만들었다. 정말 선택할 수 있을까? 매달 진통제를 먹어야 하는 삶에서 해방될 방법이 정말로 있을까? 탐폰을 움켜쥔 채 수치심을 안고 걷는 일은 이제 과거의 일이 될까? 생리주기 추적 앱이 "다음 생리까지 1일"이라고 명랑하게 상기시킬 때, 또는 번번이 그렇듯 장거리 비행, 직장 면접, 새로운 파트너와의 섹스처럼 가장 불편하고 난처하고 예상치 못한 순간에 그날이 찾아올 때 창조적인 비속어를 연발하는 일이 다시는 없을까? 월경하는 사람들은 모두 자신만의 끔찍한 이야기를 가지고 있고, 이런 이야기의 공통 줄거리는 좌절과 끈질긴 대처다. '월경'을 여신의 현현으로 믿는 소수의 자궁 소유자가 아니라면, '생리는 선택'이라는 말을 들으면 '나도 끼워줘'라고 대답할 것이다.

현재 단기든 장기든 월경을 억제하는 유일한 방법은 합성 호르몬을 사용하는 것이다. 경구 피임약을 복용하는 사람이라면 누구나 다음과 같은 절차를 알고 있을 것이다. 한

달의 대부분 동안 '진짜' 피임약(에스트로겐과 프로게스테론을 포함하고, 경우에 따라서는 프로게스테론만 포함한다)을 복용한 후 7일 이하의 기간에 위약(호르몬이 함유되지 않은 약)을 먹는다. 그러면 위약을 복용하는 시기에 가볍고 비교적 통증이 없는 출혈이 발생한다. 이 마지막 주간의 출혈은 약물의 영향을 받지 않는 월경주기의 리듬을 모방한 것이다. 실제로 많은 피임약 사용자들이 이때를 '생리 기간'이라고 부른다. 그런데 피임약 사용자들은 그 사실을 모르지만 (또는 인지하지 못하지만) 그건 돌발 출혈일 뿐이다. 자궁내막을 두껍게 만드는 합성 호르몬이 일시 중단되어 자궁내벽이 떨어져 나가는 것일 뿐, 어떤 종류의 배란이나 기타 자연적인 생리 과정의 결과가 아니다.

사실 약물에 의해 통제된 월경주기가 약물 없는 상태의 월경주기를 정확히 모방해야 할 임상적 이유는 없다. 첫 피임약 개발자들은 원래 건강상의 이유로 7일간의 '휴지기', 즉 가짜 출혈 기간을 포함시키지 않기로 결정했다. 오히려 일부 임상의들이 가짜 월경mock-period을 유도하면 피임약이 좀 더 자연스러워 보이고 따라서 여성들이 더 쉽게 받아들일 거라고 믿었다. 한편 '휴지기'를 넣은 이유가 종교 지도자들에게 호소하기 위해서였다는 주장도 있다.

앵글리아러스킨대학교에서 성 건강을 가르치는 선임 강사인 수전 워커Susan Walker는 "'피임약의 아버지'로 불리는 칼 제라시의 강연을 들은 적이 있다"고 회상한다. "칼 제라

시는 새로운 피임법이 자연스러운 생리주기의 연장이라고
바티칸을 설득하기 위해 1950년대 말 7일간의 휴지기와
그에 따른 출혈을 피임약에 설계해 넣었다고 말했어요."[18]
여성을 원치 않는 임신의 부담에서 해방시켜준다고 약속하
는 약물은 처음부터 한 남성(제라시)이 다른 남성(교황)의 승
인을 간접적으로 호소하기 위해 만들어졌다. 이 논쟁의 한
가운데는 힘 있는 남성들의 변덕과 욕망에 휘둘릴 수밖에
없는 목소리 없는 자궁이 있었다.

　제약회사들은 여성들에게 피임약은 자연스러운 것인 동
시에 여성을 해방시켜준다는 생각을 판매하고 싶어 했다
(지금도 종종 그렇다). 즉 피임약 사용자들은 신체와 조화를 이
루면서도 신나고 새로운 자유를 누릴 수 있다는 뜻이었다.
사회학자 케이티 앤 해슨Katie Ann Hasson은 이렇게 썼다. "제
약회사들은 웹사이트와 인쇄 광고에서 잠재적 사용자를 월
경 억제로 인도하기 위해, 그것으로 얻는 이상적인 라이프
스타일의 이미지를 이용하는 동시에 무엇이 정상이고 자연
스럽고 안전한가라는 질문을 사전에 차단하는 정보를 제
공했다. 그들은 월경주기에 대해 자세히 설명하면서 여성
들에게 '피임약 월경'을 소개했다. 피임약 월경이란 여성이
주기적인 호르몬 피임약을 복용할 때 발생하는 '예정된' 출
혈을 부르는 새로운 용어." 해슨은 제약회사들이 '피임
약 월경'이라는 표현을 계속 사용하는 것은 소비자를 기만
하고 무시하는 처사라고 주장하며, 오늘날 피임약 제조업

체들이 홍보에 사용하는 몇몇 서사는 여전히 "월경에 대한 여성의 지식과 경험을 교열하고 심지어 깎아내리는 작용을 한다"[19]라고 지적한다. 간단히 말해 언어가 중요하다는 뜻이다. 약물로 유도한 인위적 출혈을 월경이라고 부르거나, 또는 그것이 어떤 식으로든 실제 월경과 같다고 암시하는 건 여성이 자궁의 기능, 자기 몸, 그리고 자기 자신에 대해 알고 이해할 기본권을 부정하는 것이다. 해슨은 더 정확한 용어(예를 들어 '휴지기 출혈', '출혈 기간' 또는 그냥 '출혈' 등)를 사용해달라는 임상의학계의 요청을 강조한다. 즉 약물로 통제된 자궁이 실제로 하는 일을 더 정직하게 표현하는 용어가 필요하다는 것이다.

물론 늘 그래왔듯이 여성과 자궁을 가진 사람들은 자신의 몸을 어떻게 관리해야 하는지 들으면, 그러한 지침을 마음대로 바꾸거나 어길 때 발생할 수 있는 위험을 따져본 뒤 이를 재구성해 생식 자율성을 추구하는 자신만의 습관을 만들어왔다. 제라시와 그의 연구팀은 '피임약 월경'을 피임약의 필수적인 부분으로 넣어 3주 복용, 1주 중지라는 모델을 설계했을지 모르지만, 사용자들은 거의 처음부터 위약 단계를 건너뛰고 '진짜' 피임약을 한 팩 이상 이어서 복용함으로써 이런 휴지기 출혈을 미루거나 완전히 억제하는 실험을 해왔다. 현재 많은 여성이 이 방식을 받아들일 뿐만 아니라 심지어 선호한다는 사실이 연구 조사를 통해 입증되었지만, 가장 중요한 점은 이 방식이 안전하다는 것이다. 2014년, 연구자들이 기존의 28일 주기 피임약과 출혈 없는 연속적인 피임법을 비교한 12건의 무작위 대조군 임상시험을 종합적으로 검토한 결과, 두 방법이 안전성이나 피임 효과에서 아무런 차이가 없는 것으로 나타났다.[20] 2019년에 영국의 성 및 생식 건강관리 학부Faculty of Sexual and Reproductive Healthcare(왕립산부인과대학의 산하 기관)는 "7일간의 호르몬 중단으로 얻을 수 있는 건강상의 이점은 없다"라는 결론이 담긴 지침을 발표했다. "피임약을 계속 이어서 복용해 휴지기를 줄이거나 없애면 월경 출혈과 그에 수반되는 증상을 피할 수 있다."[21] 이로써 평결은 내려졌다. 월경은, 어떻게 정의하느냐에 따라 어떤 의미에서는 특정 시기의 특정인에게 정말로 선택 사항이 될 수 있다.

* * *

"만일 자궁이 없는 사람들이 한 달에 한 번씩 피를 흘려야 했다면 그들은 이미 오래전에 그것을 없애버렸을 것이다"라고 해시태그 #PeriodsOptional(생리는 선택)의 창시자인 소피아 옌Sophia Yen 박사는 말한다. 영상통화를 하는 지금 내가 있는 스코틀랜드는 평범한 시간대이고 옌 박사가 있는 캘리포니아는 새벽이다. 이른 시간임에도 불구하고 그녀의 에너지가 내 스크린으로 뿜어져 나온다. "자궁을 가진 우리는 너무 오랫동안 참고 견뎠어요. 더 이상 참고 견딜 필요가 없어요." 그녀는 굳은 신념으로 단호하게 말한다.

엔 박사는 스탠퍼드대학교의 임상 부교수이자 통신판매 피임약 회사인 판디아헬스Pandia Health의 CEO 겸 공동 설립자이며, 두 딸의 엄마다. 그녀는 유능하고, 야망이 크고, 연속적인 피임을 가능한 한 많은 사람들에게 안전하고 효율적으로 제공해야 한다는 사명감에 차 있는, 이른바 '발전소' 같은 여성으로 묘사되는 부류지만, 이 수식어는 소피아가 느끼는 감정의 깊이나, '#생리는선택' 운동의 덜 화려한 기원을 제대로 담아내지 못한다. 우리 모두에게 생리를 '끄자'고 권유하는 밝고 명랑한 이 여성은 한때는 생리 문제로 인생이 바뀔 뻔했던 불안한 젊은 의예과 학생이었다.

"MIT에 재학 중일 때였어요. 생화학 기말시험을 치르는데 갑자기 생리가 시작되었어요. 화장실로 달려가야 하나, 아니면 시험을 마쳐야 하나 고민했죠. 의예과 학생이었기 때문에 결국 시험을 마쳤어요. 하지만 잠시 정신이 산만해졌던 걸까요? 맞아요, 기말시험 도중 잠시 딴생각을 했어요. 내 왼쪽과 오른쪽을 봤는데, 자궁이 없는 사람들이 붑-붑-붑[갑작스러운 월경에 방해받는 일 없이 무심하게 시험 문제를 풀고 있는 행동을 흉내낸 것] 하고 있었죠. 그때 난 저들은 시험 도중에 갑자기 피가 쏟아진 경험이 없다는 걸 깨달았어요. 하지만 지금 돌이켜 생각해보면, 그 교실에 있던 학생의 50퍼센트가 자궁을 가지고 있었고, 넷 중 한 명은 그 순간 피를 흘리고 있었을 거예요." 소피아는 중요한 상황에 생리가 시작될 경우 발생할 수 있는 고통과 불편함을 생각하며 잠시 그 통계를 음미하다가 이렇게 결론 내린다. "정말 낭비예요."

그렇게 해서 해시태그 '#생리는선택'이(적어도 그 아이디어의 씨앗이) 탄생했다. 부인과 의사로 수련을 받고 경력을 쌓는 동안 소피아는 연속적인 피임에 대해 탐구하면서, 자궁을 가진 사람들 대부분에게 월경은 옛일이 될 수 있고 또 그래야 한다는 생각이 더욱 확고해졌다. 그녀는 여성이 가임기 대부분을 임신이나 수유로 보냈던 시절을 언급하며, 생리하는 사람들조차도 옛날의 건강하고 정상적인 몸보다 훨씬 더 생리를 많이 하고 있다고 말한다.

"우리는 끊임없이 월경하는 상태로 옮겨왔지만, 자연스러운 상태는 항상 임신 중이거나 수유 중이었어요. 항상 임신 중이거나 수유 중이라면 생리를 몇 번이나 할까요? 0이에요. 따라서 과거에는 [평생 동안] 생리를 100번쯤 했어요. 그런데 지금은 350~400번은 해요. 즉 '정상'보다 3.5배나 많이 해요. 고작 10~30퍼센트가 아니라, 필요한 생리 횟수보다 3.5배, 즉 250~300번이 더 많은 거죠. 호르몬이 매달 오르락내리락하는 건 부자연스러운 일이에요. 매달 피를 흘리는 것도요."

내 안의 조산사는 이 시점에서 이렇게 말하고 싶은 충동을 느낀다. 모유 수유를 하는 동안에도 생리와 임신을 할 수 있으며, 따라서 그런 상황에서 생리 횟수가 꼭 0이 아닐 수도 있다고. 게다가 인류 초기에 있었다는 이 이상화된

'단순한' 시대에는 생리 횟수만 적었던 게 아니라, 출산 중 사망처럼 똑같이 '자연스럽지만' 훨씬 덜 바람직한 사건들도 있었다. 그럼에도 불구하고 소피아는 여성의 가장 바람직한 인생을 위해서는 월경 횟수가 현저히 적어야 한다고 단언한다. 그러면서 생리 횟수의 감소와 특정 여성암(부인암) 발병률의 감소 사이에 상관성이 있다는 연구 결과가 있으며, 다행히 "부자연스러운 350~400회가 아니라 자연스러운 100회에 가까워질 수 있는 방법이 있다"라고 말한다.

소피아의 웅변을 듣고 있으니 나도 모르게 생리 없는 인생을 살고 싶다는 생각이 든다. 자연의 뜻이 아니라면, 특히 여성에게 좋지도 않다면, 왜 매달 피를 흘려야 할까? 왜 청바지에 얼룩이 묻을까봐, 시험 중간이나 그 밖의 중요한 일을 하다가 화장실로 달려가야 할까 봐 걱정해야 할까? 그냥 생리를 없애면 안 되나? 우리 딸들에게 초경 후 즉시 생리를 없애줌으로써 엄마들이 누리지 못한 유리한 출발을 선물하는 건 어떨까?

소피아는 내게 "10대 자녀의 호르몬이 날뛰지 않고 평온해지면 좋지 않을까요?"라고 묻는다. "임신을 시도하지 않는 시기에 4주 중 한 주를 출혈이 갑자기 닥칠까봐 전전긍긍하며 보내지 않아도 된다면요? 실리콘밸리의 극성 엄마들의 사고방식으로 말하자면, 만일 당신의 딸이 SAT나 기말고사나 다른 어떤 시험을 치르다가, 또는 토론 도중에 피를 흘릴 확률이 25퍼센트라면 **내** 딸은 0퍼센트로 만들 수 있어요." 소피아가 반복해서 사용한 "출혈이 닥치다"라는 표현은 월경을 일종의 폭행으로 가정한다. 즉 월경은 할 수만 있다면 그것으로부터 기꺼이 자녀를 보호하고 싶은 대상인 것이다.

소피아는 생리 없는 10대 소녀들이 또래보다 더 강할 뿐만 아니라 더 똑똑하고 유능할 수 있는 이유를 설명하며, 심한 월경으로 발생할 수 있는 철분 결핍성 빈혈을 지닌 아이들과 그렇지 않은 아이들을 비교한 연구를 인용한다. 빈혈이 있는 아이들은 "아이큐가 더 낮았다"고 소피아는 설명한다. "하지만 그 아이들에게 철분을 공급하자 수학 점수가 오르고 아이큐도 상승했어요. 따라서 4주 중 한 주 동안 피흘리는 자궁을 가진 사람들은 중요한 수학연산뿐만 아니라 스포츠나 호흡이나 생활에 필요한 산소가 뇌에 적게 공급되고 있을지도 몰라요. 청소년 의학 전문의로서 나는 사춘기에 남자아이들의 헤모글로빈은 증가하는 반면 여자아이들의 헤모글로빈은 감소한다는 것을 알고 있어요." 따라서 소피아가 보기에는 월경하지 않는 10대가 "학업에서 절대적으로 유리"했다.

나는 (고맙게도) 학교에서 잘 해나가고 있는 내 딸들과, 고통스럽고 심한 출혈에도 불구하고 수년간 다양한 수준의 학업에 매진한 내 10대를 떠올린다. 월경이라는 방해 요인이 (소피아는 그것을 '장애'라고까지 표현했다) 없었다면 더 잘할 수 있었을까. 나는 내 딸들이 인생 여정 초반의 굴곡을 헤쳐나가는 동안 그들의 몸과 마음을 온갖 종류의 건강하고 유익한 것으로 채워주려고 노력해왔다. 하지만 기분을 안정시켜 학업에 집중할 수 있도록 피임약도 꾸준히 먹여야 했을까? 나와 내 딸들이 자궁과 상관없이(때로는 '자궁이 있음에도 불구하고') 잘 살고 있는 지금, 이 무거운 질문에 대한 대답이 '그렇다'인지 아직은 잘 모르겠다.

사춘기 여자아이에게 합성 호르몬을 연속적으로 투여하는 것이 위험하지 않느냐고 묻자, 소피아는 그 시기의 자연스러운 급성장을 방해하지 않도록 초경 후 2년 정도는 기다리는 게 좋다는 조언을 해주었을 뿐이다. 좀 더 구체적으로 청소년의 정신적, 정서적 발달에 미치는 더 교묘한 영향은 없는지 묻자(나는 에스트로겐과 프로게스테론이 기분, 성욕, 전반적인 자아감에 깊은 영향을 미칠 수 있다는 사실을 알고 있었기 때문이다) 소피아의 대답은 더욱 모호해진다. "우리가 확실히 아는 사실은 [성인 키에 도달한 후에도] 인지 발달이 계속된다는 거예요." 호르몬 피임이 이 과정에 미칠 수 있는 잠재적 영향에 대해 소피아는 "아마 인지적 영향이 있을 거예요"라고 시인하면서 "하지만 그게 좋은지 나쁜지는 몰라요. 가능성은 반반이에요. 안 그런가요?"라고 묻는다. 소피아는 자기 회사의 평균 고객 연령이 사춘기의 힘든 발달 시기를 지난 25세이며, "[우리는] 모든 사람이 생리를 선택해야 한다고 말하는 게 아니에요. 단지 선택권이 있다고 말하는 것뿐이에요."라고 덧붙인다.

이런 확신에도 불구하고, 소피아가 마지막에 던진 "안 그런가요?"라는 물음표는 인터뷰를 마친 후에도 오랫동안 내 머릿속을 맴돌았다. 나는 둘째 딸의 재택 수업 사이에 점심을 차려주면서 파스타 접시 한쪽에 작은 흰색 알약을 두어야 하는 건 아닌지 의문이 들었다. 딸은 그날 오후에 수업을 두 시간 더 들어야 했다. 아이는 나와 마찬가지로 모니터 피로를 느끼고 있었지만 뇌는 계속 돌아가야 했다. 나는 지금부터라도 10대의 거친 파도를 잠재울 수 있는 무언가를 시작해 딸이 시험과 온갖 혼란스러운 상황을 냉정하게 헤쳐나가도록 도와주어야 할까? 딸에게 내가 갖지 못한 생리 없는 인생을 줄 수 있을지도 모른다. 자궁의 월경 기능을 모르는 축복을, 그리고 자궁에 얽매인 또래 친구들보다 뛰어날 수 있는 자유를. 어떤 엄마가 "출혈이 닥치는 것"으로부터 사랑하는 아이를 구해주고 싶지 않겠는가?

* * *

"전적으로 동의해요." 포트워스에 위치한 텍사스 크리스천 대학교의 진화사회심리학 교수 세라 힐Sarah Hill은 말한다. 그녀는 《피임약은 어떻게 모든 것을 바꾸는가: 피임과 뇌 How the Pill Changes Everything: Your Brain on Birth Control》의 저자다. 세라는 나와 영상통화를 하면서 마치 파자마 파티를 하는 친구처럼 침대에 책상다리를 하고 앉아 있지만, 목소리에 분노가 실려 있는 걸 보면 그녀가 진심임을 알 수 있다. 호르몬 피임약의 인지적 영향을 연구하고 있는 최고 전문가 중 한 명이자 10대 딸의 어머니이기도 한 세라는 피임 외의 다른 목적으로 젊은 여성에게 피임약을 복용시키는 것에 대해 할 말이 좀 있다.

"[이 아이디어에는] 두 가지 중요한 문제가 있다고 생각해요."그녀는 말문을 열며 주제에 대해 운을 띄운다. "첫 번째는 그 아이디어가 성공과 경쟁을 남성 중심적으로 본다는 거예요. 자연스러운 주기를 가진 여성이 경쟁에서 어떤 식으로든 불리하다는 건 성차별적이고 완전히 잘못된 생각이에요. 난 전혀 동의하지 않아요. 남성이 우리가 스스로를 판단하는 기준이고, 남성처럼 되는 것이 어떤 식으로든 성공의 정점이라는 생각은 한마디로 헛소리예요."그녀는 자신의 주장을 명확히 하기 위해 이렇게 덧붙인다. "그런 개념은 여성들에게 끔찍한 메시지를 준다고 생각해요. 난 절대 동의하지 않아요."나는 생화학 시험 중 생리가 시작된 소피아 옌이 "자궁 없는 사람들"이 시험지를 술술 풀어나가는 것을 쳐다보는 장면이 떠오르면서 옌이 이 대목에서 어떻게 반응할지 궁금했다(아니, 사실은 알 것 같았다).

하지만 그 아이디어에 여성혐오가 내포되어 있다는 평가와는 별개로, 세라는 10대 소녀들이 월경을 억제하기 위해 연속적인 피임약을 복용할 경우 심각하고 돌이킬 수 없는 인지적 영향을 받을 수 있다고 주장한다. "두 번째 문제는,

그 아이디어가 뇌 발달을 무모할 정도로 완전히 무시한다는 거예요. 무책임하죠. 뇌는 20대 중반이 될 때까지 발달이 끝나지 않아요. 하지만 그 이전에도 사춘기부터 열아홉 살 정도까지 두뇌 발달에 매우 중요한 시기가 있는데, 이 시기에는 뇌에 급격한 변화가 일어나요. 그리고 사춘기 이후 뇌 변화에 영향을 미치는 호르몬들은 성 호르몬이에요. 따라서 수백만 년 동안 이어져온 성공적인 뇌 발달 모드를 파괴하고 장기적 결과를 조사해보지도 않고 한 사람의 호르몬 구성을 바꾸겠다고 결정하는 건 무모한 짓이에요. 게다가 생리를 멈추는 것 같은 **사소한** 일을 위해 그렇게 하는 건 정말 무모해요."

세라는 이런 주장을 뒷받침하는 확실한 데이터를 가지고 있다. 2020년에 그녀는 동료들과 함께 호르몬 피임약을 복용하는 여대생들과 자연 주기를 유지하는 여대생들의 인지능력을 비교한 연구를 발표했다.[22] 호르몬 피임약을 복용하는 여학생들은 단순한 인지 과제와 복잡한 인지 과제 모두에 시간을 덜 쏟았으며 수행 능력도 떨어졌다. 이 결과는 생리주기와 최적 이하의 수행 능력 사이에 상관성이 있다는 이론을 반박하고 있다. 같은 맥락에서 연구자들은 "호르몬 피임약이 인지와 학습, 기억에 미치는, 의도하지 않은 영향을 조사하는 연구가 점점 증가하고 있다"라고 말한다. 과학적 근거가 서로 상충한다는 점을 고려하면, 뇌 형성 단계에서 호르몬 피임약으로 몸과 마음을 변화시키는 것의 장기적 결과는 아직 확실하게 밝혀지지 않은 듯하다.

'#생리는선택'이 소피아의 투쟁 구호가 되었듯이, 세라는 그 생각을 반박하는 과학 연구 결과를 지난 몇 년 동안 자신이 해왔던 의식 고취 캠페인의 핵심 신조로 삼았다. 세라는 자신의 책에서 호르몬 피임약이 어떻게 몸을 지속적인 황체기인 것처럼 속이는지 자세히 설명한다. 황체기는 월경주기에서 배란과 출혈 시작점 사이에 있는 시기로, 이 시기 동안 자궁내막이 두꺼워져 배아가 착상할 수 있도록 준비한다.

"호르몬 피임약의 하루 복용량에는 합성 프로게스테론이 에스트로겐보다 많이 들어 있어요"라고 세라는 설명한다. "따라서 피임약은 황체기를 모방한다고 볼 수 있어요. 그런데 황체기는 일반적으로 여성이 가장 기분 좋은 시기가 아니에요. 물론 모든 여성이 다 그런 건 아니지만요. 내가 이 주제에 대해 말할 때 항상 주의하는 대목은, 개인마다 호르몬 피임약에 반응하는 방식이 놀랄 만큼 차이가 크다는 거예요. 현재로서는 모든 여성이 이런 식으로 반응한다고 말할 수 없어요. … 우리는 아직 모르니까요. 어떤 여성은 피임약을 복용하면 기분이 좋아지고, 또 어떤 여성은 기분이 나빠지지만, 대부분의 여성은 배란을 억제하면 생리주기에서 가장 기분 좋은 시점이 사라져요." 요컨대 일부 여성의 경우 합성 호르몬을 사용하면 기분 변동이 없어질지도 모르지만, 이런 방법은 약물을 사용하지 않은 상태의 '자연'

주기에서 나타나는 나쁜 기분 변동뿐만 아니라 좋은 기분 변동까지 없앨 수 있다. 다시 말하지만 아직은 과학이 추측을 따라잡지 못했다. 초경 직후부터 월경 억제를 시작하는 것이 인지능력이나 기타 능력에 미치는 영향에 관한 확실한 데이터는 부족하다.

세라는 월경을 연속적으로 억제함으로써 도움을 받을 수 있는 젊은 여성이 일부 있다고 인정한다. 예를 들어 현재 지침은, 자궁내막증이나 다낭성난소증후군, 또는 고통스러운 생리로 인해 일상생활이 힘들 경우 증상을 조절 또는 관리하기 위해 경구 피임약을 사용할 수 있다고 말한다.[23] "일부 여성들의 경우 한 달 동안의 기분 변화가 견딜 수 없을 정도로 심할 수 있는데, 이런 경우 피임약을 사용해서 정신적, 육체적으로 편안해질 수 있다면 사춘기 여자아이에게 피임약을 복용시키는 게 무모한 결정이 아닐 수 있다고 생각해요. 하지만 그건 일부에 해당되는 이야기일 뿐 모두에게 해당되는 건 아닙니다." 세라는 말한다.

정신적, 육체적으로 편안한 것은 바람직한 상태임이 분명하지만, 일부 사람들은 월경으로 인해 다른 사람들보다 이 목표를 달성하기가 어렵다. 특히 지적, 육체적으로 특수한 필요를 지닌 소녀와 여성들에게 호르몬 피임법은 지속적인 피임약 복용이든 임플라논(팔에 삽입하는, 4센티미터 막대 모양의 피임 장치 – 옮긴이)이나 자궁 내 장치 같은 장기적인 방법이든 생리를 억제하는 인기 있는 방법이다.[24, 25] '장애'는 능력에 한계가 있는 상태를 지칭하는 폭넓은 용어이고, 많은 장애인이 비장애인만큼이나 월경에 잘 대처하지만, 일부 장애인은 월경 및 이와 관련한 개인위생 관리에 곤란이나 어려움을 느낀다. 자칭 '미친 퀴어 자폐 장애 여성'이라고 밝힌 한 여성은 자신의 블로그인 '불구가 된 학자crippledscholar'에 장애인의 요구와 간병인의 요구가 상충될 수 있다고 썼다. 그녀는 "간병인이 월경하는 사람을 좀 더 수월하게 다루기 위해 월경을 통제하고 중단시키는 경우가 많다"고 주장한다.[26]

2019년에 발표된, 이 주제에 대한 체계적인 리뷰 논문의 저자들도 비슷한 견해를 제시했다. "장애인은 월경할 때 이중 삼중의 차별에 직면할 가능성이 높다"고 하면서, 간병인은 지적 장애를 가진 사람들의 월경 관리를 문제이자 곤란으로 인식하고 있다고 지적했다. 실제로 시설에서 일하는 전문 간병인들은 "관장 다음으로 가장 싫은 일이 월경 관리"라고 답했으며, "관장을 하지 않는 데이케어 시설 직원은 가장 싫은 일이 월경 관리"[27]라고 답했다. 이 말의 뜻은 더 이상 분명할 수 없다. 즉 일부 간병인에게 월경 분비물을 관리하는 것보다 더 싫은 일은 대변 처리뿐이라는 것이다. 이런 환경에 처한 장애인에게는 생리가 선택이 될 수 있을 것이다. 하지만 과연 누구의 편의와 이익을 위해서일까? 이미 취약한 사람들을 위해 월경을 윤리적으로 관리하고 지원하기 위해서는 이 질문에 반드시 답해야 한다.

장애가 있든 없든, 많은 사람들에게 월경과 그에 수반되는 인지적 변화는 달갑지 않으며, 심지어 비극적이기까지 하다. 임신을 시도하는 사람들에게는 생리혈과 함께 슬픔과 실망이 흘러나온다. 일부 트랜스젠더 남성에게 생리는 버리고 싶은 생물학적 정체성을 상기시키는 일이다. 그리고 정체성이나 계획과 관계없이 자궁을 가진 많은 사람들에게 월경은 고통, 불편, 경제적 부담, 그리고 요즘 같은 시대에도 수치심을 준다.

한편 그만큼이나 많은 여성들에게 생리는 자궁의 존재를 상기시키는 반가운 소식이다. 원치 않는 임신을 피했다는 증거이며, 몸의 자율성을 확인시켜주는 증거라는 점에서 월경 출혈은 안도감을 줄 수 있다. 어떤 여성들은 배란기에 성욕과 창조력이 급증하는 것을 소중히 여길 수도 있는데, 이런 행복감은 생리주기 후반에 종종 찾아오는 기분 저하를 상쇄시켜준다. 생리를 "정신적, 육체적 편안함"의 필수적인 부분으로 여기는 여성들도 있을 수 있다.

매달 '안녕' 하고 인사하는 자궁의 손짓을 어떻게 느끼든, 점점 분명해지고 있는 사실은 월경으로 흘러나오는 물질은 (즉 크리스틴 메츠, 캔디스 틴젠, 그리고 그들의 동료들이 매우 중요하게 여기는 '유출물'은) 생식 건강을 들여다볼 수 있는 귀중한 창이며, 아이다 틴과 자신의 생리주기를 추적하는 수백만 명이 그토록 조사하고 싶어 하는 건강 지도라는 것이다. NIH가 최근 개최한 '월경과 사회'에 관한 회의를 검토한 논문에서,

저자들은 "자궁과 월경의 기본 생리학을 아는 건 특히 생식 건강을 지키기 위해 중요하다"라고 주장한다. "나아가 월경, 비정상적인 자궁 출혈, 그 밖의 다른 월경 관련 장애에 영향을 주는 근본 원인을 이해함으로써 맞춤화된 치료라는 목표에 한발 더 가까이 갈 수 있을 것이다. 또한 월경은 건강한 개인의 빠르고 흉터 없는 치유 과정이므로, 메커니즘을 알면 국소적, 전신적 혈관기능 조절과 관련 있는 무수히 많은 질환에 대한 통찰을 얻을 수 있을 것이다."[28]

앞의 인용문을 읽은 많은 사람들이 나처럼 '워워'하며 손사래를 칠지도 모른다. 이 기본적인 생리 과정에 우리가 종종 덧씌우는 젠더와 정체성 정치를 걷어내고 생리를 '빠르고 흉터 없는 치유 과정'으로 추앙해야 할까? 매달 자궁 내막이 떨어져나가는 건 저절로 생기는 상처이며 자궁내막이 재생되는 건 노력이나 개입 없이 매달 자연적으로 일어나는 일종의 지속적이고 주기적인 치유 과정이라고 생각하면 월경이 정말로 경이로운 일이 될까? 아이들은 불가사리가 잘린 팔을 재생할 수 있는 것이 얼마나 신비로운 일인지 배우는데, 아이들의 감탄을 엉뚱한 종으로 유도하지 말고 그 대신 아이들에게 월경하는 자궁의 힘에 대해 이야기해주면서 아이들이 눈을 동그랗게 뜨고 경이로워하기를 기대해야 할까?

이번에도 나는 내 딸들을 떠올렸다. 생리는 기적과 다름없다고 말하면 딸들은 아마 비웃을 것이다. 우리 가족은 거룩한 가정에서 소중히 여기는 '월경' 의식이나 통과의례 같은 것을 하지 않는 실용파라서, 내 딸들은 아마 매달 치르는 그 번거로운 일에 열광적으로 의미를 부여하는 것을 반기지 않을 것이다. 하지만 내가 딸들에게 그들이 감추거나 변기에 흘려보내거나 포장지로 싸는 월경 유출물이 생식 건강에 관한 중요한 정보를 담고 있으며, 또 훗날 월경 유출물을 분석해 진단 지연의 위험과 불쾌한 검사를 피할 수 있다고 말해준다면, 어쩌면 딸들은 지금 시점에서는 왜 해야 하는지 알 수 없는 월경이라는 과정에 마지못해 감사할지도 모른다. 하지만 현재로서는 내 딸들과 나, 그리고 월경하는 사람 대부분에게 월경은 여전히 당혹과 모순의 원천으로 남아 있다. 끈으로 구슬을 엮어 추적하든 스마트폰으로 추적하든, 숭배하든 억압하든, 두려워하든 반기든, 자궁의 존재를 매달 상기시키는 이 과정은 언제나 슬픔과 경이감을 동시에 불러일으키는 듯하다. 죽음과 세금만큼이나 피할 수 없는 사실은, 전 세계 인구의 약 절반에게 신생아의 가성월경부터 폐경이라는 마지막 작별까지 월경이 일어나고 있고 앞으로도 그럴 것이라는 점이다. 우리가 할 수 있는 최선은 월경 유출물에서 정보를 알아냄으로써(즉 그 안의 금맥을 캐고 그 주변 지형의 지도를 작성함으로써) 더 건강하고 행복해지고, 정신적·육체적으로 최대한 편안해지는 것이다.

수정

: 마초 신화와 감추어진 지하실

3

신이 열 개 부위에 성욕을
창조했다. 그런 다음에
여성에게 아홉 개 부분을 주고
나머지 한 부분을
남성에게 주었다.

알리 이븐 아비 탈리브

영화 〈해리가 샐리를 만났을 때〉에 나오는 유명한 장면을 알 것이다. 맥 라이언이 연기한 샐리는 해리에게 여성이 오르가슴을 가짜로 꾸며내는 것이 얼마나 쉬운지 알려주고 싶어 한다. 해리가 차이를 구별할 수 있다고 주장하자, 샐리는 자신의 말을 증명하기 위해 손님이 꽉 찬 뉴욕 델리 한가운데서 뺨을 붉히고, 관능적인 신음소리를 내고, 큰 소리로 '오마이갓'을 외치며 절정의 거칠고 시끄러운 순간을 가짜로 재현한다. 해리는 이 난처한 상황에 당황해 파스트라미 샌드위치를 먹다 말고 얼어붙고, 옆 테이블의 노부인은 샐리를 향해 고갯짓을 하며 웨이터에게 "저 여자가 먹고 있는 걸로 주세요"[1]라고 말한다.

맥 라이언의 연기는 단연 할리우드 역사에 한자리를 차지할 만하지만, 샐리를 쾌락으로 몰아넣은 건 카츠델리의 코울슬로가 아니었다. 샐리의 오르가슴이 놀라울 정도로 사실적이었다면, 관객은 아마 어떤 종류의 기교나 기술이 여성을 그런 황홀경에 빠뜨릴 수 있는지 궁금할 것이다. 현대 미디어는 여성이 오르가슴에 이르는 길이 에베레스트 정상에 오르는 길만큼이나 힘들고 험난하며, 격정의 꼭대기에 이르고 싶다면 가장 노련한 셰르파만큼이나 기민해야 한다고 말한다. **클리토리스를 찾아보세요! 섹스토이를 사**

세요! 긴장을 푸세요! 흥분을 느껴요! 혼자 연습하세요! 파트너와 해보세요! 잡지, 웹사이트, 소셜미디어의 조언은 종종 모순되고, 뭐가 맞는지 알기 어려우며 (진동, 흡인, 회전으로 쾌락을 약속하는, 점점 정교해지는 섹스토이들이 나오면서) 갈수록 돈이 많이 든다. 하지만 혹시 우리가 요점을 놓치고 있는 건 아닐까? 단순히 자궁을 자극하는 것만으로 오르가슴에 도달할 수 있을까?

일부 초기 성 전문가들은 그렇다고 대답했을 것이다. 부부 성 전문가인 어빙 싱어Irving Singer와 조제핀 싱어Josephine Singer는 1970년대에 그들이 생각하는 세 가지 유형의 여성 오르가슴을 분석하고 분류하는 여러 권의 책을 썼다. 클리토리스 자극이나 삽입에 의한 외음부 오르가슴, 음경이 자궁경부(자궁의 아랫부분, 자궁의 목)를 세게 밀 때 시작되는 자궁 오르가슴, 그리고 두 유형의 특징이 섞인 '혼합' 오르가슴이다.[2] 훗날 싱어 부부의 저서를 비판한 사람들은 어빙 싱어가 "실험실 연구 없이 한정된 문헌에 나오는 오르가슴 묘사만을 분석한 철학자"[3]였다고 지적한다.

실제로 성에 대한 싱어의 관심은 갈수록 줄어든 것으로 보인다. 적어도 학계는 싱어의 연구들 중 유독 성 연구만을 선택적으로 무시했다. 2015년에 싱어가 사망했을 때, 그가 철학 명예교수를 지낸 매사추세츠공과대학교 온라인 사이트에 올라온 부고는 그에 대해 "사랑의 철학, 창의성의 본질, 도덕적 문제, 미학, 그리고 문학과 음악과 영화 속 철학과 같은 주제에 천착했다"라고 묘사했다.[4] 마치 자존심 강한 부모가 사회로부터 인정받을 만한 자식의 업적을 치켜세우기 위해 10대의 '흑역사'를 얼버무리듯, 싱어의 훌륭한 작품들을 열거한 목록에 인간의 성에 대한 그의 논문은 모두 생략되어 있다. 그의 아내인 조제핀 싱어의 2014년 부고에도 남편과 함께 쓴 "많은 책"을 모호하게 다룰 뿐, 제목이 언급된 문헌은 딱 하나로, 북아메리카의 제인 오스틴 협회에 기고한 글인 '여성의 성과 참행복Fanny and the Beatitudes'뿐이다.[5] 어빙이 성에 대한 비교적 입증되지 않은 연구에서 빠르게 발을 뺐으며 그의 아내도 티 내지 않았을 뿐 관심을 돌린 것으로 보이므로, 싱어 부부의 자궁 오르가슴에 대한 '발견'을 에누리해서 받아들여도 뭐라 할 사람은 없을 것이다.

그런데 최근의 몇몇 자료는 그 에누리된 부분에 일말의 진실이 있다고 말한다. 자궁 오르가슴은 증거가 부족함에도 불구하고 여전히 열광적인 팬을 보유하고 있다. "여성의 여덟 가지 오르가슴, 이 모두를 경험하는 방법!"이라는 숨넘어갈 듯 낙관적인 제목의 온라인 기사는 싱어 부부에게서 자궁 오르가슴의 바통을 이어받아 달린다. 아니, 그 개념으로 줄넘기를 하고, 재주를 넘고, 공중제비를 돈다. "자궁경부 오르가슴은 G스폿 오르가슴보다 더 깊고 강렬하면서도 더 '원숙한' 느낌"이며 "강렬한 감정, 사랑, 자신과 파트너 그리고 신과의 일체감, 황홀경, 초월, 눈물, 울음, 모든 수준에서의 깊은 만족감을 동반한다"[6]라고 저자는 설명한다. 이런 열렬한 찬사를 들으면 어떤 독자라도 〈해리가 샐리를 만났을 때〉의 그 노부인처럼 기사를 쓴 사람이 경험했다는 그것을 경험해보고 싶어질 것이다. 하지만 낚시성 제목, 학술적 참고문헌의 부재, 그리고 기사의 저자가 남성이라는 사소하지 않은 정보까지 더해지면, 자궁 오르가슴의 환희를 맛보게 해주겠다는 엄청난 약속을 덥석 믿기는 어렵다.

평판이 좀 더 좋은 출처를 뒤져보면 자궁 오르가슴 이론에 찬물을 끼얹는 주장을 찾을 수 있을까? 아마 그럴 수 없을 것이다. 2세대 페미니스트들이 저술한 베스트셀러로 지금은 주로 온라인에서 볼 수 있는 《우리 몸 우리 자신Our Bodies, Ourselves》은 싱어 부부의 전성기였던 1970년대 이후 여성의 몸으로 태어난 사람들에게 내밀한 정보를 제공하는 이른바 '믿고 보는 책'이었다. 《우리 몸 우리 자신》의 웹사이트를 보면 "일부 여성에게는 자궁경부와 자궁이 오르가슴에 매우 중요하다"라고 지적하면서도, 자궁경부 자체를 자극하는 것만으로 절정에 이를 수 있다는 주장까지는 가지 않는다. 저자는 "일부 여성들이 '깊은' 오르가슴 또는 '자궁' 오르가슴이라고 묘사하는 것은 질 삽입에 의해 일어난다"라고 썼다.[7] 이번에도 싱어 부부의 논문과 마찬가지로 이런 주장을 뒷받침하는 임상 증거는 제시되지 않는다. 실제로 자궁경부가 성적 쾌락의 원천이라는 증거는 거의 없다.

2012년 러트거스대학교의 한 연구팀이 실시한 자궁 오르가슴 개념에 대한 드문 연구에 따르면, 자궁경부를 '끝이 둥근 원통형 물건'으로 스스로 자극하면 뇌의 감각 반응이 활성화되는 것으로 나타났다. 연구팀은, 자궁경부에 하복부 신경과 미주신경이 분포해 있다는 점을 고려하면 전혀 뜻밖의 발견은 아니라고 지적한다. 하지만 연구팀은 이 결과가 일종의 교차오염으로 왜곡되었을 수도 있음을 인정한다. 즉 참가자들이 보고한 쾌락 반응은 자궁경부에서 단독으로 유래했다기보다는 '끝이 둥근 원통형 물건'이 클리토리스와 (또는) 질을 간접적으로 자극한 결과일지도 모른다는 것이다.[8]

따라서 자궁경부 오르가슴에 대한 증거는 확실하지 않다. 하지만 자궁 오르가슴 자체는 논의할 여지가 있을 것 같다. 질 오르가슴이든 자궁경부 오르가슴이든 오르가슴의 필수적인 전구물로서 삽입 성교를 강조하는 수사는 어쩌면 여성의 생리적 특성과 욕구를 사실 그대로 기술한 것이라기보다는 쾌락에 대한 지배적인 문화적 서사를 반영하는 것일지도 모른다.

* * *

자궁경부를 자극하는 것만으로 절정에 도달할 수 있다는

주장을 믿든 믿지 않든, 오르가슴에서 자궁이 하는 역할과 관련해 논란의 여지가 없는 사실이 한 가지 있다. 자극이 어디서 오든 일단 오르가슴에 이르면 자궁이 질, 골반저 근육과 함께 주기적으로 수축한다는 것이 수많은 문헌의 공통된 견해다. 대부분의 사람들은 이런 자궁 수축을 느끼지 못하지만, 임신한 여성은 오르가슴 후 배가 단단하고 팽팽해지는 것을 못 알아챌 수가 없으므로 이 현상이 사실임을 입증할 수 있다. 자궁이 태아와 태반, 그리고 거의 1리터에 이르는 양수를 수용할 수 있도록 확장되어 복부 공간을 거의 다 차지하게 되면, 이전에는 모르고 지나쳤던 성교 후의 수축을 놓치기가 매우 어렵다.

하지만 오르가슴에 동반되는 이 경련은 무슨 기능을 할까? 우리의 생리 기능이 인류의 존속을 위해 수십만 년에 걸쳐 진화했다는 사실을 받아들인다면, 오르가슴에 대한 자궁의 반응이 어떤 중요한 생식적 목적을 달성하고 있는 것이 분명하다. 메리 로치Mary Roach는 저서 《봉크: 섹스와 과학의 기묘한 결합Bonk: the Curious Coupling of Sex and Science》 에서 오르가슴에 대한 자궁의 반응을 증명하려는 과학자들의 이상하고 엉뚱하고 종종 노골적인 동물 실험을 소개한다. 이 과학자들은 자궁이 어떤 식으로든 정자를 생식기관 깊숙이 끌어당김으로써 수정 성공률을 높인다는 것을 보여주었다.9 로치의 '흡인 연대기Upsuck Chronicles'(로치는 과학사의 이 특이한 대목을 이렇게 부른다)는 1840년 독일의 한 해부학자로부터 시작된다. 그는 개의 질에서 자궁으로 정자가 빠르게 이동하는 것을 관찰한 후 절정에 이른 개의 자궁이 흡인력을 갖는다고 추측했다. 거의 100년 후에도 과학자들은 동물의 섹스와 정자를 이상할 정도로 좋아했다. 1939년 일리노이의 한 연구팀은 토끼를 자극해 오르가슴에 이르게 하고 토끼의 몸 안으로 염료를 뿌린 후 엑스레이 형광투시법을 사용해 질에서 자궁으로 염료가 빠르게 이동하는 것을 확인했다.

거의 100년 동안 토끼, 황소, 개, 원숭이를 대상으로 많은 실험이 실시되었지만 '흡인' 이론은 아직 확실하게 입증되지 않았다. 그나마 1998년에 독일 연구진이 실시한 연구가 가장 근접한 결과일 것이다. 이 과학자들은 공들여 설계한 인간 성교 모의실험에서, 지원자의 질에 '방사능 표지를 붙인 미세 구체'를 주입한 후 합성 옥시토신(오르가슴과 분만 시 분비되는 '사랑'의 호르몬)을 정맥으로 투여함으로써 주기적인 수축과 강렬한 감각을 이끌어내는 쾌거를 달성했다. 연구진의 기법이 오르가슴과 유사한 수축을 일으키는 데 효과가 있었던 것 같다. 이 과학자들은 형광빛을 발하는 모조 정자의 이동 경로를 형광투시경으로 추적한 결과, 매우 인상적인 점을 발견했다. 옥시토신을 투여했더니 "자궁경부에서 자궁 상부 방향으로 압력 기울기가 역전된 것이다." 즉 일종의 모조 오르가슴을 유도하자 자궁이 '흡인'을 시작해 정자를 난자가 기다리는 안쪽으로 미묘하지만 효과적으로 끌어당겼다. 연구진은 논문의 결론에서 "이 데이터는 자궁과 나팔관이 연동펌프 역할을 하는 기능적 단위라는 견해를 뒷받침한다"[10]라고 썼다. 이로써 과학자들은 정자가 난자에게로 안전하게 이동하도록 여성 생식기관의 각 부분들이 정교하게 조율되고 있다는 사실을 최초로 확실하게 증명한 것으로 보인다. 자궁과 나팔관은 단순히 기다리는 그릇이 아니라, 임신이 일어나는 초기에 적극적인 역할을 수행하는 것이다.

더 최근의 연구는 첨단기술을 사용해 자궁 연동운동(자궁 평활근의 미세한 파도 같은 움직임)의 중요성을 확인했다. 2017년 스페인 베르나베우 연구소Instituto Bernabeu의 생식의학 전문가인 벨렌 몰리너Bélen Moliner 박사는 4D 초음파 영상을 이용해 '자궁의 경이로운 운동'을 관찰하는 데 성공했다. 박사는 이 운동이 자궁의 월경주기 내내 계속 일어나면서 자궁내막이 떨어져나가게 하고 배란기에는 정자 수송을 돕는다고 설명한다.

"자궁 연동운동은 월경주기 동안 양상을 바꾸어가며 목적을 달성합니다. 처음에는 자궁내막이 떨어져 나가도록 연동운동의 강도가 높아지고 빈도는 낮아집니다. … 그다음에는 연동운동의 빈도를 높여 정자를 나팔관으로 보내죠." 월경주기 후반에 프로게스테론 수치가 증가하면 이 '연동펌프'가 잠잠해지는데, 몰리너 박사의 설명에 따르면 이 호르몬 효과는 "배란 후 황체기에 배아가 거부당하지 않고 착상하는 데" 매우 중요한 역할을 한다. 박사의 지속적인 연구는 건강한 프로게스테론 수치, 효과적인 연동운동, 그리고 임신 성공 사이의 관계를 확인함으로써 불임을 진단하고 치료할 수 있는 새로운 가능성을 연 것으로 보인다.[11] 한계가 없어 보이는 이 분야의 경계는 무한해 보이고, 지평선은 계속 확장되고 있다. "날마다 내가 완전히 이해하지 못하는 새로운 자궁 운동을 발견합니다. 우리는 모든 영상을 자세히 분석해 얻을 수 있는 모든 정보를 수집하고 그것이 무엇을 의미하는지 파악합니다."[12] 당신이 이 페이지를 읽고 있는 동안에도 박사는 모니터 화면을 들여다보며 이 소중한 펌프를 이루는 세포들 속에서 숨겨진 패턴과 단서를 찾고 있을 것이다.

인간의 몸을 탐구하는 일에 일어나는 거의 모든 발전이 그러하듯 한 걸음 앞으로 나아갈 때마다 닿을 듯 말 듯한 지평선이 두 걸음 더 멀어지는 것처럼 보인다. 자궁이 자신의 비밀(계속 변하는 조류에 정자를 실어 나른다는 것)을 드러낸 지금, 생식의 신비는 그 어느 때보다 더 불가해하고 복잡하고 놀라워 보인다.

* * *

흡인과 연동펌프. 이 개념들은 뒷받침하는 증거가 점점 증가하고 있음에도 여전히 엉뚱해 보인다. 자궁과 자궁의 잔

잔한 파도를 이해하기 어려운 건 당연한 일인지도 모른다. 수정이 이루어지는 시점에 여성의 몸이 적극적인 역할을 한다는 개념은 수정 과정에 대한 전통적인 서사를 뒤집기 때문이다. 에밀리 마틴Emily Martin은 "생식 생물학에 관한 과학적 설명뿐만 아니라 대중적인 설명에서도 난자와 정자에 대한 묘사는 우리 문화가 남녀를 정의할 때 사용하는 고정관념에 의존한다"고 주장한다. 정자 발생 시점부터 이른바 난자를 향한 '경주'를 시작해 마침내 수정이 이루어지는 승리의 순간까지, 남성의 생식세포는 능동적인 영웅이고 여성의 생식세포는 수동적인 처녀라는 일반적인 통념이 어떻게 "조난당한 연약한 여성과 강한 남성 구조자에 관한 진부한 오랜 고정관념을 계속 되살리고 있는지" 에밀리는 설명한다.13 교과서와 임상 논문, 그리고 대중 문헌에서 정자는 '유선형', '강함', '맹렬한 속도' 등의 표현으로 묘사되는 반면, 난자는 정자에 의해 '침투'되어 임무를 완수할 때까지 나팔관을 따라 정처 없이 '표류'한다고 묘사된다. 이는 단순화된 성 고정관념보다 훨씬 더 복잡한 수정의 생리적 과정에 가부장적 틀을 덧씌운다. 수정이 이루어지는 순간 자궁이 무슨 역할을 하는지 배운 적이 있는가? 나도 없다. 대중의 상상 속에서 자궁은 이 극적인 사건의 배경일 뿐이다. 정자가 여봐란 듯 활약하는 무대라고나 할까.

여기까지 읽었다면 당신은 다음에 무슨 이야기가 이어질지 짐작할 것이다. 맞다. 자궁은 아기가 만들어지는 중요한 첫 순간에 주연으로 활약한다는 것이다. 하지만 이런 일이 어떻게 일어나는지 이해하려면 여행을 떠나야 한다. 이 여정은 폴란드의 한 마을에서 시작해 이스라엘의 자궁절제 클리닉에서 스릴 넘치는 절정에 도달하고, 그런 다음에 원숭이, 박쥐, 그리고 스위스에 사는 불만 가득한 인류학자가 등장해 기대감을 안겨주며 끝난다. 물론 이 모든 길은 자궁으로 통한다.

* * *

1979년 텔아비브에 있는 바츨라프 인슬러Vaclav Insler의 연구실에 모인 여성 스물다섯 명의 이름은 역사에 기록되어 있지 않다. 그들이 젊었는지 늙었는지, 부자였는지 가난했는지, 전후 유대인이 전 세계로 흩어진 직후 번성했던 공동농장들 중 한곳에서 샌들 차림으로 버스를 타고 도착한, 햇볕에 탄 얼굴의 키부츠 운동가들이었는지, 아니면 이스라엘의 가장 세속적인 그 도시에서 세련된 도시 생활을 하다가 하루 시간을 낸 지역 여성들이었는지, 그도 아니면 긴 치마를 입고 머리에 스카프를 두른 채 오랜만에 예루살렘의 오래된 석회암 벽(통곡의 벽) 밖으로 나온 신앙심 깊은 부베bubbe('할머니'라는 뜻의 이디시어 - 옮긴이)였는지 우리는 모른다. 우리가 아는 사실은 이 여성들에게는 한 가지 공통점이 있었다는 것이다. 즉 그들은 자궁절제술을 받기로 되어 있었다. 사실 자궁절제술은 세계에서 가장 흔히 시행되는 수술 중 하나로, 특별한 수술이 아니다. 여기 모인 여성들의 특별한 점은 자궁을 적출하기 불과 몇 시간 전 모르는 사람의 정자를 주입받는 데 동의했다는 것이다.

어떤 종류의 여성들이 이런 이상한 실험에 참여하는 데 동의했을까? 그들은 위대한 과학사에 길이 남을 신성한 자리를 약속받았을까, 아니면 음모 면도와 하룻밤 금식과 같이 수술 전 필수적인 준비라고 듣고 동의했을 뿐일까? 그들은 여성의 성을 위해 기여하고 싶은 소망을 품고 자발적으로 실험에 참여했을까, 아니면 그저 선택 사항에 체크했을 뿐일까? 우리는 이 여성들의 이름, 나이, 직업, 동기는 알 수 없지만, 그들이 이 특이한 임상시험에 참여함으로써 어떻게 생식 과학의 놀랍고도 과소평가된 발견이 이루어졌는지는 안다. 또한 우리는 어떤 종류의 남성이 이런 일을 생각해냈는지도 정확히 알고 있다.

바츨라프 인슬러는 생식과학 분야에서 '훌륭한 의사이자 인간'으로 평가받는다.[14] 당대의 많은 유대인 과학자와 마찬가지로 인슬러도 오랜 고난의 세월 끝에 업적을 이룩했다. 그는 1929년 스타니스와부프(당시는 폴란드였고 지금은 우크라이나에 속한다)에서 태어났다. 번성했던 이 도시가 제2차 세계대전 때 나치의 가장 치명적인 학살 현장이 되자 어린 인슬러는 이 끔찍한 상황을 피해 크라쿠프로 건너갔다. 거기서 다시 헝가리로 갔다가 전쟁이 끝난 후 크라쿠프로 돌아와 1957년 이스라엘로 이주할 때까지 계속 살았다. 인슬러는 오랫동안 죽음과 재난을 피해 다니는 신세였음에도 불구하고(어쩌면 그 덕분에), 나중에 텔아비브대학교의 교수가 되었을 때 새로운 생명의 탄생을 연구 주제로 삼았다. 그가 1980년에 발표한 연구는 위험하고 상상력이 넘치고 통찰로 가득했으며, 결과는 파격적인 방법론만큼이나 놀라웠다.

인슬러는 참가자의 자궁에 정자를 주입한 직후 자궁을 적출해 연구함으로써 자궁 자체, 더 정확하게는 자궁 아랫부분인 자궁경부가 2만 개가 넘는 작은 '지하실'에 정자를 저장한다는 사실을 증명했다. 더욱 놀랍게도 "정액의 질이 정자 저장에 매우 중요한 영향을 미치는 것 같았다." 비정상적인 정자를 주입한 경우에는 정자로 채워진 지하실의 비율과 정자 밀도가 현저하게 줄었다.[15] 자궁경부가 가장 질 좋은 정자를 선택한 것인지, 아니면 가장 질 좋은 정자만 저장 과정에서 살아남은 것인지는 분명하지 않지만, 인슬러의 발견이 갖는 의미는 분명했다. 인슬러는 지원자 스물다섯 명의 도움을 받아 그동안은 몰랐지만 생식적으로 매우 중요한 과정을 관찰했다. 즉 자궁경부는 수정 과정에서 수동적인 그릇이기는커녕 가장 질 좋고 생존력이 강한 정자를 저장했다가 자궁 본체로 천천히 방출하는 적극적인 역할을 수행한다. 어떤 경우에는 수정 후 일주일에 걸쳐 방출하기도 한다. 이 발견은 수정에 관한 두 가지 통념에 의

문을 제기했다. 첫째는 수정이 정자의 힘과 활력에만 의존하는 '경주'라는 믿음이고, 둘째는 이 경주가 배란 전후 며칠간의 '가임기'에만 일어난다는 믿음이다. 인슬러와 그의 실험에 참여한 익명의 피험자들이 이루어낸 발견은 전 세계 과학계에 파문을 일으킬 만한 충격파를 지중해 지역과 그 너머로 보냈어야 마땅하지만, 그러기는커녕 실제로는 지중해에 작은 물 한 방울 떨어뜨린 것에 더 가까웠다.

인슬러의 발견 이후 수십 년 동안 과학계는 자궁경부에 있는 지하실과 그것이 인간의 생식에서 하고 있을지도 모르는 역할에 대해 거의 언급하지 않았다. 인터넷에서 이 주제에 대한 최신 연구를 검색하면 짧은 유튜브 동영상이 뜨는데, 그건 2008년 디스커버리 채널에서 제작한 출생 전 생명에 관한 다큐멘터리의 한 장면이다. 18초 동안, 마치 헤어브러시 고무에 박힌 핀들처럼 보이지만 실제로는 자궁의 미로 같은 지하실인 곳에서 CGI 정자가 좌충우돌하는 것을 볼 수 있다.[16] 그렇지만 인슬러의 연구를 이어받은 것이 분명한 과학적 탐구나 그의 발견을 해명하고 발전시킨 연구 결과나 가임기를 확대하는 자궁경부의 역할과 이것이 임신을 시도하는(또는 피하는) 부부에게 어떤 의미를 갖는지에 대한 새로운 이해는 전혀 찾을 수 없다.

인슬러가 이후의 상황에 실망했는지 여부는 알 수 없다. 그는 모체-태아 의학 분야에서 오랫동안 다채로운 경력을 쌓은 후 2013년에 사망했다. 인슬러의 전기 작가에 따르면 "수천 명의 여성이 그가 제공한 지칠 줄 모르는 도움으로 인해 그에 대한 소중한 기억을 간직하고 있다"[17]라고 한다. 그런데 인슬러의 발견을 대수롭지 않게 지나친 과학계에 여전히 분노하고 있는 사람이 하나 있다. 운명의 자궁 절제술이 실시된 지 41년이 지난 지금, 텔아비브에서 거의 3200킬로미터나 떨어진 곳에 사는 밥 마틴은 화가 나 있다. 인슬러의 열렬한 팬이며 자궁에는 더욱 진심인 그는 책으로 둘러싸인 취리히의 홈 오피스에서 내게 과학이 좋은 기회를 놓치고 있다고 생각하는 이유를 설명해준다.

"인간에 관해서는 자궁의 역할을 아무도 진지하게 취급하지 않았는데, 여기엔 엄청난 함의가 담겨 있습니다." 도무지 믿기지 않는다는 듯 답답한 심정을 토로하는 밥의 목소리는 날이 서 있다. 영상통화를 하기 전 그의 블로그를 읽었는데, 그는 우리가 수정에 대해 알고 있다고 생각하는 거의 모든 사실이 '마초 신화'라고 주장한다. 다시 말해 그저 흥미를 자극하는 비정통적인 가설이라는 얘기다. 시카고 필드 자연사박물관의 명예 큐레이터이자 시카고대학교와 노스웨스턴대학교의 겸임 교수를 맡고 있는 밥 마틴은 60년 가까이 생물인류학 분야에서 나무두더지, 여우원숭이, 침팬지, 인간, 그리고 사실상 그 사이에 속하는 모든 포유류를 연구했다. 그의 인생은 무엇이 우리 종을 특별하게 만드는지, 그리고 우리의 털북숭이 사촌들로부터 우리가 무엇을 배울 수 있는지에 대한 답을 찾는 오랜 탐구의 여정이었다. 그의 어깨 너머에 걸린 사진 속 원숭이 한 쌍이 뭔가를 캐내려는 시선으로 나를 쳐다보고 있는 가운데, 마틴은 한 가지 확실한 사실은 많은 포유류 종의 암컷이 최적의 수정을 위해 정자를 자궁경부나 자궁 몸체에 며칠 또는 몇 달 동안 저장할 수 있다는 것이라고 말한다. "다른 포유류에서도 [정자 저장의] 입증된 사례들이 많이 있습니다"라고 그는 설명한다. "박쥐에게는 일상적인 일입니다. 기술적으로는 어려울 게 없어요. 어떤 박쥐들은 가을에 짝짓기하고 봄에 새끼를 낳는데, 짧은 임신 기간(약 40~50일 – 옮긴이)을 고려하면 시간 간격이 꽤 길죠. 이 박쥐들은 교미 후 정자를 저장하고, 수정은 넉 달 후에 이루어지는 겁니다."

이런 종류의 생리 메커니즘이 인간의 관계에 어떤 영향을 미칠지 생각하면 놀랄 수밖에 없다. 사무실 크리스마스 파티에서 술에 취해 격렬한 포옹과 키스를 나눈 지 넉 달이 지난 4월의 어느 비 오는 날, 임신 테스트기에서 두 줄을 본 여성이 받을 충격을 생각해보라. 연애를 쉬지 않고 이어갔던 여름 언젠가 생겼을 아이의 친자를 정확히 확인하는 것이 얼마나 어려운 일인지도 상상해보라.

"[박쥐는] 정자를 넉 달 동안 저장하는 데 전혀 문제가 없습니다. 곤충에서도 정자 저장에 관한 재미있는 이야기들이 있습니다. 정자 저장은 흔한 일입니다." 밥은 이야기한다.

아무리 '익충'이라 해도, 많은 사람들은 징그러운 벌레의 교미 습관에 대해서는 생각하고 싶지 않아 한다. 그런데 마틴은 우리와 가장 가깝고 귀여운 영장류 사촌들도 정자 저장을 한다는 증거가 있다고 말한다. "히말라야원숭이가 자궁경부와 자궁 몸체에 지하실을 보유하고 있다는 유력한 증거가 있습니다. 지난 40년 동안 지구 어딘가에서 히말라야원숭이 집단과 함께 생활한 누군가가 이 사실을 조사할 수 있었을 텐데 왜 조사하지 않았을까요? 다른 모든 건 조사해놓고 말이죠. 왜 이 현상은 살펴보지 않았을까요?"

그의 말인즉슨, 만일 당신이 히말라야원숭이 집단과 함께 지내면서도 영장류 번식의 이 획기적인 현상을 조사하지 않았다면 부끄러워해야 한다는 뜻이다. 마틴 교수는, 그건 생식 과정에서 여성의 몸이 적극적인 역할을 한다는 사실을 의도적으로 무시하는 것이고 이런 태도는 위험할 수 있다고 생각한다. 그는 과학계가 인슬러의 연구를 발전시키지 못한 이유는 "남성이 능동적인 역할을 하고 여성은 수동적인 역할을 한다는 고착된 사고방식"과 관련이 있다고 주장한다. "정자 저장은 수컷이 하는 일이 아니니까요. 사람들이 [이 분야의 연구를] 계속하지 않은 데는 남성의 역할을 지나치게 강조하는 분위기가 한몫을 했죠."

이런 과학계의 간과는 더 큰 문제인, 여성 생식기관에 대한 비현실적으로 단순화된 시각으로 이어진다. 정자 저장과 방출처럼 개인에 따라 가변적인 과정을 포함하는 모델을 개발하는 것보다, 여성의 몸을 모두 똑같은 방식으로 배란하고 수정하고 잉태하는 판박이로 취급하는 것이 훨씬 더 쉽다고 마틴은 말한다.

"인간은 모든 것을 아름답게 예측 가능한 것으로 여겨왔습니다. 나는 이것을 여성 주기의 에그 타이머 모델이라고 부릅니다. 사람들이 여성의 월경주기를 거의 시계처럼 여겼기 때문이죠. [월경주기에 대한] 그래프들을 보면 천편일률적으로 에스트로겐이 상승한 다음에 프로게스테론이 상승합니다. 50명의 여성을 대상으로 월경주기를 조사해 평균을 내면 이런 결과를 얻을 수 있습니다. 하지만 여성 개개인을 살펴보면 매우 다른 특정 패턴을 관찰할 수 있습니다. 평균을 내는 건 매우 기계적인 접근법이죠." 마틴은 설명한다.

과학자들이 확연한 누락이나 의견 차이를 발견할 때마다 서로를 향해 으르렁거리는 건 특별한 일이 아니다. 생화학자인 내 아버지도 가족 식사 자리에서 별것도 아닌 일로 싸움을 거는 동료, 부족한 연구비나 학문적 명성을 먼저 차지하기 위해 서로 대립하는 실험실 친구들에 대해 이야기하곤 했다. 하지만 마틴이 인간 생식 분야의 큰 사각지대라고 생각하는 주제에 대해 열변을 쏟아내는 동안, 나는 그의 문제의식이 단순한 유감이 아니라는 것을 금방 깨달았다. 그의 좌절감은 임신에 어려움을 겪는 수천 명의 여성과 그 배우자들에 대한 연민에 뿌리를 두고 있다. 사무실 벽에 걸린 사진 속 원숭이들이 나를 계속 노려보는 동안, 마틴도 화난 표정으로 우리가 수정 과정에서 자궁이 하는 역할을 더 잘 이해했다면 많은 여성이 시험관 아기 시술을 반복하는 고통에서 벗어날 수 있었을 것이라고 말한다. 최초의 '시험관' 아기가 탄생한 지 40년 이상 지났음에도 불구하고 시험관 아기 시술의 평균 성공률은 여전히 20~30퍼센트에 불과하다. 이 때문에 많은 부부가 육체적, 감정적, 재정적으로 막대한 비용을 치러가며 여러 번 시술을 반복하고 있다.

"시험관 시술과 인공 수정을 비롯한 사실상 모든 종류의 보조 생식술의 문제는 성공률이 별로 나아지지 않았다는 것입니다. 물론 몇 가지 기술적 문제를 개선하고 있고 사소한 진전도 있었습니다." 마틴이 말한다. "하지만 여전히 4분의 3이 실패합니다. 이는 정자 저장 같은 일들에 대해 우리가 제대로 이해하고 있지 못하기 때문입니다. 시험관 시술은 쉬운 과정이 아닙니다. 시험관 시술을 시도하는 여성들은 끔찍하게 힘들어 합니다. 게다가 성공률이 25퍼센트에 그친다면 힘이 빠지죠. 우리는 이 상황을 개선하기 위한 연구에 투자해야 합니다. 왜 25퍼센트밖에 안 될까요? 사람들은 정자를 난자와 함께 넣기만 하면 되는데 뭐가 어렵냐고 생각할 거예요."

그렇게 간단하지 않다. 여성의 몸이 어마어마하게 다양하다는 사실을 무시하고 정자를 역동적인 '생명의 불꽃'으로, 여성의 생식기관을 수동적인 그릇으로 표현하는 낡은 가부장적 서사를 계속 되풀이할 수도 있겠지만, 이는 여성에게 엄청나게 부당한 일이다.

우리가 용기 있게, 관대하게 귀를 기울이기만 한다면, 그리고 여성의 역할을 증명하기 위해 히말라야원숭이 한두 마리를 연구하기만 한다면, 과학은 자궁이 경부에서부터 몸체까지 모든 부위에서 생명 탄생에 중요한 역할을 한다는 사실을 알려줄 것이다.

* * *

"그래서…." 마틴 박사는 치명적인 진단을 내리기 전에 의사들이 보통 그렇게 하듯 숨을 한 번 들이마신 후 말한다. "논의해봐야 할 점이 몇 가지 있습니다." 엄청난 성공을 거둔 의학 드라마 〈그레이 아나토미〉 시즌 7의 네 번째 에피소드에서 주인공 메러디스와 데릭은 최근에 있었던 유산의 원인을 듣기 위해 숨죽인 채 기다리고 있다. 그다음에 장면이 바뀌고, 분노로 가득한 메러디스가 병원 밖 거리를 서성인다.

"적대적이라고?" 메러디스가 화를 낸다. "지금 내 자궁을 적대적이라고 한 거야?"

"당신은 지금 말꼬투리를 잡고 있어." 데릭이 반박하면서 의사가 치료 계획도 제시했다고 말하지만, 메러디스의 감정은 가라앉지 않는다.

"너는 의사가 네 음경이 화가 났다거나 비열하다고 하면 기분이 어떨 것 같아?" 메러디스는 격분한다.

언제나 낙관주의자인 데릭은 아기가 생길 때까지 계속

시도하면 얼마나 재미있겠느냐고 장난스럽게 말한다.[18]

이렇게 해서 할리우드는 잘못된 의학 정보의 해트트릭을 달성한다. 첫째, 자궁은 적대적일 수 있고, 둘째, '적대적인 자궁hostile uterus'은 효과적인 정식 치료법이 있는 유효한 진단명이며, 셋째, 여성들은 사회적으로 훨씬 용인되는 '섹스'에 대한 집착을 받아들이는 대신 별로 중요하지도 않은 사소한 '사실'에 이상할 정도로 집중한다는 것이다.

글쎄, 우리는 자궁근육 수축과 자궁경부 지하실에 관한 놀라운 '사소한' 사실만 가지고도 자궁이 섹스와 임신에서 하는 역할에 대해 환상적인 토론을 할 수 있다. 우리는 자궁근육 수축에 관한 과학적 발견에 기쁨을 느낄 수 있고, 자궁경부 지하실에 대해 '거봐' 하고 만족스럽게 소리칠 수 있다. 하지만 실제로는 많은 여성이 생명이 탄생하는 첫 순간에 자궁이 하는 기이하고 경이로운 활동에 대해 거의 알지 못한다. 그들은 (대개 의료 전문가로부터 그렇게 들었기 때문에) 자신의 자궁이 본질적으로 결함이 있고, 구조적으로 절망적이며, 그 짜고 깊숙한 곳을 과감하게 통과한 정자에게 철저히 적대적이라고 생각한다. 메러디스처럼 이 여성들은 아무 도움도 되지 않는 여성혐오적인 강력한 말 한마디, 진정한 조사와 설명을 대신하는 게으르고 두루뭉술한 용어에 의해 졸지에 결함 있는 존재가 되어버린다. 이 여성들은 부인학적 진화의 제비뽑기에서 나쁜 패를 뽑았다는 말을 듣는다. 복숭아가 아니라 레몬을, 다산의 근원이 아니라 김빠진 폭죽을 고른 것이다. 즉 이들은 유사의학 용어로 말하면, 적대적인 자궁을 가지고 있다.

하지만 의사가 그렇게 말하면 그것이 틀림없는 사실이라고 생각하게 된다! 실제로 온라인 과학 블로그, 불임 관련 웹사이트, 임신을 시도하는 사람들의 커뮤니티를 조금만 둘러봐도, 이른바 적대적 자궁이 여성 불임의 중요한 요인이라고 믿게 된다. 물론 자궁근종이나 염증성 질환으로 인한 흉터, 최적의 농도나 산도에 미치지 못하는 자궁경부 점액과 같은 특정 생리적 문제가 임신을 어렵게 하거나 불가능하게 만들 수 있지만, 이런 문제들은 모두 고유한 치료법이 있는 개별적인 임상 진단이다. 반면에 '적대적 자궁'은 널리 받아들여지는 상태나 질병이 아니다. 유명한 학술지에서 논문을 검색해보면, 이 용어에 대한 언급은 주로 동물 연구의 맥락에서 이따금 발견될 뿐이다.

〈그레이 아나토미〉의 메러디스처럼 적대적 자궁을 가지고 있다는 말을 들은 사람들은 먼저 이 말에 내포된 부정적인 의미에 큰 충격을 받는다. 자궁도 심장이나 신장처럼 하나의 신체 기관이 아닌가. 그런데 어떻게 한 기관이 감정이나 의도를 가질 수 있을까? 어떻게 자궁이 모든 성기 침입자에게 모종의 악의를 품고 으르렁거릴 수 있을까? 저널리스트 케이틀린 고어너Caitlyn Goerner는 메러디스와 데릭 커플과 비슷한 상황을 실제로 겪었을 때 느꼈던 혼란을 이렇게 묘사한다. "'당신은 적대적 자궁을 가지고 있어요'라는 말을 들었다. 그건 내가 생각해본 적도, 들어본 적도 없는 말이었다. 나는 명하니 있다가 미친 듯이 킥킥거렸다. … 그런 식으로 인격화된 다른 신체 부위를 떠올릴 수 없었기 때문이다. 나는 내 자궁이 손에 칼을 들고 있거나 손가락을 기폭장치에 올려놓은 모습을 상상했다. 내 자궁은 테러리스트였다."[19] 고어녀는 자신의 진짜 문제는 자궁이 아니라 자궁경부 점액이었다고 설명한다. 하지만 돌이킬 수 없었다. 이미 '적대적 자궁'이라는 폭탄이 터져 비난과 수치심이라는 파편을 남긴 뒤였다.

이 책을 쓰기 위해 조사하는 과정에서 나는 다양한 이유로 '적대적 자궁'이라는 오명을 쓴 여러 여성들과 이야기를 나누었다. 그 말을 들었을 때 그들이 처음 느낀 감정은 모두 같았다. 당혹감과 자기의심이었다. 소셜미디어에서 한 응답자는 이렇게 말했다. "임신 중절 시술을 받은 후 의사에게 내가 뒤로 기울어진 적대적 자궁을 가지고 있다는 말을 들었다. 그런데 직접 조사해보니 그런 후굴자궁은 임신에 전혀 적대적이지 않은 것 같았다. 사실 일반적인 자궁과 큰 차이가 없었다. 아기를 가질 계획이 없었는데도 내 몸의 일부가 임신에 '적대적'이라는 말을 들으니 기분이 이상했다." 이 사례에서 '적대적 자궁'이라는 말은 부정확하게 사용되었을 뿐만 아니라(후굴자궁은 임신 성공에 거의 영향을 미치지 않는다), 상황의 특성상 이미 취약해진 여성을 심판하는 일종의 채찍으로 사용된 것으로 보인다.

물론 어떤 비정형 자궁은 불임의 원인이 되기도 한다. 하지만 그런 경우에는 '적대적'이라는 말 대신 감정이 실리지 않은 다른 말을 사용하거나, 의학의 다른 모든 분야에서 하는 것처럼 구체적이고 정확하고 적절한 용어로 상황을 설명해야 한다. 메러디스가 불쌍한 데릭에게 지적했듯이, 의학 전문가가 음경에 대해 화가 났다거나 비열하다거나 기타 다른 방식으로 의인화한 적이 있었던가?

임신과 수정에 대해 이야기할 때도 감정적으로 중립적이고 의학적으로 정확한 서사를 사용하자. 지금까지 우리는 자궁이 오르가슴에 어떻게 반응하는지, 자궁이 어떻게 정자를 끌어당겨 저장했다가 방출하고, 심지어는 난자를 찾는 데 가장 유리한 위치로 정자를 유인하는지 살펴보았다. 예상대로 되지 않을 때 적대적인 자궁을 탓하는 건 불필요한 고통을 야기하고, 정확한 진단과 치료를 받을 권리가 있는 환자의 존엄을 부정하며, 이미 취약한 사람에게 더 큰 혼란과 분노, 심지어는 적대적 감정을 유발할 뿐이다.

임신

: 태반, 그리고 가슴앓이 예방

4

아래를 봐!
저 공간은 집이었어!
피와 음식으로
완벽하게 포근했던 곳

홀리 맥니시, 〈배〉

이제 임신한 자궁gravid uterus에 다가가 의학적 명칭을 붙일 때가 왔다. '임신한'을 뜻하는 의학 용어 'gravid'는 심각하고 중대하게 들린다. 즉 무거운 말이다. 그러므로 이 기관의 가장 빛나는 순간, 그 의기양양하고 강한 근육, 문명의 진정한 요람에 눈과 손 그리고 마음을 얹기 전에 우리는 잠시 멈추고 숨을 고르는 것이 옳다. 10년 동안 조산사로 일하면서 나는 수백 번 수천 번 이렇게 했다. 진료 공간의 파란 커튼을 걷은 후 나 자신과 내 의도를 소개하기 전에 잠시 멈추고 생각에 잠기는 시간을 갖는 것이다. 이 멈춤의 순간은, 그 여성이 두 팔과 두 다리를 짚고 있고 허벅지 사이로는 신생아 머리가 살짝 보일 경우 눈 깜박할 새보다 짧을지도 모른다. 배가 얼마나 나왔든 관계없이(배는 자신의 일을 하고 있으니까) 만일 그녀가 편안하게 쉬고 있거나, 전화로 남자친구에게 병원 복도를 안내하고 있거나, 잠을 자고 있거나, 프라이드치킨을 통째로 놓고 먹고 있다면(그 밖에도 상황은 내 환자로 오는 임산부들만큼이나 다양하다), 별로 긴박하지 않으므로 생각에 잠길 여유가 있을 것이다.

풋내기 학생 조산사도 크기, 모양, 색깔, 움직임을 시각적으로 평가하는 검사가 촉진보다 먼저임을 안다. 조산사는 손으로 만지기 전에 먼저 눈으로 느껴야 한다. 프라이드치킨 통이 농구공만 한 매끈한 혹 위에 놓여 있는가, 아니면 지퍼를 채우지 않은 바지와 너무 작은 티셔츠 사이로 배가 터질 것처럼 부풀어 올라서 이 거대하고 동그란 살덩어리 뒤로 여성의 머리만 겨우 보이는가? 여성이 셔츠를 걷어 올리면 나는 침상 옆으로 좀 더 가까이 다가가 그녀의 피부에 새겨진 이야기를 읽는다. 초산인 여성의 갓 늘어난 피부에 나타나는 붉은 호랑이 줄무늬인가, 아니면 아이를 여러 명 낳은 여성에게 보이는 희미한 줄무늬인가? 그 밖에도 오래된 제왕절개가 남긴 희미한 미소 같은 상처, 엉치뼈 꼭대기에서 우아한 호를 그리는 돌고래 문신, 배꼽에서 윙크하듯 반짝이는 보석 고리, 먼 전쟁터에서 입은 총상 같은 것들도 발견할 수 있다. 우리는 손으로 만져보기도 전에 이 여성의 삶을 조금은 알 수 있다. 그녀가 조용하지만 중요한 화물인 자궁을 품고 겪었던 승리와 비극을.

이제는 숨에서 풍기는 민트, 마살라, 배맛 사탕의 케톤 냄새를 맡을 수 있을 만큼 가까워졌다. 나는 다리를 침대 측면에 대고 촉진을 해도 되는지 묻는다. 이때 어떤 도구나 조언보다 중요한 것은 첫째도, 둘째도 동의를 구하는 것이다. 그런 다음에는 마침내 손가락의 통통한 끝마디를 그녀의 복부에 얹는다. 처음에는 가볍게 누르는데, 엄지손가락의 지문 하나하나가 그녀의 피부에 닿는 것이 느껴진다. 그다음에는 손가락 끝에 힘을 주면서 자궁의 단단한 정도, 모양, 그리고 그 안에 있는 태아의 부분들을 느껴본다. 임신

12주 이전에는 자궁이 골반 아래 작고 은밀하게 자리 잡고 조용히 자기 할 일을 하지만, 18주째부터는 손가락을 배 위에서 미끄러뜨리듯 아래로 내리면, 크기와 모양이 고양이의 매끈하고 둥근 머리와 비슷한 것이 손바닥 곡선 아래로 기분 좋게 잡힌다.

임신이 더 진행된 상태라면, 자궁이 완전한 크기로 확장되어 갈비뼈 사이의 홈부터 치골의 단단한 아치까지 몸통을 꽉 채우고 있을 것이다. 이때 한 손으로는 아기 엉덩이의 부드럽고 넓적한 돌출부를 잡고, 다른 손으로 태아 등뼈의 단단한 능선을 따라 복부를 미끄러지듯 내려가면, 엄마의 골반 끝에서 진자처럼 부드럽게 흔들리며 밖으로 나올 시간을 알려주는 익숙한 아기 머리를 만날 수 있다. 양수 과잉이 의심되는 경우에는 배 한쪽을 두드려본다. 이때 특유의 파도치는 것 같은 '떨림'이 느껴지면 그 의심이 맞는 것이다. 배가 초기 수축으로 부어 있을지도 모른다. 또는 자궁이 경직되어 딱딱한 나무처럼 느껴져서 가슴이 철렁 내려앉을 수도 있다. 이는 응고된 출혈이 있다는 분명한 신호이기 때문이다. 내 손 아래 어딘가에서 태반이 자궁벽으로부터 조용히 떨어져나가고 있다. 이 이야기가 어떻게 시작되는지는 손끝이 알려주지만, 이 이야기가 어떻게 끝나는지는 모든 '만일'과 응급상황에 훈련되어 있는, 쌩쌩 돌아가고 있는 뇌만이 알고 있다. 그 순간 나와 자궁, 그리고 자궁을 품은 사람은 한마음으로 심각하고 무거워진다.

하지만 우리는 일단 멈추고 테이프를 되감아 생명이 첫 숨을 들이마신 순간으로 돌아가야 한다. 의욕이 넘치는 학생들이 그렇듯 우리는 지금 앞서 나가고 있다. 언젠가는 열기와 소음으로 뒤범벅된 분만의 드라마에 도달할 것이고, 한 사람이 두 사람이 되는 시공간 연속체의 웅장한 파열을 응시하게 될 것이다. 하지만 그보다 먼저 우리는 생명이 처음 깜빡인 순간, 난자와 정자가 합쳐져서 점점 커지는 세포 덩어리가 되는 순간으로 돌아가야 한다. 막대기에 두 줄이 나타나고 엄마의 위에 메스꺼움이 자리 잡기 훨씬 전, 자궁은 보이지도 느껴지지도 않는 가장 강력한 마법을 부린다. 공중에서 그네를 타며 맹목적인 신뢰로 파트너의 손을 붙잡는 곡예사처럼, 갓 수정된 난자는 혈액이 풍부한 자궁의 침대로 손을 뻗는다. 그러면 자궁은 자신이 가진 모든 것을 내어준다. 혈액, 산소, 영양분, 면역력, 그리고 생명을.

* * *

무수한 세대에 걸쳐 반복되는 이 여정을 슬로모션으로 따라가보자. 정자와 난자의 새로운 결합인 접합체는 자궁내벽에 거점을 마련할 때까지 내부 공간을 떠돌아다닌다. 수정 후 아무 데도 속하지 않는 존재로 보내는 첫 며칠 동안, 접합체는 다른 형태와 다른 이름을 갖는다. 바로 배반포다. 배반포의 안쪽 층은 우리가 나중에 아기로 인식하게 되는 것을 형성하고, 바깥층의 세포들은 태반과 융모막(태아가 발달하는 '물주머니'의 바깥 부분)으로 변한다. 그다음에 일어나는 일은 자연의 경이 중 하나인, 정교하게 조율되는 생화학적, 면역학적 신호 교환이다. 이런 의사소통을 통해 자궁은 배반포의 침입을 허용한다. 침입한 배반포는 처음에는 자궁 내막에 열린 상처가 되고, 그다음에는 샘과 동맥이 복잡하게 얽힌 정교한 영양 공급 네트워크를 형성하며, 마지막으로 태반이라는 완전히 새로운 기관을 만든다. 태반은 태아가 외부 세계와 처음 접촉하는 순간까지 영양분을 공급하고 생명이 유지되도록 뒷받침한다.

상식적으로 생각해봐도 이 단계에서 어떤 문제나 오작동이 발생하면 착상이 되지 않을 것이다. 그러면 임신의 정의 또는 생명의 정의에 따라 '때를 놓친 생리'나 '조기 유산'으로 부를 수 있는 일이 일어난다. 최근에 와서야 밝혀진 사실은 착상 결함이 임신 후기의 합병증에 영향을 미친다는 것이다. 만일 과학자들이 일종의 작은 합성 자궁을 만들 수만 있다면, 착상과 태반 형성의 중요한 과정을 좀 더 쉽게 연구할 수 있을 것이다. 자궁내막이 자신을 파고드는 배반포를 받아들일 수 있게끔 돕는 수많은 세포와 물질을 가까이서 관찰할 수 있을 것이다. 면역을 조절하는 B세포와 T세포, 더도 말고 덜도 말고 딱 적당한 국소 염증 반응만을 허용하는 '자연살해세포'라는 불길한 이름을 가진 세포, 열심히 일하는 샘에서 분비되는 영양분이 풍부한 자궁유, 자궁내막을 혈액으로 가득 채우는 나선형 동맥, 배반포가 배설하는 노폐물을 흡수하는 작은 호수 등. 만일 우리가 과학소설에나 나올 법한 인조 자궁내막(자궁 조직을 완벽하게 복제한 미니어처로, 실험실에서 몸속의 실제 자궁처럼 작동하는 모델)을 만들 수 있다면, 임신 초기의 가장 어두운 모퉁이를 밝힐 수 있을지도 모른다.

* * *

케임브리지대학교 병리학과는 기둥과 문장紋章으로 장식된 인상적인 붉은 벽돌 건물 안에 있다. 반들반들한 목재 계단 난간과 옛 병리학자들의 초상화를 지나 계단을 올라가면, 고성능 현미경이 늘어선 긴 실험대, 서류 더미, 생물 위험 경고 딱지가 붙은 윙윙거리는 냉장고가 있는 실험실이 나온다. 그곳에서 마르게리타 투르코Margherita Turco 박사와 그녀의 동료들이 부인학의 역사를 만들어가고 있다.

"양의 배아에서 다양한 세포 유형이 분화되는 게 정말 신기했어요." 마르게리타는 말한다. 실험실 옆에 있는 사무실에 앉아 이야기를 나누는 동안, 마르게리타 뒤쪽 창문을 통해 한여름 아침의 버터색 햇빛이 들어와서 그녀 주위에 흐릿한 후광을 만든다. 마르게리타는 내가 이 자궁 여행에서 만난 사람 중 가장 겸손하고 부드러운 말투를 지닌 사람이다. 녹음기가 그녀의 나지막한 목소리를 잡아내지 못할까

봐 걱정하며 볼륨 버튼을 만지작거리는 동안, 마르게리타는 양의 배아에서 어떻게 이 모든 것이 시작되었는지 이야기한다.

"원래는 수의생명공학을 전공했어요. 생식 기술을 이용해 멸종위기 동물을 돕는 데 관심이 있었죠. 하지만 그 분야는 진입하기도, 또 연구비를 마련하기도 굉장히 어려워요. 그러던 중 내 파트너가 태반 줄기세포를 연구해 태반 모델을 개발할 포스트닥[박사 후 연구원]을 구하는 광고를 우연히 보게 되었죠."

그 태반 모델이라는 것은 메카노 사에서 만든 단순한 모형도 아니고, 과학자들이 수 세기 동안 연구해온, 일반적인 배양접시에 도말한 조직도 아니었다. 예상 밖의 큰 성공을 거두게 된 마르게리타의 목표는 태반 '오가노이드'를 만드는 것이었다. 그건 태반 조직의 작은 3D 버전으로, 적절한 조건 아래서 무한히 생성할 수 있으며, 다양한 호르몬과 약물을 처리해 반응과 행동을 분석할 수 있다.

"네덜란드의 한 연구팀이 장의 '오가노이드'를 만들었어요. 이 모델은 인간 조직을 연구하는 방법에 혁명을 일으켰죠."마르게리타는 말한다. "세포를 2D로 평평하게 도말하는 대신 세포가 성장할 수 있는 3D 환경을 만들어 생체 조직의 환경을 재현하는 거예요. 정상 조직 또는 질병 조직에서 세포를 분리해 이 3D 구체에 넣은 다음 올바른 신호를 주면, 세포들이 모든 것을 스스로 알아서 해요. 세포들은 스스로 조직화되고 조립되어 소형 구조가 됩니다."

전 세계 연구자들이 여러 가지 다른 신체 시스템의 오가노이드 개발을 시도하는 동안, 마르게리타는 (태반 형성이 인체의 가장 중요한 생리적 과정 중 하나임에도 불구하고) 부인과 오가노이드 개발에 필요한 자금과 지원을 얻기가 쉽지 않다는 사실을 곧 깨달았다.

"내가 이 분야에 들어왔을 때 자금 조달이 정말 어렵다는 것을 실감했어요. 암이나 심장병, 뇌를 연구하기 위해 돈을 받는 것과는 차원이 달라요. 태반을 연구하겠다고 하면 대부분 이렇게 반응해요. '그냥 버리지 그걸 누가 신경 써요?'" 마르게리타는 말한다.

이 대목에서 나는 그동안 막 몸에서 빠져나온 미지근한 태반을 봉지에 담아 분만실 폐기물통에 넣은 일이 떠올라 죄책감이 들었다. 과학의 황금으로 바꿀 수 있는 귀중한 조직을 그냥 버렸다니.

"아무도 투자하지 않는 이런 고위험 제품에 투자하는 곳에서 일하게 된 것은 정말 행운이었어요."

인생의 많은 일이 그렇듯 가장 큰 위험을 감수한 시도는 가장 큰 보상을 가져다주기 마련이다. 마르게리타가 시도한 일도 다르지 않았다. 그녀의 목표는 연구자들이 '모체-태반 대화'라고 부르는, 모체(숙주)와 그곳에 갑자기 침투한 태반(기생생물) 사이의 놀랍도록 복잡하지만 매우 중요한 신호 교환을 확인하고 이해하는 것이었다.

"그건 대화예요." 마르게리타가 설명한다. "자궁내막이 어떤 물질을 분비해 태반을 자극하면, 태반이 이에 반응해 더 많은 신호를 자궁내막으로 보내죠. 이렇게 자궁내막과 태반은 서로 신호를 주고받으며 관계를 구축하지만 우리는 이 관계에 대해 아무것도 몰라요." 여기서 중요한 대목은 '아무것도 모른다'이다. 의학의 더 시급한 (그리고 금전적으로 더 매력적인) 문제를 해결하는 데는 많은 돈이 투입되었지만, 한 사람의 몸이 새로운 생명을 탄생시키고 영양을 공급하는 행위는 대체로 간과되어왔으며 지원도 받지 못했다.

하지만 모체와 태반 사이의 대화를 흘려들으면 파괴적인 결과를 초래할 수 있다. 임신 초기에 이 메시지 교환에 결함이 발생하면 임상의들이 흔히 '중대산과증후군Great Obstetrical Syndrome'(상황을 고려하면 적절치 않은 존경이 실린 용어)이라고 부르는 일련의 문제를 일으키거나 거기에 영향을 줄 수 있기 때문이다. 중대산과증후군의 목록에는 조산, 자간전증, 유산, 사산 등 매년 국적과 종교, 인종을 가리지 않고 수백만 가족에게 영향을 미치는 질환과 사건이 포함된다. 초음파 검사, 혈액 검사, 침습적 검사를 통해 생명을 위협하는 문제를 찾아내 비극적인 결과에 이르기 전에 치료할 수 있는 경우도 있지만, 대체로는 최악의 악몽이 현실이 된 뒤에야 가족과 임상의가 단서를 찾아 나선다. 많은 경우 이러한 비극의 원인은 뒤늦게 밝혀진다. 병리학자가 태반을 검사해 무엇이 잘못되었는지 알아내거나, 부검 과정에서 사산아의 시신이 진실을 말해주기도 한다. 우리는 산모와 태아가 주고받는 중요한 초기 대화가 끝나고 나서 한참 후에야 단서의 메아리에 귀를 기울일 뿐이다. 이는 답보다 더 많은 질문을 불러일으키고, 모른다는 건 사건 자체만큼이나 고통스럽다.

마르게리타와 그녀의 동료들은 태반 오가노이드를 만들고 연구할 수만 있다면, 이 3D 모델이 어떻게 증식과 착상에 성공하고 실패하는지 직접 관찰할 수 있을 것이고, 그러면 중대산과증후군에 속하는 문제 중 일부를 도중에 막을 수 있을 것이라는 이론을 세웠다. 마르게리타는 컴퓨터 화면을 흘깃 보면서 특유의 겸손한 태도로, 태반 오가노이드를 만드는 작업은 "정말 어려운 일"이었음을 인정한다. "모르는 게 너무 많았어요. 잘 모르는 조직의 모델을 만드는 과정은 어둠 속을 더듬거리는 것과 같아요."

하지만 시간이 지나면서 마르게리타는 새로운 모델을 만드는 성공적인 방법, 즉 일종의 레시피를 개발했다.[1] 씁쓸하고 아이러니하게도, 그 원료는 인근 병원에서 임신 초기에 유산한 여성들이 기증한 조직이었다. 마르게리타는 자궁내막 세포와 초기 태반 세포가 혼합된 이 조직을 효소로 처리한 후 태반 세포를 작은 마트리겔matrigel 구체에 파묻었다. 젤라틴 수프 같은 물질인 마트리겔은 단백질과 성장인자들로 가득해서 체내 환경과 흡사하다.

"모든 조직의 모든 세포는 성장하기 위해 저마다 다른

신호를 필요로 해요." 마르게리타는 말한다. "따라서 우리가 올바른 신호, 즉 올바른 배양 조건을 찾으면 몇 주 후 태반의 융모[초기 가지들]에 해당하는 공 모양의 작은 구조들이 형성되기 시작해요. 그러면 마트리겔 구체를 분리해서 오가노이드가 생산한 모든 산물을 측정할 수 있어요. 정말 흥미로운 산물들이 많이 분비되지만, 우리는 아직 그것들에 대해 아무것도 몰라요." 다시 한번 말하지만, 초기 태반이 분비하는 많은 신비로운 물질 대부분에 대해 우리는 아직 **아무것도 모른다.** 21세기 현대 과학의 눈부신 발전에도 불구하고, 새 생명이나 조기 유산을 예고하는 생화학적 사랑의 언어인 이 중요한 신호의 대부분이 아직 해독되지 않았다. 무한히 복제해 연구할 수 있는 오가노이드를 만들어내는 과정은 "정말 흥미진진했다"고 마르게리타는 겸손하게 인정한다. "하지만 과학자는 항상 '그다음은 무엇일까'를 생각해요."

마르게리타가 예상했던 것보다 훨씬 더 흥미진진한 일이 일어났다. 태반 오가노이드를 만드는 과정에서 그것만큼이나 가치 있는 놀라운 부산물을 발견한 것이다.

"태반 모델을 개발하고 있을 때 배지에 태반과는 다른 세포 유형과 그 세포 유형의 마커가 계속 나타나는 것을 발견했어요. 그건 영양막[침습적인 초기 태반 세포]처럼 보이지 않았어요. 아주 달랐죠." 이상해 보였던 이 다른 세포는 자궁내막 오가노이드였다. 즉 자궁 조직의 작은 3D 버전이 영양분이 풍부한 마트리겔에서 자매인 태반 세포와 함께 성장한 것이다.[2] 추가 분석에서 이 자궁내막 오가노이드에 프로게스테론과 에스트로겐을 처리했더니 그것이 생체 내 자궁 세포처럼 행동했다. 보통은 임상 폐기물로 소각장에 보내거나, 개인적인 슬픔의 순간에 변기에 흘려버리는 유산 조직 샘플에서 마르게리타는 태반과 자궁 조직의 작은 클론을 키우는 데 성공했다. 면밀히 조사할 수 있고, 호르몬과 약물로 처리할 수 있으며, 몇 번이고 복제할 수 있는 이 클론들은 산과학産科學의 로제타스톤 같은 것으로, 오랫동안 연구자들이 진정한 의미를 알지 못했던 대화를 해독하는 열쇠가 될 것이다.

마르게리타는 현재 자신의 꿈은 모든 연령, 민족, 체격, 질병 상태의 여성에게 기증받은 조직으로 자궁내막과 태반 오가노이드를 제작해 대규모 바이오뱅크를 만드는 것과, 이 오가노이드를 사용해 생식력을 개선하고 중대산과증후군을 예방할 수 있는 치료법과 의료적 개입을 개발하는 것이라면서, 이 꿈은 우리 생애에 현실이 될 수 있다고 말한다. 네덜란드의 한 연구팀은 이미 환자의 결장 조직에서 추출한 오가노이드로 개인에게 맞춤화된 낭포성 섬유증 치료법을 시험해 성공을 거두었다.[3] 마르게리타는 이런 식으로 여성의 자궁내막 오가노이드를 가지고 그것과 비슷하게 맞춤화된 시험관 아기 시술을 시도할 수 있다면, 각 개인의 착상 시기를 알아낼 수 있으며, 현재 획일적으로 투여되고 있는 위험하고 비용이 많이 드는 호르몬에 대한 개인 고유의 반응을 이해할 수 있을 것이라고 말한다.

마르게리타는 "한 가지 획일적인 치료를 시행한 후 잘되기를 바라는 대신 개인별로 맞춤화한 호르몬 요법을 개발할 수는 없을까요?"라고 묻고 나서 "전망이 밝습니다"라고 답했다. "흥미로운 일입니다."

마르게리타는 시험관 아기 시술의 치솟는 비용과, 취약한 상황에 처한 여성들과 그 배우자에게 판매되는 값비싸고 대개 검증되지 않은 '부가 서비스'에 대해 거친 목소리로 불만을 토로한다. "너무 끔찍해요. 나도 곧 둘째가 태어나기 때문에 이 문제에 대해 생각해봐야 했어요."그녀는 자신의 배를 손으로 쓰다듬으며 말한다. "지금 열 살인 첫아들이 있지만, [다시 임신하는 데] 너무 오래 걸렸어요. 나는 이 연구를 하면서 생각했죠. 처음에는 그렇게 쉬웠는데 지금은 왜 이렇게 어렵지? 무슨 일이 일어난 거지? 그사이에 자궁내막에 어떤 변화가 있었을까? 그러다 작년에 유산을 했어요. 그때 나는 거의 포기했지만, 결국 시험관 아기 시술을 고려하기 시작했어요. 그리고 병원을 둘러보는데, 과학자인 나조차도 너무 무서웠어요. 병원 측의 제안을 듣고 '그게 도대체 뭐지? 증거가 있나?'라는 생각이 들었죠. 이런 시술은 정보에 입각한 것이어야 해요. 비용을 지불하면, 최대한 스트레스를 덜 받고 최고의 치료를 받을 수 있어야 합니다."

다른 우주에서라면 마르게리타는 자신의 조직을 채취해 태반과 자궁내막 오가노이드를 만든 다음, 그것을 시험하고 현미경으로 보면서 무엇이 왜 잘못되었는지 알아냈을 것이다. 심지어 자신의 생식 체계를 완벽하게 조정할 수도 있었을 것이다. 프로게스테론은 이만큼, 에스트로겐은 이만큼 투여하고, 세포들의 증식과 분화를 관찰하고, 분비물을 측정하고, 변화의 시기를 조정해 모체와 태아 사이에 이루어지는 대화의 어느 부분이 누락되었는지 정확히 파악할 수 있었을 것이다. 그녀는 이 빈칸을 채울 수 있었을 것이고, 실험실에서 그 세포의 대화가 지속되게끔 조치한 후 그것을 실제 상황으로 옮길 수 있었을 것이다. 하지만 이 기술에 자금과 자원이 투자되고 제대로 이해되어 우리 모두가 이용할 수 있기 전까지 시험관 아기 시술은 러시안 룰렛일 것이고, 가슴 아픈 일은 필요 이상으로 자주 생길 것이다. 희망을 안고 병원 문으로 들어갔다가 텅 빈 팔에 끊이지 않는 질문을 안고 병원을 떠나는 여성들이 있다. 전 세계 수많은 화장실 쓰레기통에는 음성으로 판정된 임신 테스트기가 들어 있고, 깨끗한 면 속옷에 피가 묻은 것을 보고 눈물을 흘리는 여성들이 있으며, 완벽하게 자란 아기에 대한 부검이 실시되고 있다. 또 어느 날 교대근무를 마치고 돌아온 후 자신을 유독 세게 껴안는 엄마를 보며 어리둥절해하는 자식을 둔 조산사들이 있다. 그럴 때 이 조산사들은 아이 머리카락에 얼굴을 파묻고 '그냥'이라는 빈약한 설명을 중얼거린다.

하지만 마르게리타가 말하듯 그녀가 하는 일은 유망하고 희망이 있다. 그녀의 병리학 연구실 실험대보다 그 희망이 더 분명하게 드러나는 곳은 없다. 여성만 있는 환경은 다정하고 따뜻하고 부드럽다고 말한다면 그건 고정관념이겠지만(조산사로 일하며 경험한 바에 따르면 그것은 잘못된 개념이며, 조산사 일은 주식거래장이나 건설 현장만큼이나 마초적이고 냉혹할 수 있다), 마르게리타의 안내로 연구실을 둘러보는 동안 나는 그들의 호의만큼은 피부로 분명하게 느낄 수 있었다. 흰 가운을 입은 여성들은 현미경 사이를 차분하고 조용히 움직인다. 실험대 위에 붙인 스티커 메모에는 익명의 수신자를 향한 메시지 "나는 당신을 사랑합니다. XXX"가 적혀 있다. 한 연구원은 자신의 현미경으로 나를 슬며시 안내하며, 찐득찐득한 겔에 박힌 작은 오가노이드 슬라이드를 볼 수 있도록 초점을 맞춰준다. 또 다른 연구원은 자신의 유산 경험을 '별일 아니었다'고 스스럼없이 언급하며 현재 진행 중인 연구에 대해 이야기한다. 몇 블록 떨어진 곳에서 나를 기다리고 있는 딸에게 가봐야 할 시간이 거의 다 되었다는 것을 깨닫고(늘 그렇듯 엄마로서의 의무와 직업적 의무를 동시에 느끼며) 핑계를 대보지만, 마르게리타는 기념사진을 찍기 위해 얼른 연구원들을 내 주위로 불러 모은다. 연구원들과 어깨를 나란히 하고 있으니, 코로나19로 인해 건강한 거리를 두어야 했음에도 마치 포옹하는 것처럼 느껴진다. 자신의 '우스

꽝스러운' 핑크색 마스크에 대해 사과하는 한 연구원에게 나는 내 딸이 보면 좋아했을 거라고 말한다. 다른 연구원은 내 조산사 경험을 담은 회고록인 지난번 책을 반쯤 읽었다고 말한다. 그녀에게 나는 다음 주에 혹시 내 생각이 난다면 그때는 다시 본업에 파묻혀 정신없을 거라고 대답한다. 그리고 산부인과 병원으로 돌아와 유니폼과 앞치마를 입고, 폴리에틸렌 비닐과 걱정을 겹겹이 두르자, 나도 흰 가운을 입고 실험대 앞에 앉아 있던 여성들이 떠오른다. 어느덧 나는 그곳을 가슴앓이 예방 연구소로 여기고 있었다. 내가 돌보는 여성들은 만삭이 된 무거운 몸으로 온다. 그들의 배는 지방, 꿈틀거리는 아기, 만찬 접시만큼 큰 태반으로 팽팽하지만, 이 모든 것의 시작은 서로 속삭이며 은밀한 신호를 보내면서 진한 선홍색 피와 자궁유, 그리고 온갖 신비로운 메시지를 교환하는 작은 세포들이다. 이 대화는 아직 해독되지 않았지만, 마르게리타와 그녀의 동료들이 대화에 귀를 기울이고 있다.

수축

: 브랙스턴 힉스와 과민성 자궁

5

그때 아기의 힘과
엄마의 고통으로
자궁이 열린다.

퍼시벌 윌러비,
《조산사의 관찰, 또는 시골 조산사의 안내서》

임신 초기의 몇 주, 몇 달간 자궁 내부에서 일어나는 일이 아무리 놀라워도, 외부 관찰자는 오직 한 가지 변화만 볼 수 있다. 즉 자궁이 늘어나고 성장함에 따라 여성의 복부가 팽창하는 것이다. 어느 날 어제까지 잘 맞던 청바지가 겨우 잠기거나, 친구와 동료, 심지어 낯선 사람들까지 늘어난 허리둘레에 대해 한마디씩 하고 싶어 한다. 교문 앞에서 다른 학부모가 "하룻밤 새에 몸이 불었네!"라고 말하거나, 평소에는 무뚝뚝하고 무표정했던 버스 기사가 고갯짓을 하고 윙크를 하며 "쌍둥이면 요금을 더 받아야 하는데요"라고 말할지도 모른다. 축 늘어진 유방과 배로 다산을 상징하는 원시 여성상부터, 현대 타블로이드 신문에 대문짝만하게 실린, '혹'을 안고 있는 유명인사의 세심하게 연출된 사진에 이르기까지, 임신한 몸의 변화에 대한 인류의 매혹은 본능적이고도 영원한 것처럼 보인다. 자궁은 단순히 팽창하는 것만으로 그 소유자의 몸을 사적인 것에서 공적인 것으로, 성을 상징하는 것에서 모성을 상징하는 것으로 탈바꿈시키며, 개인과 사회로 하여금 눈앞에서 변해가는 임산부에게 자신의 견해와 가치관을 투영하게끔 한다. 만삭에 이르면, 문자 그대로나 비유적으로나 배가 우리의 시야를 가려 임신한 여성 자체는 보이지 않을 정도로 자궁이 커진다.

한 사람의 정체성이 '예비 엄마'보다 더 다차원적이듯이, 자궁의 팽창도 단순히 허리둘레가 늘어난다는 사실보다 더 복잡하고 정교한 의미를 지닌다. 자궁의 주요 근육층(자궁근층)은 고무줄 같은 탄성섬유들이 바구니 같은 짜임새로 엮여 있어서, 시기와 상황에 따라 성장, 수축, 또는 이완이 가능하다. 혈관이 풍부하고 에스트로겐과 프로게스테론으로 출렁이는 자궁근층 세포들은 원래 길이의 열다섯 배까지 늘어날 수 있어서, 그 안의 작은 인간이 콩알만 한 크기에서 완전한 아기로 성장할 수 있다. 태아가 커짐에 따라 아기가 사는 자궁도 커진다. 도깨비집에 있는 요술 거울을 보면 내 모습이 마법같이 이상하게 일그러지는 것처럼, 자궁은 얇아지면서 동시에 무거워진다. 만삭(대략 임신 40주)이 되면 자궁근층의 두께가 2센티미터가 채 되지 않는 반면, 근육 자체의 부피는 임신 초기 100그램에서 시작해 진통이 시작될 때는 그 열 배인 1킬로그램 이상까지 증가할 수 있다.[1]

산과학의 최종 단계이자 임신의 클라이맥스이며 모두가 기다려온 순간인 진통이 시작될 때 자궁이 무엇을 하는지는 우리 모두가 알고 있다. 모든 일이 순조롭게 진행되면, 자궁이 수축하고 자궁 문이 열리면서 아기를 밀어낸다. 그리고 우리가 종종 잊는 부분이지만, 태반과 태반막을 배출하는 번거로운 과정도 있다. 이 일을 위해 추가로 수축이 일어나는데, 이때 자궁은 내벽의 혈관을 영리하게 조임으로써 산모와 조산사가 딱 한 방울의 피만 보고도 만족스러운 웃음을 지으며 분만을 마칠 수 있게 해준다. 그러면 끝이다. 그런데 정말 끝일까?

여성 생식계의 다른 모든 측면과 마찬가지로 진실은 좀더 복잡하다. 진통은 끝도 시작도 아니며, 사실 중간이라고 부르는 것도 공정하지 않다. 게다가 진통은 임신의 마지막 순간에만 일어나는 게 아니며, 진통의 존재가 항상 출산이 임박했음을 암시하는 것도 아니다. 사실 대부분의 경우는 그렇지 않다. 혼란스럽다고? 자궁의 가장 유명하지만 예측 불가능한 마술에 깜짝 놀라 멈칫했던 수많은 주술사, 현명한 여성들, 조산사와 산부인과 의사들도 마찬가지였다.

* * *

1873년에 촬영된 사진에서 존 브랙스턴 힉스는 저명한 신사이자 전성기에 이른 의사로서 위풍당당하면서도 어딘지 모르게 괴팍해 보인다.[2] 얼굴에는 근사한 양고기 모양의 구레나룻이 양쪽 뺨에서 펼쳐져 턱 밑에서 양가죽 끈처럼 이어져 있다. 두건을 뒤집어쓴 사진사 저편의 먼 곳을 응시하고 있는, 임신의 가장 악명 높은 증상을 부르는 이름과 동명인 브랙스턴 힉스는 이때 이미 자신의 유산을 머릿속에 그리고 있었는지도 모른다. 언젠가는 세계 모든 곳의 여성들이 팽팽하게 조여오는 배를 움켜쥐고 그의 이름(또는 내가 일하는 병원에 전화를 걸어 "그 브랙스턴 힉스가 왔어요"라고 잘못 말하는 이름)을 저주할 것임을 알고 있었을지도 모른다.

서식스에서 어린 시절을 보낸 브랙스턴 힉스는 의사가된 후에도 자연 세계의 미스터리에 빠져 지냈다. 처음에는일반 의사로, 그다음에는 빅토리아 시대 런던의 저명한 병원들에서 산부인과 의사로 일하며 경력을 쌓는 동안, 그는 이끼부터 지렁이까지 모든 종류의 동식물을 계속 수집했다. 작든 크든, 아름다울 정도로 단순하든 놀라울 정도로복잡하든, 모든 생물이 그를 사로잡았다. 힉스를 존경하는동료들은 그를 "쾌활한 표정과 꿰뚫을 것 같은 총명한 눈을지닌 다정한 남자"[3]로 묘사했다(이 훌륭한 의사는 웨지우드 도자기도 상당히 많이 수집했다. 도자기에 대한 그의 안목은 예리한 산과적 통찰력을 나타내는 지표는 아니었을지도 모르지만, 다방면에 관심이 많았던이 남자의 자유분방한 성격을 보여준다).

1858년에 가이스병원의 산부인과 보조 의사로 소박하게시작해 25년 후 이 병원의 고문 의사로 임명되기까지 존 브랙스턴 힉스는 정력적이고 호기심 많은 의사로 이름을 알렸고, 당시만 해도 비교적 새로운 분야였던 산부인과의 영역을 넓히기 위해 노력했다. 그동안 출산은 전적으로 여성이 관리하는 영역이었지만, 17세기와 18세기에 이르러 '남성 산파'나 조산사가 프랑스와 영국 왕실의 출산에 참여하기 시작했다. 침대 발치에 포셉(외과 수술용 핀셋)과 같은 반짝이는 새 발명품을 손에 든 남성을 세워두는 건 부유한 사교계 귀족만이 누릴 수 있는 지위와 고상함의 상징이 되었다.

'산부인과obstetrics'라는 용어(말 그대로 '앞에 서서'라는 뜻)는 이렇게 탄생했다. 전통적인 일반인 여성 산파들이 돈 많은 상류층에게 점점 원시적이고 불결하게 비쳐지는 동안, 브랙스턴 힉스 같은 남성들이 출산 공간(그리고 그 안에서 진통하는 몸)을 빠르게 통제하기 시작했다.

의학의 성층권을 뚫고 혜성같이 등장한 것처럼 보이는 브랙스턴 힉스는 산부인과 의사로 일하는 동안 133편의 논문을 발표했다. 이런 학문적 연구 중에서 가장 영향력 있는 것은 아마 자궁경부 확장을 유발하지 않는 '통증 없는 자궁 수축'이 임신의 모든 단계에서 일어날 수 있다는 관찰과 관련이 있을 것이다.4 자궁의 이런 성질은 이미 태곳적부터 수 세대 여성들이 경험하고 인정한 것이지만, 브랙스턴 힉스는 그 현상을 확인하고 연구한 최초의 부유한 서양 백인 남성이었다. 그는 편애하는 첫 자식에게 세례를 베푸는 아버지처럼 그 현상에 자신의 이름을 붙임으로써 그가 할 수 있는 최고의 축복을 했다. '브랙스턴 힉스 수축'은 현재 임신 용어로 흔히 쓰이지만, 여성의 생생한 경험이 남성 지배적인 학계만큼만 영향력을 가졌더라면 이 통증 없는 수축에는 그 현상을 이미 잘 알고 있었던 전 세계 수백만 명의 산모 중 누군가의 이름이 붙었을 것이다.

이 개념을 연구한 최초의 유명한 남성이었던 브랙스턴 힉스의 생각은 저항에 부딪혔다. 그의 선배들은 자궁은 분만이 시작될 때만 갑작스럽고 예측 불가능하게 수축하기 시작한다는 오래된 견해를 고수했다. 브랙스턴 힉스는 자궁이 어느 시기든 수축할 수 있다는 사실을 증명함으로써 동료들에게 진통은 임신 중 어느 순간에든 일어날 수 있으며 실제로 일어났음을 일깨워줘야 했다.

과거의 산부인과 의사들은 어떻게 특정 시기, 즉 만삭이 되면 그때까지 수동적이었던 자궁이 갑자기 새로운 힘을 얻어 수축하는지 설명할 수 없었다. 만삭이 되기 훨씬 전부터 자궁이 태아를 밀어내는 힘을 가지고 있다는 사실, 그리고 정신적 흥분이나 국소적 자극이 있을 때 자궁이 빈번하게 그런 시도를 한다는 사실에는 관심이 없었다. 하지만 수년에 걸친 지속적인 관찰 끝에 나는 자궁이 임신 초기, 즉 밀도의 차이를 인식할 수 있는 3개월째부터 자발적으로 수축하고 이완하는 힘과 습관을 가지고 있다는 사실을 확인했다. … 자궁이 항상 이런 수축을 한다는 것을 떠올려볼 때, 나는 그것이 외부 자극과 무관한 임신의 자연적 성질임이 틀림없다고 생각한다.5

이런 관찰은 당시에는 상당히 급진적으로 여겨졌을지 모르지만, 브랙스턴 힉스의 짐작은 수년간의 연구과 면밀한 관찰을 통해 입증되었다. 임신한 자궁이 임신 6주부터 경미하고 불규칙한 진통을 시작한다는 사실이 현재는 확실하게 밝혀져 있다. 이런 현상은 임신 2기나 심지어 3기까지도 느낄 수 없는 경우가 많지만, 이 무렵이 되면 자궁은 충분히 팽창해서 놓치기 어려울 정도로 규칙적인 진통을 만들어낸다. 많은 여성들이 브랙스턴 힉스 수축을 밴드나 벨트가 조였다가 풀리는 느낌이라고 묘사하는데, 감지할 수 있고 불편하게 느껴질 수는 있지만 통증을 일으킬 정도로 수축이 강하게 일어나는 경우는 드물다.

브랙스턴 힉스는 지렁이부터 여성, 그리고 그 사이의 모든 종에 이르는 자연 세계의 마법에 매료되었고, 이런 경이로움을 연구하는 데 평생을 바쳤다. 그는 무엇보다 인간의 생명을 잉태할 수 있는 기관의 수축과 이완에 특별한 관심을 가졌다. 오늘날까지도 과학은 본격적인 진통을 촉발하는 메커니즘을 완전하게 이해하지 못하고 있다. 태아의 성숙과 어머니의 미묘한 신호가 결합한 결과일 것으로 짐작은 되지만, 자궁이 진정한 수축을 시작할 때 일어나는 미세한 생리적 변화들은, 남성들조차 멈칫하게 만들 만큼 신기한 마법이다. 또 진통이 시작되기 며칠 전부터 자궁근층의 세포들 사이에 전기 전도성이 높은 틈이 증가하기 시작한다는 사실이 밝혀졌다. 이렇게 근섬유가 재편됨에 따라 세포에서 세포로의 전기 전도가 증가하다가 어느 시점에 (이번에도 우리는 어떻게, 왜, 이렇게 되는지 모르지만) 자궁이 에너지 펄스로 불타오른다. 이 미세한 번개는 자궁을 가로질러 파도처럼 이동한다. 우리는 현상 자체와 감각을 뭉뚱그려 이러한 파도를 수축, 경련 또는 단순히 '통증'이라고 부르지만, 우리가 뭐라고 부르든 목적은 하나, 즉 새로운 생명을 세상으로 내보내는 것이다.

'자궁 활동'(의학 교과서에서 '수축'을 지칭하는 차갑고 임상적인 명칭)은 진통의 단계에 따라 각기 다르게 보이고 다르게 느껴진다. 이 활동은 그때그때 필요한 정확한 메커니즘에 따라 양상을 바꾸어가며 태아를 출산 순간에 더 가까이 데려다 놓는다. 진통의 첫 단계에서는 수축하는 자궁의 파도가 태아를 산모의 골반으로 미는 역할을 한다. 동시에 가장 낮게 위치하는 태아 부위(대개 머리)로 자궁경부를 가늘게 잡아당겨 아기를 최적의 위치로 이동시킨다. 진통이 진행되어 자궁경부가 가장 넓은 직경인 약 10센티미터까지 열리면, 수축이 아기를 밀어내는 양상으로 바뀐다. 이제부터 자궁은 단순히 수축하는 것이 아니라, 수축할 때마다 태아를 골반 출구를 통해 질 밖으로 밀어낸다. 진통의 이 부분을 흔히 '밀어내기' 단계라고 하는데, 영화나 텔레비전에서는 가운과 마스크를 착용한 의료진이 누워 있는 여성을 기괴한 카운트다운과 호흡법으로 코치하다가 마침내 여성의 떨리는 다리 사이에서 놀랍도록 깨끗한 아이를 끄집어내는 판에 박힌 혼돈의 의식으로 그려진다. 사실 대부분의 출산하는 몸은 코치 없이도 효과적이고 불수의적으로 힘을 주게 되는데, 내가 돌보는 여성들이 이 단계에서 어떤 느낌이 드는지 물어오면 나는 위가 음식물을 게워내는 것과 흡사한 방식으로 자궁은 그저 '밀어낼' 뿐이라고 설명해준다. 그것은 강하고, 반사적이고, 아무런 노력이 들지 않는 동작이다. 내가 아직 답하지 못한 질문이자 자꾸만 시계를 확인하는 배우자의 입에서 항상 나오는 질문은 '진통이 얼마나 오랫동안 지속되느냐'다. 다시 말해 최초의 경미한 경련에서부터 감동적인 출산의 순간까지 얼마나 많은 진통을 견뎌야 할까? 이 일은 자궁이 알아서 한다. 출산하는 부모는 모두 다르다. 마찬가지로 출산도 저마다 달라서, 짧게는 몇 분부터 길게는 끝나지 않을 것처럼 며칠씩 진통이 계속되기도 한다. 방해하지 않고 내버려두면 출산은 일어날 때 일어나고 필요한 만큼 시간이 걸린다.

우리는 아직 진통의 시작이나 지속 시간을 예측할 수 없지만, 이 과정에 본질적인 결함이 있었다면 인류는 지난 30만 년 동안 살아남지 못했을 것이다. 오늘날까지 우리가 살아남은 것은 여성들이 적시에 적절한 방법으로 이 번개를 일으켜 자궁의 근섬유들로 전달할 수 있었기 때문이다. 많은 여성들이 출산 중 비극적으로 죽었고 선진국의 부유한 지역에서도 출산 중 사망이 계속되고 있지만, 훨씬 더 많은 여성들이 규칙적인 진통이 점점 강해지는 것을 느끼며 아기를 지상에 안전하게 내놓았다.

브랙스턴 힉스 시대에 아직 태동기였던 산과학은 많은 세대의 여성들과 함께 성장했고, 이제는 단순히 '앞에 서 있는 과학'을 넘어 훨씬 더 복잡하고 역동적인 분야가 되었다. 우리는 자간전증부터 임신성 당뇨, 그리고 가장 난처하고 위험한 태아 위치에 이르기까지 과거에는 죽음을 피할 수 없었던 상황을 진단하고 관리할 수 있게 되었다. 17세기 산부인과 의사들이 후손들의 이런 기술을 보면 놀라움을 금치 못할 것이다. 하지만 서양 의학이 발전하고 자궁을 더 면밀하게 조사할 수 있게 되자, 자궁의 변덕에 대한 참을성이 점점 줄어들고 있다. 왜 브랙스턴 힉스 수축이 일어나는지 정확한 이유를 우리는 아직 모른다. 아마 출산할 수 있도록 자궁을 준비시키기 위해 진화한 영리한 자가 조율 메커니즘일 테지만, 뭔가 다른 목적이 있을지도 모른다.

너무 빨리 일어나는 진통을 우리는 어떻게 이해해야 할까? 그중 일부는 조기 분만으로 이어지고, 다른 일부는 며칠 동안 경련을 일으키다가 뚜렷한 결과 없이 사라진다. 이 불편할 정도로 과민한 자궁과 그런 자궁을 소유한 여성에게 한 번 더 주의를 기울이자. 더 면밀하게 살펴보고, 더 신중하게 귀 기울이자. 우리는 병명을 붙이는 데 급급해하다가 생사가 걸린 중요한 메시지를 놓치고 있을지도 모른다.

* * *

리베카 피시바인은 오하이오에 있는 지역 병원의 응급실에 앉아 되도록 눈에 띄지 않으려고 애썼다. 쌍둥이를 임신한 지 20주가 다 되어가는 사람에게는 힘든 일이이었다. 배가 남산만 한 데다 무엇보다 아팠다. 그것이 리베카가 몇 주 간격으로 병원을 다시 찾은 이유였다. 의사는 간단히 진찰하고 소변 검사를 한 후 초음파는 필요하지 않다고 말했다. 간호사들은 리베카가 들을 수 있는 거리에서 병동 주변을 분주하게 돌아다녔는데, 리베카는 그들이 자신에 대해 수군거리고 있다는 것을 알았다. "내가 짜증나는 사람이었구나." 리베카는 삐 소리가 나는 모니터 너머로 들리는 가십 조각들을 짜 맞춰 이렇게 유추했다. "나는 지나치게 걱정하는 임신부였고 짜증나는 사람이었다." 병원을 나설 때 리베카는 불안감으로 찜찜했고 진단 역시 언짢았다. '과민성 자궁.' 이는 이유 없이 통증과 불편을 야기하는 자궁을 이르는 병명으로, 이 때문에 리베카는 뱃속에 있는 쌍둥이를 잃을 뻔했다.

리베카가 아무 소득 없이 응급실을 떠나기 거의 200년 전, 로버트 구치Robert Gooch 박사는 리베카의 아기들을 죽일 뻔한 그 진단명을 고안해 명성을 얻었다. 야머스에서 해군 장교의 아들로 태어난 구치 박사는 일반 의학 분야에서 다양한 수련을 거치며 빠르게 성장했지만, 아내와 유일한 자식의 죽음이라는 개인적인 위기가 그의 삶과 직업의 경로를 바꿔놓았다.6 어쩌면 이 젊은 의사는 그 이후로 아이 어머니의 생명을 지키는 일에 집착하게 되었을지도 모른다. 아니면 단순히 비극이 닥친 곳을 영영 벗어나고 싶었거나. 두 가지 이유가 복합적으로 작용했을 테지만, 어쨌든 구치

는 크로이던에서 런던 중심부로 이사해 산부인과 전문의로
활동하기 시작했다.

런던의 여성들은 매우 다양한 산과 질환을 가지고 구치
를 찾아왔다. 그들의 몸은 온갖 종류의 통증에 시달렸는데,
구치는 그것이 여성 특유의 정신적, 신체적 약점 때문이라
고 생각했다. 세상을 떠나기 1년 전인 1829년에 구치는 자
신의 연구 결과를, 당시 훌륭하고 획기적인 문헌으로 평가
받은 문서로 남겼다. 제목은 '여성 특유의 중요한 질병 몇
가지에 대한 설명'이다. 이 문서는 현재 왕립의과대학 웹사
이트에서 "탁월한 실용성, 남자다운 문체, 헛소리와 가식이
전혀 없음, 진리에 대한 헌신적 사랑, 단언을 피함, 명성이
나 이득을 위해 지식을 파는 모든 방법을 혐오함"으로 열렬
한 찬사를 받고 있다.[7] 그러면 구치가 이 문서에서 그토록
통찰력 있게 기술한, 세계를 뒤흔든 발견이 무엇이었을까?
그것은 다름 아니라 200년 후 수천 킬로미터 떨어진 곳에
서 리베카 피시바인과 그녀의 문제성 자궁에 내려진 진단
인 '과민성 자궁'이었다.

구치는 런던 여성들이 자궁에서 비롯되는 통증으로 쇠
약해지는 것을 자주 보았다. 이 통증은 대개 전신에 영향
을 미쳤고 심지어 몸을 가누지 못하게 만들기도 했는데, 발
병을 예측할 수 없고, 완화하기 어려우며, 여성과 (그보다 더
중요하게는) 결혼생활에 파괴적인 영향을 미쳤다. 구치와 동
시대인이었던 존 G. S. 코길 박사는 이 질환을 다음과 같이

요약했다.

> 과민성 자궁의 증상을 … 간략히 이렇게 정리할 수 있
> 다. 자궁 부위에 급성으로 발생한 통증이 요추와 장골
> 부위로 퍼져나가며 허벅지까지 내려오고, 대개 몸의 한
> 쪽 편(왼쪽)에서 더 심하다. 통증은 지속적이며, 일어선
> 자세에서 그리고 격심한 활동을 할 때 증가한다. 심지
> 어 정신적 이유도 통증을 악화할 수 있다.[8]

코길 박사는 자궁 자체에 대해서는 이렇게 지적한다.

> 그런 자궁을 검진해보면 너무 예민해서 약간의 압박도
> 견디지 못한다.[9]

이 사례는 여성에 대한 당대의 이상을 자궁에 투영한 역
사 속의 많은 진술 중 하나로, 개인과 그 사람의 허약함을
자궁 및 자궁의 기능 장애와 뒤섞는다. 그 결과 여성과 자
궁은 둘 다 섬세하고 약하며 쉽게 문제를 일으키는 존재로
여겨진다. 지금까지도 이런 사고방식의 잔재가 산과학의
태피스트리 속에 엮여 들어가 있다.

구치가 기술한 첫 번째 사례 연구는 사회적 준거 틀을 벗
어난 여성에게 생길 수 있는 위험을 잘 보여준다. 구치의
환자는 '무명의 젊은 여성'으로, 스물네 살에 결혼해 곧 첫

아이를 낳았지만 출산한 지 얼마 되지도 않아 너무 많은 일을 하려고 한, 해서는 안 될 대역죄를 저질렀다. 구치와 동시대인인 F. W. 매켄지는 그 후에 쓴 글에서 이 '여성'에 대해 기술했는데, 이 여성은 아기 침대에서 파티장으로 언제든 뛰어나갈 준비가 된, 놀기 좋아하는 못마땅한 여성으로 그려진다.

첫 번째 분만 후, [그녀는] 유명한 물놀이 장소로 갔고, 그곳에서 지치도록 신나는 겨울을 보냈다. 아침에는 전화 통화를 했으며, 저녁에는 사람들로 북적이는 파티에 참석했다. 그러다 결국 식욕을 잃고 몹시 쇠약해졌고, 복부 아래 부위를 칼로 찌르는 것 같은 통증을 느끼기 시작했다.[10]

그녀가 쇠약해진 것이 출산 후 일상으로 빠르게 복귀했기 때문이었을까? 아니면 사교 활동이나 북적이는 파티 때문이었을까? 무엇이 병을 일으켰는지 우리는 정확히 알 수 없지만, 이 사례 연구가 전하는 메시지는 분명하다. 그녀가 상류 사회의 겉멋에 이끌려 어머니로서의 책임을 내팽개쳤다는 것이다. 이어진 치료는 인신공격에 가까울 정도로 무자비했다.

통증 발작과 자궁 팽만감 때문에 이 여성은 거머리를

바르고 조신하게 생활했으며, 몇 주 동안 소파에 갇혀 지냈다. 이 기간이 끝났을 무렵에는 건강해져야 했지만, 곧이어 복부 아래쪽이 다시 쑤시기 시작하면서 극심한 통증과 압통에 시달렸다. 이때부터 이 여성은 중환자가 되어 영웅적인 치료를 받은 것으로 보인다. 일주일에 네 번씩 사혈을 받았고, … 타액 분비를 촉진하기 위해 수은을 처방받았다.[11]

하지만 매켄지는 이 환자가 결국 회복할 수 있었던 것은 그녀가 감내한 공격적인 치료 못지않게 여성의 변화된 행동과 관련 있다고 지적한다.

모든 치료가 효과가 의심스러운 상태에서 시행되었으므로, 이 여성의 회복에는 … 건강 상태의 전반적인 개선과 극도로 조심스러운 생활방식이 중요한 영향을 미친 것 같았다.[12]

당시 기록된 다른 사례들도 신경과민이나 방탕한 생활로 인해 자궁 통증이 발생했다는 비슷한 이야기를 들려준다. 모친이 사망한 후 '자궁통'이 시작된 우드거 부인, 결혼 후 '극심한 불안' 속에 살았던 다섯 자녀(사산아 한 명 포함)의 어머니 워드 부인, 재봉사로 일한 직접적인 결과로 '자궁 장애'를 얻었다고 진단받은 독신 여성 로스 등이다.

재봉사는 불안정하고 보답받지 못하는 직업이며, 밤늦게까지 일하고 앉아서 생활해야 한다.[13]

오늘날 우리에게 이 여성들은 평면적인 유령 같은 존재로, 그들이 겪은 육체적 고통과 정서적 혼란은 실감나게 느껴지지 않는다. 구치와 매켄지 같은 초기 산부인과 의사들은 서둘러 병명을 붙여서 동료들의 인정을 받기 위해 다양한 사례를 '과민성 자궁'이라는 모호한 우산 아래 모으는 데 열중했다. 우리는 언외의 숨은 뜻을 읽어냄으로써 오래 전 그 여성들이 앓았던 병의 근본 원인을 추측할 수 있다. 월경 전후로 악화되는 만성 통증을 겪은 일부 여성들은 실제로는 지금도 종종 잘못 진단되는 전신쇠약 질환인 자궁내막증을 앓고 있었을지도 모른다. 불운한 무명의 젊은 사교계 여성은 자궁 감염을 앓고 있었을 가능성이 있다. 출산 후에 매우 흔히 나타나고 심지어 지금도 흔한 이 질환은 사회생활이나 어머니 역할의 방기와는 전혀 무관하다. 또 다른 여성들은 단순히 가족을 잃은 슬픔(모친을 여읜 우드거 부인), 불행한 결혼생활과 쉼 없는 육아로 인해 누적된 스트레스(워드 부인), 또는 고된 노동에 따른 피로(로스 씨)로 힘들었던 것일지도 모른다. 하지만 각 사례에서 자궁의 병은 해당 여성에게 문제가 있는 탓으로 여겨졌다. 이런 부당함을 바로잡는 길은 그들의 이야기를 좀 더 세밀하게 읽고 당시의 사회역사적 맥락을 더 세심하게 살피는 것뿐이다.

각 사례 연구는 각기 다른 이력과 자궁통을 지닌 개인을 자세히 보여주지만, 이 사례들은 함께 고통의 모자이크를 이룬다. 가족을 잃고, 과로에 시달리고, 불행한 삶을 살았던 여성들의 비참함, 그들을 런던의 병원 앞으로 내몬 절망감을 우리는 상상만 할 수 있을 뿐이다. 구치와 그의 동료들은 이 여성들을, 자신들이 치료하려 한 증상만큼이나 파괴적이었던 치료법들을 실험할 기회로 여겨 환영한 것 같다. 런던 산과병원의 배운 남자들의 관점으로는, 자궁 과민증hysteralgia이라는 새로운 질병을 그냥 방치하는 것의 위험이 거머리 치료 같은 치료법이 끼치는 위험보다 훨씬 컸다. 실제로 이 초기 산부인과 의사들은 자궁 과민증을 치료하면서 자신들이 중요한 사회적 역할을 수행하고 있다고 믿었다. 즉 여성 환자의 성적 가용성을 확보하고 그럼으로써 좋은 어머니가 되도록 이끄는 것이다.

로버트 퍼거슨은 구치의 주요 저서의 1859년판에 쓴 서문에서, 자궁 과민증을 가진 여성이 사회에 끼치는 심각한 위협에 대해 설명한다. 그는 자궁 과민증이 유발하는 성 기능 장애를 다른 어떤 부작용보다 심각하게 여겼다. 자궁에 통증이 있으면 인접한 질에 다음과 같은 일이 벌어진다고 생각했기 때문이다.

[질에-옮긴이] 극심한 압통이 생기기 때문에 성교 시 견딜 수 없는 고통을 초래한다. 실제로 여러 사례에서 이

런 증상은 가족의 분리로 이어졌고, 불안정한 신경은 정신이상으로 나타나 더 큰 해악을 유발했다. … 대부분의 사례에서 성욕은 완전히 사라진다. 모든 성교는 두려움이나 혐오의 대상이 된다.[14]

퍼거슨은 친밀한 관계에 대한 이런 혐오가 가정을 파탄으로 몰아가는 상황을 심각하게 묘사한다.

남편과는 소원해지고, 자녀는 방치되며, 가정은 거룩한 영향력을 모두 잃는다.[15]

이런 맥락에서 보면 산부인과 의사는 단순히 의료인이 아니라, 질을 치료해 여성을 부부 침실로 돌려보냄으로써 신성한 가족의 붕괴를 막는 사회적 구세주가 될 수 있다. 그런 관점으로 보면 그 이상한 부작용은 이 거룩한 목표를 위해 기꺼이 감내할 수 있는 것이 아니었을까?

현대인의 관점에서 자궁 과민증이라는 개념은 명백히 문제가 있어 보이고, 사혈과 같은 관련 치료법은 돌팔이 의사나 하는 엉터리 치료다. 하지만 놀랍게도 200년에 걸친 의학적, 사회적 발전에도 불구하고 현대의 많은 산부인과 의사들은 어떤 구체적인 증거도 없는 상황에서 '과민성 자궁'을 유효한 진단으로 널리 채택하고 있다. 실제로 이 용어가 너무나 널리 사용되고 있어서, 나 역시 최근까지도 진단 및 관리 지침을 갖춘 신뢰할 수 있는 병명인 줄 알았다. 조산사로서 나는 만삭 이전에 자궁경부 확장 없이 고통스러운 진통을 호소하며 찾아오는 수많은 여성을 돌보았고, 그 여성들의 침상 옆에서 많은 의사들이 머리를 긁적이는 모습을 지켜보았다. 의사들은 여성이 느끼는 불편함에 대해 어떤 뚜렷한 이유도 내놓지 못한 채 단순히 "진통이 아닙니다"라고 말한다. 여성들은 자기 몸이 보내는 통증 신호와 정반대되는 의사의 말에 혼란스러워하는데, 그러면 의사는 또 다른 설명을 확신과 권위를 실어 내민다. "자궁이 예민해서 그런 겁니다." 파란 커튼이 쳐진 구역 안에서 중요한 종류의 지식을 가진 사람들은 이 두 마디 진단으로 그 여성의 운명을 결정한다. 드라마는 없을 것이고, 아기도 없을 것이다. 적어도 지금은, 아직은 아니다. 모니터는 분리되고, 사용된 장갑과 질경은 쓰레기통에 던져진다. 진통제가 건네지고, 여성은 혼자 남겨져 흔한 말로 '안정'을 취하게 된다.

물론 나도 대개는 괜찮다고 생각했다. 나는 처방된 진통제를 건네며 그 여성을 고통과 함께 내버려둔 채 다음 환자, 즉 병명을 붙이고 해결하고 안정시켜야 할 다음 퍼즐로 재빨리 이동했다. 하지만 이 책을 위해 조사하면서 산과학의 시야에 사각지대가 존재한다는 것을 알게 되었다. 적어도 내게는 그렇게 보였다. 과민성 자궁은 같은 처지의 사촌인 '적대적 자궁'과 마찬가지로 오늘날의 임상 문헌에 거의 등장하지 않았다. WHO(세계보건기구)는 청구 가능한 질환 목록인 국제질병분류에서 이 용어를 이것 못지않게 모호하고 경멸적인 범주인 '산만한 진통desultory labor'과 '수축 불량poor contractions'[16]의 하위항목 '기타 자궁무력증other uterine inertia'으로 묶어서 간략히 언급한다. 하지만 더 폭넓게 검색한 결과, 나는 영국이나 미국의 산부인과 관리 기관에서 이 용어를 정의하거나 인정하는 사례를 하나도 찾을 수 없었다. 그럼에도 불구하고 '앞에 서 있는' 기술의 초기 시행자들인 구치와 그 동료들의 희미한 잔재인 '과민성 자궁'은 여전히 침상 옆을 맴돌고, 그 모호하고 실체 없는 병명은 치료의 중심에 있는 여성을 명료하게 보는 것을 방해하는 장애물이 된다.

리베카 피시바인에게 과민성 자궁이라는 진단은 거의 치명적인 장애물이었다. 현재 노스이스트오하이오 의과대학에서 가정 및 지역사회 의학 조교수로 재직하고 있는 리베카는 자신이 갖고 있는 특징(백인이고, 건강하고, 학력 수준이 높은 것)이 무의식적인 편견이 작용하는 의료계에서 자신을 안전하게 지켜줄 거라고 믿었다. 그래서 쌍둥이를 임신했다는 소식을 들었을 때, 그녀는 자신에게 주어지는 선택지를 이해하고 필요할 경우 스스로를 지킬 수 있을 것이라고 확신하며, 앞으로 무슨 일이 닥치든 대비할 준비가 되어 있다고 느꼈다. 그리고 첫 몇 달은 별일 없이 지나갔다. 하지만 임신 2기(임신 13~26주차 - 옮긴이)에 접어들면서 리베카는 '뭔가 이상하다'는 느낌을 받았다. 처음에는 통증을 동반하지 않은 채 간헐적인 수축이 일어났지만, 수축은 곧 규칙적으로 찾아왔고 불편해졌다.

"뭔가 잘못된 것 같았어요"라고 그녀는 회상한다.

우리는 그 일이 있은 지 수년이 지난 시점에 영상통화를 하고 있다. 시간이 많이 흘렀고 우리 사이에는 수천 킬로미터가 가로놓여 있음에도 그녀의 좌절감은 여전히 생생하고 뚜렷하다. 지역 병원의 응급실로 갔더니 정맥 수액을 놓아주고 집으로 돌려보냈다고 설명할 때 그녀의 목소리는 믿을 수 없다는 듯 날카로웠다. 설명도, 상담도 전혀 없었다. 그녀는 귀찮은 존재가 된 기분이었다고 말한다.

몇 주 후에도 통증이 계속 되풀이되자 다시 응급실을 찾아갔지만 지난번보다 훨씬 더 불쾌한 경험을 했다.

"다시 병원에 전화를 걸고 또 갔어요. 하지만 똑같았어요. 여전히 계측도, 초음파 검사도 없었어요." 리베카는 기억을 되살리며 말했다. 처음에는 실망감이 들었고, 의료진이 자신의 호소를 묵살한다는 생각마저 들었다. 그런데 대기실에 앉아 응급실의 소란스러운 소리를 듣고 있는 동안 자신의 가장 나쁜 짐작이 맞았음을 확인했다. 그녀는 조롱을 당하고 있었다. "간호사들이 나를 비웃는 소리를 엿들었어요. … 예민한 임산부라고 콕 집어 말하진 않았지만 비슷한 말을 하는 것 같았어요. 내가 아무런 이유도 없이 겁에 질려 과잉 반응을 하고 있다고 비웃는 소리를 들었어요." 의료진도 리베카의 통증에 아랑곳하지 않는 것 같았다. '과민성 자궁'이라는 진단과 함께 다음 정기검진 때 병원에 오라고 말했다.

"나는 단지 과민성 자궁일 뿐이었고, 게다가 의료진을 과민하게 만들고 있었다."[17] 리베카는 나중에 당시를 회고하며 이렇게 썼다.

리베카는 다음 예약을 기다리는 2주 동안 끊임없는 통증과 걱정에 시달렸고, '과민성 자궁'이 이제는 너무 불편해져서 대부분의 시간을 침대에 앉거나 누워서 보내야 했다. 마침내 정기검진일이 되어 20주차 초음파 검사를 받은 날, 리베카는 초음파사의 표정을 보고 자신의 몸이 말해준 것이 사실임을 대번에 알았다. 임신에 큰 문제가 있었다. 쌍둥이 중 한 명은 양막 속에서 과도한 양의 양수에 둘러싸여 있는 반면, 크기가 작은 다른 쌍둥이는 양수가 거의 없는 양막 속에서 자궁벽에 '붙은' 채 이상할 정도로 움직임이 없었다.

"의아하게도 초음파사가 자기 생각을 말해줬어요. 보통은 그렇게 하지 않아요. 우리는 이게 무슨 일인가 싶었죠. 뭐가 잘못된 거지?" 리베카가 남편과 함께 아기들(이때 딸들임을 알았다)이 서로 다른 크기의 양막 속에 떠 있는 거친 회색 영상을 살펴보는 동안, 초음파사는 몇 주간 통증이 계속되는데도 주의를 기울이지 않아서 상황이 악화되었다고 설명해주었다.

"초음파사는 '쌍태아수혈증후군인 것 같아요'라고 말하

고 나서 의사를 부르러 갔어요." 리베카는 지금은 쌍태아수혈증후군TTTS이 쌍둥이가 함께 공유하는 태반의 혈관에 이상이 있을 때 발생한다는 사실을 알고 있다. 이 사건 이후 이 문제에 대해 연구하고 비슷한 처지에 있는 다른 임신부들을 변호하며 수년을 보냈기 때문이다. 그런 경우 한 쌍둥이(공혈자)는 혈액과 필수 영양분을 잃고, 다른 쌍둥이(수혈자)는 너무 많은 혈액을 받아 심장 과부하가 발생할 위험이 있다. 리베카의 두 딸이 심각한 질환에 걸릴 위험이 있었고 심지어 사망할 수도 있었지만 그런 상태로 몇 주를 흘려보낸 것이다. 리베카는 아팠고, 의사에게 전화를 걸었으며 응급실을 찾아갔음에도 불구하고, 아무도 초음파 검사를 할 생각을 하지 않았다. 초음파 검사만 해봤더라도 문제를 조기에 발견해 재앙을 피할 수 있었을 것이다. 하지만 아무도 귀 기울이지 않았다.

리베카는 당연히 이 새로운 진단에 엄청난 충격을 받았다. 쌍둥이를 잃을까 봐 두려웠고 초음파사에게 급하다는 말을 듣고 놀랐다. 초음파 검사 후 "그들은 우리를 그냥 복도에 뒀는데, 나를 지나쳐 걸어가는 다른 임산부들 옆에서 큰 소리로 울었던 기억이 나요. 마침내 의사를 만나 이야기를 나눴을 때 의사는 이렇게 말했어요. '남은 임신 기간을 다 채우지 못할 수도 있어요. 당신을 고위험군 의사[모체태아의학 전문의]에게 의뢰할 겁니다. 지금 당장 차를 타고 신시내티로 가서 이틀 내에 수술을 받으세요. 아기들이 살지 못할 수도 있어요.' 정말 충격적이었어요."

리베카는 의사가 시키는 대로 일을 정리한 다음 전문의를 찾아가 응급 수술을 받았고, 다행히 건강한 두 딸을 낳을 수 있었다. 당시 리베카는 감사한 마음이 들었다고 회상한다. "내가 너무 순진했어요. '어쩔 수 없지' 하고 받아들였어요. … 조치하지 않으면 쌍태아수혈증후군은 실패할 확률이 80~100퍼센트니까요. 딸들이 태어난 건 기적이라고 생각했어요." 하지만 시간이 지나면서 리베카는 제때 처치를 받지 못한 것과 재앙에 가까운 임신 결과가 떠올라 감사한 마음이 사그라졌다. "너무 화가 났어요. 오진이잖아요. 몇 차례나 호소했어요. 기회가 여러 번 있었다고요. 간단한 초음파 검사만 했어도 [쌍태아수혈증후군을] 훨씬 빨리 발견했을 거예요. 그 분노를 삭이는 데 오랜 시간이 걸렸죠."

임신과 출산 과정에서 트라우마를 겪은 많은 임산부들과 마찬가지로, 리베카는 분노의 에너지를 행동하는 데 쏟았다. 여성의 쌍태아수혈증후군 경험을 이해하기 위해 수년 동안 연구를 했으며, 자신을 실망시킨 의료 시스템을 다른 산모들이 잘 헤쳐나갈 수 있도록 도왔다. 리베카와 그녀의 공동 저자들은 쌍태아수혈증후군을 경험한 367명의 여성을 대상으로 실시한 주요 연구에서, 의료진에게 증상을 말한 임산부 중 절반 이상이 자신의 호소가 묵살당했다고 느꼈다는 사실을 알아냈다.

"내 연구의 요점은 환자의 목소리가 중요하다는 거예요.

우리는 스스로를 변호해야 해요. 자기 몸은 자기가 가장 잘 알아요. 뭔가 잘못되었다고 느끼면 잘못되었을 확률이 높아요. 환자와 의료인 사이에는 엄청난 힘의 차이가 있고, 그래서 우리는 '그래, 전문가니까 더 잘 알겠지'라는 식으로 의사의 말을 그냥 받아들이는 경향이 있어요. 하지만 계속 싸워야 해요."

물론 '과민성 자궁'이라는 오진을 받은 모든 여성이 생명을 위협하는 질환을 갖고 있지는 않을 것이다. 일부는 임신 중 경련을 유발한다고 알려진 위장 장애나 요로 감염 정도일 뿐 심각한 병은 아닐 것이다. 또 실제로 아무 원인이 없고 후유증도 없이 '안정'되는 임신부도 있다. 하지만 리베카의 사례는 '과민성 자궁' 같은 용어가 산부인과에서 일반적으로 받아들여지는 것이 얼마나 위험한지를 보여준다. 새로 부상하는 분야에 자신의 발자국을 남기고 싶어 하는 남성들에 의해 고안되었고, 애초에 일련의 정신 및 신체 증상을 아우르는 포괄적인 용어로 사용되었던 '과민성 자궁'과 이 용어의 적용은 현재 구치와 그의 동시대인들이 상상하지 못했던 수준까지 진화했다. 명확한 정의가 없고 관리 지침도 없이 추측에 의존하는 '과민성 자궁'은 위험하기 짝이 없는 잘못된 진단명이다. 이 용어는 그 자체로 임산부가 호소하는 통증의 근본 원인을 보지 못하게 방해하고, 여성의 체화된 지식을 경시한다. 리베카 같은 여성들(그리고 워드 부인, 우드거 부인, '지치도록 신나는 겨울'을 보내다 파멸을 맞은 무명의 사교계 여성 등)의 호소는 오랫동안 묵살되었다. 우리는 지금 우리가 19세기의 산과 병원과 그곳에서 일했던 사람들의 구시대적인 사고방식에서 아주 멀리 왔다고 생각할지 모르지만, 아직도 여성과 여성의 자궁을 과민한 동시에 과민하게 만드는 하나의 골치 아픈 패키지로 묶는다는 점에서 우리는 선조들보다 몇 발짝밖에 나아가지 못했다. 우리는 자궁이 교과서에 나오는 특정 방식으로, 산업적으로 편리한 방식으로 행동하기를 바라고, 그런 취지로 두툼하고 포괄적인 지침을 작성한 후 그 지침의 좁은 골대 안에서 일한다. 우리는 산과학의 원래 의미처럼 '앞에 서' 있지만, 리베카 피시바인의 이야기가 잘 보여주듯 때때로 가장 중요한 것을 보고 듣지 못한다.

진통

: 옥시토신과 골디락스 진통

6

서두를수록 뒤처진다.

아미시 속담

지금은 2011년, 나는 분만 병동의 학생 조산사다. 내 앞 침대에 누운 여성은 입원 가방에 브래지어를 잘못 챙겨온 일로 남편과 옥신각신 다투고 있지만 그들의 사소한 말다툼은 내 귀에 백색소음이 되어 사라진다. 내게 들리는 유일한 목소리, 이 순간 내게 중요한 단 하나의 목소리는 멘토 베티의 목소리다.[1] 조금도 틈을 허용하지 않는 사람인 고참 조산사 베티는 내 무능함에 인내심을 점점 잃고 있다. 베티는 몇 주 동안 내 실력과 패기를 평가한 후 오늘 밤 내게 현대 산부인과의 가장 중요한 임무 중 하나를 수행하는 방법을 보여주고 있다. 아기를 붙잡는 일은 아니다. 그 전 해에 첫 근무를 나가자마자 아기가 태어났을 때, 나는 나를 향해 무서운 속도로 튀어나오는 미끄러운 총알, 그 점액 범벅의 팔다리를 붙잡기 위해 허둥거렸다. 또 절개 부위를 봉합하는 일도 아니다. 훗날 나는 다른 사람의 여리디여린 살에서 갈고리바늘을 너무 쉽게 뽑아내는 일의 스릴과 충격에 놀랄 것이다. 하지만 오늘 밤은 아니다. 새벽 4시, 피로로 인해 모든 움직임이 생생하면서도 비현실적으로 느껴지는 이 마법의 시간에, 나는 특별하고도 비밀스러운 마법을 배우고 있다. 그것은 분만 유도다.

내 앞에 있는 여성은 나보다 더 지쳐 있다. 예정일이 2주

가까이 지났으며 며칠 동안 산전 병동 복도를 서성인 탓이다. 배를 휘젓는 경련을 참으면서 그녀는 주인공, 의료진, 빈 침상이 마법처럼 늘어서 분만 병동 입원을 알리기만을 기다린다. 마침내 누군가가 다가와 깜박 잠든 그녀의 어깨를 흔들며 "이제 당신을 데려갈 수 있어요"라고 말한다. 그렇게 해서 이곳에 온 그녀는 '병원 재산HOSPITAL PROPERTY'이라는 깨알 같은 글자로 뒤덮인 얇은 면 가운을 입은 채 아직 잠이 덜 깬 눈을 비비고 있다. 베티가 딱딱하고 가식적으로 선언했듯이 그녀는 그동안 잘 '해냈다.' 이제부터 '해내는' 건 내 일이다.

공들여 음식을 준비하는 요리사처럼 내 멘토와 나는 병동 주변의 수납장, 서랍, 냉장고에서 재료들을 꺼낸 후 우리 방에 놓인 금속 트롤리 위에 그것들을 조심스레 포개 펼쳐놓는다. 0.5리터짜리 전해질 용액 주머니, 정맥에 삽입할 캐뉼러, 그리고 이 둘을 연결할 꼬불꼬불 꼬인 플라스틱관. 사탕처럼 화사한 플라스틱 포장에 싸인 바늘과 주사기도 있다. 우리는 이것들을 사용해 트롤리 가장자리에 놓인 내 엄지손가락 끝만 한 작은 유리병에서 약물을 뽑아 여성의 몸에 주입할 것이다.

"묘약이지." 베티는 이렇게 말하며 천장에서 금속 팔을 쭉 뻗은 진료용 램프의 차가운 불빛에 비춰보기 위해 약병을 들어올린다. 그 작은 병에는 딱 1밀리리터의 액체가 들어 있다. 베티가 자부심 넘치는 소믈리에처럼 병을 앞뒤로 기울이자 액체가 소용돌이치면서 유리병 벽에 부딪힌다. "좋은 거야." 그녀가 내게 라벨을 보여주며 말한다. "신토시논, 1밀리리터에 10IU(국제단위)." 다음 순간 나는 의도의 변화를 감지한다. 베티의 턱이 닫히고 거의 감지할 수 없는 공기 변화가 느껴진다. 베티는 병목에 있는 작은 흰 점을 손톱으로 한 번, 두 번, 세 번 튕기고 엄지와 검지로 병 끝을 잡은 채 덮개를 깔끔하게 떼어낸다. 그러고는 '딱' 소리가 방 안에 울려 퍼지는 동안 잠시 기다렸다가 다시 빠르게 움직인다. 숙련되고 단호한 동작이다.

베티가 신토시논을 주사기로 뽑아 더 큰 수액 주머니의 포트에 주입할 때 나는 집중해서 주의 깊게 지켜봐야 한다. 베티는 바늘을 교체하는 법, 그리고 바늘을 넣을 때 찔리지 않으려면 수액 주머니를 뉘어서 잡고 특정 각도로 찔러 넣어야 한다는 사실을 알려준다. 다른 사람의 몸을 통제하는 동안 내 몸을 온전하게 지키는 것이 중요하다는 건 나도 안다. 하지만 나는 베티의 손 주름에 낀 미세한 유리 가루만을 생각한다. 밤과 낮, 임신과 출산의 경계에 있는 이 시간, 베티는 요정 가루로 반짝이는 어둠의 여왕이고, 연금술을 행하는 동안 무지갯빛이 된다. 나는 그 옆에서 눈을 크게 뜨고 입을 벌린다. 우리는 이제 곧 어떤 일이 일어나게 만들 것이고, 나는 앞으로 수년 동안 수많은 여성들에게 같은 일을 반복할 것이다. 나는 더딘 자궁이 강하고 빠르고 힘차게 수축할 때까지 자궁을 달랠 것이다. 자궁을 진통하게 만들 것이다. 그러면서 오랫동안 이것이 마법인지 미친 짓인지 계속 궁금해할 것이다. 내 손에 있는 병을 톡톡 칠 때마다 이 질문이 메아리친다.

* * *

로버트 구치, 존 브랙스턴 힉스, 그리고 리베카 피시바인은 만삭에 이르기 전 조이고 요동치는 자궁의 위험하고 특이한 성질, 그리고 때로는 지극히 정상적인 성질을 보여주었다. 하지만 예정일이 한참 지났는데도 진통이 느리게 진행되어 예비 엄마를 좌절시키고 곁에서 보살피는 사람을 시계만 쳐다보게 한다면? 심지어 분만이 순조롭게 진행되는가 싶더니 갑자기 진통이 느려지거나 멈춘다면? 의학은 오랫동안 이런 식으로 주춤거리다 멈추는 진통과 가짜 진통에 산부인과만의 두 단계로 대응해왔다. 좌절과 신속한 개입이다.

빅토리아 시대 런던의 분만 병원에서부터 오늘날의 현대적인 분만 병동에 이르기까지 의사와 조산사는 너무 느리지도 빠르지도 않고, 너무 이르지도 늦지도 않은 골디락스 진통이라는 성배를 손에 쥐기 위해 기계적인 수단이든 약물적인 수단이든 그들이 쓸 수 있는 모든 방법을 동원했다. 골디락스 진통이란 동화 〈골디락스와 곰 세 마리〉 속 곰의 마지막 죽처럼 '딱 맞게' 시작되는 진통으로, 산모와 아기의 안전을 보장하는 동시에 현대 산부인과의 산업화된 시간 척도에 부응한다. 따라서 골디락스 진통은 산모에게도, 산모의 분만이 일어나는 시스템에도 알맞다.

바쁘게 돌아가는 도시 병원의 조산사인 나 역시 이 목표를 추구하도록 배웠다. 고위험 임신에 해당하는 여성과 복잡한 병력을 가진 여성이 주로 우리 병원을 찾아오지만, 산부인과의 (점점 좁아지는) 정의상 '정상'에 속하는 건강하고 아무 문제가 없는 사람들도 일단 병원 문턱을 넘으면 즉시 의료적 개입의 쓰나미에 휩쓸리게 된다. 나는 수련을 시작할 때 출산하는 몸의 힘과 지혜를 열렬히 신봉하는 사람이었고 지금도 그 가치를 가슴 깊이 간직하고 있다고 생각하지만, 환경과 문화의 압력은 나를 '완벽한' 진통을 추구하는, 대개는 부질없는 시도의 공모자로 만들었다. 베티를 비롯한 셀 수 없이 많은 스승과 동료들(대부분 좋은 의도를 가지고 있지만, 모두가 엄격하고 위험 회피적인 대규모 시스템 안에서 일해야 한다)의 지도 밑에서 나는 변덕을 부리는 자궁을 백만 가지 방법으로 조사하고, 면밀히 살피고, 환영하고, 때로 저주했다. 경막외 마취로 임신부의 무감각해진 복부가 죄어올 때 나는 그 위에 손을 얹고 우리가 냉정하게 '자궁 활동'이라고 부르는 것을 촉진觸診했고, 침대 옆 모니터 화면에 희미한 녹색 숫자가 오르락내리락하는 것을 지켜보았다. 그리고 100만 개 근섬유가 일사불란하게 꽉 죄어올 때 산모의 얼굴이 미소에서 일그러진 표정으로 뒤틀리는 것을 보았다. 또한 나는 분만하는 여성들이 후, 하, 하며 숨을 내뱉고, 신을 찬양하고, 자신의 몸과 남편을 저주하는 소리를 들었으며, 아기가 나오기 시작한다는 것을 분명하게 알리는 끙하는 신음소리가 들리는지 귀를 기울였다. 나는 이런 장면과 소리의 아름다움에 경탄했지만, 솔직히 내 눈앞에 있는 자궁에 대한 믿음을 너무 자주 잃어버렸다는 사실을 인정한다. 내 의도는 언제나 선했고 내 기도는 언제나 신속하고 안전하고 즐거운 출산을 기원했지만, 시간이 갈수록 주변 사람들에게 휘둘려 혼잣말로 "저 여자는 너무 힘들게 하는군" 또는 "일을 복잡하게 만들고 있어"라고 중얼거렸음을 인정한다. 이런 생각에서부터, 한 산부인과 의사가 내 조산사 친구에게 했던 말로 도약하는 건 순식간이며 끔찍한 일이다. 그 의사는 "어떤 여성의 자궁은 그냥 쓰레기야"라고 말했다. 그건 물론 모든 사람이 최선을 다했는데도 분만이 진행되지 않자 스스로를 위로하기 위해 한 말이지만, 이 말속의 가시는 피할 수 없고, 누군가는 변명의 여지가 없다고 말할 것이다.

* * *

산모와 아기를 위한 최적의 결과를 얻기 위해서든, 병원 스케줄에 맞추기 위해서든, 아니면 두 가지가 모호하게 뒤섞여 있든, 우리는 자궁이 행동을 개시하도록 달래기 위해 마법의 약 병을 따고 분만 유도를 시작한다. 매일 전 세계 병원에서 나와 베티 같은 수천 명의 조산사들이 그 준비 작업을 한다. 우리는 합성 옥시토신을 주사기로 뽑아 수액 주머니에 주입하고 펌프를 통해 흘려보냄으로써, 분만하는 여성의 혈류로 호르몬의 강렬한 펄스를 보낸다. 처음에는 한 시간에 몇 방울씩, 그다음에는 양을 늘린다. 흔히 '사랑의 호르몬'으로 불리는 옥시토신은 실제로 몰입과 오르가슴 같은 내밀한 순간에 분비된다. 하지만 무엇보다 중요한 건, 옥시토신이 태아와 태반을 밀어내는 자궁 수축의 개시와 유지에 관여하며, 출산 직후 다량으로 분비되어 조산사들이 현재 '골든아워'라고 부를 정도로 중요하고 강렬한 유대감 형성기를 만들어낸다는 점이다.

분만을 유도하는 이유는 몸 자체만큼이나 다양하다. 이는 주로 출산 예정일이 지났을 때 시행한다. 하지만 예정일이라는 건 과학적으로 정확한 개념이 아니며, 어느 시점을 태아 성숙의 티핑포인트로 볼 것인지는 주관적이다. 일부 연구는 출산 예정일이 다가오거나 예정일이 2주 이상 경과하면 태반 기능부전(모체에서 태아로 가는 혈액과 산소, 영양분이 위험할 정도로 감소하는 상태)의 위험이 점점 증가한다는 것을 보여준다. 이런 데이터를 바탕으로 유도 분만 프로토콜이 만들어졌지만 세부 내용은 국가별로 큰 차이를 보인다. 일부 국가에서는 39주(예정일 일주일 전)가 되면 분만 유도를 시도하도록 규정하는데, 이는 명목상으로는 만기 후 출산이 초래하는 위험을 피하기 위해서다. 하지만 많은 의사가 되도록 자연분만의 기회를 주기 위해서든, 입원실 병상을 아끼기 위해서든, 아니면 둘 다의 목적으로든 40주, 41주, 42주, 심지어 그 이상 기다린다. 분만을 유도하는 또 다른 상황은 태아가 체내에 있는 것보다 나오는 게 더 좋다고 판단될 때다. 예를 들어 아기의 성장이 차츰 느려지기 시작하거나 반대로 아기가 너무 커져서 자연분만을 기다리다가는 산모와 아기에게 손상이 생길 수 있는 경우다. 태아의 움직임이 줄어드는 것도 분만 유도의 흔한 이유다. 발차기와 구르기가 줄어든다는 것은 태아가 손상되었음을 암시한다. 또 다른 경우는 양수가 줄어들 때다.

최근에는 유도 분만을 시행하는 이유가 훨씬 더 다양해진 것 같다. '아기가 작다'거나 '아기가 크다'와 같은 흔하지만 정반대되는 이유 외에도, 임신이 인공 수정으로 이루어진 경우, 산모가 특정 나이(판단 기준은 임의적이고 다양하다)를 넘었거나 당뇨병을 앓고 있거나, 또는 심한 골반 통증 같은 이상이 있어서 예정일을 넘기면 못 견딜 정도로 불편해지는 경우에도 일반적으로 유도 분만을 시행한다. '사회적' 또는 '선택적' 유도 분만도 점점 늘어나고 있다. 이 경우 분만을 시작하는 날짜는 부모의 선호(그리고 의료 제공자의 가용성)에 따라 결정된다.

널리 인정되는 유도 분만 사유가 점점 더 다양해지고 새로워지면서 이 과정을 통해 출산하는 사람들의 수가 기하급수적으로 증가하고 있다. 2020년부터 2021년까지 미국과 영국에서 출생신고가 된 아기의 대략 3분의 1이 유도분만으로 태어났다.[2,3] 이 숫자에는 처음에 자연분만을 시도하다가 분만을 촉진하기 위해 합성 옥시토신의 도움을 받은 사례는 포함되지 않았다는 점을 유의해야 한다. 특히 분만 후반기에 자궁 수축이 느려지거나 더 이상 진행되지 않는 것처럼 보일 때 대개 분만 유도가 이루어진다. 이런 종류의 개입에 대한 통계는 전 세계에 걸쳐 골고루 집계되어 있지 않은데, 그건 아마도 이런 식으로 분만을 '돕는' 것이 너무 흔해서 특별히 언급할 필요가 없고 따라서 기록할 가치가 없다는 사실을 반영할 것이다. 무슨 이유로 분만 유도나 분만 촉진을 시도하건 메커니즘은 거의 같다. 자궁 수축을 유발하는 호르몬인 합성 옥시토신을 정맥으로 투여하고 투여량을 점점 늘리는 것이다. 활동이 없거나 굼뜬 자궁은 준비가 되었든 되지 않았든 자극을 받아 움직이기 시작한다. 처음에는 꿈틀대고 쿡쿡 쑤시고 경련을 일으키다가, 그다음에는 굽이치고 들썩거리고, 그러다 마침내 수십억 개 근섬유가 출산이라는 폭발적인 피날레를 향해 일사불란하게 발화하면서 태아를 밀어낸다.

이렇게 약물로 자연분만을 시작하거나 돕는 사례까지 포함해도, 합성 옥시토신을 투여받는 여성의 수는 그보다 훨씬 많을 것이다. 이 약물은 분만에 널리 사용될 뿐만 아니라, 선진국과 개발도상국 전역에서 태반을 배출시키거나 산후 출혈을 최소화하기 위해 거의 보편적으로 제공된다. 약물의 도움이 없는 출산의 3단계와 4단계에서 자궁은 태아를 배출한 후 복잡하지만 효과적인 일련의 과정을 시작한다. 자궁 근육이 계속 수축하지만 이때는 자궁내막 혈관이 스스로 지혈하도록 유도하는 방식으로 수축한다. 이런 '자연 결찰結紮' 작용은 생리적으로 감내할 수 있는 양의 혈액(대개 500밀리리터 안팎) 손실과 함께 태반을 있던 자리에서 떨구어낸다. 순조롭게 진행될 경우 이 과정은 일반적으로 한 시간을 넘기지 않으며 '산모의 노력'만으로도 충분하다. 즉 산모는 임신의 이 마지막 잔재를 밀어내고 배출하도록 자동적으로 힘을 주게 된다.

하지만 합성 옥시토신의 출현으로 새로운 프로토콜이 등장해 현재 대부분의 출산 현장에서 사용되고 있다. 즉 아기가 태어나는 순간이나 그 즈음 산모에게 합성 옥시토신을 근육 주사로 투여한 후 탯줄을 겸자로 죄어놓고 의료진이 잡아당기는 것인데, 이렇게 하면 대개 5분에서 10분 안에 태반과 태반막이 배출된다.[4] 출산 3단계와 4단계에 대한 '적극적 관리'로 불리는 이 방식은 일상적인 개입으로 널리 채택되고 있으며, 따라서 이 또한 국가의 공식 등록부에 체계적으로 기록되지 않는다. 하지만 4000명 이상의 출산 전문가들을 대상으로 실시한 영국의 한 설문조사에서 산부인과 의사의 93퍼센트와 조산사의 73퍼센트가 적극적 관리를 '항상 또는 거의' 시행한다고 응답했다.[5]

출산 통계를 살펴보는 건 지루하기 짝이 없는 일이지만 그럼에도 내가 이 데이터를 언급하는 이유는 분만 과정에서 합성 호르몬이 얼마나 보편적으로 사용되는지 보여주기 위해서다. 이것을 자궁의 관점에서 간단히 재구성해보자. 서구 전역에서 자궁의 약 30퍼센트가 합성 옥시토신의 자극을 받아 분만을 시작한다. 또 수치는 알려져 있지 않지만 일부 여성들은 일단 분만이 시작되면 더 길고 강하고 규칙적인 수축을 촉진하기 위해 호르몬을 투여받는다. 게다가 모르긴 해도 훨씬 더 많은 여성들이 태반과 태반막을 더 빠르고 더 깔끔하고 (전부는 아니지만 몇몇 상황에서) 더 안전하게 배출하기 위해 옥시토신을 투여받을 것이다. 요컨대 당신이 21세기에 출산한다면 분만 과정의 시작, 중간, 끝의 어느 시점에 본인의 자궁이 부족하다(자궁의 노력이 너무 약하고 불규칙하고 위험하다)는 말을 듣게 될 것이다. 흔한 속담처럼, 너무 부족하면 너무 늦기 때문이다.

* * *

어떻게 해서 여기까지 왔을까? 이 여정은 오래전에 시작되었고, 수많은 단거리 선수와 장거리 선수들의 릴레이로 이어져왔다. 각 선수는 산과학 발전의 바통을 다음 선수에게 넘겨주었고, 일부는 나머지 사람들보다 더 유능했다. 1000년 동안 조산사와 의사들은 분만을 돕거나 낙태를 유도하기 위해 자궁을 결승선으로 떠밀었다. 낙태 시술은 유사 이래 항상 생식건강 관리와 자기관리의 필수적인 요소였다. 생식을 관리하고 원치 않거나 생명을 위협하는 임신을 중지하는 것은 인간의 기본적인 욕구임을 고대 이집트, 중국, 로마 문헌에 나오는 낙태에 대한 묘사가 입증해준다.6 서기 1세기 그리스의 내과의사이자 외과의사였던 디오스코리데스는 시클라멘(앵초과의 여러해살이 풀)의 수축 효과를 극찬했는데, 나중에 번역된 그의 연구서에는 "아이를 가진 여성이 그 뿌리 위로 지나가면 낙태를 하고, 그것으로 여성을 묶으면 출산을 앞당긴다"7라고 적혀 있다. 이후 1000년에 걸쳐 사람들은 쉽게 구할 수 있고 효과적인 천연 재료를 사용해 출산 또는 낙태를 '재촉'했다. 유럽 약전藥典에는 페니로열(박하 꽃식물), 운향풀, 쑥, 샐비어가 등장하고, 노예로 끌려온 아프리카계 미국인과 아메리카 원주민 여성들은 다른 방법으로는 통제되지 않는 상황에서 자신의 자궁을 진정시키고 통제하기 위해 목화 뿌리8와 공작실거리나무 Flos pavonis 9의 씨에서 추출한 성분들을 포함한 다수의 약제를 사용했다. 레딩대학교의 역사학 교수인 에밀리 웨스트Emily West는 낙태 약초의 사용을 신체적, 도덕적, 상업적 저항 수단으로 본다. "어떤 여성들은 더 많은 노예 자녀를 낳는 데 참여하는 것을 통제함으로써 노예제에 저항했다. 산모는 자식과 헤어질 위기에 놓였으며, 만일 딸이라면 자신이 당한 성폭력을 딸도 똑같이 겪을 수 있다는 것을 알왔다. 따라서 여성들은 노예 주인이 자신의 몸을 통제하는 것에 반항하고 앞으로 태어날 자녀를 속박의 공포로부터 보호하기 위해 이런 종류의 저항을 사용했다."[10]

우리는 이 주제와 관련해 축적된 전문성의 깊이와 폭을 과소평가해서는 안 된다. 모든 시대 모든 대륙에서, 대개 상상할 수 없는 억압에 직면한 임산부와 그 보호자들은 자궁 수축을 개시하고 유지하는 비법을 고안하고 공유해왔다. 하지만 팅크제와 물약의 바람직한 작용에는 대체로 불쾌하거나 대단히 위험한 부작용도 함께 따라왔다. 중세에 불운한 사고로 그 속성이 밝혀진 후 나중에 정제되어 현대의 보편적인 자궁 수축제가 된 물질 중 하나인 에르고트의 경우에는 확실히 심각한 부작용을 초래했다.

호밀 다발에서 발견되는 곰팡이 성장물(자줏빛이 도는 검은 균체 – 옮긴이)인 에르고트는 가용량이 풍부하지만 치명적인 독성을 가진 물질이었다. 에르고트 섭취의 신체적 영향은 오염된 호밀 가루로 만든 빵을 먹은 사람들에게서 처음 발견되었다. 체내에서 정맥 수축을 일으켜 곧바로 욱신거림과 경련, 손발이 타는 듯한 화끈거림을 유발한다고 해서 에르고트의 독성은 '성 안토니우스의 불'이라는 별명을 얻었다.[11] 15세기와 16세기 남성 의사들이 기록한 문서에 따르면, 에르고트의 강한 수축 효과를 관찰한 조산사들이 곧바로 출산과 낙태 과정에서 진통을 개시하고 강화하기 위해 그것을 사용하기 시작한 것으로 보인다. 그 당시 세 명의 독일 학자는 에르고트가 산과 문제에 널리 쓰이고 있다고 설명했고, 조제한 팅크제와 가루를 자궁통(독일어로 '퍼무터 permutter' 혹은 '헤프무터heffmutter'라고 불리는 질환)이나 산후 출혈을 치료하기 위해 사용했다는 기록이 있다.[12,13,14] 18세기 프랑스에서도 신중하게 조제된 에르고트가 널리 사용된 것으로 보인다. 1774년 프랑스 조산사 뒤펠 부인의 편지에는 분만을 촉진하기 위해 희석된 에르고트를 극소량 투여한다는 설명이 나오며,[15] 의사 장바티스트 데스그랑주는 리옹의 조산사들이 같은 목적으로 에르고트 분말을 사용하는 것을 보았다.[16]

성 안토니우스의 불을 일으킨 강력한 곰팡이는 곧 미국 의학계에도 불을 붙였다. 1807년 뉴욕의 의사 존 스턴스 John Stearns는 동료에게 보낸 편지에서 현대의 제약회사 외판원을 생각나게 할 만큼 열정적으로 에르고트의 강력한 효능을 설명했다. 예일대학교에서 교육받고 현실적이고 증거에 입각한 의술을 추구한 사람으로서 돌팔이 방지 협회를 공동 창립하기도 했던 스턴스는 '무지한 스코틀랜드 조산사'에게 에르고트의 약효를 배웠다고 인정했다. 전문용어를 감안해도 에르고트에 대한 그의 감탄은 놓치기 어려울 정도로 분명하다.

에르고트는 더딘 분만을 도와 산부인과 의사의 시간을 대폭 절약해주는 데다 환자에게 어떤 부작용도 일으키지 않는다. 내가 일반적으로 이 분말이 유용하다고 생각한 경우는 산통이 오래 지속되거나 완전히 잠잠해질 때, 또는 태아를 배출할 수 없을 정도로 무력할 때다. … 에르고트로 유도한 진통은 강제적인 것이 특징이다. … 대부분의 경우 갑작스러운 작용에 놀라게 된다. 이렇게 갑자기 진통이 찾아오면 시간이 촉박하기 때문에, 약물을 투여하기 전에 완전히 준비를 갖추어야 한다. 이 분말을 사용한 뒤로 나를 세 시간 이상 붙잡아둔 사례는 거의 없었다.[17]

조산사를 그토록 경멸적인 말로 언급한 스턴스가 조산사의 비법 중 하나를 자신의 산과 무기고에 잽싸게 집어넣었다는 점은 흥미롭다. 사실 고대 수도원 병원이 있던 자리인 스코틀랜드의 수트라 아일Soutra Aisle 유적지를 발굴할 때 나온 증거는 스코틀랜드에서 12세기부터 에르고트를 사용하기 시작했음을 암시한다.[18] 《염증: 심층 의학과 불의의 해부학Inflamed: Deep Medicine and the Anatomy of Injustice》의 저자들인 루파 마르야 박사와 라지 파텔 박사에 따르면, "남성 의사들이 여성의 지혜를 조롱하는 동시에 선취하는 일"은 서양 의학사에서 반복적으로 등장한다. 두 저자는 "여성의 의학 지식은 도둑맞았고 여성들은 지배를 위한 실험실로 이용되었다"[19]라고 썼다. 출산 과정에서 자궁과 자궁의 행동을 통제하려 한 시도보다 이 사실을 더 극명하게 보여주는 건 없다.

스턴스에게 자궁은 지배를 위해 존재했으며 지배는 빠를수록 좋았다. 분만을 세 시간 안에 끝내는 것을 자신의 비책으로 내세운 것을 보면, 그는 출산을 그 어느 때보다 빠르고 효율적으로 만드는 에르고트의 잠재력에 매료되었던 것 같다. 이런 새로운 종류의 '강제적이고' '느닷없고' '긴급한' 분만을 여성들이 어떻게 생각했을지 궁금하지 않을 수 없다. 여성들의 견해는 (그리고 '무지한' 스코틀랜드 조산사가 언급했을지도 모르는 에르고트의 세부적인 사항은) 그 의사의 편지에 언급될 만큼 가치 있게 여겨지지 않았다. 스턴스가 미국에서 이미 널리 쓰이던 다른 자궁 수축제와 낙태 약물(예를 들어 미국 남부의 흑인 노예 여성들이 사용한 목화 뿌리)보다 에르고트를 선호한 이유도 미스터리로 남아 있다. 에르고트의 우위는 어쩌면 그것이 출현한 문화(여성, 그중에서도 특히 유색인종 여성이 몸소 체득한 지혜를 무시하는 백인 가부장제 문화)를 상징하는 것인지도 모른다. 이것이 현대적인 유도 분만이 탄생한 역사적 배경이다. 스턴스가 풀비스 파르투리엔스pulvis parturiens('출산 분말')라고 부른 약제에 대한 논문이 1808년 학술지 〈의학 저장소Medical Repository〉[20]에 실렸고, 이 논문의 출판과 함께 미국은 물론 전 세계의 출산이 영원히 바뀌었다. 이제 의사들은 가장 변덕스럽고 예측 불가능한 기관인 자궁에 휘둘리지 않았다. 스턴스와 그의 동료들은 (지금까지 이어지고 있는) 산과학의 새 시대를 환영했다. 이렇게 해서 인내와 편안함, 분만의 생리적 과정에 대한 존중보다 속도와 효율이 더 중요한 가치가 되었다. 마치 '꾸물거리는 분만'은 '문제'이며 그 문제를 해결하는 방법을 마침내 찾아낸 것만 같았다. 그 해법에 해당하는, 너무 이르지도 너무 늦지도 않고, 너무 빠르지도 너무 느리지도 않은 골디락스 진통이 곧 손에 잡힐 듯했다.

불행히도 이 새로운 산과 '치료'를 받은 여성들은 얼마 안 가 에르고트의 무분별하고 과도한 용법으로 인한 부작용을 겪기 시작했다. 약물을 성급히 투여하는 과정에서 일부 의사들은 유럽 조산사들이 수백 년 동안 가다듬어놓은 신중하고도 명백히 더 안전한 접근방식인 '극소량' 용법을 포기했다. 의사들은 구토와 고혈압부터 과도한 자궁 수축(산모와 아기 모두에게 손상이나 죽음을 유발할 수 있는 강한 경련)에 이르는 에르고트의 바람직하지 않은 효과를 관찰하기 시작했다. 스턴스의 동시대인이자 뉴욕 최초의 산과 병원을 설립한 데이비드 호색David Hossack이 반발에 앞장섰다. 사산이 무서울 정도로 가파르게 증가하는 데 에르고트가 기여하고 있음을 알아챈 호색은 이 약물의 이름을 '풀비스 아드 모르템pulvis ad mortem', 즉 '죽음의 가루'로 바꿔야 한다고 빈정댔다.[21]

에르고트가 무디고 때때로 해를 끼치는 도구라는 부정적 평판이 퍼지면서, 의사들은 다른 유도 방법으로 시선을 돌렸다(하지만 항상 안전하거나 성공한 것은 아니었다). 키니네, 피마

자유, 질 세정제, 관장제가 다양한 장소에서 인기를 얻었으며, 이와 동시에 자궁경부를 확장시키는 기계적인 방법도 채택되었다. 어떤 의사들은 자궁에 삽입하면 풍선처럼 부풀어 오르는 주머니나 카테터를 선호했다. 또 어떤 의사들은 스코틀랜드 산부인과 의사 제임스 심프슨이 개발한 '해조 전색자栓塞子'(삽입하면 주변 조직에서 수분을 빨아들여 자궁경부를 서서히 여는 말린 해초)처럼 늘어날 수 있는 기구를 선호했다.[22]

이러한 임시방편적이고 종종 위험한 기법은 1935년 유니버시티칼리지 런던 병원에서 놀라운 발견이 일어날 때까지 계속되었다. 산부인과 의사 존 차사 모이어John Chassar Moir와 생화학자 해럴드 워드 더들리Harold Ward Dudley는 에르고트에서 활성 성분을 분리해 정맥 또는 근육 주사로 비교적 안전하게 투여할 수 있는 형태로 만들었다. 두 사람이 에르고메트린ergometrine이라고 이름 붙인 이 새로운 약물은 산후 출혈을 최소화하거나 예방하기 위해 출산 첫 주에 제공되었다. 산후 출혈은 치명적인 결과를 초래할 수 있는 사건으로, 혈관이 많이 분포하는 자궁내벽이 충분히 수축하지 않을 때 출산 후 몇 시간 또는 며칠, 심지어는 몇 주 동안 치명적인 출혈이 계속된다.

모이어와 더들리는 신중하게 투여할 경우 에르고메트린은 덜 정제된 다른 형태의 에르고트가 초래하는 불쾌한 부작용 없이 강하고 규칙적인 자궁 수축을 일으키는 것 같다고 언급했다.

[다른 제제는] 자궁에 확실한 작용을 일으킬 수 있을 만큼 다량 투여할 경우 … 환자에게 우울감, 두통, 오심, 심지어 구토까지 유발하는 반면, 새로운 물질은 유용한 임상 용량으로 투여할 경우 그런 부작용이 현저하게 감소한다. 시험 용량을 투여한 후 환자가 점심 식사를 잘하거나 잠이 드는 것을 보면 그것을 분명히 알 수 있다.[23]

데운 푸딩과 에르고메트린으로 채워진 배를 빳빳한 시트로 덮은 채 꾸벅꾸벅 졸고 있는 여성 앞에 모이어와 더들리가 의기양양하게 서 있는 모습이 상상된다. 그들은 여성들의 수동적이고 평온한 몸을 보며 가부장적 자부심을 느끼는 것처럼 보이고, 졸고 있는 병동의 여성들은 출혈 예방 그 자체만큼이나 큰 성취로 제시된다. 이것은 출산 지형의 가부장적 정복을 상징하는 또 하나의 장면이라며 혀를 차고 한숨을 쉬고 싶은 심정이 들 수도 있겠지만, 에르고메트린 이야기에는 달콤 쌉쓰레한 반전이 있다. 모이어는 자신의 발견으로 특허나 이윤을 추구하는 대신 에르고메트린 조제법이 모든 여성을 위해 무료로 공개되어야 한다고 주장한 이타주의자였으며, 더들리는 그 연구가 출판된 날 사망했다.

모이어와 더들리가 런던 여성들의 자궁을 길들이느라 바쁘게 지내는 동안, 대서양 건너 미국에서는 빈센트 뒤비뇨Vincent du Vigneaud라는 젊은 과학자가 훨씬 더 큰 파도를 일으키려 하고 있었다. 시카고에서 태어난 뒤비뇨(훗날 동료들은 그를 'VdV'라고 불렀다)는 일찍부터 발명과 효율에 소질을 보였다. 고등학교 때는 동네 약국에서 구입한 재료로 사제 폭발물을 만드는 데 열중했으며, 졸업 후 여름에는 도시 외곽의 한 농장에서 일하는 전시戰時 프로그램에 참여해, 손으로 한 번에 젖소 스무 마리의 젖을 짜는 천부적 재능을 발견하기도 했다. 이후 상점에서 소다수를 판매하고 사과를 따며 학비를 마련해 화학 학위를 취득한 뒤비뇨는 이 분야에서 꾸준히 두각을 드러내기 시작했다. 처음에는 박사 학위를 땄고, 그다음에는 코넬대학교 학과장이 되었으며, 마침내 인슐린과 옥시토신(사랑과 분만의 호르몬)을 포함한 황 화합물에 관한 연구로 세계적인 찬사를 받았다.24

이 특별한 호르몬의 존재는 뒤비뇨가 태어나기 몇 년 전에 이미 알려져 있었다. 1909년 영국의 생리학자이자 약리학자였던 헨리 데일Henry Dale 경은 뇌하수체 후엽에서 추출한 물질이 새끼를 밴 고양이의 자궁 수축을 일으킬 수 있다는 것을 발견했다.25 데일은 이 물질에 옥시토신이라는 이름을 붙였고(그리스어로 '빠른 출산'을 뜻한다), 그 후 대서양 양쪽에서 이루어진 후속 실험들을 통해 그 호르몬의 수축 효과가 확인되었다. 기니피그, 고양이, 토끼, 개는 이런 식으로 분만을 유도한 최초의 동물이었고, 일부 연구자는 이 새로운 방법을 인간 여성에게도 시험적으로 적용하기 시작했다. 의대생 조지 하워드 벨은 1942년 글래스고대학교에 제출한 박사 학위 논문에서 옥시토신에 대한 동물 연구를 인간에게 성공적으로 적용하는 일의 어려움을 한탄했다.

> 이것은 이른바 학술 논문이지만, 이 연구를 수행하는 과정에서 나는 때로는 외양간으로 끌려온 저항하는 소들과 한여름 빗속에서 싸워야 했고, 때로는 현대식 산부인과 병원의 놀랍도록 깨끗한 순백의 공간에서 태아의 심장을 청진하기도 했다.[26]

후자의 환경과 그 안에 있는 환자들도 나름의 도전을 제시했다. '저항하는 암소들'은 어떻게든 굴복시킬 수 있었겠지만, 인간 여성들(대개 진통제 없이 호르몬 실험을 받았다)은 실신이나 오심, 통증, 그리고 1940년의 한 임상시험에서와 같은 '질식할 것 같은 느낌'[27]까지 여러 부작용을 경험했다. 옥시토신은 분명히 놀라운 일을 할 수 있었지만, 옥시토신을 분리하기는 어려웠고, 종에 따라 용법을 정하는 것도 만만치 않았으며, 대량 생산이 가능한 형태로 합성하는 건 아직 허황된 꿈에 불과했다.

이때 소 애호가이자 예리한 화학자였던 빈센트 뒤비뇨가 등장했다. 뒤비뇨는 출산의 복잡함이나 산후 골든타임의 가슴 뭉클한 순간에 특별한 관심을 가졌던 것 같지는 않지만, 이런 현상을 일으키는 호르몬에 매혹되었다. 1955년 그는 옥시토신을 분리하고 화학적 성분을 규명했으며, 이 호르몬을 최초로 합성하고 대량 생산과 광범위한 약학적 사용을 가능하게 함으로써 현대 산과학의 큰 이정표를 세웠다. 그는 이 공로로 노벨 화학상을 수상했다. 곧 상업적인 특허 신청도 뒤따랐다.

뒤비뇨가 이 발견을 한 때는 운 좋게도 미래주의적 약속을 눈곱만큼이라도 내비치는 기술과 발명품이 나오면 덮어놓고 환영하던 낙관적인 전후 시대였다. 박탈과 고난의 세월을 거치고 맞이한 1950년대는 세계를 기쁨과 탐험의 시대로 인도했다. 집집마다 온 가족이 최초의 컬러텔레비전 앞에 모였고, 발목 양말을 신은 10대들은 재생 시간이 긴 레코드에서 흘러나오는 음악에 맞춰 몸을 흔들었으며, 소련은 인공위성 스푸트니크호를 궤도로 쏘아 올렸다. 꿈은 현실이 되었고 불가능한 일이 가능해졌다. 의학도 우주시대 발전의 매력에 흔들리지 않을 수 없었다. 러시아가 지구 궤도로 로켓을 보낼 수 있다면, 인체 안 '내부 우주'의 최전선에서는 어떤 경이로운 일이 이루어질 수 있을까?

소다수를 팔던 시절의 젊은 뒤비뇨를 깜짝 놀라게 했을 광속보다 빠른 발전이 쏟아져 나오는 동안, 전 세계 산부인과 의사들은 산과학을 더 높고 빠른 새로운 궤도로 쏘아 올릴 수 있는 약물로 합성 옥시토신에 주목했다. 1953년 뒤비뇨의 초기 연구 결과가 발표된 지 몇 달 만에, 그리고 미국이나 해외에서 합성 옥시토신이 허가되기 훨씬 전, 의사들은 이미 합성 옥시토신이 자궁에 미치는 영향을 시험하기 시작했다. 펜실베이니아대학 병원의 산부인과 의사 에드워드 비숍Edward Bishop은 '선택적 분만 유도'라는 흥미로운 새 방식을 시험하느라 바쁜 나날을 보내고 있었다. 그는 옥시토신 투여와 인위적인 양막 파열(평범한 말로 양수가 터지는 것)의 순서를 이렇게 저렇게 배열하여 분만을 개시하고 촉진해보았다. 그런 유도 분만을 1000회 실시한 후 비숍은 '최적'의 분만 지속 시간은 네 시간이라고 판단했다.[28] 존 스턴스의 세 시간 내 분만을 연상시키는 이 결과는, 약물의 도움을 받지 않는 자연분만의 경우 지속 시간이 평균적으로 더 길다는 사실을 아는 사람에게는 놀라운 것이었다. 스턴스 시대와 마찬가지로 분만은 해결해야 할 문제로 재구성되었지만, 이번에는 1950년대의 우주시대 열망이 자궁을 효율과 기대치라는 엄격한 한계 내에서 일하도록 조종되는 기계로 재탄생시켰다.

비숍은 자궁경부가 준비된 정도에 따라 여성의 몸에 '점수'를 매기는 평가 시스템을 만들어냄으로써 이 모델을 더욱 강화했다. 요즘도 자궁이 분만 개시에 얼마나 '호의적인지' 판단할 때 이 시스템(비숍 점수)이 널리 사용된다. 같은 해 뉴욕 출신의 산부인과 의사 이매뉴얼 프리드먼Emanuel Friedman은 500명의 여성들을 대상으로 조사를 실시해(이 여성들 중 일부는 합성 옥시토신을 투여받았다) 자궁경부가 확장되는 평균 속도를 알아냈다.[29] 그 결과로 작성된 그래프인 '프리드먼 곡선'은 비숍 점수와 마찬가지로 지금도 전 세계 현대적인 출산 환경에서 관리 프로토콜과 지침을 정하는 기준으로 사용된다. 이런 가이드라인들은 산과학의 복음처럼 신봉되지만, 원 연구의 표본 크기가 비교적 작았다는 사실을 감안해야 한다. 또한 후속 연구에서, 진통 시 자궁경부가 확장되는 속도는 사람마다 큰 차이를 보이지만 그럼에도 안전하고 성공적인 출산으로 이어질 수 있다는 (산모와 조산사들은 오래전부터 알고 있었던) 사실도 점점 밝혀지고 있다.

이 새로운 기계적 모델을 떠받치는 분명하고 일관된 공통분모는 뒤비뇨의 놀라운 약물인 합성 옥시토신이었으며, 이 물질에 대한 허가를 따내려는 경주는 분만을 촉진할 때만큼이나 급했다. 1955년부터 1956년까지, 미국에서 먼저 파크 데이비스 사가 피토신Pitocin이라는 이름으로 이 합성 호르몬에 대한 허가를 받았고, 그다음에는 유럽에서 산도스 사가 신토시논Syntocinon이라는 이름으로 허가를 받았다 (지금도 합성 옥시토신은 이 두 가지 상표명으로 불린다). 곧 수천 개의 작은 약병에 담긴 뒤비뇨의 귀중한 액체가 공장 조립라인에서 나와 산부인과 의사의 손을 통해 전 세계의 분만하는 여성의 정맥과 자궁을 통과했다. 합성 옥시토신 제조업체들은 이 약물을 출산하는 몸의 오래된 '문제'(즉 예측 불가능하고 때때로 느리며 지속적인 관리와 주의가 필요한 분만 과정)에 대한 최첨단 해법으로 열렬히 홍보했고 의료진은 진심으로 환영했다.

1949년 영국의 산부인과 의사 D. J. 머크레이D. J. Macrae
가 제작하고 출연한 교육용 영화에서 화학 약물로 유도되
는 분만은 깨끗하고 임상적이며 사실상 접촉이 없는 방법
으로 소개된다. 머크레이의 내레이션이 흘러나오는 동안,
풀 먹인 모자와 앞치마를 착용한 예쁜 간호사인 '수녀'가
'환자'를 돌보고 있다. 환자는 침대 시트에 파묻혀 있어서
두건으로 감싼 머리만 겨우 보이는데, 베개의 새하얀 바탕
과 대비되어 머리가 육체에서 분리된 것처럼 보인다. 이 여
성 옆에서 수녀가 약병에서 호르몬이 흘러나오는 속도를
조절한 후 시트를 걷자, 또 다른 최신 발명품이 드러난다.
마이크를 여성의 복부에 묶고 옆방에 있는 증폭기와 연결
한 그 장치는 바로 '초음파'다. "수녀님의 손길에 환자가 편
안해집니다." 머크레이가 또박또박하고 밋밋한 표준 발음
으로 단조롭게 말한다. "수녀님은 사무실로 돌아와 차트를
계속 작성하면서, 심음청진기[증폭기]를 켜고 태아의 심장,
움직임, 자궁 수축을 든든하게 지속적으로 지켜봅니다."[30]
　나를 포함한 현대의 많은 조산사들이 잘 알고 있는 이 기
술화되고 탈개인화된 간호 모델에서는 분만 진도를 원격으
로 모니터링하고, 조산사는 출산하는 몸 자체의 혼란, 열기,
피보다 행정 업무에 더 집중한다. '수녀'가 원거리에서 분
만을 감독하는 장면은 의료진이 태아의 심장과 자궁 활동
을 중앙 스크린에 표시되는 디지털 숫자를 통해 모니터링
하는 오늘날의 산업화된 산부인과의 청사진이다. 이런 환

경에서 자궁 자체는 눈에 보이지 않는 먼 존재로, 통제 가능하고 정량화할 수 있으며 깔끔하다.

뒤비뇨는 자신의 발명이 출산 세계에 끼칠 영향을 예상하지 못했을 것이다. 분만 유도가 실험실 기반의 이론에서 저렴하게 이용할 수 있는 시술로 발전하는 동안 신토시논의 복음은 전 세계로 빠르게 퍼져나갔다. 1959년 제약회사 산도스의 한 광고는 "합성 옥시토신을 최초로 대량 생산할 수 있게 되었다"라고 선언하면서, 약병이 육체 밖으로 나와 있는 자궁을 가리키고 있는 사진을 실었다.[31] 메시지는 이보다 더 분명할 수 없었다. 화학물질이 자연이 할 수 없는 일을 자궁에 해줄 수 있다는 것이다.

이 접근방식은 출산 세계를 사로잡는 데 성공한 것으로 보인다. 합성 옥시토신은 몇 년 만에 일부 의사들이 단순히 '생리 식염수'(실제로는 완전히 다른, 수분 보충을 위해 사용하는 약간 짭짤한 수용액이다)로 부르기 시작했을 정도로 널리 쓰이는 약물이 되었다. 1970년대에 분만 유도에 '나르코 가속narco-acceleration'(마약류로 분류되는 물질을 사용한 분만 촉진)이라는 무섭지만 정확한 명칭을 붙인 브라질의 한 논문은 "오늘날 산부인과 의사의 분만 개입은 책무이자 의무"라는 널리 받아들여지는 견해를 피력했다. "출산은 산부인과 의사의 안내 없이는 진행될 수도 없고 진행되어서도 안 된다. 의사는 통증을 줄이고, 분만 시간을 단축하고, 비정상을 바로잡고, 산모에게 지지와 심리적 도움을 제공한다."[32]

산부인과 의사를 변덕스러운 자궁의 손아귀에 볼모로 잡힌 여성을 구출하러 달려가는 영웅적인 구원자로 상정하는 이 접근방식은 수십 년이 지난 지금도 널리 퍼져 있다. 호주의 조산사 레이철 리드Rechel Reed는 이런 나르코-가속 모델은 좋게 봐도 부정확하며, 최악의 경우 위험하다고 주장한다. "효과적인 수축 패턴의 정확한 지표는 아기의 출산뿐입니다." 레이철은 자신의 선언문 〈출산을 다시 통과의례로 되돌리자Reclaiming Childbirth as a Rite of Passage〉에서 이렇게 쓴다. "특정 기준에 맞아야 효과적인 진통이라는 사고방식은 여성들이 각기 고유한 수축 패턴을 보이는 실제 현실과 대립된다. 많은 여성이 매우 불규칙하고 띄엄띄엄한 수축 패턴으로도 무사히 출산하는 것을 목격했다. 규정된 기준에 따르면 이 여성들은 절대 '정상 분만'을 한 게 아니다."[33] 아일랜드 조산사인 엘리자베스 뉴넘Elizabeth Newnham은 이런 '불규칙한' 진통을, '제도적 추진력'이 정책과 프로토콜을 이끌어가는 핵심 원동력인 산과 주도적 시스템과 대조한다. 2017년 민족지 연구 논문에서 뉴넘과 공동 저자들은 불안과 시계 보기로 특징지어지는 분만 관리에 대해 설명하면서, 제도적 추진력이 (인터뷰에 응한) 조산사와 의사들을 생리적 차이를 무시한 채 빈번한 개입에 나서도록 몰아간다고 말한다. 논문의 저자들은 "기관은 개인마다 고유하게 경험되는 과정에 외부화되고 인위적인 시간표를 강요한다"고 주장한다. 연구에 참여한 조산사들은 이 시간표에서 이탈하는 분만을 해결하는 만병통치약으로 신토시논을 자주 거론한다.[34] 분만 유도와 촉진은 결과가 좋든 나쁘든 제도적 추진력을 유지시켜준다.

하지만 제도적 추진력이 제도의 악의가 낳은 산물이라고 주장하는 것은 인색한 일일 것이다. 뉴넘과 공동 연구자들은 의료진이 속도와 개입을 추구하는 이유는 위험을 최소화하거나 완화하고 싶은 소망 때문이라는 사실을 인정한다. 나는 정확히 이런 종류의 위험 회피적인 기관에서 일하는 조산사로서, 건강한 아기를 적시에 안전하게 출산할 수 있을지에 대한 불안감이(불안이 정당한 것이든 그릇된 것이든) 합성 옥시토신을 사용하는 가장 큰 이유라는 것을 확인해줄 수 있다. 많은 여성들이 **자궁 안**에 있었다면 위험했을 아기를 분만할 수 있게 해준 약물에 당연히 감사할 것이다. 분만 유도는 많은 임신에서 가장 안전한 전략임이 틀림없지만, 분만 유도의 이익이 큰지 위험이 큰지 분명하지 않은 임신 사례도 그만큼이나 많다.

2020년 '합병증 위험이 낮은' 여성 2만 1000여 명과 그 아기들을 포함하는 34건의 무작위 대조군 임상시험을 검토한 결과, 임신 37주 또는 그 이후에 유도 분만을 시행한 집단이 '예정일 관리'(분만이 자연적으로 시작될 때까지 기다리거나, 유도 분만을 시작할 때까지 좀 더 오래 기다리는 것)를 받은 집단보다 출산 시점의 아기 사망률이 더 낮은 것으로 나타났다. 두 집단의 총 사망자 수는 표본이 큰 것에 비하면 적다(유도

188

분만을 시행한 집단에서는 산전 및 산후 사망이 4건이었고, 예정일 관리를 받은 집단에서는 25건이었다)는 점에 유의해야 한다.[35]

하지만 더 최근인 2021년 47만 4652명의 신생아를 대상으로 실시한 조사에서는, 분만 유도로 태어난 아기가 출생 시 외상을 더 많이 경험하고, 신생아 소생술이 필요할 가능성이 더 높으며, 16세까지 호흡기 문제로 병원 입원이 필요할 가능성이 더 높은 것으로 나타났다. 비의학적 이유로 분만 유도를 실시한 경우에는 산모와 신생아에게 불운한 결과가 발생할 위험이 훨씬 더 높았다. 그런 사례는 6만 9397건으로, 대략 15퍼센트였다.[36] 따라서 아직 판정하기는 이르다. 분만 유도는 특정 영아를 임박한 위험이나 사망으로부터 구할 수 있지만, 애초에 그런 영아가 누구이고 어떻게 돕는 것이 최선인지는 때때로 불분명하다. 개입의 이유, 방법, 시기를 결정하기 위해서는 추가 연구와, 상충하는 증거에 대한 보다 세밀한 분석이 필요하다.

분만 유도가 광범위하게 (그리고 불필요하게 많이) 이루어지고 있다고 생각하는 일부 비판자들은 신생아의 결말이 분만 유도의 장점을 판가름하는 결정적인 척도가 되어서는 안 된다고 지적한다. 아기를 무사히 안전하게 출산하는 것이 무엇보다 중요한 일임은 분명하지만, 많은 산모와 그들의 대변자들은 그것만이 '좋은' 출산의 지표는 아니라고 말한다. 분만과 출산은 많은 여성의 삶에서 중요한 전환기이며 그 자체로 산모의 신체적, 정신적 건강에 지속적인 영향을 미치기 때문에 그 점이 아기의 안전과 함께 신중하게 고려되어야 한다.

일부 의료인은 아기의 건강이 유도 분만의 절대적인 이유라고 주장할지도 모른다. 많은 경우 그것이 사실일 것이다. 예를 들어 저널리스트인 제니 애그는 지난 몇 년간 네 번의 유산을 겪은 후 유도 분만을 결심하게 되었다고 설명한다. "아기가 죽는 게 두려웠어요. 다른 무엇보다도요. 그럼 어떻게 해야 할까요? 그런 조건에서 무엇이 긍정적인 출산일까요?"[37] 제니에게 (그전에는 '원하지 않았을') 유도 분만은 전전긍긍하며 보낸 임신 막바지에 건강한 아기가 태어날 수 있다는 기대를 선사했다. 하지만 어떤 여성들은 유도 분만에 무조건 동의했다가 지속적인 단절감과 심지어 트라우마까지 얻은 이야기를 들려준다.

한 번은 유도 분만, 한 번은 자연분만으로 건강한 두 아이를 출산한 저널리스트 알렉스 비어드는 몸과 연결되어 있다는 느낌, 그리고 몸의 능력에 대한 믿음이 중요하다는 것을 누구보다 잘 알고 있다. 임시 녹음실(가족의 코트와 점퍼가 산더미처럼 쌓인 찬장)에서 영상통화로 나와 이야기를 나누며, 알렉스는 첫아이의 출산이 남긴 감정적 후유증을 떠올린다. 진통 없이 양수가 터져 유도 분만을 해야 하는 상황이었지만 진통이 올 기미는 전혀 보이지 않고 시간만 흐르자 점점 더 불안해졌다고 말한다. "진통아 제발 시작되어라, 이런 기분이었어요." 알렉스는 말한다. "진통이 **시작되**

어야 하는데, 아침에 눈을 뜰 때마다 아무 일도 일어나지 않았고, 나는 실패자가 된 기분이 들었어요. 유도 분만이 임박한 상황에서 보낸 그 48시간 동안 실패한 사람처럼 느껴졌어요." 하루가 지날 때마다 감염 위험이 높아진다는 경고를 듣고 마침내 유도 분만을 하기 위해 병원으로 갔지만, 조산사들이 신토시논 수액 주머니를 '한 봉지 또 한 봉지' 매다는 와중에도 알렉스는 몸이 예상대로 움직여주기를 불안하게 기다렸다.

알렉스는 그날을 이렇게 회상한다. "하루 종일 기다렸어요. 몸속에 그 '대박 약물'이 있다고 생각하니, 마치 통제력을 상실하게 되는 낭떠러지로 달려가고 있는 것 같았어요. 딱 그런 기분이었죠."

그 후 몇 시간 동안 알렉스는 들은 대로 호르몬이 몸의 자발적 수축을 촉진하기를 기다렸지만, 현실은 그리 간단하지 않았다.

"수액이 끊길 때마다 진통이 멈췄어요. 그때까지 내 몸은 단 한 번도 자발적인 진통을 시작하지 않았어요. 약물의 효과가 전혀 나타나지 않았어요. 그저 호르몬 주머니만 계속 교체될 뿐이었죠." 내가 돌본 많은 여성들이 증언한 것처럼, 그러다 갑자기 예상치 못한 격렬하고 잦은 진통이 시작되었다.

"갑자기 '쿵' 하고 닥쳤어요." 알렉스는 당시 상황을 떠올린다. "그래도 진통이 이렇게 강하고 빠르게 오고 있으니 곧 자궁경부가 열리겠구나 싶었죠. 내진 후 '2센티미터 열렸어요'라고 말하던 의사를 절대 잊지 못할 거예요. 아직도 한참 남았다는 생각에 심장이 완전히 내려앉았어요."

"나는 기진맥진한 상태였죠." 통증과 좌절이 영원히 계속될 것 같던 그날을 떠올리는 것은 분명 그녀에게 힘든 일이었고, 듣는 나도 마찬가지였다. "진통이 계속해서 강하고 빠르게 왔지만 자궁경부가 그만큼 확장되지 않았어요. 그래서 의료진은 자꾸 수액 주머니만 한 봉지 또 한 봉지 매달 뿐이었어요. … 마치 언덕 위로 공을 굴리고 있는 기분이었죠. 내 몸이 원하는 걸 하고 있다는 느낌이 전혀 들지 않았어요. 싸움처럼 느껴졌죠. 내내 싸움 같았어요."

길고 힘든 유도 분만 끝에 지금은 여섯 살이 된 아들이 태어났지만, 알렉스는 자신의 몸이 이 가장 '자연스러운' 임무도 해내지 못한다는 생각에 몸에 대한 믿음이 흔들렸다고 말한다. 알렉스는 그 일을 떠올리면 아직도 화가 나는 듯했다. "엄청나게 실망했어요. 너무 화가 났고, 그 분노가 아직도 해결이 안 된 것 같아요. 잘 관리되는 상태에 익숙했던 사람으로서 내 몸에 정말 실망했어요. 통제 불능이 된 것 같았죠. 나는 분만을 정말 고대하고 있었고, 마라톤 훈련을 할 때 그랬듯이 힘들겠지만 해낼 수 있다고 생각했어요. 그리고 그렇게 할 기회를 얻게 되어 정말 감사했죠. 내 몸이 경기를 소화하지 못할 상황은 없다고 생각했어요. … 내 몸에 가장 화가 났어요."

이와 대조적으로 2년 후 알렉스의 두 번째 분만은 자연분만으로 순식간에 진행되었다. 병원에 가려고 준비하는데 진통이 너무 빨리 진행돼서, 결국 급히 부른 조산사와 구급대원들에게 둘러싸여 부엌 바닥에서 딸을 출산했다. 알렉스는 그때 첫 출산에서는 느끼지 못했던 몸과 연결되는 느낌을 받았다고 설명한다. "또 다른 호르몬이 있다"는 것을 직관적으로 알 수 있었다. "**그 일에** 훨씬 더 많이 가담하고 있다는 느낌. … 더 의식적으로, 훨씬 더 집중해서. 내가 어떤 고통을 겪든 몸이 다 알아서 하는 느낌이었어요. '자, **이것**도 좀 넣어야겠다. **저기**에 대응하려면 그게 필요하니까'라는 식으로 말예요." 첫 출산 때는 누군가가 엔진에 점프 리드를 가져와 시동을 걸려고 하는데 잘 안 되는 느낌이었다면, 이번에는 엔진이 작동하고 모든 체액이 제자리로 이동하는 느낌이었어요. 난 뭘 해야 할지 알았어요."

알렉스의 강렬한 기억은 출산하는 몸을 인위적인 호르몬으로 '시동을 걸어야 하는' 기계로 여기는 산업적이고 기계적인 모델과, 마음속 깊숙이 자리 잡은 직관과 본능이라는 보다 원초적인 감각을 대비시킨다. 몸이 '이것을 약간'(즉 진통의 고통을 완화하는, 힘과 활력을 주는 생화학적 해독제를) 제공하고 있다는 알렉스의 느낌은 실제로 강력한 과학적 증거로 뒷받침된다. 약물의 도움을 받지 않은 자연분만에서 몸은 자체적으로 천연 엔도르핀을 분비한다. 자궁이 성공적으로 행동을 수행하면 뇌가 점점 더 많은 엔도르핀을 분비하는 보상 회로를 통해 산모는 아기가 태어날 때까지(그리고 그 후에도) 점점 더 강해지는 자궁 수축에 대처할 수 있다. 반면 합성 옥시토신은 혈류/뇌 장벽을 넘지 못하므로 자궁에 원하는 효과를 줄 수는 있어도 자연적으로 생성되는 옥시토신처럼 뇌의 보상 및 쾌락 중추를 활성화하지 못한다. 분만 유도는 분만 기계의 톱니바퀴를 돌려 경계하는 자궁을 움직이도록 자극할 수 있지만, 천연 엔도르핀으로 기어에 기름칠을 하지는 못한다.

합성 옥시토신은 그 옛날 에르고트로 만든 '출산 분말'만큼 위급한 부작용을 많이 일으키지는 않을지 모르지만, 은퇴한 조산사 모니카 톨로파리와 린 셰퍼드는 지난 몇 년 동안 이 현대적인 '대박 약물'의 의도하지 않은 결과에 경각심을 불러일으켜왔다.[38] 35년 넘게 영국 NHS(국립보건서비스)에서 근무하면서 보조 조산사에서 공중보건 및 위탁 분야의 컨설턴트 조산사까지 올라온 모니카는 고농도 신토시논을 사용한 유도 분만의 증가세와 산후 출혈의 증가세 사이에 상관관계가 있다는 사실을 알아챘다. 버밍엄 근처에 있는 집에서 나와 영상통화를 하는 모니카의 어깨 너머로 깔끔하게 정돈된 액자 속 가족사진이 내게 미소를 짓고 있다. 하지만 대화를 나누는 동안 모니카의 따뜻함과 자부심이 그녀의 황혼기 경력을 특징지은 전투에 대한 슬픔으로 얼룩진다.

"2014년에 내가 훈련받았던 위탁병원(NHS 소속이지만 독립적으로 운영되는 병원 — 옮긴이)으로 돌아갔을 때, [산후] 출혈이 정상으로 취급되고 있는 걸 봤어요. 몇 년 전만 해도 출혈량이 1000밀리리터면 모두들 엄청 당황했어요. 그런데 그 위탁병원에서는 약 3000리터의 출혈이 정상으로 취급되고 있었어요." 관련 설명을 하자면, 성인 여성의 순환하는 혈액량은 평균 약 5000밀리리터(5리터)이므로, 산후에 체내 혈액의 60퍼센트를 잃는 상황을 정상으로 취급하는 것은 가장 끔찍한 상상조차 초월하는 일이다. 그런 대량 출혈은 어지럼증, 심계항진(가슴 두근거림), 피로 같은 증상과 함께, 수혈이 필요할 정도로 몸을 쇠약하게 만드는 심각한 빈혈을 유발할 수 있다. 이런 문제들이 생기면 신체적, 정서적 회복이 보통 때보다 훨씬 더 어렵고 오래 걸릴 수 있다. 산후 출혈이 통제되지 않으면 자궁절제술 같은 극단적인 조치가 필요할 수 있으며, 비극적인 경우에는 출혈이 멈추지 않을 수도 있다. 세계보건기구, 미국 질병관리청, 영국 엠브레이스MBRRACE의 산모 사망률에 대한 보고서는 산모 사망의 주요 원인 중 하나로 일관되게 출혈을 꼽는다.

모니카는 그 위탁병원에서 산후 출혈 발생률이 급증한 이유를 알아내기로 결심했다. 이런 출혈이 단지 자궁 기능 장애를 갖고 있는 특정 지역 집단만의 문제가 아님을 확신한 그녀는 에든버러대학교 실험생리학 교수인 개러스 렝Gareth Leng 박사에게 도움을 요청했다.

모니카는 그때 일을 이렇게 회상한다. "렝 교수와 이야기를 나눴는데, 그는 [합성] 옥시토신을 너무 많이 투여하면 자궁의 수용체가 차단된다고 말했어요. 그래서 출혈이 일어나는 거죠. 따라서 많이 투여할수록 상황이 더 나빠집니다." 다시 말해 합성 옥시토신으로 유도된 자궁은 분만을 시작하고 유지할 만큼 충분히 수축할 수 있을지도 모르지만, 간혹 이 약물이 보내는 수축하라는 메시지를 받지 못하게 될 수도 있다는 뜻이다. 그러면 자궁의 근육질 몸체가 느슨해지고(즉 '이완'되고), 이런 느슨해진 상태에서는 아기가 태어난 후 태반과 태반막이 배출되기 전 마지막 순간에 출혈이 발생할 가능성이 높아진다.

모니카는 또한 출혈 발생률이 증가한 원인으로 현대 분만 병동의 세 가지 특징을 꼽는다. 첫째는 인력과 자원이 부족한 병원이 산모들을 가능한 한 빨리 내보내려는 욕구이고, 둘째는 자연분만하는 몸이 호르몬을 주기적으로 찔끔찔끔 내보내는 것과 달리 지속적으로 호르몬을 흘려보내는 펌프 구동식 전자 링거 주사의 도입이며, 셋째는 옥시토신을 약물 제조업체가 허가한 것보다 더 높은 용량과 농도로 사용하는 것이다.

"[죽은] 말을 채찍질하는 것과 같아요." 모니카는 이 강력한 펌프 구동식 정맥 주사에 대해 이렇게 말한다. "결국 여성은 출혈을 일으킵니다. 이 모두가 분만 병동을 빨리빨리 돌리려다 보니 생기는 일이죠."

문제가 있다는 것을 깨달은 모니카는 다른 병원의 조산

사들도 허가된 투여량을 초과한 옥시토신의 강력한 영향을
관찰했는지 궁금해지기 시작했다.

"다른 위탁병원들을 조사하기 시작할 때만 해도 어쩌면
우리 병원이 통계에서 벗어난 예외일지도 모른다고 생각했
어요. 우리만 그런 건지도 모른다고요. 그래서 정보자유법
에 따라 정보공개청구를 했고, 전부는 아니지만 대부분의
위탁병원(대략 90퍼센트)이 [더 높은] 지침을 따르고 있다는 사
실을 알게 됐어요. 난 생각했죠. 뭐지? 언제부터 이랬지?"

그때 모니카는 친구이자 전 직장동료인 린에게 도움을
구했고, 린은 자체 조사와 정보공개청구를 한 결과 일부 신
탁병원의 산후 출혈 발생률이 전체 출산의 50퍼센트에 달
한다는 사실을 밝혀냈다. 이는 린과 모니카가 일을 시작한
1980년대의 3~5퍼센트에 비하면 기하급수적인 증가였다.
영상통화에 합류한 린은 그녀가 스코틀랜드에서 성장했으
며 글래스고의 악명 높은 로튼로 산부인과 병원에서 수련
을 받았음을 짐작케 하는 억양으로 경쾌하게 말했지만, 수
년간 병원에서 근무하는 동안 합성 옥시토신의 오남용이
점점 증가했다는 이야기를 할 때 그녀의 부드러운 어조가
분노로 주름졌다.

"허가된 희석과 허가된 용량 범위를 지켜야 할 타당한 이
유가 있습니다. 특정 아두골반 불균형[아기 머리와 산모의 골
반 크기가 출산이 불가능할 정도로 불일치하는 현상]이나 진통이 지
지부진한 경우, 그 밖에는 다른 이유가 없는데도 자궁 수축

이 풀릴 때 수축을 촉진할 수 있습니다. 이렇게 산과 관리가 개선되자 이 약물에 대한 허가가 났어요. 그다음부터 의사들이 이 약물을 사탕처럼 사용하기 시작했어요. 마치 '오, 하나 더. 좋아 두 배로 늘리자'는 식이었죠." 린은 설명한다. 고문의사(상급의사)가 이끄는 영국과 아일랜드 전역의 분만 병동에서 호르몬 투여량이 가파르게 증가하는 추세에 대해 곰곰이 생각하던 린은 "그냥 '일단 해보자'는 정신이었던 것 같아요"라고 말한다.

모니카와 린이 이런 새로운 고용량 용법에 분노한 이유는 단순히 임상적 책임감 때문만이 아니었다. 이들은 유도 분만 후 과다출혈을 겪은 여성들이 오랫동안 트라우마에 시달린다는 사실을 알게 되었다.

모니카가 지역 클리닉에서 일할 때였다. "출혈을 겪은 여성들의 이야기를 들으며 퍼즐이 맞춰지기 시작했어요. 출혈이 그 여성들에게 어떤 영향을 미쳤는지, 그리고 얼마나 오래 영향을 미쳤는지 알고 충격을 받았어요. 모유 수유에 미치는 영향, 산모에게 미치는 영향, 다음번 임신에 미치는 영향, 가족에게 미치는 영향, 그리고 아직 아이를 갖지 않았지만 갖기를 원하는 자매들에게 미치는 영향에 대해서는 그동안 생각해본 적이 없었거든요. 산후 출혈은 이처럼 여러 가지 요인이 복합적으로 작용하는 문제였고, 정말 충격적이었어요."

이렇게 해서 병원들을 상대로, 각양각색의 유도 분만 프로토콜을 짜깁기한 용법 대신 제약회사가 허가한 더 순한 용량으로 돌아가도록 촉구하는 캠페인이 시작되었다.

모니카는 자신이 일하는 위탁병원으로 갔다. 하지만 "그들은 말도 못 꺼내게 했어요. … 개인별 맞춤 치료를 [제공하려고] 시도했지만, 병원 측은 지침을 그대로 따라야 한다면서 나를 심하게 나무랐어요."

모니카와 린은 의약품 및 의료 규제 기관, 왕립산부인과대학, 그리고 왕립조산사대학에 그들의 우려를 전달했다.

"모든 방법을 다 써봤지만, 그들은 우리를 참여시켜 적극적으로 대처하기는커녕 … 오히려 자신들이 이미 하고 있는 관행에 맞추어 지침을 바꾸었어요." 모니카는 미국의 대응은 이보다는 약간 나았다고 인정한다. 미국에서는 압력이 심한 산부인과 치료 환경에서 위험할 정도로 높은 용량이 보편화되어 있지만 소송도 활발하다. "미국의 경우는 변호사들이 동참하고 있어요. 그들은 처방을 살펴보고 실제로 여성들에게 소송을 원하는지 물어본다는 점에서 우리보다 앞서 있어요."

모니카와 린은 합성 옥시토신의 순한 허가 용량을 재도입하기 위한 싸움이 길고 힘들 것이며 결국에는 성공하지 못할 수도 있다는 것을 인정하면서, 자신들의 가장 간절한 바람을 힘주어 말한다. 즉 여성과 출산을 앞둔 사람들이 허가되지 않은 용량으로 분만 유도를 받기에 앞서 적어도 정보에 입각한 선택을 할 수 있어야 한다는 것이다. 통계 자료에 따르면, 영국과 미국 여성의 대략 80퍼센트가 가임기가 끝날 무렵에 엄마가 된다.[39,40] 만일 이 가운데 대략 30퍼센트가 합성 옥시토신으로 분만을 유도하거나 촉진하고, 이보다 훨씬 더 높은 비율이 태반 배출을 촉진하기 위해 호르몬을 투여받는다면, 수십만 명의 여성과 그들의 자궁이 합성 옥시토신의 허가된 용법과 미허가 용법, 각 용법의 위험과 이점에 대해 충분한 설명을 듣지 못한 채 약물을 투여받고 있다는 뜻이다. 린과 모니카는 합성 옥시토신이 자궁의 행동을 유도하기 위해 투여하는 가장 일반적인 약물이라면, 자궁 소유자가 그 약물의 허가되지 않은 용량을 받아들일지 거부할지에 대해 정보에 입각한 선택을 내릴 수 있어야 하지 않느냐고 주장한다.

"여성들이 정보를 제대로 알면 허가된 용량을 원할 거라고 낙관해요." 린은 말한다. "고용량 옥시토신이 분만 시간을 얼마나 단축할 수 있는지에 대한 기대치를 평균 내면 고작 두 시간이라는 연구 결과가 있어요. 따라서 합성 옥시토신의 부적절한 사용으로 몸을 스스로 교란하지 않는다면 비록 분만 시간은 두 시간쯤 더 늘어나겠지만 불필요한 개입이나 산후 출혈이 일어나지 않는다는 것이 내 주장이에요. 다음번 출산에도 아무런 영향을 주지 않아요. 산후조리 기간에 힘든 합병증을 겪을 가능성도 낮고요." 캠페인을 벌이는 동안 많은 장애물이 있었음에도 불구하고, 린은 출산을 앞둔 사람들이 일단 옥시토신의 오남용과 그 결과에 대해 충분히 알게 되면 상황이 바뀔 거라고 낙관한다. "결국 변화는 여성들로부터 시작될 거라고 생각해요. 여성들에게 힘이 있으니까요."

여성들이 행동에 나섬으로써 위험한 부인과 관행이 제한되거나 근절된 성공 사례들은 비록 느리고 고통스럽기는 해도 풀뿌리 변화가 실제로 가능하다는 것을 보여준다. 인공망(메시)을 사용한 골반 복원 시술도 처음에는 많은 의사들에게 특정 유형의 자궁탈출증과 요실금에 대한 효과적인 치료법으로 환영받았지만, 그런 시술로 인해 일상생활이 힘들 정도로 손상을 입은 사람들이 적극적으로 행동에 나선 뒤로 지금은 훨씬 제한적으로 시행되고 있다. 최근 영국의 한 캠페인은 자궁경 검사를 할 때 통증 완화가 (아니면 적어도 완화를 제안하는 것이) 필요하다는 점을 강조한다. 이 침습적인 검사를 약물 없이 잘 견디는 사람들도 있지만, 엄청난 통증과 트라우마를 겪는 사람들도 있다.[41] 합성 옥시토신도 자궁탈출증 치료나 자궁경 검사처럼 널리 사용되는 임상 치료가 된 이상, 환자 쪽에서나 의사 쪽에서나 사용에 더 엄밀함을 기해야 할 것이다. 지금은 린 셰퍼드가 언급한 것처럼 "한번 해보자"며 배짱을 부릴 때가 아니라 신중한 재평가가 필요한 때다.

영상통화를 마무리하며 사소한 잡담을 나누다가 린은 마지막으로 폭탄선언을 한다. 그녀는 그동안 친구의 경력에 피해가 갈까봐 옥시토신 오남용을 폭로하는 언론 캠페인을 자제해왔다고 밝힌다.

"모니카가 [당시] NHS에 근무하고 있었기 때문에 나는 라디오 출연을 미뤘지만, 그것만 아니었다면 곧장 라디오 방송국으로 직행했을 거예요. 지금도 언제든 갈 준비가 되어 있어요. 난 세상을 시끄럽게 만드는 부류예요."

나는 "모멸당한 여자의 분노만 한 건 지옥에도 없다"는 옛 격언을 조금 바꿔서, 뭔가를 벼르고 있는 은퇴한 조산사의 분노와 결단, 그리고 깊이 체화된 지혜는 어느 누구에게서도 발견할 수 없는 것이라고 주장하고 싶다. 당신이 이 책을 읽는 동안 혹시 라디오에서 경쾌한 스코틀랜드 억양이 들린다면, 그 주인공은 바로 지금이 세상을 시끄럽게 만들고, 자신의 주장을 밝히고, 모든 엄마와 아빠, 가족, 그리고 무엇보다 자궁을 위해 상황을 바로잡아야 할 때라고 결심한 린일지도 모른다.

* * *

그때까지는 골디락스 진통(딱 맞는 시간에 딱 맞는 방식으로 근섬유가 일사불란하게 발화하는 실체 없는 물결)을 찾는 시도가 계속될 것이고, 전 세계 연구자들이 자궁과 자궁의 예측 불가능한 행동이라는 영원한 문제를 '해결'할 마법의 묘약 찾기를 멈추지 않을 것이다. 여성들이 자궁을 수축시키는 에르고트의 성질을 발견하고 신중을 기해 극소량으로 제공하기 시작한 뒤로 1000년이 흘렀지만, 펌프식 인공 호르몬이라는 표면적으로는 더 정교해 보이는 현대의 등가물은 아직도 상당한 위험을 수반한다. 2020년 테네시주 밴더빌트대학교의 의사들이 이 문제를 검토했는데, 그들의 논문에 따르면 심장, 폐, 순환계의 기저질환을 가진 사람이 증가하고 있는 임산부 집단에서 고혈압과 불규칙한 심장박동 같은 합성 옥시토신의 부작용은 점점 용납할 수 없는 것이 되고 있다.[42] 이 논문의 저자들은, 이런 이유에서 과학은 차세대 '출산 분말'과 '대박 약물'(자궁근층 세포만을 표적으로 삼는 약물)을 개발하는 데 관심을 모을 필요가 있다고 말한다. 새로운 치료법은 자궁 수축에 영향을 미친다고 알려진 열다섯 가지 식물군 중 하나에서 나올 것이라는 의견이 있다. 정말로 그렇게 된다면 합성 옥시토신에 대한 더 안전한 대안이 생길 뿐만 아니라, 이 가치 있는 천연자원이 풍부한 개발도상국은 경제적으로나 환경적으로 더 지속가능한 생산을 통해 새로운 수입원을 얻을 수 있을 것이다.[43]

　여성 건강의 많은 영역이 그렇듯(사실 이 책의 모든 페이지 상단에 이 문구를 넣어야 할 정도로 너무나 많은 영역이 그렇다), 이 분야도 '더 많은 연구가 필요하다.' 에르고메트린과 합성 옥시토신의 더 새롭고 안전한 대체제가 개발될 때까지, 그리고 분만 유도의 가장 안전한 시점과 방법에 대한 합의가 이루어질 때까지, 산부인과 의사들은 여전히 진통하는 사람 옆에 서서 머리를 긁적이며 그들의 자궁이 약간 덜 또는 약간 더, 조금 더 빨리 또는 조금 더 늦게, 그리고 조금 더 **잘** 수축하기를 바랄 것이다. 구치, 스턴스, 데일, 모이어의 유산을 이어받은 의사들은 '피트Pit'와 '신트Synt'(의료인들이 합성 호르몬을 부르는 말)를 계속 처방하며 때로는 생명을 구하는 놀라운 효과를, 때로는 복잡하고 골치 아픈 결과를 초래할 것이다. 나 같은 조산사들은 여전히 호르몬이 담긴 유리병을 따고 펌프를 작동시킨 후, 한 손으로는 죄어오는 복부의 움직임을 느끼고, 동시에 언제든 파란 수술복을 입은 '팀'을 부를 수 있도록 다른 손은 응급 버저에 올려놓은 채 분만 병동에 걸린 시계를 초조하게 바라볼 것이다.

그런데 어쩌면 우리는 합성 옥시토신을 처방하고 적정滴定하고 재평가하는 데 급급한 나머지 요점을 놓치고 있을지도 모른다. 아마 진통의 시작과 진행에 영향을 미칠 수 있는 다른 많은 요인들을 조사하는 것보다는 자궁을 희생양으로 삼고 관리하고 조종해야 할 문제로 보는 것이 더 쉬울 것이다. 레이철 리드가 자신의 책에 썼듯이, 오늘날의 산업화된 출산 시스템에서는 "모든 합병증이 환경과 의료적 개입 때문이 아니라 오작동하는 여성의 몸 때문으로 간주된다."[44] 출산 환경에 의문을 품는 것보다 완고하고 까다롭고 장난스러운 근육인 자궁을 우리의 일을 가로막는 적으로 상정하는 게 더 쉬울 수 있다.

옥시토신은 흔히 '수줍음' 호르몬으로 일컬어지는데, 여기엔 타당한 이유가 있다. 몸은 오르가슴이나 출산과 같이 안전하고 친밀하며 사적인 상황에서 옥시토신을 가장 잘 생산한다. 하지만 안타깝게도 전형적인 분만 병동은 (그리고 그 전의 정기검진도) 그런 감정을 일으키는 데는 거의 도움이 되지 않는다. 자궁은 교통체증, 과속방지턱, 주차장을 통과하면서도, 분주한 진찰실에서도, 그리고 임상 장비와 눈부신 조명, 낯선 사람들의 탐색하는 눈과 손으로 가득한 방에서도 맡은 바 임무를 훌륭하게 해내야 한다. 출산 공간이 따뜻하고 포근하기만 하다면 신토시논이나 피토신이 필요 없다고 말하는 건 상황을 지나치게 단순화하는 것이겠지만, 환경과 의료진이 자궁 수축에 아무런 영향을 미치지 않는다고 가정하는 것도 마찬가지로 순진한 태도다. 병원의 코를 찌르는 소독약과 피 냄새, 종이 커튼의 바스락거림, 차가운 금속성 질경과 등자, 보이지 않지만 분명하게 느껴지는 제도적 추진력. 이 모든 것이 공모해 자궁과 여성, 심지어는 조산사조차 필요 이상으로 불안하게 만들 수 있다.

* * *

다행히도 옥시토신 병을 움켜쥐고 있는 모든 조산사 앞에는 먼저 왔다 간 수많은 어머니들의 지혜를 몸에 지닌 채 이제 자신이 견뎌야 할 불을 통과하는 여성이 있다. 자궁은 (이 최고의 순간에) 수천 년에 걸쳐 진화해온 일을 한다. 자궁에서 미세한 전기가 이 세포에서 저 세포로 번쩍거리며 뛰

어다니면, 마침내 그 강한 근육이 힘을 가해 빽빽 우는 미
끈한 아기를 세상으로 내보낸다.

상실

: 정지된 순간

많이 울었지만
이미 끝난 일이고,
감내하는 것 말고는
할 수 있는 일이 없습니다.

프리다 칼로, 유산 후 주치의에게 보낸 편지[1]

괜찮다면, 다음으로 넘어가기 전에 잠시 이야기를 멈추려고 한다. 잠깐이면 된다. 이건 국가를 뒤흔든 비극에 대한 공개적인 1분간의 묵념이 아니다. 조기 게양, 사무실이나 쇼핑센터를 가로질러 물결처럼 퍼져나가는 소곤거림에 뒤이은 가식적인 고개 숙이기, 뉴스 아나운서의 세심하게 계획된 근엄한 표정 같은 건 없다. 지금은 사적인 슬픔을 위해 잠시 멈추는 것이다. 개인적 비극, 아기를 잃은 형언할 수 없는 상실을 위한 것이다. 출산 공간에 쩌렁쩌렁 울려 퍼져야 했을 우렁찬 아기 울음소리와 의기양양함과 안도감이 뒤섞인 산모의 울음소리를 생각하면 더 가슴 아파지는 침묵을 위해 잠시 멈추자.

자궁은 때때로 잘못할 때가 있다. 나는 (당신이 짐작한 대로) 이 기관의 옹호자이자 이 기관이 할 수 있는 모든 것을 예찬하는 사람이지만, 내가 기억하고 싶은 것보다 더 많은 순간 이 기관이 흔들리는 것을 보았다. 그렇지 않은 척하는 것은 솔직하지 못한 태도다. 하지만 왜 최악의 상황이 발생하는지 묻는 것은 괜찮다. 아니 반드시 필요하다. 이 질문은 슬픔의 일부이며, 거기에 답하는 것은 (그리고 우리가 그 대답에 사용하는 언어는) 치유의 일부이기 때문이다.

* * *

소피 마틴은 자신의 몸이 '무력하다'는 말을 들을 때 직장
으로 가는 버스 안에 있었다. 11주 전 그녀는 이미 육체적
으로나 정서적으로나 한 인간이 경험할 수 있는 가장 파괴
적인 사건 중 하나를 겪었다. 임신 21주 1일 만에 오래 기
다려왔으며 이미 사랑을 듬뿍 받은 쌍둥이 아들 세실과 윌
프레드를 잃었다.

　치명적이든 그렇지 않든 모든 사건이 대체로 그렇듯 소
피의 경우도 가벼운 출혈로 시작되었다. 조산사라서 임신
관리 과정을 잘 알았던 소피는 간단한 검사를 받는다고 생
각하고 병원에 갔다. 이 무렵 소피는 정기검진 때마다 받
는 내밀하고 대개 침습적인 검사에 익숙해져 있었다. 시험
관 시술로 쌍둥이를 임신했는데, 이 경우 무사히 출산하려
면 대부분 지속적인 관찰이 필요했다. 하지만 아무 문제 없
다는 평소의 소견 대신, 질경의 차가운 압력에 이어 생각지
도 못한 충격적인 결과를 들었다. 자궁경부가 아무런 경고
도 없이 이미 확장되기 시작한 것이다. 완벽한 골디락스 진
통이든 다른 어떤 방식이든 소피가 사건의 진행을 알아챌
만한 진통은 전혀 없었다. 그 후 몇 시간 동안 소피는 병원
의 처분에 따라 손목에 꼬리표를 달고, 캐뉼러를 꽂고, 피
를 뽑고 모니터링을 받았고, 며칠 내에 통증이 시작되었다.

　상상할 수 없는 일, 하지만 이 시점에서는 피할 수 없는

일이 곧 일어났다. 소피와 그녀의 남편은 너무 일찍 태어나 짧은 시간밖에 살지 못한 두 아들을 안고 쓰다듬으며 몇 시간을 보냈다. 마틴 부부는 아들의 발 도장이 찍힌 카드와 푹신한 흰색 담요에 세실과 윌프레드가 함께 싸여 있는 사진을 들고 텅 빈 팔로 병원을 떠났다.

석 달 가까이 지난 후, 몸 안에 남아 있던 태반 조직이 감염을 일으키면서 신체적 통증까지 겹치자 아이를 잃은 정신적 고통은 더 심해졌다. 소피는 어떤 영구적인 흉터가 있는지 확인하기 위해 의료진에게 자궁경 검사(가느다란 망원경 장치를 자궁 안으로 넣는 행위)를 요청했다. 다행히 장기적인 손상의 징후는 없었지만 뜻밖의 사실이 발견되었다. 임신하지 않은 상태임에도 소피의 자궁경부(자궁 하부에 있는 두껍고 살이 많은 관으로, 길이가 길고 닫혀 있어야 한다)가 비정상적으로 짧았다. 조산사였던 소피는 이 기형이 쌍둥이의 극단적인 조산에 결정적인 역할까지는 아니더라도 일부 영향을 미쳤다는 것을 곧바로 알아차렸다.

"병원에서 나와 버스를 탔어요." 소피는 아이를 잃은 지 3년이 다 되어가는 시점에 나와 대화를 나누며 그날을 회상한다. "내가 일하는 병원의 고문의사에게 이메일을 보내 '닉, 내 자궁경부가 겨우 2센티미터래요'라고 말했어요. 그랬더니 무슨 일이 일어났는지 깨달은 닉은 답장에서 '아, 자궁경부무력증이군요'라고 했어요."

유산이나 사산, 또는 조기 태아 손실의 경우 대부분은 자궁 책임이 아니다. 사실 자궁에 책임이 있는 경우는 매우 드물어서(수치를 정확하게 말하기는 어렵지만 그런 사례는 100건 중 한 건 정도에 불과하다), 이런 사건들을 자궁과 자궁의 능력을 칭송하는 찬가에서 생략하고 싶은 유혹을 느낀다. 태아 손실의 주요 원인으로는 태아의 염색체 이상, 모체 감염, 응고 장애, 고혈압이나 당뇨병 같은 의학적 합병증이 있다.[2] 그러나 때때로 태아가 독자적으로 생존 가능한 단계에 도달하기 전, 그러니까 임신 24주 전후에 자궁, 더 정확히 말하면 질에 인접한 자궁경부가 통증 없이 확장되어 손실을 유발하기도 한다. 이 경우 어둠 속에서 빛을 찾기 위해 동공의 깊고 까만 우물이 확장되는 것처럼 조용히 자궁경부가 풀리며 스르르 열린다. 처음에는 고작 1~2센티미터지만 점점 더 크게 열린다. 이 현상을 지칭하기 위해 자궁경부와 여성을 비하하는 용어를 사용한다는 건 이제 놀랍지도 않다. 그건 '자궁경부무력증'이다.

'자궁경부무력증'이라는 용어의 정확한 기원은 알려져 있지 않지만, 이 상태를 처음 언급한 사람은 17세기 의사 라자루스 리베리우스Lazarus Riverius다. 그는 "자궁의 아가리가 너무 느슨해서 씨를 보관할 만큼 수축할 수 없는 상태"라고 설명했다.[3] 이 현상은 이후 수 세기 동안 산부인과 의사들에 의해 (그리고 물론 조산사들에 의해) 반복적으로 관찰되었으며, 현재 왕립산부인과대학에서는 "임신 2기에 자궁경부가 통증 없이 확장되고 짧아져 태아 소실이나 분만을 초래하는 현상"[4]으로 정의한다. 왕립산부인과대학은 이 진단은 대개 태아 소실을 유발할 수 있는 다른 원인들을 조사해 배제한 후 후향적으로 진단된다고 지적하지만, 현재 자궁경부무력증에 취약한 몇 가지 위험 요인이 밝혀져 있다 (요즘에는 좀 더 부드러운 용어인 '자궁경부부족'이라는 말을 사용하기도 하지만 이 역시 비난의 어조를 띠고 있다). 과운동증후군(엘러스-단로스증후군) 같은 특정 결합조직 장애는 자궁경부의 콜라겐 수치와 탄성에 영향을 미칠 수 있다. 과거에 외과적 치료를 받은 적이 있는 경우에도 위험이 높아질 수 있다. 자궁경부 생검을 실시한 경우, 레이저로 자궁경부의 암성 세포나 전 암성 세포를 절제한 경우, 또는 분만 중 제왕절개술을 받은 경우 통증 없는 조기 확장이 일어날 위험이 더 높은 것으로 알려져 있다.[5] 캘리포니아에서 3만 4000명 이상의 여성들을 대상으로 실시한 한 연구에 따르면 인종도 요인이 될 수 있는 것으로 보인다. 이 연구에서 흑인 여성이 백인 여성보다 자궁경부무력증을 경험할 가능성이 세 배 더 높은 것으로 나타났다. 이런 차이를 일으키는 이유는 (의료 분야의 많은 인종 차이와 마찬가지로) 아직 연구가 부족하고 제대로 이해되어 있지 않다.[6]

자궁경부무력증은 소피 마틴에게, 실은 어떤 여성에게든 청천벽력과도 같은 말이다. 전혀 예상하지 못한 진단일 뿐만 아니라, 이 용어에 내포된 경멸적 의미가 최악의 상처에 모욕감까지 더하기 때문이다. 즉 출산하는 몸 자체가 본질적으로 결함이 있거나('무력증') 충분하지 않음('부족')을 암시한다. 이따금 사용되는 '약한 자궁경부'라는 대체 용어도 힘이나 의지가 부족하다는 뜻을 내포하고 있어서, 임신을 유지하기 위해서라면 무엇이든 했을 여성들에게 깊은 상처를 준다. 영국에 본부를 두고 태아 손실을 연구하고 예방하는 자선단체인 토미스Tommy's는 웹사이트에서 "여성들은 자궁경부무력증으로 인한 후기 유산이나 조산을 겪을 때 죄책감과 자기혐오에 시달린다고 말했다"라고 밝히고 있다. 하지만 그다음에는 "일부 여성은 '자궁경부무력증'이라는 용어를 좋아하지 않지만 이는 의학 용어일 뿐 당신이나 당신의 몸을 묘사하지 않는다"[7]라는 말로 김을 뺀다. 바로 여기에 문제가 있다. 왜냐하면 '자궁경부무력증'이라는 용어는 실제로 여성의 몸을 묘사할 뿐만 아니라 더 나아가 여성 자체를 묘사하기 때문이다. 그렇지 않은 척하는 것은 거짓 위안일 뿐이며, 이런 병명으로 불리는 여성들이 실제로 겪는 고통을 대수롭지 않게 여기는 것이다.

내가 소피 마틴에게 그 운명적인 버스 안에서 진단을 들었을 때 기분이 어땠는지 묻자, 소피는 처음에는 양가감정을 보였다.

"어떤 면에서는 안심이 됐어요. 이제 문제가 뭔지 알았으니 다행이라고 생각했죠." 조산사 모자를 단단히 눌러쓴 소피는 설명되지 않았던 것이 설명된 데다 그것이 (그녀의 말을 그대로 빌리면) "고칠 수 있는" 문제여서 얼마나 좋았는지 모른다고 설명한다. 하지만 대화가 계속되는 동안 소피는 평정심을 잃고 아이를 잃은 슬픔에 잠긴 어머니의 날것 그대로의 취약함을 드러낸다. 나는 소피에게 '자궁경부무력증'이라는 용어(즉 언어 자체)가 쌍둥이 아들을 잃은 후의 죄책감이나 수치심에 어떤 지속적인 영향을 미쳤는지 물었다.

"엄청난 영향을 미쳤죠." 그녀는 말한다. "내 몸이 모든 단계에서 나를 실망시키는 것처럼 느껴졌으니까요. 난 임신할 수도 없었고 임신을 유지할 수도 없었으며, 태반을 11주 동안이나 보유하고 있었어요. 제대로 할 수 있는 게 아무것도 없는 것 같았어요. 한 가지만 잘못하는 게 아니라 **모든** 걸 잘못하고 있는 것 같아서 정말 속상하고 화가 났죠."

심각한 자신감 상실은 두 번째 시험관 아기 시술로 다시 임신했을 때도 소피를 계속 괴롭혔다. 진통 시작 전에 자궁경부가 열리고 있음을 알려주는 경고 신호가 전혀 없었기 때문에, 소피는 두 번째 임신에서 분만을 기다리는 동안 (무엇보다 예기치 않은 조산이 일어날까 봐) 도끼가 떨어지기를 기다리는 심정이었다.

"임신 기간 내내 진통이 오기만을 기다렸다고나 할까요. 정말 끔찍했어요. 조산사인 내게는 항상 분만이 놀랍고 긍정적인 일이지만, 개인적 경험으로는 누군가가 죽는다는 걸 의미해요. 나는 분만을 하러 갔지만 아기가 죽었어요." 소피에게 몸이 무력하다는 말은, 아니 '부족하다'거나 '약하다'라는 공격성을 약간 뺀 말조차도, 자궁이 자신과 태아를 배신할 수 있다는 두려움을 부추길 뿐이었다.

통증 없는 조기 확장을 경험한 일부 여성에게는 페서리(자궁경부의 닫힘 상태를 유지하기 위해 사용하는, 고리처럼 생긴 장치), 질 프로게스테론 보충제, 또는 둘 모두가 제공된다. 침상 안정(비록 구식이지만 조기 출산을 예방하는 직관적인 방법)은 효과가 입증되지 않았기 때문에 과거에 비해 널리 권장되지 않는다. 소피는 자신의 경우 복식 자궁경부 봉합술TAC이 더 나은 결과를 얻을 수 있는 최선의 방법이라고 생각했다. 더 나은 결과란 아기가 외부에서도 생존 가능한 기간에 살아서 태어나는 것을 말한다. 이 수술은 임신 1기 말 또는 2기 초에 시행되는데, 복부를 절개하고 자궁경부를 강한 밴드로 묶어 경부가 확장되는 것을 막는다. 이런 식으로 자궁경부를 닫으면 나중에 제왕절개로 분만해야 한다. 다른 형태의 봉합술('구조救助 스티치' 또는 '구조 봉합'이라고도 한다)은 질을 통해 자궁경부를 묶는 방법인데, 이 경우에는 나중에 봉합사를 제거해 질식분만을 할 수 있다. 이런 방법들이 조산을 막을 수 있다고 100퍼센트 장담할 수는 없지만, 일반적으로 성공 확률이 80~90퍼센트에 이르는 것으로 알려져 있다.

소피는 두 번째 임신에서 봉합술을 받을 수 있었던 것에 감사했지만, 첫 번째 임신에서도 초기에 자궁경부 길이를 확인하고 조치를 취했더라면 쌍둥이의 죽음을 막을 수 있었으리라는 생각에 화가 났다.

"너무 아까웠어요. 봉합술만 받았어도 이런 일은 일어나지 않았을 텐데 말이에요."

소피가 '자궁경부무력증'이 있는 많은 여성들에게 들은 말을 종합하면, 그런 측정은 거의 이루어지지 않는다. 심지어 정기적인 초음파 검사에서 우연히, 또는 다른 방식으로 자궁경부가 짧다는 사실을 알게 되어도 일부 의사들은 개입하지 않는 접근방식을 취한다. 소피는 이것이 위험할 정도로 무신경한 태도라고 생각한다.

"자궁경부무력증에 대한 의료진의 대처에 정말 화가 나요. 너무 많은 의사들이 그냥 '지켜보자'고만 해요. 자궁경부 길이를 [다시] 측정하거나 '프로게스테론을 좀 써봅시다'라고 말할 뿐이죠. 어떤 사람들에게는 그런 조치가 효과가 있을지도 모르지만, 아기를 집으로 데려오지 못할 위험이 항상 도사리고 있어요. 의사에게 '지켜봅시다'라는 말을 듣고 나서 임신 2기에 두세 번의 태아 손실을 겪는 여성이 얼마나 많은지 몰라요. 정말 아깝다고 생각해요." 소피의 개인적 분노에는 무엇보다 이것이 부당하며 쉽게 막을 수 있었던 비극이라는 생각이 깔려 있다. "다른 의사를 찾아가 검진을 받았는데 그 의사는 'TAC를 받지 않았어요? 딱 한 번 놓친 거잖아요'라고 말했어요. 나는 '아기가 둘 죽은 걸로는 충분하지 않나요?'라고 말하곤 곧바로 돌아섰죠."

케이티 모리스Katie Morris 박사는 자궁경부무력증 진단이 "수많은 불확실성과 걱정"을 부를 수 있다는 점을 인정하지만, 연구가 점점 증가하고 있는데도 불구하고 명확하고 효과적인 관리 방법을 개발하는 건 아직 어려운 과제라고 주장한다. "임신 2기 유산은 여러 가지 인자가 작용하는 복잡한 과정이기 때문에, 각각의 의료적 개입에서 누가 혜택을 받을 수 있는지 알아내는 확실한 테스트를 아직 마련하지 못했어요." 이 '테스트'(위험한 여성을 식별해서 치료하는 방법)를 마련하는 것이 케이티의 목표다. 버밍엄대학교의 산부인과 및 모체태아의학 교수이자 버밍엄 여성 및 어린이 병원의 산부인과 명예 고문의사인 케이티는 현재 C-STICH2 연구를 이끌고 있는데, 이는 구조 봉합술이 유산과 조산을 예방하기 위한 수단으로서 얼마나 효과가 있는지 알아보는 무작위 대조군 실험이다.[8]

케이티는 현재로서는 "재발 위험에 대한 정확한 정보를 얻기 어려울 수 있으며, 여성들을 지원하는 산전 상담 경로도 제한되어 있다"[9]고 말한다. 부디 8년간의 임상시험이 완료되어 분석될 즈음에는 소피와 그녀의 동료들이 위험할 정도로 부적절하다고 생각하는 '지켜보기' 전략을 대신할 보다 확실하고 자비로운 대안이 마련되기를 바란다.

현재로서 소피의 사례와 같은 사건들은 자궁 메커니즘이 유발하는 소규모 태아 손실 사례에서 지금의 관리 방법은 여러모로 잘못되었음을 보여준다. 즉 그런 방법으로는 출산하는 몸의 복잡성을 제대로 다루지 못할 뿐 아니라, 지난번 상실로 인해 가슴앓이하며 그런 일을 또다시 겪을까

봐 두려워하는 부모의 정서적 필요를 돌볼 수 없다. 그렇다면 임신 중 정기검진의 일환으로 자궁경부 길이를 확인할 수는 없을까? 이렇게 하면 위험에 처한 여성들을 찾아내는 동시에 그렇지 않은 여성들을 안심시킬 수 있지 않을까? 의료진은 또 다른 손실을 두려워하는 여성들의 감정에 귀를 기울이고, 그런 위험을 사전에 관리할 수 없을까? 이런 질문들에 대한 대답은 의심할 나위 없이 '할 수 있다'이다.

하지만 무엇보다 답하기 쉬운 질문은 '우리가 비자발적인 생리적 사건을 묘사할 때 되도록 부정적이지 않고 판단하지 않는 언어를 사용할 수 있는가'이다. 언어학자가 아니라도 더 적절하고 상처를 덜 주는 용어를 충분히 생각해낼 수 있다. 이 장에서 나는 때때로 '통증 없는 조기 확장painless preterm dilatation'이라는 용어를 사용했다. 간단히 약자로 PPD라고 부를 수도 있을 것이다(의학계가 약어를 얼마나 좋아하는지는 신만이 아실 거다). 이 용어는 대상을 잘 설명하면서도 중립적이다. 몸을 탓하지도, 가장 고통스러운 상처를 받은 사람에게 책임을 돌리거나 모욕을 주지도 않는다. 이 용어 또는 이와 유사한 용어를 채택하는 것은 지금 당장, 전 세계적으로, 전혀 비용을 들이지 않고도 할 수 있는 일이면서도 임산부의 정신건강에 엄청난 도움을 줄 수 있다.

여성의 자궁이 하필 가장 취약한 순간에 비난과 오해를 받는 현실에 소피가 분개하는 와중에도 변화를 호소하는 소피의 목소리 중간중간 '까르륵', '우구구', '꺅' 하는 귀여운 옹알이 소리가 들린다. 우리가 영상통화를 하는 동안 화면 밖에는 생후 7주 된 남자아이 퍼시가 있다. 퍼시는 소피의 아들이다. 퍼시는 완벽하고, 사랑과 분노, 굳은 결의를 품은 소피가 퍼시의 형제들을 기리며 아들에게 수유하는 모습은 매우 감동적이다. 이번에는 소피의 자궁이 (신중한 개입과 간절한 희망에 힘입어) 자신이 해야 하고 할 수 있었던 모든 일을 해냈다.

* * *

나는 소피와 같은 수많은 여성들의 손을 잡아주고 눈물을 닦아주었다. 평범한 정기검진이었어야 했을 검사를 따라다녔고, 의사들이 닫혀 있어야 할 자궁경부가 열려 있는 예상치 못한 모습에 동요하는 것을 가까이에서 지켜보았으며, 의사가 나쁜 소식을 전할 때 그 옆에서 심장이 쿵쾅거리는 와중에도 애써 중립적인 표정을 지으며 서 있었다.

"자궁경부가 열려 있네요."

"네, 너무 빠르군요."

"아뇨, 우리가 할 수 있는 일은 없습니다."

"아뇨, 정말 죄송하지만 이 단계에서는 아기를 살릴 수 없어요."

이 말들이 가혹하게 들린다면 그건 정말 가혹하기 때문

220

이고, 우리는 가혹하도록 배운다. 나쁜 소식을 전하는 법에 관한 규정, 교육, 그리고 온라인 모듈이 존재하고, 그런 지침들은 모두 의료 제공자에게 동정심을 갖되 모호하지 않게 분명히 말하도록 권고한다. 거짓 희망을 주거나 애매하게 말해서는 안 된다. 사실을 정확히 전달하는 것이 중요하다.

하지만 말로 하지는 않지만 그 못지않게 중요한 또 하나의 메시지가 있다. 임신 21주, 24주, 28주, 아니 어느 시기든 아기를 잃었다고 해서 자궁이나 몸 또는 사람이 무력하고 부족하고 약하다는 뜻은 아니라는 것이다. 그런 사건은 단지 그 사람이 인간임을 뜻할 뿐이며, 인간으로 산다는 건, 진행 경로가 예측불가능하다고 제멋대로이기로 악명 높은 일종의 불치병을 앓는 것이기도 하다.

따라서 뱃속의 생명이 준비되기 전에 항복한 자궁을, 생명 없이 태어난 아기를, 그리고 그 공허를 메우기 위해 서둘러 내뱉는 상처 주는 말들을 잠시 애도하는 시간을 갖자.

잠시만. 그리고 다음 장으로 넘어가자.

제왕절개

: 자궁과 칼

검푸른 자궁이
시야에 들어왔다.

로버트 다이스, 《제왕절개 사례》

1888년 4월 10일 아침, 캐서린 코훈은 노스포틀랜드 거리에 서서 앞으로 겪을 일을 생각했다. 후대의 글래스고 여성들은 이 가파른 경사를 '유도 언덕Induction Brae'이라고 부르게 될 것이다. 이 지역의 속설에 따르면, 아직 진통이 시작되기 전 언덕 밑에 있던 임산부가 언덕 꼭대기에 있는 글래스고 산부인과 병원으로 걸어 올라갈 무렵에는 진통이 시작된다고 한다. 하지만 스물일곱 살의 캐서린은 이미 진통의 초기 단계에 들어섰고, 비에 젖어 미끄러운 자갈길을 따라 걸음을 옮길 때마다 배가 죄어들었다. 캐서린은 차라리 진통이 잠잠해지거나 완전히 멈추기를 바랐을 것이다. 120센티미터 남짓 되는 키에, 그 도시의 빈민가 주민이 많이 앓는 구루병 때문에 골반이 심각하게 좁았던 캐서린은 뱃속에서 지금도 꼼지락대며 구르는 아기를 출산하다가 자신이 죽을 수도 있다는 걸 이미 알고 있었다. 대부분의 글래스고 여성이 하는 가정 출산은 캐서린의 선택지에 없었다. 가족의 낯익은 얼굴과 익숙한 냄새에서 위안을 얻고, 분만을 돕는 지역 '하우디howdie'(산파) 곁에서 자매와 이웃의 응원을 받으며 출산하는 건 그녀에게 불가능한 일이었다. 마침내 유도 언덕 정상에 올랐을 때, 캐서린은 기둥으로 받쳐진 지붕이 있는 병원 현관에 멈추어 자신의 발밑에 지저분한 숄처럼 펼쳐져 있는 도시를 마지막으로 한 번 보았다. 자신은 글래스고의 딸이지만, 아기는 다른 아이들과는 다른 방식으로 태어날 터였다. 캐서린은 따뜻한 난로 옆에서 가족들에게 둘러싸여 몸을 웅크리는 대신, 낯선 목소리와 호기심 어린 손길에 자신을 맡길 마음의 준비를 했다.

건물 안에 들어선 캐서린은 더 이상 아침 이슬비를 막기 위해 모직 외투를 단단히 여민 '작은 여인'이 아니었다. 그녀는 발가벗겨져 정밀검사를 받았다. 비록 작고 뒤틀린 몸이었지만 캐서린의 몸은 그녀를 담당한 남성에게 혁신과 명성을 가져다줄 터였다. 그 병원의 수석 산부인과 의사인 머독 캐머런Murdock Cameron 교수는 캐서린을 진찰한 후 노트에 "작은 여성. 다소 연약함. 상당히 진행된 구루병으로 인해 변형된 환자의 모든 증상을 보임"[1]이라고 기록했다. 내진을 해본 후 캐머런은 캐서린의 골반 내부 직경이 기껏해야 4센티미터 정도라서 질식분만을 시도하면 산모와 아이 둘 다 죽을 수 있다고 판단했다. 그는 동료인 슬론, 리드, 올리펀트, 블랙 박사를 소집했고, 이들도 차례로 번갈아가며 똑같은 내진을 실시했다. 낯선 손이 지극히 사적인 공간으로 반복해서 들어갔으며, 결론은 매번 같았다. 캐서린이 그런 수모에 어떻게 반응했는지는 기록되어 있지 않지만, 분만하는 동안 낯선 의사의 탐색하는 손길을 느껴본 사람이라면 누구나 이 다섯 번의 검사가 얼마나 끔찍했을지 상상할 수 있을 것이다. 캐서린의 진통이 몇 시간째 계속되는 동안, 의사들은 일치된 결론에 이르렀다. 쓸 수 있는 방법은 제왕절개뿐이었다.

캐머런이 나중에 작성한 기록에 따르면, 캐서린은 오후 4시 30분 "권장하는 모든 수술"에 동의한 후 병원 수술실의 수술대 위로 옮겨졌고, 코와 입에는 고무 마스크가 씌워졌다. 캐서린은 클로로포름을 마시고 의식을 잃기 전 마지막 순간, 깜박이는 가스등 불빛 속에서 자신을 내려다보고 있는 캐머런의 모습과 그의 금속 안경테 너머의 집중된 시선을 보았을 것이다. 그리고 이 외과의사 뒤로, 자신의 몸을 차례로 조사한 뒤 확실히 결함이 있다고 선언한 나머지 의사들의 흐릿한 형체도 보았을 것이다. 또한 그 의사들 등 뒤로 방금 나타난 학생들도 보았을 것이다. 이 선구적인 수술을 참관하기 위해 급히 도착한 학생들은 줄줄이 놓인 나무 벤치에 빽빽하게 앉아 있었다.

사실 제왕절개는 전에도 여러 번 시행된 적이 있었다. 이런 종류의 출산을 묘사한 기록이 고대 그리스, 이집트, 힌두, 중국 문헌에서 발견된다. 많은 사람들은 이 시술의 이름이 율리우스 카이사르가 배로 태어났다는 사실에서 유래했다고 알고 있지만, 실제로는 이 황제의 칙령과 관련이 있을 가능성이 높다. 그 칙령에는 출산 중 산모의 죽음이 불가피할 경우 아기를 그런 방식으로 꺼내야 한다고 되어 있었다. 이 수술은 감염과 출혈의 위험이 컸기 때문에 수 세기 동안 마지막 수단으로만 사용되었다. 세계 어느 문화에서든 정확히 이런 최후 시나리오에 대처하기 위해 어떤 형태로든 제왕절개가 생겨났고, 수술 기술이 발전함에 따라 이따금 산모와 태아가 살았다는 보고도 있다. 19세기에 르완다와 우간다의 원주민이 식물 진통제, 세심한 위생 관리, 현지 재료를 사용한 봉합을 준비해 제왕절개를 시행했다는 기록이 있으며, 1820년에 케이프타운에서는 영국 군의관 제임스 배리가 제왕절개술로 산모와 아이를 둘 다 살리기도 했다[2](참고로, 배리는 사후에 생리학적으로 여성으로 밝혀졌다. 그의 성전환이 여성의 고통에 특별한 관심과 공감을 갖게 했는지는 추측만 할 수 있을 뿐이다). 하지만 대체로 수년간의 비극적인 결과를 목격한 외과의사들은 제왕절개 수술에 선뜻 나서지 않았다. 일례로 1862년 애버딘대학교의 조산학 교수 로버트 다이스의 기록을 보면, 제왕절개로 사산아 분만을 시도한 일이 나온다. 그는 환자(캐서린 코훈처럼 체구가 작은 여성이었다)의 사망에 대해 생각하며 "실패로 끝난 수술 분만의 우울한 목록에 또 하나의 사례가 추가되었다"[3]라고 한탄했다. 캐서린 코훈이 유도 언덕의 꼭대기에 도착할 때까지 전망은 계속 암울했다. 하지만 캐서린의 자궁이 좁고 뒤틀린 골반에서 죄어질 때마다 변화가 점점 가까워오고 있었다.

근처 글래스고 왕립산부인과에서 소독 기술의 선구자 조지프 리스터에게 수련받은 머독 캐머런은 이제는 제왕절개 분만에서 감염의 위험을 최소로 줄일 수 있게 되었다고 굳게 믿었다. 그동안 영국 병원에서는 매년 여성부터 전쟁 부상자까지 수천 명의 환자가 감염으로 죽었다. 따라서 산모와 아기의 목숨을 살리기 위해서는 수술 상처가 곪으며 증식하는 세균을 죽이는 것이 무엇보다 중요했다. 리스터가 일반 의학에서 거둔 성공은 산부인과도 세균과의 싸움에서 승리할 수 있음을 암시했다. 캐머런은 첫 축포를 쏠 준비가 되어 있었다.

행운과 과학에 힘입어 캐서린의 제왕절개는 계획대로 순조롭게 진행되었다. 캐머런은 리스터가 검증한 석탄산 용액에 흠뻑 젖은 수술 도구와 '3번 중국식 트위스트 실크 봉합사'로 복부를 열고 닫았다. 실제로 캐머런은 멸균에 너무나 공을 들인 나머지 수술실에서 에테르 병에 불이 붙었을 때도 불이 환경을 멸균하는 데 도움이 된다고 주장하면서 흔들림 없이 수술을 계속했다. 〈영국의학저널British Medical Journal〉에 실린 캐머런의 보고에 따르면, 환자는 마취를 '별 탈 없이 잘' 견뎠고, 에르고트 추출물을 주사한 덕분에 출혈도 미미한 수준이었다. 그리고 시저 캐머런 코훈이라는 적절한 이름을 얻은 3킬로그램의 남자아이가 무사히 태어났다. 회복실에서 간호사들은 캐서린의 몸 주변에 뜨거운 프라이팬을 놓아 몸을 따뜻하게 해주고 매시간 얼음 우유와 탄산음료를 티스푼으로 먹이는 등 캐서린을 세심하게 보살폈다. 출산 나흘째가 되자 캐서린은 '닭고기 수프, 생선, 달걀, 소고기국'을 더 많이 먹을 수 있었으며, 5월 16일에 퇴원할 때까지 캐서린의 체온, 맥박, 배변 활동, 출혈은 꼼꼼하게 기록되었다. 퇴원할 무렵 어린 시저는 체중이 1킬로그램 늘어 있었다. 퇴원 때 찍힌 사진 속의 캐서린은 오늘날 제왕절개 수술 후 회복기를 보내는, 풍만한 가슴과 생긴 지 얼마 안 된 상처를 지닌, 여느 산모와 다름없는 젊은 여성의 모습이다. 눈은 비록 움푹 들어가 있지만 건강해 보이고, 윤기가 흐르는 검은 머리카락을 단정하게 땋아 늘어뜨리고 있다.

캐서린 코훈은 비록 키는 작았을지 모르지만 캐머런의 수술 실험(무균 제왕절개 수술을 받은 환자 A)에 참여함으로써 현대 산과학에 기념비적인 공헌을 했다. 머독 캐머런은 그 뒤로 제왕절개 수술을 적어도 10여 차례는 더 했는데, 환자 중 둘은 캐서린과 비슷한 몸을 가진 '구루병에 걸린 왜소한 여성'이었고, 나머지는 다른 방법으로 분만할 경우 치명적일 수 있는 여성들이었다. 성공을 거둔 캐머런은 1901년에 다음과 같이 자신 있게 선언할 수 있었다. "산모와 아이의 목숨을 모두 구할 수 있는 시대가 왔다고 생각한다."[4] 출산의 한 당사자 또는 두 당사자의 목숨이 위급한 경우에만 마지막 수단으로 제왕절개를 사용했던 역사와 극명히 대조되는 순간이었다. 불결한 빈민가에서 궁핍한 주민들이 비참하게 산다고 조롱받던 그 도시에서 글래스고 산부인과 병원은 깨끗하고 안전한 수술 분만의 선구적 중심지로 이름을 떨쳤고, 그 유산은 오늘날까지 이어지고 있다.

제왕절개는 이제 너무 흔해져서 영국과 미국에서는 대

략 여성 셋 중 한 명이 제왕절개로 분만한다. 다른 몇몇 국가에서는 이 비율이 훨씬 더 높다. 예를 들어 이집트와 브라질에서는 전체 출산의 50퍼센트를 웃돈다.[5] 제왕절개(정식 의학 명칭은 '자궁 하부 제왕절개')는 전 세계적으로 가장 흔한 수술 중 하나다. 어쩌면 가장 많이 하는 수술일지도 모르지만, 많은 국가가 전국적인 수술 데이터에서 산부인과 수술을 제외하기 때문에 단정지어 말하기는 어렵다. 통계적 불일치(통계 및 추정 기법의 결과로 발생하는 동일한 두 집계 간의 차이 - 옮긴이)가 존재하지만, 그럼에도 한 가지 사실만큼은 분명하다. 만일 당신이 선진국에서 살고 있고 자궁을 가지고 있으며 그 자궁을 임신에 사용한다면, 가임기가 끝날 무렵에는 제왕절개 수술을 받을 확률이 꽤 높다는 것이다.

21세기에는 산부인과 주도적인 출산 환경만큼이나 제왕절개가 흔하지만, 수술 자체는 어린 시저 코훈을 어머니의 자궁에서 꺼낸 이후로 크게 변하지 않았다. 캐머런 시대의 가스등과 풀 먹인 리넨이 무균 수술실의 눈부신 조명과 일회용 수술포로 대체되었을 뿐, 출산의 극장에서 펼쳐지는 드라마는 그때나 지금이나 대동소이하다.

허리 아래쪽 부분만 잠재우든(척추 마취 또는 경막외 마취) 완전히 잠재우든(전신 마취) 마취가 끝나면, 수술대 위에 조심스레 환자의 위치를 잡는다. 수술실에는 조용한 긴박감이 감돌고, 수술에 참여하는 사람들이 각자 역할에 따라 자리를 잡는다. 집도를 맡은 산부인과 의사, 수술을 돕고 배우는 수련의, 마취과 의사, 다양한 수술실 조수와 보조, '스크럽'을 하거나 수술 도구의 준비 및 전달을 전담하는 간호사 또는 조산사, 출산 후 아기를 보살필 조산사, 그리고 소아과 의료진도 참여할 수 있다. 이렇게 많은 눈이 지켜보는 가운데, 그리고 수술 과정을 분 단위로 기록하고 시간을 재기 위해 가져다놓은 시계가 똑딱거리는 가운데, 수술 준비가 완료된다.

이제 피부를 소독 용액으로 세척하고 복부 피부를 절개한다. 과거에는 배꼽부터 치골까지 이어지는 '고전적인' 수직 절개를 했지만, 요즘은 하복부 한쪽 끝에서 다른 쪽 끝까지 미소 짓는 모양으로 가느다란 수평 절개를 한다. 이때 '서기'(수술하는 동안 각 행위를 기록하는 사람이 반드시 있어야 하며, 대개는 조산사가 맡는다)는 수술 시작을 알리는 한 줄을 적을 것이다. 바로, 간결함으로 강렬한 효과를 주는 '칼을 피부에 댄다knife to skin'라는 문구다.

그런 다음 절개 부위를 '무딘 확대'로 넓힌다. 이건 실제로는 상당히 원시적이고 야만적인 행위를 묘사하는 완곡한 표현으로, 외과의사와 조수가 장갑 낀 손으로 절개 부위의 가장자리를 중심에서 바깥쪽으로 당겨 밑에 있는 근육층을 노출시키는 것을 말한다. '당긴다'도 어쩌면 완곡한 표현일 것이다. 지금까지 골반 안에 가지런하고 완벽하게 조립되어 있던 조직들을 떼어놓기 위해서는 흔들림 없이 지속적으로 당겨야 하기 때문이다. 환자들은 수술 전에 마치 별일

232

아니라는 듯 "누군가가 핸드백을 뒤적이거나 뱃속에서 빨래를 하는 것 같은 느낌이 들 뿐"이라는 말을 듣곤 한다. 하지만 쇼핑과 집안일이라는 정형화된 여성적 은유는 제왕절개 수술의 이 시점에 사용되는 힘을 과소평가하는 립서비스일 뿐이다.

수술을 하는 동안 템포가 몇 번 바뀐다. 메스로 조심스럽게 자르며 복벽을 관통하는 몇몇 순간에는 조용하고 섬세한 수작업이 이루어지고, 그런 다음에 삽처럼 생긴 커다란 견인기로 방광을 자궁에서 멀리 떨어뜨려놓을 때는 다시 한번 야만적인 힘이 동원된다. 그러면 부풀어 오른 진주처럼 분홍빛으로 반짝거리는 자궁이 모습을 드러낸다.

메스로 몇 번 더 능숙하게 절개하면 자궁과 양막이 열리고, 거기에 러시아 인형의 가장 안쪽에 있는 부분처럼 태아가 아직은 조용하고 어슴푸레한 모습으로 누워 있다.

의사가 아기를 들어 올려 산모와 배우자에게 보여주는 순간 시간이 잠시 멎는다. 산모의 눈에 홍조를 띤 팔다리가 어렴풋이 보이고, 아마 머뭇거리듯 꼴깍꼴깍 삼키는 울음소리도 들릴 것이다. 그러고 나면 다시 흐트러짐 없는 수술 리듬이 재개된다.

클램프로 고정시켜 탯줄을 자르고, 아기는 필요한 도움과 초기 검사를 받을 수 있도록 보조 의사에게 건네진다. 그동안 집도의는 입을 벌린 채 잠자코 있는 자궁으로 돌아간다. 그는 약물(우리의 오랜 친구인 합성 옥시토신)과 견인기(흔들림 없이 지속적으로 당기기)를 사용해 태반을 끄집어내고, 남은 혈액이 있으면 원천을 찾아 소작燒灼하거나 흡입해 제거한다. 그다음에는 벌써 몇 분의 1 크기로 수축된 자궁을 여러 겹의 봉합사로 한 겹씩 닫는다. 그리고 내가 아무것도 모르던 학생 조산사일 때 놀라 까무러칠 뻔한 일이지만, 이때 복구를 위해 자궁을 '밖으로 꺼내기'도 한다. 다시 말해 일부 외과의사들은 실제로 복강에서 자궁을 꺼내 (잘 보이도록) 배 위에 올려놓고, 자궁이 크고 분홍빛을 띠는 패스트리 모양으로 깔끔하게 주름져 닫힐 때까지 작업한 후 다시 골반의 제자리에 넣는다.

몸 밖으로 노출된 자궁은 초보 관찰자의 눈에는 놀랍도록 취약해 보인다. 눈부신 수술실 조명 아래 맨몸으로 피 흘리고 있는 자궁은 내 눈에는 말도 못하게 생뚱맞아 보인다. 아무리 일에 감정을 싣지 않으려 노력해도, 그 모습은 내 뱃속에 있는 흉터 난 자궁이 셋 중 하나에 속한다는 사실과, 내 피부에도 첫 딸을 낳을 때 은백색 흉터가 생겼었다는 사실을 상기시킨다. 다행히도 이때쯤 조산사인 나의 주목을 끄는 다른 작업이 이루어진다. 아기를 살펴보고 몸무게를 재고 천으로 감싸 부모에게 돌려보내는 동안, 의사는 방금 전 빠르게 열었던 복부의 층들을 겹겹이 닫는 다소 복잡한 작업을 계속 진행한다. 출산 자체는 대개 수술실에 도착한 후 몇 분 내로 끝나고, 산모들이 자주 듣는 말처럼 수술 과정에서 '가장 까다로운 부분은 봉합'이다.

매일 수천 명의 여성이 자신의 내부가 깔끔하게 복원되고 수리되는 동안 천장을 멀뚱히 쳐다보며 누워 있다. 이런 무방비 자세에서 아기를 만나고, 가슴이 벅차오르는 동안 허리 아래쪽으로는 아무 감각을 느끼지 못한다. 이런 현대 산모 중 캐서린 코훈과 똑같은 이유로 수술실에 들어오는 사람은 극소수다. 오늘날 출산하는 사람 대부분은 조상보다 키가 크고, 진정한 아두골반 불균형을 보이는 사례는 드물며, 구루병은 더욱 드물다. 하지만 유도 분만을 산업화된 규모로 시행할 수 있게 된 뒤로 유도 분만의 이유가 다양해진 것처럼, 캐머런과 코훈의 시대 이후로 제왕절개 출산 가능성을 암시하는 징후 또한 많아지고 다양해졌다. 요즘에는 어떤 이유로든 분만에 문제나 지연이 생기면 응급 제왕절개(산모나 아기에게 긴급한 위험이 닥칠 때 시행되는 것)가 시행되며, 선택적(계획적) 제왕절개는 필요한 경우(분만 과정에서 과다 출혈이 발생할 수 있는 전치 태반)부터 주관적인 판단(산모가 지난번 분만의 트라우마 때문에 선호할 경우)까지 다양한 이유로 권고된다. 또한 제왕절개의 가장 흔한 이유 중 하나가 제왕절개라는 사실도 속속 밝혀지고 있다. 수술로 출산한 여성은 통계적으로 다음 출산에서도 비슷한 결과에 이를 확률이 높다. 즉 절개가 절개를 낳는다. 따라서 전 세계적으로 제왕절개 분만율이 높아짐에 따라 외부의 원인 없이도 증가율이 유지된다. 그 결과 세계보건기구가 제왕절개 분만율을 안전을 위협하지 않는 선에서 낮게 유지해야 한다고 권고하고 있음에도 불구하고 '배꼽 출산'을 하는 여성의 비율은 급증하고 있다. 세계보건기구는 2015년에 다음과 같이 권고했다. "제왕절개는 산모와 아기의 생명을 살릴 수 있지만, 의학적으로 분명한 이유가 있을 때만 시행해야 한다. 집단 수준에서 제왕절개 분만율이 10퍼센트를 초과하는 것은 산모와 신생아의 사망률 감소와 관련이 없다."[6]

현실과 권고가 레코드판 위에서 치직거리는 바늘 소리 같은 불협화음을 내고 있다. 방금 건강에 관한 한 세계 최고의 권위를 가진 기구가 제왕절개 분만은 출산 열 건 중 한 건이 넘을 경우 산모나 아이에게 이득이 있다는 증거가 전혀 없다고 말했다. **어떤** 이득도 없다고 했다. 하지만 현재 선진국부터 개발도상국까지, 즉 영국과 미국, 독일과 중국에서부터 베네수엘라, 베트남, 태국, 튀니지에 이르기까지 전 세계 많은 국가에서 제왕절개가 모든 출산의 대략 30퍼센트(열 명 중 세 명)를 차지한다는 사실에 비추어 보면 세계보건기구의 권고는 도발적으로 들린다. 일부 인구 집단에서는 이 비율이 훨씬 높다. 예를 들어 잉글랜드에서 2020년부터 2021년까지 출산한 40세 이상 여성 중 49퍼센트가 제왕절개로 분만했다.[7] 이처럼 현실은 권고와 극명한 대조를 이룬다. 만일 당신이 전반적으로 건강한 이 인구 집단에 속한다면 질식분만을 할 확률이 대략 50퍼센트라는 뜻이다.

그렇게 많은 여성의 몸에 실제로 결함이 있을까? 아니면 수술 분만이 가장 안전한 선택지가 되었을 정도로 임신이 심각하게 위험해졌을까? 권고와 현실 사이에 큰 간극이 있는 이유가 무엇일까? 이 모든 수술, 수술실에서 보내는 시간과 돈, 나 같은 흉터를 지닌 여성들, 헤집어진 핸드백처럼 열리고 닫히는 수많은 자궁은 뭘 위한 것일까? 우리는 이런 수백만 건의 수술에는 틀림없이 타당한 이유가 있을 거라고 예상한다. 아니면 세계보건기구가 틀렸거나.

예상대로 언론은 언뜻 불필요해 보이는 제왕절개가 급증하는 현상에 대해 낡아빠진 이유를 제시한다. 즉 세계보건기구가 아니라 여성들이 틀렸다는 것이다. 여성들은 틀렸고, 생각이 좁고, (신문 헤드라인에 따르면) 일시적 기분으로 불필요한 수술을 요구하고 있다. 21세기가 되었을 때 선택적 제왕절개를 원하는 사람이 증가하는 세태를 비꼬기 위해 "너무 우아해서 자연분만은 못 한다"라는 표현이 영국 언론에 등장했다. 여성들은 다양한 비난을 받았다. 분만을 지나치게 두려워한다, 조급한 마음으로 민간 산부인과에 가서 돈으로 해결하려 든다, 유명인사를 따라 하는 데 급급하다, 질의 온전함이나 아기 두상에 지나치게 신경 쓴다 등등.[8] 하지만 후속 연구에서 여성들이 수술 분만을 요구하는 데는 언론에서 말하는 것보다 훨씬 더 복잡하고 합당한 이유가 있다는 사실이 밝혀졌고,[9] 그 뒤로 미국과 영국의 국가 지침이 바뀌었다. 권고에 따르면, 의료진은 관련된 모든 위험과 이점을 충분히 솔직하게 설명한 후에도 당사자가 제왕절개를 원할 경우 그 요구를 존중해야 한다.[10,11] 최근 영국의 병원들은 제왕절개 분만율을 '산부인과 서비스의 기준'으로 사용하는 것을 전면 중단하라는 권고를 받고 있다.[12] 이 지침을 두고 어떤 사람들은 의료적 개입이 위험할 정도로 표준이 되고 있는 증거라고 생각할 것이고, 또 어떤 사람들은 수술 분만과 관련해 다각도의 생산적인 토론이 늘고 있다는 의미로 받아들일 것이다.

현재 영국과 미국에서는 이 문제가 해결되었거나 적어도 전문가에게 승인을 받은 것으로 보이기 때문에, 언론의 조명은 임산부의 요구에 의한 제왕절개의 세계적 진원지인 브라질로 향하고 있다. 브라질의 제왕절개 분만율은 1996년부터 2011년 사이에 40퍼센트에서 55퍼센트로 증가했다. 일부 자료에 따르면 브라질의 상당수 민간 병원에서는 이 수치가 84퍼센트에 육박할 것으로 추정된다.[13] 브라질의 출산 문화에 대한 기사가 국제 매체에 쏟아져 나오기 시작했지만, 언론은 브라질 빈민가의 많은 여성들이 안전한 의료 서비스를 받지 못하고 있다는 사실에 초점을 맞추기보다는, 제왕절개 분만을 고급 사회적 이벤트처럼 치르는 민간 병원의 부유한 여성들에게 초점을 맞추었다. 한 기사에 따르면, 상파울루의 상루이스 병원은 수술 전 이벤트를 위한 연회실을 마련해서 크리스털 화병에 장미를 꽂고 은쟁반에 초콜릿을 담아놓기 시작했다. 예비 산모가 비용을 지불하면 수술 전에 헤어와 메이크업 서비스를 받을 수 있으며, 친구와 가족은 발코니와 미니바를 갖춘 인접한 방에서 수술 과정을 지켜볼 수 있다.[14]

이 기사는 독자들에게 허영심 가득한 사교계 명사와 그 가족들을 시샘하라고 부추긴다. '너무 우아해서 자연분만은 할 수 없다'는 표현을 노골적으로 입에 올리지는 않지만 기사의 행간에서 그런 뉘앙스가 읽힌다. 하지만 이와 대조적으로, 브라질 여성 1000여 명을 대상으로 출산 방식 선호도를 면접 조사한 연구는 수술 분만이 증가하는 배경에는 돈 많은 임산부의 일시적인 기분이 아니라 불필요한 의료 개입에 대한 매우 현실적이고 정당한 두려움이 있음을 암시한다.[15] 상파울루대학교의 모자보건학 부교수인 시모네 디니스Simone Diniz는 〈애틀랜틱〉과의 인터뷰에서 마초적이고 여성혐오적인 의료 시스템에 대해 설명하면서 유도분만, 회음 절개, 전자 태아 모니터링이 남용되고 있으며, 종종 무신경한 의료진의 언어폭력까지 더해진다고 말한다. "출산 경험은 원래 굴욕적인 것이라는 사고방식이 존재합니다. … 분만 중인 여성에게 일부 의사들은 '좋아서 애를 가져놓고 이제 와서 운다'고 말해요."[16]

이런 태도는 상상할 수 없을 정도로 잔인해 보일지 모르지만, 불행히도 수많은 조사는 이런 종류의 언어폭력이 특별한 일도, 브라질에서만 일어나는 일도 아님을 암시한다.

2019년 '산모에게 목소리를Giving Voice to Mothers'이 실시한 조사에서, 미국 여성 2138명 중 병원에서 출산한 사람의 28.1퍼센트가 "자율성 박탈, 고함, 비난, 위협, 무시, 거부, 도움 요청에 대한 무응답 등" 한 종류 이상의 학대를 받았다고 응답했다.[17] 유색인 여성, 흑인 배우자를 둔 여성, "사회적, 경제적 또는 건강상 어려움이 있는 여성"에 대한 학대 발생률은 일관되게 더 높았다. 이는 세계에서 가장 부유하고 '진보적인' 국가가 소외되고 취약한 사람들을 어떻게 대하는지를 증명하는 우울한 사례다. 임상 의사들과 학자들은 이런 종류의 시스템에 의한 피해가 '산과 폭력'이라는 더 광범위한 현상의 일부라는 것을 확인했다. 산과 폭력은 2010년에 베네수엘라 연구자들이 처음 만든 용어로, 의료 제공자들이 임신과 출산 과정에서 여성을 비인간화하고, 학대하고, 병리적 대상으로 취급하는 방식을 일컫는 말이다.[18] 이런 사고방식의 이면에는 가부장제, 인종차별, 계급주의, 임산부의 필요보다 시스템의 필요를 우선시하는 제도화된 치료 표준 등 여러 복잡한 요인이 작용하고 있지만 현상 자체는 널리 퍼져 있어서, 다양한 형태의 산과 폭력이 전 세계 모든 곳에 존재하는 것으로 밝혀졌다.[19,20] 이런 맥락에서 보면, 일부 여성들이(실제로 브라질 여성의 매우 높은 비율이) 선택적 제왕절개를 트라우마를 유발하는 고도로 의료화된 분만의 고통을 피하기 위한 수단으로 여긴다는 사실이 전혀 놀랍지 않다. 이런 선택은 제왕절개의 초기 개척자들이 예상하거나 의도했던 바가 아닐 것이다. 그럼에도 불구하고 합당한 이유가 있는 선택이며, 일부 언론에서 말하는 것처럼 경솔하거나 부적절한 선택이 아니다. 수술실 옆에 딸린 관람실과 미용 서비스는, 우리가 분만 병동의 위험보다는 차라리 복부 대수술이 나아 보이는 세상에 살고 있다는 추악한 진실을 가리기 위한 눈속임일 뿐이다.

* * *

제왕절개 분만율이 세계보건기구가 권고한 10퍼센트를 넘어 계속 증가함에 따라, 전 세계 여성과 의료 서비스 제공자들은 이 수술을 산모에게 더 안전하고, 가능하면 즐겁고, 여성 주도적인 경험으로 만들기 위한 새로운 방법을 모색하고 있다. 스완지(영국 웨일스 웨스트글러모건주의 주도 – 옮긴이)의 산부인과 고문의사인 이합 아바시Ihab Abbasi 박사는 논란을 초래할 수 있는 새로운 제왕절개 방식을 시도하기로 결정했는데, 출발은 여자친구를 감동시키고 싶다는 단순한 소망이었다.

이합은 자신의 병원 사무실에서 내게 그 사연을 말해주었다. "지금 아내가 된 사람을 만났을 때였죠. 아내는 현재 상담사지만 그전에는 정식 수련을 받은 조산사였어요. 출산 트라우마를 다루고 있고, 본인도 제왕절개를 한 경험이 있어요. 당시 우리는 '온화한 제왕절개gentle Caesarean'라는 것에 대해 이야기하고 있었는데, 그녀가 불쑥 '왜 시도해보지 않았어요?'라고 물었죠. 그 순간 난 말도 안 된다고 생각하면서도 한번 해보기로 결심했어요. 2018년 1월이었고, 난 이미 10년 동안 제왕절개를 해왔기 때문에 그날 수술실로 들어가면서 '이건 내가 한 가장 어이없는 일이 되겠네' 하고 생각했어요. 하지만 수술실을 나올 때는 내가 한 가장 멋진 일이라고 생각하게 됐죠. 10년 동안 내가 무엇을 놓쳤을까요? 그날 산모도 울고, 아기 아빠도 울고, 의료진도 울었어요. 나는 이것이 앞으로 나아갈 방향이라는 것을 알았죠. 그리고 그날 이후로 다른 종류의 제왕절개는 하지 않았어요."

마치 이합이 그날 수술실에 마법을 건 것처럼 들릴지도 모르지만, 그가 시도한 변화는 사실 매우 간단한 것이었다.

"새로운 수술 기법도, 거창한 무언가도 아니에요." 그는 설명한다. "단지 사고방식을 바꾼 것뿐이에요. 주인공이 외과의사가 아니라 산모가 되도록 초점을 수술이 아니라 질식분만에서와 같이 출산 경험에 맞추는 겁니다."

의료 현장에서 온화한 제왕절개('자연적 제왕절개' 또는 '여성 중심적 제왕절개' 등으로 다양하게 불린다)는 산부인과 의사 니컬러스 피스크Nicholas Fisk 박사, 마취 전문의 펠리시티 플라트Felicity Plaat 박사, 조산사 제니 스미스Jenny Smith가 런던의 퀸샬럿병원에서 처음 개발한 일련의 간단한 변화를 말한다. 그들은 2008년에 제출한 이 새로운 접근방식에 대한 보고서에서, 산모의 열린 복부에서 아기가 천천히 부드럽게 나오게 하는 방법을 설명한다. 아기 몸은 질식분만에서와 같이 서서히 빠져나온다. 이때 수술포가 시야를 방해하지 않게 해서 부모가 출산 과정을 지켜볼 수 있게 한다. 그리고 어두운 조명과 부드러운 음악으로 편안한 분위기를 조성하고, 심전도 리드, 혈압 측정기, 정맥관을 최대한 방해되지 않게 배치해 출산 후 피부 대 피부 접촉을 장려한다.[21]

이합은 현재 자신의 수술 목록에 있는 모든 여성에게 온화한 제왕절개를 기본 선택지로 제공하는데, 이 수술 방법은 무엇보다 독단적이지 않다는 점을 강조한다. 오히려 유연함이 매력이다.

"산모의 선택에 따라 방법을 바꿉니다. 어제는 음악을 원하지 않는 여성이 있었죠. 그러면 거기 맞추면 됩니다. 어떤 사람은 피부 대 피부 접촉을 원하지 않았어요. 그건 그들의 출산입니다. 정해진 레시피는 없습니다. 출산의 모든 단계를 산모의 선호에 맞춰 더 친절하게 설계하고 조정할 수 있어요." 이합은 선택지를 제공하는 것에 대한 반응이 아주 좋다고 말한다. "내가 받는 피드백에서 '힐링'이라는 단어가 자주 등장합니다. 여성들은 출산에 참여하는 느낌이 든다고 말해요. 과거에는 천장을 바라보고 누워 이런저런 소음을 듣다 보면 곧 아기 울음소리가 들리고, 몇 분 후 조산사가 아기 몸을 닦고 감싸는 모습을 보는 게 다였죠."

조산사이자 세 아이의 엄마인 니키 시브렛은 이전 출산

의 트라우마 때문에 온화한 제왕절개를 선택한 여성 중 한 명이다. 첫 출산에서는 겸자분만을 하다가 심각한 열상을 입어 힘든 회복기를 보냈고, 두 번째는 오랜 진통 끝에 제왕절개로 아이를 낳았는데, 의견 조율을 하는 과정에서 의사의 '조롱과 조소'를 견뎌야 했다. 노팅엄의 자택에서 나와 통화를 하는 니키는, 아이들이 간식과 장난감을 찾아 이 방에서 저 방으로 들락거리는 가운데 세 번째이자 마지막 출산을 위해 온화한 제왕절개를 선택하기까지의 과정을 들려주었다.

"출산에 대한 이런저런 글을 읽으면서 수술실 환경이 얼마나 임상적인지, 정상적인 출산 경험과 얼마나 동떨어져 있는지, 통제할 수 있는 부분이 얼마나 적은지 깨달았어요. 산모는 완전히 단절되어 있어요. 몸에 감각이 전혀 느껴지지 않는 데다 앞에는 차단막이 놓여 있는 터라, 뭔가 느낌이 들어도 실제로 무슨 일이 일어나고 있는지는 추측만 할 수 있을 뿐이죠. 물론 의료진은 안전 지침과 규정된 절차에 따라 일할 것이고 책임을 다하겠죠. 하지만 출산은 마법과도 같은 영적이고 정서적인 여정이어야 해요."

니키는 임상 조건과 출산 환경을 여성 중심적으로 조정하고 싶다는 뜻에 공감하는 의사를 찾았고, 바라던 대로 '마법과도 같은 영적인' 제왕절개 수술을 받았다. 피스크, 플라트, 스미스가 제안한 대로 니키의 의료진은 수술실에 고요하고 친밀한 분위기를 조성했고, 니키와 남편은 아기가 뱃속에서 천천히 부드럽게 나오는 모습을 경외의 눈으로 지켜보았다. 의사는 자궁 절개 부위에서 아기 머리를 들어올린 후, 몸이 자발적으로 만들어내는 작은 수축(수술의 자극으로 유발된다)에 의해 아기의 나머지 부분이 저절로 밀려나올 수 있도록 기다렸다.

"절개를 했고, 아기 머리가 나왔어요." 니키는 회상한다. "아기가 벌써 인상을 쓰고 약간 꼼지락대고 있었어요. 누군가가 한쪽 팔을 움직이자, 팔이 자유로워진 아기가 뒤척이고 구르기 시작했어요. 그러더니 다리를 쭉 뻗으며 밀고 나왔어요. 아기는 최소한의 간섭만으로 자연스럽게 빠져나왔죠. 이 모든 과정을 직접 볼 수 있었기 때문에 단절감을 느끼지도 않았어요. 출산 과정에서 내 몸이 아기와 어떻게 상호작용하는지 눈으로 봤어요. 정말 경건한 마음이 들었죠."

마치 큐 사인을 받기라도 한 것처럼 니키의 한 아이가 우리 대화에 끼어들더니 빨래더미에 걸려 넘어졌다고 말한다. 하지만 엄마의 일상을 상기시키는 상황에서도, 가장 만족스러웠던 세 번째 출산 경험을 떠올리는 니키의 기쁨은 줄어들지 않았다.

"환희를 느꼈어요." 그녀는 말한다.

다시 스완지로 돌아와, 이합은 내게 왜 이런 종류의 제왕절개가 산모에게 좋을 뿐만 아니라 자궁에도 좋은지 그 이유를 말해준다. 그는 이런 방식으로 출산한 여성은 "출혈이 거의 없다"고 말한다. 복부에서 아기가 더 천천히, 잘 통제된 상태로 나오기 때문이다. 퀸샬럿병원 팀은 이것을 자궁 절제의 '눌림 효과'라고 부른다. "아기 몸이 절개 부위를 막 아서 피가 나지 않아요." 즉 우리가 상처 부위를 눌러 출혈 을 멎게 하듯, 아기가 자기 몸으로 절개 부위를 눌러 비슷 한 효과를 내는 것이다. 또한 "태반이 더 오래 머물기 때문 에, 빠르게 태반을 꺼내고 자궁을 닫는 경우보다 확실히 출 혈이 덜하다"고 이합은 덧붙인다.

어떤 동료들은 수술대에서 시간을 더 끄는 것이 싫다고 말했지만, 이합은 시간 절약은 핑계라고 주장한다. "5분을 기다리지 못한다니 그걸 어떻게 이해하겠어요? 겨우 **5분**이 에요. 5분도 없다고 말하는 다른 의사에게 난 이렇게 말했 어요. '수술실에 가면 시간을 잽니까?' '20분 동안 끝나지 않으면 다른 사람을 부르라고 말합니까?' '20분에서 한 시 간 정도 걸릴 거라고 예상합니까?' 그건 변명일 뿐이에요. 변화를 원하지 않는다는 말이죠." 발전하고 있는 이 시술에 대해 동료들이 긍정적인 인식을 갖도록, 이합은 먼저 같은 과의 젊은 의사들에게 자신의 생각을 전파하고 있다. "일단 수련의부터 시작했어요. 씨앗을 심으면 더 빠르니까요."

온화한 제왕절개의 결과를 전통적인 방식의 수술과 비교 한 연구가 소수 있지만, 온화한 방법(응급상황이 아니며 임상적 으로 적절할 때)이 안전하다는 증거는 거의 없는 실정이다. 몇 몇 경우 모유 수유나 산후 감염, 회복 기간과 같은 측정 가 능한 결과에 개선이 있을 수도 있다는 정도다.[22,23,24,25] 하지만 공식적인 임상 결과는 아니라도 소홀히 넘길 수 없는 결과는 온화한 제왕절개가 산모의 만족도 증가와 관련이 있어 보인다는 것이다.[26] 이는 아무도 전통적인 제왕절개를 원하지 않는다거나, 만족하지 않는다는 말이 아니다. 사실 상당한 연구가 이루어졌음에도 불구하고 출산 방식이 산후의 정신건강에 확실하게 좋거나 나쁜 영향을 미친다는 분명한 증거는 없는 것 같다. 수술에 의한 출산이든 자연분만이든 출산 과정에서 상황을 통제할 수 없거나 기대와 다르다고 느끼는 경우 산후우울증이나 외상후스트레스장애 같은 문제가 일어날 가능성이 더 높다는 것을 암시하는 연구가 점점 늘어나고 있다.[27,28]

나도 조산사로 일하며 비슷한 현상을 분명히 목격했다. 한 여성에게 '좋은' 출산이 다른 여성에게는 트라우마가 될 수 있다. 빠르고 강하게 오는 자궁 수축을 감당하기 어려운 사람에게는, 책에서는 간단해 보이는 자연분만(아무런 개입 없이 진통이 빠르게 진행된다)이 상상하기 어려울 정도로 불안할 수 있다. 그런 반면 간절히 기다리던 아기를 품에 안고 싶을 뿐인 사람에게는, 더 힘들어 보이는 출산(긴 진통 끝에 응급 제왕절개로 분만하는 것)이 승리처럼 느껴질지도 모른다. 따라서 제왕절개가 필요한 예비 부모에게 '온화한' 수술은 신중한 계획과 사람 중심의 따뜻한 의료를 결합한다는 점에서 만족스러운 선택이 될 것이다. 자신에게 잘 맞고 변화를 좋아하지 않는 의료진이 받아들이기만 한다면, 온화한 제왕절개가 실제로 여성과 자궁 모두에게 가장 좋은 절개일지도 모른다.

삐딱한 눈으로 보는 사람들은 제왕절개를 '온화한' 또는 '자연스러운' 수술로 새롭게 자리매김하는 건 안 그래도 과도하게 의료화된 산부인과 시스템에서 수술적 출산을 표준화하는 쪽으로 또 다른 위험한 발걸음을 내딛는 것일 수 있다고 주장한다. 그런 반면 제왕절개 분만율의 거침없는 상승세를 고려할 때 이런 새로운 수술 방법을 장려하는 것은 현실적인 방향이며, 아직 이런 방식의 분만을 선택할 수 없는 수백만 명의 여성들에게 선택권을 주는 일이라고 주장하는 사람들도 있다.[29,30] 제니 스미스와 펠리시티 플라트 박사는 첫 수술을 보고한 지 10년이 지나 온화한 제왕절개를 둘러싼 논의를 되돌아보며 이렇게 썼다. "우리는 온화한 제왕절개라는 명칭이 생산하는 논쟁이 긍정적이라고 생각한다. 여성을 의료의 중심에 놓는 것이 목표라면 왜 제왕절개 수술을 받는 여성의 출산 경험을 최적화하는 시도를 하면 안 되는지 물을 것을 요구하기 때문이다."[31]

* * *

배로 낳든 질로 낳든 전체적인 접근방식이 필요한 건 분명하다. 니키, 알렉스와 대화를 나누는 동안 '단절'이라는 말이 되풀이해서 나왔다. 두 여성의 출산 경험은 뚜렷하게 달랐지만, 두 사람 모두 현대의 산부인과 주도적인 환경과 그 안에서 진행되는 절차가 자기 내면의 원초적인 부분을 차단한다고 느꼈다. 원초적인 부분이란 말 그대로나 은유적으로나 자궁 안에 있는 부분을 말할 것이다. 알렉스는 거침없이 들어오는 합성 호르몬에 의해 자신의 '엔진'에 시동이 걸릴 때의 거슬리는 감각에 대해 말했고, 니키는 첫 번째 제왕절개 수술을 할 때 차단막 건너편의 몸 부위에 신체적으로나 정서적으로 아무 감각이 없었던 느낌에 대해 말했다. 여성 각자의 경험은 다르지만, 나는 직업상 수천 건의 출산을 지켜본 사람으로서 연결을 갈구하는 이런 직관적인 욕구, 그리고 연결이 끊어졌을 때의 상실감은 모든 여성이 보편적으로 느끼는 감정이라고 말할 수 있다. 과학이 고분고분한 자궁과 골디락스 진통이 만들어내는 '완벽한' 출산을 추구하는 동안, 우리가 이 기적적인 기관과 그것이 가장 강렬한 순간에 할 수 있는 모든 일에 대해 경이감을 잃지 않도록 조심해야 한다.

"나는 자궁이라는 기관과 여성의 몸에 감사하고 존경하는 마음을 품고 있어요." 알렉스는 친구들이 말해준 출산 경험을 떠올리며 이렇게 말한다. "자궁은 믿을 수 없을 정도로 잘 작동해요. 분만하는 사람 누구나 그것을 잘 해내고 나올 수 있다는 사실, 그리고 제왕절개를 한 내 친구들이 반으로 잘렸다가 아기를 안고 아무렇지 않게 걸어 나올 수 있었다는 사실을 떠올릴 때마다 난 깜짝 놀라곤 해요."

작가 레이철 요더는 《밤의 마녀Nightbitch》(어머니라는 정체성과 화해하기 위한 투쟁에 대한 소설)에서 출산의 무자비함이라는 주제를 변주한다. "이것이 우리로부터 나온다. … 엄청난 고통과 출혈, 똥과 오줌 속에서 우리를 찢고 밖으로 나온다. 말 그대로 우리를 둘로 찢는다. 만일 아이가 이런 식으로 세상에 나오지 않으면, 칼로 배를 갈라서 꺼낸다. 아이는 들어내지고 우리의 장기도 꺼내진다. 그런 다음에 장기를 다시 넣고 꿰맨다. 이건 아마 죽음을 빼면 한 인간이 경험할 수 있는 가장 폭력적인 경험일 것이다."[32]

몸의 온전함에 대한 공격, 이 영웅적인 투쟁, 이 피투성이 승리의 한복판에 자궁이 있다. 이 근육은 방해하지 않고 놔두든, 움직이도록 달래든, 절개했다가 봉합하든, 묵묵히 일하고 견딘다. 자궁은 자기 일을 하고, 시간이 흐르면 다시 시작할 준비를 한다.

산후

: 뼈를 닫고 공간을 허용하다

산모의 무덤은
40일 동안 열어둬야 한다.

모로코에서 전해 내려오는 말

파티마 압둘라는 당신의 부서진 몸에 일곱 폭의 천을 감으며 부드러운 위로의 말을 건넨다. 당신은 출산의 불을 통과했으며, 아기가 살아서 태어났든 죽어서 태어났든, 절개로 꺼내졌든 밀려나왔든, 치유와 평화, 그리고 영양분이 필요하다. 파티마는 당신의 몸을 따뜻하게 하고 원기를 회복시키기 위해 향신료가 뿌려진 맛있는 음식을 먹이고, 당신의 입술에 생강차를 권한다. 파티마는 향기로운 오일로 당신의 텅 빈 배의 늘어진 피부와 살을 마사지하고, 손가락 끝으로 아기를 갓 낳은 배에 남겨진 튼살의 흔적을 따라간다. 파티마는 몸을 감싸는 이 의식으로 당신을 기리고 당신을 회복시킨다. 녹색 수술포의 신경을 긁는 소리, 병동에서 풍기던 시큼한 젖 냄새와 소독약 냄새, 종이 팬티와 휴대용 비데 같은 이상하고 굴욕적인 물건들은 파티마의 부드러운 손길에 까맣게 잊힌다.

이제 당신의 몸에는 발목에서부터 다리, 엉덩이, 팔을 거쳐 가슴까지 천이 휘감겨 있고, 파티마는 몸의 모든 부분이 안기는 느낌이 들도록 꽉 조인다. "감사하세요." 당신이 심연으로 떠내려갈 때 파티마가 말한다. "당신을 만든 신께 감사하세요. 이 여행에서 당신을 데리고 다닌 다리에게 감사하세요." 당신은 출산하면서 통과한 곳에서 그리 멀지 않은 경계 지대에서 부유한다. 몇 분이나 지났는지 모르지만, 곧 공기가 피부에 닿는 느낌이 든다. 파티마가 가슴부터 시작해 천을 풀며 당신을 여기로 되돌려놓는다. 마지막 천이 종아리에서 풀리면, 전 세계 문화에서 다양한 이름으로 불리고 서양에서는 '뼈를 닫는 의식'으로 널리 알려져 있는 과정이 끝난다.

버지니아 북부와 워싱턴 DC 주변 지역의 가정을 돌보고 있는 교육자이자 둘라doula(임산부의 임신 과정을 신체적, 정신적으로 조력하는 사람 - 옮긴이)인 파티마는 그동안 수많은 사람들의 임신과 출산 여정을 도왔다. 그런데 최근 몇 년 동안 산후에 극도로 취약해진 산모를, 그리고 그들의 자궁과 영혼을 보살필 필요가 있다는 것을 느꼈다. 파티마는 출산이라는 전환기에 산모, 자궁, 그들의 영혼이 긴밀하게 얽힌다고 생각한다. 파티마가 행하는 몸을 감싸는 의식은 열 요법, 보디워크(물리적 교정, 호흡요법, 에너지 의학 등 몸을 다루는 치료 또는 자기계발 기법. 자세를 개선하고, 몸과 마음의 연결을 자각하는 것을 목표로 한다 - 옮긴이), 심리적 지지라는 핵심 원리에 기초한 포괄적인 산후조리 프로그램의 일환이다. 파티마의 방식은 모로코의 전통 의식인 알셰드Al Shedd에 바탕을 두고 있지만, 사실상 모든 대륙의 원주민 문화에서 이런 관행을 찾아볼 수 있다.

산업화된 현대 세계에서는 출산이 중심 이벤트가 되었지만, 사실 출산에 초점을 맞추는 건 비교적 새로운 현상이다. 유명인을 뒤쫓는 타블로이드 신문과 소셜미디어에 '스냅백'(출산 며칠 또는 몇 주 후의 기적적인 체중 감소) 사진이 등장하기 훨씬 전, 산모와 산모의 자궁은 축하하고 보살펴야 할 존재로 여겨졌다. 보양식, 몸을 따뜻하게 하기, 복부를 감쌌다 풀기를 이렇게 저렇게 조합한 산후조리는 일본과 베트남에서부터 말레이시아와 몰도바에 이르기까지 다양한 문화와 지역에서 발전해왔다.

토론토대학교 간호심리치료학 교수인 신디리 데니스 Cindy-Lee Dennis는 산후조리 관행을 포괄적으로 검토한 논문에서 "이런 의식은 출산 후 일정 기간 동안 산모가 '아기처럼 돌봄을 받을' 수 있게 해준다"라고 썼다. 최근 몇 년 사이에 이 시기를 인생의 중요한 발달 단계로 인정하게 되었다. 즉 출산하는 사람의 정체성에 다각도로 영향을 미치고, 그렇기 때문에 그동안 서구 사회에 부재했던 종류의 주목과 보살핌을 받아야 하는 시기라는 뜻이다. 인류학자 데이나 래피얼Dana Raphael이 처음 만든 말인 '어머니기 matrescence'는 임상심리학자 오렐리 아탄Aurélie Athan에 따르면 "한 여성이 임신 전, 임신과 출산(대리모 또는 입양), 그리고 산후와 그 이후로 옮겨가는 발달 단계로 … 생물학적, 심리적, 사회적, 정치적, 영적 영역을 아우르는 많은 변화가 일어나기 때문에 이 시기를 급격한 발달기인 사춘기에 비유할 수 있다."[1] 파티마 압둘라는 '뼈 닫기'와 같은 의식은 이 중요한 이행기를 산모에 따라 저마다 다른 방식으로 다룬다고 말한다. "많은 여성들에게 [이 관행은] 자신이 통과한 여행을 기념하는 의미를 지닙니다. 어떤 사람에게는 고통스럽고 상처로 가득한 여행이고, 어떤 사람에게는 아름다운 여행이죠. 몸이 경험한 것을 감정이 따라가는 겁니다. 시간이 걸리는 일이죠." 동서양을 막론하고 사실상 모든 지역에서 비슷한 산후 의식이 발견된다는 사실은 어머니기라는 인생의 기로를 헤쳐 나가야 하는 출산 당사자의 필요를 세계 어느 곳에서나 보편적으로 인식하고 있다는 증거다.

산후 의식은, 고통스럽든 만족스럽든 이 이행기를 기념할 뿐만 아니라, 출산한 몸, 더 구체적으로는 자궁에 중요한 생리적 이점을 준다고 알려져 있다. 많은 문화에서 산후의 자궁은 출산 과정에서 '열리고' '차가워지기' 때문에 닫고, 따뜻하게 하고, 원상복구해야 할 장소로 여겨진다. 알셰드와 놀랍도록 비슷하게 산후에 몸을 따뜻하게 하고 감싸는 의식인 '라 세라다 포스트파르토la Cerrada Postparto'(산후 닫기)를 행하는 멕시코 조산사인 테마 메르카도는 이렇게 말한다. "이 과정은 자궁 부위를 힘들게 여는 경험을 한 모든여성에게 도움이 됩니다. 멕시코에서는 이를 '프리오 엔 엘 비엔트레Frío en el Vientre'(복부 감기)라고 부릅니다."[2] 태국 전통에는 유파이Yu Fai가 있는데, 산모의 회복과 자궁 치유를 돕기 위해 몸을 감싸고 온돌에서 쉬게 한다.[3] 트리니다드에서는 천으로 동여매 자궁을 제자리에 '고정'하고, 분만 과정에서 열리고 취약해진 통로를 닫는다.[4] 알셰드를 되살리는 데 앞장서고 있는 모로코 산후도우미 라일라 B. 라시드는 산후조리가 문자 그대로 생사의 문제라고 생각한다. "모로코의 노인들은 산모의 무덤을 40일 동안 열어둬야 한다고 말하는데, 그건 산모가 얼마나 취약한지 알기 때문입니다."[5]

현대 조산사와 산과 의사들도 산후의 자궁은 출산 후 며칠에서 몇 주 동안 위력과 위험이 공존하는 상태에 있다는 점을 인정한다. 누군가는 자궁의 기본적인 목적이라 말할, 새 생명을 키우고 낳는 일을 완수한 산후 자궁은 이제부터 일련의 복잡한 임무를 수행해야 하는데, 이 임무들은 저마다 힘들고 위험하다. 출산의 세 번째이자 마지막 단계에 태반과 태반막이 배출되면, 자궁은 크게 벌어진 상처 부위를 치유해야 하지만, 이와 동시에 감염을 막고, 임신 전 크기로 돌아가고, 새로운 수정과 임신을 최대한 빠르고 안전하게 준비하기 위해 내막을 재생해야 한다.

이 과정이 일어나는 것을 몸 밖에서 알 수 있는 유일한 증거는 오로惡露다. 오로는 출산 후 대략 4~6주 동안 자궁에서 질로 배출되는 혈류다. 겉보기엔 월경 유출물과 같지만 성분이 뚜렷하게 다르다. 자궁에서 나온 양수, 자궁내막 조직, 점액, 적혈구와 백혈구 세포로 이루어져 있고, 때로는 태반과 양막의 잔해도 있다. 오로가 배출되는 동안 자궁은 태반이 떨어져나간 부위에 건강한 세포를 부지런히 재생하고(이 과정은 출산 후 대략 3주가 되면 완료된다),[6] 퇴축(수축)하기 시작해 치골 뒤에 반듯하게 자리 잡는다. 흔히 알려진 것과 달리 퇴축 속도는 사람마다 천차만별로 나이, 출산 자녀 수, 분만 방식과 수유 방식 등의 요인에 영향을 받으며,[7], [8] 식생활이나 운동으로 재촉하는 건 안전하지 않다.

전통적인 '뼈 닫기' 의식(알셰드, 라 세라다 포스트파르토, 그 밖의 다양한 변형)을 행하는 많은 사람들은 그런 의식이 자궁 치유 과정에 도움이 된다고 입을 모아 말한다. 복부 마사지와 복부 감싸기는 늘어난 인대와 근육을 받쳐주고, 자궁을 골반 내 올바른 위치에 다시 집어넣고, 출혈을 최소화하며, 심지어 감염도 줄인다고 한다. 이런 주장을 뒷받침하는 임상 증거는 그리 많지 않을지 모르지만, 비슷한 의식, 경우에 따라서는 거의 동일한 의식이 지리적, 문화적으로 다양한 지역에서 제각기 따로 발전했다는 사실은 여성들이 여러 세대에 걸쳐 이 관행에 내재된 어떤 본질적 가치를 발견했다는 뜻이다. 이런 종류의 산 경험을 조사하거나 비판할 수는 있어도 무시하는 건 공정하지 않다.

어쩌면 이런 의식들이 널리 퍼진 건 어떤 가시적인 이점이 있어서라기보다는 산모에게 늘 부족하고 절실했던 휴식을 주기 때문인지도 모른다. 파티마 압둘라가 어떻게 여성들이 이 평화로운 상태에서 빠져나오는지 말할 때 그녀의 목소리는 경건하기까지 했다. "나는 여성들에게 천을 감아주고 한동안 그대로 있게 합니다." 파티마는 이 고즈넉한 멈춤이 최대 한 시간까지 지속될 수 있다고 말한다. "그런 다음에 천을 풉니다. 그러면 그들은 거기서 아주 천천히 빠져나오며 '와, 기분이 정말 좋았어요'라는 반응을 보입니다. 매우 깊고 편안한 잠에서 깨어나는 것 같다고나 할까요. 가장 인상적인 점은 스위치를 끌 수 있다는 겁니다. 즉 아무 것도 걱정하지 않고 자신의 몸에 깊은 휴식의 시간을 주는 거죠."

이런 전통 의식이 자궁 치유에 정량화할 수 있는 종류의 영향을 미치지는 않을지 모르지만, '깊은 휴식'이 산후 자궁과 그 소유자에게 주는 영향을 과소평가해서는 안 된다. 그건 우는 아기, 지펴야 할 불, 회신해야 할 이메일로부터의 휴식이고, 더 많은 일을 하고 더 근사해 보이고 더 빨리 회복하고 체중을 더 줄이라는 무언의 압력으로부터의 휴식이다. 어머니기로 가는 여행을 했던 사람이라면 누구나 이 휴식이 측정할 수 없는 가치를 지닌다는 사실을 알고 있다.

* * *

그렇다면 산모와 산모의 자궁을 보살피고 치유하기 위해 수천 년에 걸쳐 발전해온 이 관행에서 서양인들은 어떤 지혜를 흡수했을까? 예상대로, 산업화된 서구 세계는 산후 의식을 그들의 문화적 가치에 적합한 형태로 정제했다. 즉 치유의 신비주의적이고 정량화할 수 없으며 구미에 맞지 않는 '외래적' 요소들을 제거하고 딱 한 가지 측면만 선택했다. 바로 사회적으로 선망되는 산후의 몸인, 날씬하고 섹스를 할 수 있으며 가능한 한 공간을 적게 차지하는 몸으로 돌아가도록 돕는 '복부 압박'이다. 육아 잡지, 블로그, 웹사이트, 온라인 상점 등은 출산 후 며칠 또는 몇 주 동안 입도록 디자인된 신개념 압박 의복의 기적적인 변신 효과를 대대적으로 광고한다. 복부 밴드, 바인더, 랩, 허리 트레이너, 거들 등 다양한 이름으로 불리는 이 상품들(대개 탄력성이 있고, 때로는 후크나 고리, 벨크로 탭 같은 복잡한 장치로 몸에 맞게 조절하도록 되어 있다. 중세 코르셋처럼 뼈대가 부착된 상품도 있다)은 산모의 필수품으로 추천된다.

우리는 앞에서 산후에 갖는 깊은 휴식의 순간에 대해 생각해보았다. 정신없이 돌아가는 세상의 요구와 기대에서 벗어나 한숨 돌리는 시간 말이다. 이제부터는 그것과는 종류가 다른 취약하고 불안한 순간에 대해 생각해보자. 당신은 아직 초보 엄마이고, 몸이 출산이라는 고된 일을 끝낸 지 겨우 몇 시간 또는 며칠밖에 안 됐다. 지금은 당신과 아기 외에는 아무도 깨어 있지 않은 것처럼 보이는 야밤의 불경한 시간이다. 아기는 당신의 젖꼭지를 빨고 있거나 분유를 꿀꺽꿀꺽 먹고 있다. 이것이 한 시간에 네 번째 수유인지, 아니면 끝없이 계속되는 식사의 일환인지 생각하는 동안, 당신의 자궁이 경련을 일으키며 단단히 죄어진다. 이건 산후 치유의 정상적인 부분이다. 아기가 젖을 물면 작은 자궁 수축이 시작되어 자궁의 퇴축을 돕는다. 이것이 일종의 바이오피드백이라는 것을 당신도 조산사에게 들은 적이 있을 것이다. 하지만 배가 아프자 당신은 속옷 위에 울룩불룩한 입술 모양으로 걸려 있는, 터진 풍선처럼 늘어진 피부가 떠오른다. 당신은 옆에 놓인 휴대폰을 집어 들어 한 손으로 소셜미디어를 스크롤하다 보면 근심걱정을 떨칠 수 있을지도 모른다고 생각한다. 그런데 그때 휴대폰 화면에 맞춤형 광고가 뜬다. 포니테일 머리를 한 세련된 여성이 탄력 밴드를 착용하고 자신의 납작한 배를 보여주기 위해 옆으로 서 있다. 그 웹사이트에는 모델이 착용한 밴드가 "당신의 복부 근육을 다시 정돈해주고", "혈액 순환을 촉진"한다고 적혀 있다. 하지만 당신의 관심을 끄는 건 다른 광고 문구다. "산모의 처진 뱃살을 없애줍니다."[9]

아기가 정신없이 젖을 빠는 동안 당신은 불현듯 깨달음이 온다. 마치 누군가가 뇌 속의 가려운 곳에 이름을 붙이고 그곳을 긁어주겠다고 제안하는 것 같다. 당신은 스크롤을 하고, 검색하고, 클릭하면서 가상 쇼윈도 사이의 통로를 누빈다. 또 다른 복부 밴드 브랜드가 다른 데서도 들은 적이 있는 임상적 이점을 약속하며 과장된 선전을 시작한다. "물리치료사들이 자궁, 복부, 골반, 허리를 지지해주는 용도로 자주 추천하는 밴드입니다." 하지만 몇 줄 아래로 내려가니 그 익숙한 후렴구가 나온다. "벨리밴드Belly Band를 착용하면 튀어나온 배가 줄어들어 임신 전 몸매로 돌아갈 수 있습니다."[10]

인터넷 여기저기서 각기 다른 브랜드가 각기 다른 방식으로 이런 약속을 한다. 물론 제조업체는 약속이 꼭 지켜지지 않을 수도 있다는 주의 문구를 첨부하지만, 끝없이 이어지는 행복한 고객들의 후기를 읽다 보면 깨알 같은 글자로 인쇄된 주의 문구는 까마득히 잊힌다.

한 고객은 이렇게 말한다. "오마이갓. 정말 좋아요. 별 다섯 개!!! 예정일에 80킬로그램으로 병원에 들어갔는데, 출산한 바로 다음 날 병원에서 이 밴드를 착용했어요. 그랬더니 사흘째 되는 날 비욘세 같은 모습으로 퇴원했어요. 주말에는 체중이 63킬로그램으로 줄었어요."[11] 당신은 화면을 내리며 또 다른 여성들의 후기를 클릭한다. 말썽을 부리는 자궁과 축 늘어진 몸을 가진 당신 같은 여성들이 앞의 후기와 똑같이 극찬하는 후기를 남겨놓았다.

"벨리밴드를 사용한 지 2주가 지나자 튀어나온 뱃살이 사라지기 시작했어요."

"배가 아주 빠르게 거의 원래대로 들어갔어요."

"이 기적의 밴드가 제발 나를 원래 모습으로 되돌려주기를!"[12]

옆으로 누운 자세를 취한 여성들의 거울 셀카가 끝없이 이어진다. 그들의 몸은 모두 반창고색 대형 밴드로 조여져 있다. 야심한 시간에 이 목표는 손에 잡힐 듯 가까워 보인다. 원상복구된 몸이 바로 눈앞에 있다. 아무리 심하게 튀어나온 배라도, 아무리 심각한 산모 뱃살이라도 길들이고 조일 수 있다. 마치 임신한 적이 없는 것처럼, 마치 자궁이 존재한 적도 없는 것처럼.

이제 공정을 기하기 위해 지난밤의 인터넷에서 실험대로 건너가보자. 이런 의복에 가시적인 이점이 있을까? 골반 근육과 장기를 받쳐준다는 주장을 입증할 수 있을까? 간단히 말하면, 그런 주장을 뒷받침하는 증거는 분명하지 않으며, 근거 기반 자체도 거의 없다. 두 건의 소규모 연구에 따르면, 탄력 밴드를 착용하면 제왕절개로 출산한 여성의 경우 통증이 줄고 움직임이 수월해지는 것 같다.[13,14] 하지만 그런 연구들을 검토한 가장 큰 규모의 논문은 전반적인 효과를 입증할 만한 적절한 증거가 없다고 밝혔다.[15]

끔찍한 '산모 뱃살'을 탄력적으로 복구해준다는 벨리밴드의 과장된 약속도 마찬가지로 근거가 없는 듯하다. 여성의 골반 건강을 전문으로 돌보는 상급 물리치료사인 그라너 도넬리는 상업적으로 판매되는 의복은 복직근이개를 치료하거나 바로잡는 데 적합하지 않다고 경고한다. 복직근이개란 산후에 복부 근육이 분리되는 현상으로, 이때 기능적 문제가 생길 수 있으며, 상복부가 늘어지거나 튀어나올 수 있다.

"나는 골반저 복벽의 회복과 관련해 많은 산후 여성을 관리합니다. 많은 여성들이 더 빨리 회복하고 산전 몸매로 돌아가기 위해 복부 밴드와 압박 의복을 찾습니다. 하지만 이런 종류의 의복과 밴드의 효과를 입증하는 연구는 없습니다. 복벽 회복의 경우, 밴드를 착용하면 복직근이개가 줄어들거나 더 빨리 회복된다는 [견해는] 입증되지 않았습니다. 2019년에 전문가 합의에 기초한 연구에서는, 복부 밴드는 복직근이개가 심할 경우 재활 치료의 보조 수단으로만 사용해야 한다고 조언했습니다."[16] 그러녀는 말한다. 여성 건강을 전문으로 하는 피트니스 코치인 베스 데이비스도 그 조언에 동의하면서, 압박 의복은 "코어와 골반저의 회복, 호흡 패턴, 복강내압 관리, 좋은 영양 상태, 자기관리를 포함하는 도구상자의 일부"일 뿐이라고 설명한다.[17]

간단히 말해 빠른 해결책은 없다. '산모 뱃살'은 복부 밴드만으로는 해결되지 않는다. 임신으로 늘어나고 혹사당한 몸을 되돌려놓기 위해서는 더 포괄적이고 전문적인 프로그램이 필요하다.

요컨대 산후에 이런 복부 밴드를 사용 또는 오용하면 명백한 해를 입을 수 있다고 생각하는 게 합리적이다. 많은 여성들은 출산 후 배뇨와 배변이 정상으로 돌아오는 데 시간이 걸린다는 것을 깨닫게 된다. 수술, 겸자, 카테터 삽입 또는 오랜 힘주기로 인해 골반 장기들이 이탈하거나 외상을 입기 때문이다. 조산사인 나는 지속적인 복부 압박이 이런 생리적 과정에 어떤 영향을 미칠지 생각만 해도 끔찍하다. 사실상 며칠 동안 인간 소시지 틀에 끼워져 있는 셈인데, 이런 상태에서 어떻게 방귀를 뀌고, 팽만한 방광을 비우고, 자궁이 제때 수축하고 퇴축하는 데 필요한 공간을 줄 수 있겠는가?

한 블로거는 복부 밴드를 너무 열심히 착용하다가 골반 장기 탈출증을 겪은 경험담을 들려준다. 제니퍼 토메는 출산한 지 겨우 닷새 만에 배에 '후크와 링이 달린 밴드'를 여러 겹 두르기 시작했다고 말한다. "감탄이 절로 나왔다. 그 어느 때보다도 배가 납작해졌기 때문이다. 성공이었다! 아니 그렇게 생각했다." 이 '성공'은 오래가지 않았다. 증가한 오로와 끊임없는 압박감을 견디다 못해 제니퍼는 산부인과 의사와 조산사를 찾아갔고, 골반 장기 탈출증이라는 진단을 받았다. "복부 밴드가 내 모든 장기를 압박했고, 그 때문에 방광이 아래로 밀려난 상태였다."[18]

그러면 자궁과 인접 장기에 끼칠 수 있는 생리적 해악 외에, 이런 압박이 어떤 심리적 해악을 일으킬 수 있을까? 많은 소비자가 복부 밴드를 착용하고 며칠 후 비욘세가 된 것 같은 기분에 만족감을 느꼈을 것이다. 하지만 출산한 지 사흘 만에 청바지 버튼을 잠그는 환희를 맛본 대가로 장기적으로 어떤 후유증을 치러야 할까? '산모 뱃살'은 믿을 수 없을 만큼 힘들게 새 생명을 탄생시킨 기관이 남긴 증거물이다. 그것을 영광의 훈장으로 칭송하지는 못할 수도 있다. 하지만 산모 뱃살을 끔찍한 것, 어떤 비용을 치르고라도 숨기고 압박해야 할 추한 살덩이로 취급한다면, 그건 우리 사회가 출산하는 몸을 어떻게 대하는지 보여주는 방증이 아닐까?

이런 낙인과 수치심을 배경으로 그라너 도넬리는 신중한 낙관론을 펼친다. 그는 복직근이개나 요실금 같은 특정한 산후 건강 문제를 치료할 수 있는 더 정교한 의료용 의복의 효과가 입증될 날이 올 거라고 생각한다.

도넬리는 "앞으로 이런 제품의 효과를 뒷받침하는 연구가 더 많이 나오리라고 생각한다"고 말한다. 하지만 그런 날이 올 때까지는 엄청나게 다양한 제품과 업체가 약속하는 그만큼이나 엄청난 혜택이 취약한 소비자 집단에게 막대한 피해를 끼칠지도 모른다. 실제로 피해가 상당하기 때문에 그녀는 그런 제품을 판매하는 시장을 "규제해야 한다"고 말한다.

그렇다면 기능보다 몸매를, 생식 건강보다 사회적으로 구성된 아름다움을 중시하는 세상에서 어떻게 하면 산모와 산모의 자궁을 안전하게 치유하고 회복할 수 있을까? 파티마 압둘라는 '뼈를 닫는 의식'과 그것을 변형한 많은 관행들 같은 통합적이고 포괄적인 산후조리 전통에 대한 관심이 늘고 있다고 말한다.

파티마는 "전통적인 형태의 산후조리에 훌륭한 지혜가 들어 있다는 생각이 다시 일어나고 있는 것 같습니다"라고 말한다. "사람들이 다시 그쪽으로 돌아오고 있다고 할까요." 하지만 모든 산모가 몸을 감쌌다 푸는 의식을 원하지는 않을 것이다. 어떤 사람들은 다른 문화에서 가져온 전통을 도용하는 것, 또는 거기에 참여하는 것에 불편함을 느낄

지도 모른다. 또 어떤 사람들은 아기를 돌보고 일을 하느라 자신을 돌볼 시간이나 돈이 없을지도 모른다. 하지만 분명히 산후의 모든 자궁, 즉 풍선처럼 부풀었다가 수축하고, 완전한 새로운 인간을 만들어 내보낸 뒤의 자궁, 그렇게 힘들게 일한 모든 자궁에게 우리는 깊은 휴식의 순간을 주고 필요한 만큼의 공간을 허락해야 마땅하다.

건강

: 아플 때와 건강할 때

10

항상 내 몸에게 너무 망가지지
말라고 애원하지만
내 몸은 그저 비웃을 뿐이다.
누가 이 전쟁을 시작했는지
알기 때문이다.

포르테사 라티피, 〈만성질환〉

나는 지금 허리 밑으로는 발가벗고 다리를 벌려 등자 위에 올려놓은 채 공중 2미터 높이에 붕 떠 있다. 제어판의 버튼을 미친 듯이 누르던 간호사가, 내가 앉아 있는 의자가 이번 주 내내 '말썽을 부리더니' 오늘은 먹통이 돼버렸다고 말한다. 천장 타일에 닿을 듯한 높은 곳에 있으니, 간호사의 탈색된 금발머리 정수리에서 삐져나온 검은 뿌리가 보일락 말락 한다. 서랍이 줄줄이 달린 트롤리도 보인다. 그 서랍에는 멸균된 질경, 면봉, 바늘, 주사기가 든 셀로판 팩들이 가득 들어 있는데, 이 모든 도구는 아마 내 몸 안의 비밀 주머니를 검사하는 데 필요할 것이다. 또 의사도 보인다. 지금 내 몸에 들어갈 초음파 봉에 윤활액을 짜내고 있다. 그리고 자신의 머리 위에 떠 있는 내 다리를 흘깃 보더니, 그다음에는 점점 더 미안해서 어쩔 줄 모르는 간호사를 본다. 장갑 낀 손으로 윤활액을 봉 위아래로 문지르는 의사의 얼굴은 무한한 지루함으로 늘어져 있다. 나는 공중에 떠 있는 의자에서 이 모두를 지켜본다. 의사의 표정을 어디선가 본 적이 있는 것 같다. 맞다. 암스테르담 홍등가에서 비키니와 인조가죽 핫팬츠를 입고 쇼윈도 앞을 서성이던 성노동자들의 지친 체념의 표정이다. 오늘도 여성들의 몸은 실수하고 실패하며, 우리 모두는 그 속에서 최선을 다해 살고 있을 뿐이다.

나는 공중에 좌초된 상황에 대해 농담을 한다. 나는 자비로운 마음으로 어떻게든 이 상황을 가볍게 만들어보려 하지만, 이 중에서 사과할 이유가 가장 적은 사람이다. 내 인생의 다른 분야, 즉 다른 여성들의 다리 사이에 서서 그들을 응원하며 그들의 몸이 가능한 한 훌륭하게, 건강하게, 즐겁게 해내기를 바라는 곳에 있을 때, 나는 그들에게 자꾸 미안하다는 말을 하지 말라고 말한다. 당신은 훌륭하다고 말한다. 당신은 아름답고 강하다고. 몸에 대해 사과하지 말라고. 하지만 오늘은 내 결함 있는 몸, 매달 진통하며 아주 오래된 쌍둥이인 통증과 출혈을 낳는 내 몸이 우리(간호사, 의사, 그리고 나)를 여기 불러 모았기 때문에, 나는 내 몸에 대해 사과하고, 고장난 의자에 대해 사과한다. 나로 인해 이 일을 하고, 나를 보고 만지고, 내 문제에 병명과 치료법을 제시해야 하는 그들에게 미안하다고 거듭 말하고 있다.

하지만 치료법은 없다. 20분 후 높은 곳에서 구조되어 더 편안하고 말 잘 듣는 의자가 놓인 진료실에 앉아 진찰을 받을 때, 의사는 내게 그렇게 말한다. 그리고 책상 위에 있는 컴퓨터 화면에 펜을 갖다 대고 톡 친다.

"이게 자궁의 초음파 사진이에요." 의사는 흑백 사진에서 서리를 미세하게 뿌려놓은 것처럼 보이는 부위를 톡 치며 "자궁의 이 부분이 석회화되어 있어요"라고 말한다.

나는 그 말에 당황하며, 전람회장에 온 것 같았던 첫 번째 의자에서의 경험으로 아직도 조금 현기증이 나는 상태에서 이 진단이 무엇을 의미하는지 생각해본다. 예전에 석회화된 태반의 하얗고 단단한 결절을 손가락으로 만져본 적이 있다. 아기 엄마가 줄담배를 피웠다는 증거다. 하지만 나는 담배를 피우지 않으며 임신하지도 않았다. 뭔가 지적인 질문을 떠올려보고 싶지만, 내 모든 임상 지식을 동원해도 불가능하다. 오늘 나는 환자로 여기 있다. "하의는 다 벗으세요"라는 말을 들은 여성이고, 지금은 옷을 입고 있지만 제대로 복구되지 않은 것처럼 방향 감각이 없고 불완전한 느낌이다. 내 머리는 느슨하게 묶인 풍선처럼 몸에서 멀리 있는 것처럼 느껴진다. 현란한 단어와 전문용어는 포기하고 대신 어딜 가나 환자들이 하는 질문을 한다.

"나쁜 건가요?"

"아뇨." 의사가 내 시선을 피하며 말한다. "나이든 여성의 자궁에서 흔히 일어나는 변화일 뿐이에요. 자궁이 노화되고 있는 거죠."

일단은 다행이다. 나는 죽을병에 걸린 게 아니라, 단지 자궁이 나를 데리고 무덤으로 달려가고 있는 것일 뿐이다. 그 강하고 맥동하는 근육, 내 딸들을 키워 세상으로 밀어낸 기관은 이제 나이가 마흔둘이며, 뼈와 조개껍데기를 이루는 딱딱하고 잘 부러지는 물질로 변해가고 있다. 그래서 요즘 생리가 길어지고 통증이 심해지고 어지러울 정도로 출혈량이 많았던 모양이다. 내 자궁은 이 월간 행사를 수월하게 해낼 만큼 탄력이 없는 것이다. 그래서 근육이 죄어 들 때마다 버둥거린다. 석회화된 부위가 건강한 조직의 목을 조르면, 모든 세포가 근육을 펴고 이완하기 위해 무리하게 힘을 써야 하기 때문에 자궁이 투덜거리고 괴로워하는 것이다. 나는 호르몬 치료와 수술을 권유받았지만 타당한 이유로 둘 다 거절한다. 하지만 소지품을 챙기기 전에 여섯 번이나 더 미안하다고 말하고 진료실을 나선다. 의사는 내가 앉았던 의자에 다른 기능 장애를 가진 다른 여성이 들어올 때까지 주어진 짧은 몇 분 동안 진료 소견을 입력한다. 나는 병원 주차장으로 걸어가면서 내 석회화된 자궁이 골반에서 조약돌처럼 구르는 모습, 혈관이 풍부한 자궁의 근섬유에 가느다랗게 돌이 박혀 있는 모습을 상상한다.

나를 잘 보필했던 자궁이 왜 매달 그런 고통을 주는지, 비록 해결책은 얻지 못했지만 답을 알았다. 하지만 자궁을 가진 사람이 통증에 시달리거나(월경을 하거나 성관계를 하거나 움직이거나 다른 어떤 순간에) 심한 출혈을 겪는 데는 여러 가지 이유가 있다. 내가 그랬듯이 **모든** 사람이 "나쁜 건가요?"라고 묻는데, 실제로 궁금한 것은 '암인가?'이다. 우리 마음은 재빠르게 최악의 시나리오를 떠올린다. 때때로 답변은 '그렇다'이다. 자궁암(자궁내막 또는 자궁 본체에 생긴 악성 종양을 아우르는 포괄적인 용어)은 미국과 영국에서 네 번째로 흔한 여성 암으로, 매년 미국에서는 6만 6000명 이상, 영국에서는 9000명 이상이 자궁암으로 진단받는다.[1,2] 자궁암의 예후는 일찍 발견할 경우 낙관적인 편이다. 영국암연구소는 영국에서 자궁암으로 진단받은 여성 네 명 중 세 명이 5년 이상 생존하고, 15~39세 연령 집단에서는 생존율이 열 명 중 아홉 명까지 증가한다고 보고한다.[3] 물론 어떤 암이든 암 진단은 달갑지 않지만, 프랜시스 번과 그 밖의 자궁 연구자들의 새로운 연구가 계속해서 우리의 이해를 높이고 결과를 개선해나가고 있다.

하지만 암이 모두에게 공평하게 발생하는 것은 아니며, 모든 자궁에 진단과 치료의 기회가 공평하게 주어지는 것도 아니다. 전 세계적으로 자궁경부암으로 인해 매년 30만 명 이상의 여성이 사망하고 있다.[4] 훨씬 더 극적으로 표현하면 2분에 한 명꼴로 죽는다. 실제로 자궁경부암은 전 세계적으로 자궁과 관련한 사망의 유력한 용의자인 임신과 출산보다 더 많은 여성을 죽인다.[5] 고소득 국가에서 정기적인 부인과 검진을 받을 만큼 운이 좋은 사람이라면 이 통계가 특히 놀랍게 다가올 것이다. 부유한 선진국에 사는 자궁경부를 가진 사람들에게 '자궁경부 세포진 검사Pap smear'(창시자인 게오르기오스 파파니콜라우Georgios Papanikolaou의 이름을 딴 자궁경부암 표준검사)는 불편한 경험이긴 해도 일종의 통과의례가 되었다. 예를 들어 미국과 영국에서는 25세부터 자궁경부암 검진을 시작해 3~5년마다 정기적으로 실시한다.[6,7] 긴장한 채 간호사와 주고받는 농담, 질경의 차가운 느낌, 면봉이 깊숙이 들어가는 이질적인 느낌은 많은 사람

에게 너무나 익숙한 것인데, 이 불편한 순간을 견디면 조기
에는 대개 증상이 없는 자궁경부암을 찾아낼 수 있다.

우리는 이 검사에 대해 사실은 게오르기오스의 아내 안
드로마케 '마리' 마브로게니 파파니콜라우에게 감사해야
한다. 신진 병리학자였던 남편이 자궁경부에서 세포를 긁
어내 암 전 단계의 변화를 조사하는 새로운 검사법을 발견
할 때, 마리는 그의 실험실에서 기술자로 일했을 뿐만 아
니라 샘플 채취를 반복할 수 있도록 자신의 자궁경부를 제
공했다.[8] 마리는 훗날 이렇게 회고했다. "남편을 따라 실험
실로 들어가서 그의 삶의 방식을 내 것으로 만드는 것 외
에 다른 선택지는 없었다."[9] 몸과 영혼을 제공한 파파니콜
라우 부인의 관대함은 남편의 전문적인 업적에 가려졌을
지 모르지만, 1941년에 게오르기오스의 연구 결과가 처음
발표된 뒤로 그녀의 자궁경부가 수많은 목숨을 구하는 데
중요한 역할을 했다는 점에는 의문의 여지가 없다.[10] 정기
적인 자궁경부 세포진 검사는 자궁경부암 사망률을 무려
80퍼센트나 낮추는 것으로 밝혀졌다.[11]

최근 들어 HPV(사람유두종바이러스)가 자궁경부암과 관련
이 있다는 연구가 자궁암 검진을 새로운 방향으로 이끌고
있다. 예전에는 생식기 사마귀를 일으키는 바이러스로 취
급되던 HPV가 지금은 대부분의 자궁경부암(무려 99.7퍼센트)
을 일으키는 원인으로 알려져 있다.[12] 성인의 대략 80퍼센
트가 생애 어느 시점엔가 HPV에 감염될 수 있다는 점에서

(대개 증상이 없다),[13] 현재 HPV 백신은 세계보건기구의 자궁경부암 퇴치 전략의 핵심으로 자리 잡았다.[14] 선별검사도 여전히 중요하지만, 요즘은 특정 암세포나 전암세포가 아닌 HPV를 검출하는 새롭고 덜 침습적인 종류의 세포진 검사가 실시되고 있다. 그리고 결정적으로, 여성들이 가정에서 직접 샘플을 채취해 검사 기관으로 보내는 이른바 '자가 샘플링'의 잠재력이 최근 연구에서 확인되었다. 2021년 런던에서 3만 1000명의 여성을 대상으로 자가 샘플링 기회를 제공한 유스크린YouScreen의 임상시험에 따르면, "100명 중 99명이 자가 샘플링을 제대로 할 수 있었다."[15] 편안한 집에서 간단하게 면봉으로 샘플을 채취할 수 있다면 그동안 검사를 기피했던 사람들도 검사를 받게 될 것이다. 예를 들어 2018년 조스 자궁경부암 트러스트Jo's Cervical Cancer Trust(영국의 주요 자궁경부암 자선단체 – 옮긴이)가 실시한 조사에서, 성폭력 생존 여성의 72퍼센트가 검사를 미루거나 거부한 적이 있다고 응답했다.[16]

한 생존자는 이렇게 설명했다. "자궁 세포진 검사와 골반 검사의 경우, 머리로는 왜 필요한지 알지만 몸은 검사와 폭력을 구별하지 못하기 때문에 검사가 고통스러운 동시에 폭력으로 느껴진다. 내 질이 자궁경부 세포진 검사에 대해 발언할 수 있다면 '싫어. 제발 나를 내버려둬!'라고 비명을 지를 것이다."[17]

폭력을 경험한 사람들(그리고 질)의 입장에서 보면, 자가 샘플링은 혼자 있고 싶은 몸의 욕구를 충족시키면서도 생명을 구할 수 있는 의료적 개입에 참여할 기회를 제공한다. 그 밖에도 신체 접촉이 따르는 의료 서비스를 받는 것이 힘들거나 치욕적으로 느껴지는 사람이라면 누구나 이런 종류의 선별검사를 선호할 것이다. 예를 들어 2021년의 한 조사에서 트랜스젠더 및 논바이너리(이분법적 젠더 구분에 속하지 않는 성정체성을 지닌 사람-옮긴이) 137명 가운데 53퍼센트가 자가 샘플링을 원한다고 응답했다.[18]

세계 보건계의 다음 과제는 의료 서비스가 열악한 국가에 사는 사람들이 자궁경부암 선별검사와 치료를 받을 수 있도록 하는 것이다. 자궁경부암행동Cervical Cancer Action은 "저소득 및 중간소득 국가에서는 … 여성의 20퍼센트 이하만이 자궁경부암 선별검사를 받는 반면, 고소득 국가에서는 60퍼센트가 선별검사를 받는다"[19]고 추정하며, 글로벌수술재단Global Surgery Foundation은 설령 검사 접근성을 높인다 해도 "효과적인 치료 없이 검사만 제공하는 것은 비윤리적"[20]이라고 지적한다. 지금보다 공정한 미래에는 모든 자궁, 심지어 학대나 폭력을 당했거나 소외된 자궁, 개발도상국과 저소득 국가의 자궁도 최적의 건강을 누릴 기회를 갖게 될 것이다.

* * *

통증과 출혈에 직면하면 많은 사람들이 가장 먼저 암을 떠올리지만, 사실 그런 증상의 원인은 다양하다. 자궁근종, 자궁내막증, 자궁선근증처럼, 자궁을 가진 수백만 명이 매년 겪지만 학교의 성교육과 건강 교육 커리큘럼에는 좀처럼 포함되지 않는 질환에 걸렸을 가능성이 훨씬 높다. 미국에서 1980년대와 1990년대에 학창시절을 보낸 나는 초등학교 6학년 때부터 매년 이런 종류의 수업을 억지로 들으며 음경의 각 부위, 클라미디아의 정확한 철자, 기타 '필수적인' 사실을 충실하게 배웠지만, 흔한 부인과 질환의 명칭에 대해서는 들어본 적이 없다. 대신 선생님은 우리에게 후크와 벨트가 달린 중세풍의 구식 생리대를 보여주었다. 나는 바나나에 콘돔을 씌우는 굴욕적인 의식을 치렀고, 10대 음주 운전자가 도로변에서 피투성이로 죽어가는 소름 끼치는 영상을 보았지만, 이런 '유용한' 교육은 나 자신에 대한 지식에는 큰 공백을 남겼다. 내 몸이 나를 배신할 수 있다는 것, 새로 산 삼색 볼펜으로 표시해둔 생리주기가 매번 트라우마와 출혈을 가져다줄 수 있다는 사실, 그리고 자궁이 생리를 하고 아기를 갖는 것 외에 할 수 있는 일들(통계적으로 말하면 하게 될 확률이 있는 일들)에 대한 명칭이 있다는 말은 들어보지 못했다.

여성 신체의 내부 활동에 대한 지식에 목말라 있던 학생 조산사 시절에도 나는 이런 것들을 어쩌다 우연히 배웠을 뿐이다. 자궁내막증 병변은 부인과 수술을 하루 참관하면서 본 게 다였고, 자궁근종에 대해서는 산모수첩에 적힌 간략한 설명을 본 게 다였다. 이런 질환들을 더 깊이 이해하기 위해서는 따로 시간을 내어 웹사이트와 학술지 논문을 스스로 찾아봐야 했다. 그리고 나는 이따금 솔직하기로 악명 높은 조산사 동료들과 대화를 하면서 우리 중 거의 전부가 수년 동안 고통스러운 통증과 '대량 출혈'을 겪어왔다는 사실을 알게 되었다. 그중에는 운 좋게 진단을 받은 사람도 있었지만, 자궁 내 장치를 장착한 채 추가 설명 없이 세상으로 돌려보내진 사람도 있었다. 그들 중 일부, 실은 대부분이 참고 견디라는 말을 들었다. 우리 조산사들은 교육을 받았으며 여성의 몸에 대해 매우 깊고 내밀한 지식을 가지고 있다고 여겨지는 사람들로서 과거라면 마녀로 몰려 화형을 당했을지도 모르지만, 그런 우리조차도 (우리는 교과서와 해부학 도표를 찾아볼 수 있고, 연락처에 의사들의 번호를 가지고 있다) 우리의 제멋대로인 자궁과 함께 어둠 속을 헤매기 일쑤다.

하지만 부인과 연구가 속도를 내고 있으며, 지금까지는 '여성의 문제'라는 두루뭉술한 제목 아래 묵살해왔던 문제들을 이제 사회적으로 논의할 수 있게 됨에 따라 어둠 속에 한줄기 빛이 보이기 시작했다. 더는 참고 견딜 수 없는 사람들이 자신의 자궁에 대해 이야기하고 있으며, 온라인 광장부터 주류 언론매체까지, 권력 기관부터 낮 시간대 텔레비전까지 다양한 목소리들이 이 대화에 참여하고 있다.

***

"세계 어느 나라에 가도 여성들이 내게 다가와, 당신이 '그 때' 그 이야기를 꺼내줘서 이제는 그런 대화를 눈치 보지 않고 할 수 있게 되었다며 고맙다고 말합니다."[21] 모델이자 배우이며 리얼리티 쇼 〈애틀랜타의 진짜 주부들〉의 출연자 인 신시아 베일리는 말한다. 그녀가 말한 '그때'란 밀라노 의 패션쇼에서 런웨이를 걸었던 때도, 뮤지션 헤비 D가 부 르는 시끄러운 마초들의 찬가 '낫싱 벗 러브Nuttin' But Love' 의 뮤직비디오에 출현했을 때도 아니다. 베일리는 2013년 에 방영된 〈애틀랜타의 진짜 주부들〉의 한 회를 언급하고 있다. 그 프로그램에서 베일리는 자신을 빈혈과 피로에 시 달리게 하고, 무대에서 당황스러운 '사고'가 일어날까봐 늘 전전긍긍하게 만드는 한 질환과의 싸움에 대해 털어놓았 다. 베일리의 솔직한 이야기는 시청자들의 공감을 불러일 으켰는데, 이는 어찌 보면 당연한 일이다. 여성의 70~80퍼 센트가 이 대화의 중심에 있는 그 비밀스러운 질환인 자궁 근종을 겪는 것으로 추정되기 때문이다.

자궁근종(임상 명칭으로는 '자궁평활근종')은 근육과 섬유조직 이 성장해서 생기는 양성 종양으로, 자궁 내부와 주변에서 발생할 수 있다. 자궁근종은 손톱만큼 작을 수도, 멜론만큼 클 수도 있으며, 한 개가 생길 수도, 수십 개가 생길 수도 있다. 일부 자궁근종은 증상이 전혀 없어서 다른 질환을 찾기 위해 골반 검사를 하다가 우연히 발견되기도 하지만, 대부분의 자궁근종은 복부와 허리 통증, 심한 생리, 월경주기 내내 지속되는 출혈, 성교통, 빈뇨 등 지속적이고 번거로운 증상을 통해 자기 존재를 알린다.

2015년에 노스웨스턴대학교 연구팀이 실시한 조사에 따르면 자궁근종은 심각한 심리적 고통도 초래할 수 있다. 이 연구에 참여한 60명 중 대부분이 자궁근종과 관련해 두려움, 불안, 분노, 우울을 경험했다고 응답했으며, 상당수가 부정적인 자기 이미지로 인해 친밀한 관계를 맺는 데 어려움을 겪는다고 말했다.[22] 최근에 훨씬 더 큰 규모의 연구에서 이 결과가 재확인되었다. 2021년에 90만 명 이상의 여성을 대상으로 실시된 그 연구에서, 자궁근종을 앓고 있는 여성들은 불안증이나 우울증으로 진단받을 가능성이 더 높은 것으로 드러났다. 놀랍지 않게도 이 상관관계는 통증을 동반하는 증상을 겪는 여성들에게서 가장 높았다.[23]

이런 연구를 통해 드러난 결과 중 일부는 유독 가슴 아프다. 2015년 조사에 참여한 여성 중 절반이 '무력감'을 느낀다고 응답했고, 2021년 연구에서는 자궁근종을 앓는 참가자들이 그렇지 않은 참가자들보다 '자해' 폭력을 저지를 가능성이 더 높은 것으로 나타났다. 이런 통계에는 불확실한 미래에 어떻게든 대처하기 위해 고군분투하는 여성들의 비극적인 이야기가 담겨 있다. 2020년 자궁근종 인식 개선 운동가인 타니카 그레이 발브룬은 잡지 〈에센스〉와의 인터뷰에서, 무서울 정도로 예측이 불가능한 질환을 관리하는 데서 오는 끊임없는 스트레스에 대해 설명했다. "자동차 시트와 침대 매트리스를 엉망으로 만들까 봐, 또 업무 회의 도중 자리에서 일어섰을 때 피가 뿜어져 나오는 느낌이 들까 봐 극도로 불안했어요. … 난 흰색 옷을 입은 적이 없는데, 그 사실을 의식할 때마다 자궁근종이 내 삶의 질을 좌우하고 있다는 걸 다시금 느낍니다."[24] 통증과 출혈이 언제 닥칠지 모른다는 점, 수치심 때문에 말도 못한 채 끙끙 앓아야 한다는 점, 확실한 해결책이 없다는 점으로 인한 불안과 낭패감은 어떤 원인으로든 자궁 문제에 시달리는 여성들에 대한 연구에서 반복적으로 등장하는 주제로, 인생을 송두리째 바꿔놓는 부인과 질환에 대한 우리의 지식에 끈질긴 공백이 계속되고 있음을 보여주는 슬픈 방증이다.

자궁근종을 예방하는 방법은 없지만, 발병률을 높이는 분명한 위험 요인이 몇 가지 있다. 고령, 비만, 가족력, 붉은 육류 섭취, 비타민D 결핍, 심지어 유년기의 성적 학대도 자궁근종과 관련이 있다.[25] 하지만 가장 큰 위험 요인은 우리가 바꿀 수 없는 것인 인종이다. 점점 늘어나는 증거에 따르면, 흑인 여성은 평생 동안 자궁근종에 걸릴 가능성이 2~3배 더 높고, 흑인 여성의 90퍼센트가 50세까지 한 번 이상의 자궁근종을 겪는다고 한다. 또한 흑인 여성은 백인 여성보다 이른 나이에 자궁근종이 생기는 경향이 있으며, 근종의 크기가 더 크고 수가 더 많으며, 증상도 더 심한 경향이 있다.[26,27] 때로는 경구용 항염제 및 항응고제, 호르몬 요법, 자궁근종 절제술(근종을 수술로 제거하는 것) 같은 침습적인 시술 등의 치료로 증상을 관리할 수 있지만, 흑인 여성들은 자궁절제술(자궁 자체를 제거하는 것)이라는 최후의 '치료'를 받을 가능성이 두 배나 높다.[28] 이 마지막 통계가 순전히 임상 치료 기회가 부족하기 때문인지, 아니면 흑인의 생식 건강에 대한 사회적 경시 때문인지는 계속해서 열띤 추측과 논쟁이 일어나고 있다.

오하이오주 하원의원이었던 스테퍼니 터브스 존스(흑인 여성 최초로 하원의원에 당선되었다)는 이 힘들고 잘 진단되지 않기로 유명한 질환으로 인해 불필요한 고통을 겪고 있는 "여성들은 그보다 나은 인생을 살 자격이 있다"고 주장했다. 그녀는 죽기 1년 전인 2007년에 "우리 여성들은 우리를 병들게 하는 것에 대해 더는 침묵할 수 없다. 우리가 말하지 않으면 그 침묵이 우리의 몰락을 부를 것이다"[29]라고 썼다. 터브스는 1999년에 자궁근종이 가족과 친구들의 삶에 얼마나 큰 피해를 주는지 깨닫고, 자궁근종 연구비를 늘리는 의회 법안을 발의했다. 이 법안은 진전이 없었고 터브스는 결실을 보지 못하고 세상을 떠났지만, 그녀의 노력은 뉴욕 하원의원 이베트 클라크의 제안과 부통령 카멀라 해리스의 지지로 마련된 비슷한 법안으로 부활했다. 2020년에 발의된 '스테퍼니 터브스 존스 자궁근종 연구 및 교육법'은 미국 최초로 낙태와 무관한 일로 자궁이 주인공이 된 법으로,

자궁근종 연구에 연간 3000만 달러의 자금을 지원하고, 자궁근종에 대한 데이터 수집을 강화하며, 대중교육 프로그램을 마련하는 것을 골자로 한다. 이 책의 집필 시점에 '스테퍼니 법안'은 의회의 법적 절차를 느리지만 꾸준히 헤쳐나가고 있으며, 어쩌면 이 책이 나올 때는 정식 법률이 되어 있을지도 모른다(2024년 2월 현재까지는 아직 계류 중이다 - 옮긴이). 이 법은 자궁근종에 대한 대중의 인식을 높일 것이고, 그렇게 된다면 여성들이 화요일 오후에 텔레비전 채널을 돌리다가 〈애틀랜타의 진짜 주부들〉을 보며 자궁근종에 대한 지식을 습득하는 일은 더 이상 없을 것이다.

* * *

자궁과 관련된 가장 흔한 질환은 아마 자궁내막증일 것이다. 이 질환은 한 사람의 건강에 가장 광범위하고 포괄적이며 파괴적인 영향을 미칠 수 있음에도 불구하고 어떤 질환보다 잘 이해되어 있지 않고, 진단이 어려우며, 치료하기도 어렵다. 자궁내막증은 자궁내막 조직과 비슷한 조직이 인접한 기관인 방광과 장뿐만 아니라 멀리 떨어진 폐, 간, 심지어 눈까지 몸 전체의 구조에 들러붙어 성장하는 질환이다. 에스트로겐과 프로게스테론이 한 달 주기로 증감하며 자궁내막 조직이 두꺼워졌다가 탈락할 때 자궁내막의 조각들도 같이 부풀어 올라 출혈을 일으키는데, 그 통증과 고통은 자궁내막증 환자의 인생 구석구석에 출혈을 일으킬 수 있을 정도로 막대하다.

배우이자 작가인 레나 더넘Lena Dunham은 〈보그〉 2018년 3월호에 이렇게 썼다. "[내 자궁은] 고전 영화에 나오는, 갈래머리를 한 금발의 악마 소녀 로다(영화 〈나쁜 종자〉에 등장하는 로다 펜마크─옮긴이)처럼 정상적이고 즐거워 보이지만 실은 화가 나 있고 지쳐서 어느 누구를 위한 집도 되어줄 수 없다."[30] 더넘은 자신의 자궁이 육체적 건강, 그리고 어쩌면 그보다 더 고통스러울지도 모르는 정신건강을 파괴하는 수많은 방식을 이야기하며 고뇌와 좌절감을 가감 없이 드러낸다. 더넘이 자신의 자궁을 일종의 조현병에 걸린 사악한 소녀로 의인화한 것은 전혀 놀랄 일이 아니다. 한때는 간절히 기다리는 아기를 약속했던 기관이 이제는 희망을 꺾고 영혼을 부순 원인이 되었기 때문이다. 더넘은 자궁절제술을 받기로 결심한 이유를 설명하면서, 수년간의 오진과 고통, 치료 실패 끝에 자궁 없는 몸만이 온몸에 침범한 자궁조직을 치료할 수 있는 유일한 방법이라는 결론에 이르렀다고 말한다. 더넘은 밀레니얼 세대의 거침없고 매력적인 삶을 담은 글로 유명해졌지만, 어쩌다 보니 파괴적인 질환(크리스틴 메츠 박사가 ROSE 임상시험에서 집요하게 연구하고 있지만 여전히 의료계 전반에서 거의 이해되어 있지 않은 질환)의 대명사가 되었다.

때로는 초기 배아 형성 장애로 불리지만 일반적으로 부

인과 질환으로 간주되고, 현재 감염성, 대사성, 또는 신경성 질환으로 다양하게 분류되며, 지금도 때때로 환자의 상상력이 만들어낸 산물로 치부되는 병인 자궁내막증(밀레니얼 세대는 해시태그에서 '엔도endo'라고 부른다)을 앓고 있는 여성은 전 세계적으로 1억 7600만 명에 달하는 것으로 추정된다.[31] 일부 통계는 자궁내막증 환자를 전 세계 인구의 2퍼센트로 추정하지만, 다른 통계는 그보다 다섯 배 많은 사람들이 자궁내막증을 앓고 있음을 암시한다. 이런 통계 차이는 자궁내막증의 진단이 쉽지 않다는 증거다. 현재 진단은 고가의 침습적인 시술을 통해서만 가능하며, 많은 여성이 최종 진단을 받기까지 평균 7~10년 동안 이 질환을 견디며 산다. 자궁내막증 환자의 수는 실제로는 훨씬 더 많을지도 모른다. 의료 서비스를 적시에 이용할 수 없거나, 경제적 사회적 격차로 인해 의료 서비스를 받기 어려운 환자들은 통계에 잡히지도 않을 것이기 때문이다. 포괄적이고 효과적인 의료 서비스를 받을 수 있을 만큼 운이 좋은 여성들이라 해도 절대적인 치료법은 없으며, 많은 부인과적 수수께끼를 해결하는 최종 방법인 자궁절제술을 받더라도 몸의 먼 구석에 침투한 병변까지 치료할 수는 없다.

의사들은 수 세기 동안 자궁내막증을 추격해왔는데, 1690년의 의학 문헌에도 비슷한 병변에 대한 설명이 나온다. 최초로 자궁내막증을 확실하게 기술한 것으로 보이는 문헌은 1899년에 〈존스홉킨스 병원 회보Johns Hopkins Hospital

Bulletin〉에 실린, 윌리엄 우드 러셀William Wood Russell이라는 의사의 글이다. 러셀은 환자의 오른쪽 난소를 검사하던 중 "자궁샘과 샘 간 결합조직의 전구체로 보이는 부분을 발견하고 깜짝 놀랐다."32 이 정체불명의 증후군을 정의하는 도전을 적극적으로 받아들인 사람은 '배아학의 아버지'라는 가부장적인 별명을 지닌 뉴욕의 부인과 의사 존 앨버트슨 샘슨John Albertson Sampson이었다. 샘슨은 1925년에 '자궁내막증'이라는 말을 처음 만들었고, 2년 후에는 지금도 이 분야의 연구에서 회자되는 '역류' 이론을 발표했다.33 자궁 외부에 월경 조직처럼 보이는 것이 존재한다는 사실에 당황한 샘슨은 이 조직이 나팔관에서 골반강(골반뼈로 둘러싸인 부위. 생식기관, 방광, 직장 등을 포함한다 - 옮긴이)으로 이동했다는 이론을 세웠다. 일종의 역행성 월경(월경이 질 밖으로 나오지 않고 나팔관을 통해 골반으로 흘러나오는 것 - 옮긴이)으로 본 것이다. 샘슨과 동시대인이었던 볼티모어의 산부인과 의사 겸 병리학자 에밀 노백Emil Novak은 이 이론에 매우 회의적이었다. 그는 이런 식의 역류를 일으키는 데 필요한 '조류'가 있는지 의구심이 든다고 하면서, 자신은 복부 수술을 하는 동안 생리 직후 여성의 골반 내에서 혈액을 목격한 적이 한 번도 없다고 말했다. 노백은 샘슨의 이론을 "믿기 어려워 보인다"34라고 평함으로써, 정중한 과학 논쟁에서 자주 볼 수 있는 '수동적으로 공격적인' 태도를 취했다.

그럼에도 역행성 월경 패러다임은 1980년대까지 지속

되다가, 오리건주에서 개인병원을 운영하던 의사 데이비드 레드와인David Redwine에 의해 뒤집혔다. 그 이름마저 넘어진 와인 잔에서 식탁으로 쏟아진 와인 방울처럼 온몸에 흩어진 자궁내막 침전물을 연상시키는 레드와인은 이런 조직이 흩어지는 사건은 생명 초기에 일어난다는 이론을 세웠다. 그의 새로운 이론인 '뮐러관 발생설'에 따르면, 자궁내막증 병변은 뮐러관이 발생하는 과정에서 오류가 생긴 결과다. 이 원시 구조는 남성의 몸에서는 퇴화하고 여성의 몸에서는 비뇨생식기로 발달한다. 레드와인은 일부 뮐러관 세포들이 배胚 발생 과정에서 분화해 이동하다가 몸의 엉뚱한 부분에 자궁과 유사한 조직을 만든다고 생각했고, 이것이 나중에 자궁내막증으로 통증과 고통을 일으키게 된다는 가설을 세웠다.[35]

이 이론은 현재 입증된 것으로 보인다. 사산된 여아에 대한 연구와 신생아기에 사망한 여아에 대한 또 다른 연구에서, 피험자의 11퍼센트로부터 자궁내막증 조직이 발견되었다.[36] 2015년에 펜실베이니아에서 발표된 주목할 만한 사례 연구는, 35주 된 태아의 복부에서 큰 덩어리가 만져져 신생아 수술을 실시한 결과 출혈성 자궁내막종(혈액으로 가득 찬 커다란 자궁내막증 덩어리)으로 확인되었다고 기술했다.[37] 여아 태아는 월경을 경험한 적이 없다는 점에서 샘슨의 역류 이론은 점점 더 설득력을 잃고 있는 것으로 보이며, 레나 더넘이 자신의 자궁을 '악마 소녀 로다'로 묘사하게 만든 문제의 발단은 배 발생 초기 몇 주 동안 일어나는 사건인 듯하다. 자세히 들어가면 문제는 좀 더 복잡하다. 에든버러대학교의 MRC 생식건강센터에서 진행 중인 연구는 자궁내막증으로 광범위하게 정의되는 질환에는 세 가지 아형(낭포성 난소 자궁내막증, 표재성 복막 자궁내막증, 심부 자궁내막증)이 있다고 밝히며, 유형별 치료법을 적용한다면 더 효과적으로 관리할 수 있을 것이라고 제안한다.[38]

아형들에 대한 연구가 좀 더 이루어지면 개인에게 맞춤화된 더 효과적인 치료가 가능해질 것이다. 그때까지는 이른바 '모범' 자궁내막증 환자(이 질환에 대한 지식과 정보를 갖추고 잘 싸울 수 있는 환자)조차, 좋게 봐도 혼란스럽고 최악의 경우는 지뢰밭 같은 의료 시스템을 헤쳐 나가야 한다. 진단과 조금이라도 효과적인 치료를 받기 위해서는 수많은 장애물을 넘어야 하고, 따라서 질병으로 인한 마음고생과 확실한 진단을 위한 싸움은 두렵고 지치며, 감당할 수 없을 정도로 힘들 수 있다.

에든버러 출신의 배우이자 자궁내막증 인식 개선 운동가인 미셸 호프웰은 어머니가 수년간 통증을 겪으며 이런저런 치료를 전전하는 것을 지켜보며 자랐고, 그 후 자신도 자궁내막증 증상을 겪게 되었다.

미셸은 이렇게 말한다. "난 자궁내막증을 보며 자랐어요. 어머니가 4기[가장 심각하고 널리 퍼진 형태]였기 때문이에요. 어머니는 심하고 고통스러운 월경 때문에 병원을 찾아다녔고, 실제로 자궁내막증으로 진단받기까지는 오랜 시간이 걸렸어요. 내가 태어날 무렵 어머니의 건강이 막 나빠졌어요. 지금으로부터 20여 년 전인데, 당시만 해도 특히 이곳 영국에는 정보가 훨씬 적었어요. 아버지는 어머니의 증상과 관련한 자료를 찾아서 읽기 시작했고, 어머니와 함께 이 병의 정체를 알아내려고 시도했어요. 부모님은 자비를 들여 런던 할리스트리트에 있는 민간병원을 찾아갔어요. 하지만 NHS든 민간병원이든 똑같았어요. 어머니가 정신병을 앓고 있다거나, 환각 통증일지도 모른다고 말했고, 심지어 흑인 여성은 통증 역치가 더 높으니 통증이 있어도 그냥 참고 살라는 이야기까지 했어요. 당시 영국에는 지식과 이해가 심각하게 부족했을 뿐만 아니라, 의료 영역에 심한 인종차별이 존재했어요. 결국 부모님은 미국으로 건너가 조지아주에서 자궁내막증을 전문으로 보는 산부인과 의사를 만났죠. 그는 마침내 진단을 내렸고, 우리 가족은 이렇게 해서 자궁내막증이 무엇인지 알게 되었어요."

미셸은 자궁내막증의 고통을 겪으면서도 소셜미디어에서 미소를 내보이며 자신이 '우주의 위대한 빛'이라고 부르는 팔로워들에게 사랑과 긍정의 메시지를 전하고 있지만, 제멋대로 구는 달갑지 않은 자매처럼 함께 자란 이 불길한 병에 대해 이야기할 때 그녀의 얼굴에는 피로한 기색이 역력하다. 미셸은 어머니가 자궁내막증 투병을 하는 것을 보며 자란 것도 모자라, 알고 보니 자기 몸 안에서도 자궁내막종이 자라고 있었으니 말이다.

"내가 열 살인가 열한 살에 생리를 시작할 무렵, 부모님은 자궁내막증에 대해 훤히 꿰고 있었어요." 미셸은 생리를 할 때마다 어머니가 수년간 겪은 것과 똑같은 통증에 시달렸지만, 부모님이 의료기관과 갈등을 겪는 것을 목격한 트라우마가 컸다. 증상이 너무 심해져 의사를 찾기 전까지 미셸의 대처 전략은 주로 참기와 부정이었다. "병원에 가는 것도 싫고, 몸이 좋지 않거나 아픈 것도 싫었어요. 스무 살 무렵이 되어서야 자궁내막증일 수도 있다는 것을 스스로 인정했고, 스물세 살인가 스물네 살쯤 병원에 가서 검사를 받기 시작했어요. 난 어떻게 해서든 병원에 가지 않으려 했고, 방법은 통증을 참는 것뿐이었어요. 통증으로부터 나를 해리시켰어요. 정신없이 바쁘게 살면서 나 자신을 밀어붙였죠. [고통받을] 여지를 주지 않았어요. 아무리 컨디션이 좋지 않아도 무대에 올랐어요." 미셸은 뮤지컬 〈마틸다〉 투어를 회상하면서 말한다. "어떤 날은 무대에 오르니 딱 기절할 것 같았어요. 그런 날은 이를 악물고 끝까지 버틴 후 무대 옆 바닥에 쓰러졌어요."

마침내 미셸이 진단을 받기 위해 어머니의 인생을 수년간 지배했던 것과 똑같은 여정에 나섰을 때, 그녀도 어머니처럼 불신과 무시를 맞닥뜨렸다.

"많은 의사들이 '당신 나이에는 그럴 수 있어요'라고 말했어요. 그러면 나는 항상 어머니의 병력을 거론하며 그건 유전이고 지금은 해결할 수 있는 병이라고 대답했어요. 솔직히 일종의 가스라이팅을 당하고 있었다고 생각해요. 그러다 보니 병원에 갈 때마다 매번 용기를 내야 했고, 횟수가 거듭되면서 점점 더 힘들어졌어요. 전에 해봤기 때문에 얼마나 힘든 싸움이 될지 알고 있는데, 내게 똑같은 패턴을 반복할 힘이 있는지 알 수 없었죠. 어릴 때부터 성인이 되어서까지 아무도 내 호소를 듣지 않았거든요. 언니 두 명도 똑같은 경험을 했고, 다른 많은 흑인 여성들도 같은 이야기를 해요. 때로는 나 자신이 뭔가에 광적으로 집착하는 사람, 또는 어떤 저의를 품고 있는 사람처럼 느껴지기도 해요. 고정관념에 맞서 싸우다 보면, '화난 흑인 여성', 도를 넘는 사람으로 비칠까 봐 두려워요. 그리고 무슨 말을 하든 무슨 행동을 하든 상대방은 거들떠보지도 않기 때문에, 필요한 도움을 얻으려면 눈치를 잘 봐야 해요. 상대방은 나를 보고 여러 가지 선입견을 가질 텐데, 그런 선입견에 맞닥뜨려도 난 할 수 있는 게 아무것도 없어요. 그저 상대방이 자신의 임무를 해주기만을 바라야 해요. 내게는 매우 두려운 상황이죠. 정말 곤경에 처할 경우 도움을 얻기 위해 내가 할 수 있는 일 또는 말할 수 있는 게 있을까 하는 느낌이 드니까요."

최근 연구에 따르면, 의료진에게 말을 하고, 정당성을 입증하고, 병을 진단받고, 적절한 치료를 받기 위해 힘든 싸움을 하는 건 특히 유색인 여성들 사이에서는 흔한 경험인 것으로 보인다. 2019년에 한 캐나다 연구팀이 임상 연구 20건을 대상으로 메타분석을 실시한 결과, 흑인 여성이 백인 여성보다 자궁내막증 진단을 받을 가능성이 낮았다.[39] 하지만 이 차이는 흑인 여성이 자궁내막증에 덜 걸린다는 것을 의미하지 않으며, 오히려 일부 의사들의 무의식적인 편견을 가리키고 있을지도 모른다. 이 캐나다 연구팀의 분석을 해설한 논문의 저자는 수년 동안 자궁내막증은 주로 백인 상류층 전문직 여성에게 발병한다는 잘못된 인식이 있었다고 지적하면서, 이런 구시대적인 생각이 "아직도 임상 치료에 의식적, 무의식적으로 영향을 미치고 있을지도 모른다"[40]라고 논평했다. 미셸과 그녀의 어머니, 자매, 그리고 친구들이 겪은 고통을 생각하면 '그럴지도 모른다'고 의심하는 저자의 신중한 태도가 지나치게 관대해 보인다. 이 여성들의 이야기는 의료 시스템을 헤쳐 나가는 흑인 자궁내막증 환자의 여정에 인종주의가 의식적으로든 무의식적으로든 절대적인 영향을 미칠 뿐만 아니라 그런 여정을 방해한다는 것을 암시한다.

안타깝게도 불신이나 '가스라이팅'(누군가가 직접 겪은 생생한 경험을 의심하며 다른 버전의 진실을 믿게 만드는 것)은 모든 계층, 모든 분야 여성들의 자궁내막증 이야기에서 반복적으로 등장하는 주제다. 자궁내막증의 고통스럽고 광범위한 영향을 겪으며 살아온 경험을 담은 책《엄청나게 시끄럽고 지독하게 위태로운 나의 자궁 Ask Me About My Uterus》에서 애비 노먼은 이렇게 쓴다. "진료실 밖과 사회적 환경에서도 여성들은 자신의 내적 경험에 대한 믿음을 약화시키는 끊임없는 의심 공세에 직면한다. 여성들은 자신의 현실에 의문을 품기 시작한다."[41]

자궁근종과 마찬가지로 자궁내막증과 정신건강의 상관관계를 보여주는 증거가 점점 더 많아지고 있다는 사실은 별로 놀랍지 않다. 2019년에 BBC와 영국자궁내막증협회가 1만 3500명의 여성들을 대상으로 공동 실시한 조사에서, 자궁내막증을 앓는 여성의 50퍼센트가 자살 충동을 느낀 적이 있다고 응답했고, 대부분의 응답자가 자궁내막증이 학습, 일, 관계에 부정적인 영향을 주고 있다고 응답했다.[42]

보건 활동가인 로런 머혼Lauren Mahon은 자궁내막증 환자가 전형적으로 거치는 여정과 그것이 정신건강에 미치는 영향에 대해 다음과 같이 기술한다. "5년 동안 진단을 받지 못하면서 나 자신이 낙오자처럼 느껴졌다. 나는 생리통이 너무 힘들었고, 그래서 병원에 가서 '뭔가 문제가 있어요'라고 말하면 그들은 진찰을 하고 검사를 하고 사진을 찍는다. 그러고 나서 사진에 자궁내막증이 보이지 않는다고 하면서 '아무런 이상을 찾을 수 없어요'라고 말한다. 그러면 나는 낙오자가 된 것처럼 느껴졌다. 남자친구와 [통증 때문에] 성관계를 할 수도 없었다. 병가를 자주 내어 직장을 잃을 뻔하기도 했다. 그래도 나는 이 모든 게 내 탓이라고 생각할 수밖에 없는 스물네 살 여성이다"[43] 머혼은 자궁내막증을 앓으며 주변인들로부터 의심과 불신을 받고 공감을 얻지 못했던 경험이 그 후 유방암을 앓게 된 것만큼이나 트라우마가 되었다. 고용주, 배우자, 심지어 의료진마저 내 증상을 불신하고 통제 불능의 조직이 자라고 있는 이 작은 부위가 일으키는 통증을 묵살하면, 내가 사실상 미쳐가고 있는 게 아닌지 의심하게 된다.

2017년에 자궁내막증 환자에 대한 의사들의 태도를 조사한 연구에서, 실제로 의료진이 자궁내막증 환자들의 목소리를 불신하고, 이 질환을 단순히 정신적 문제로 인해 일어나는 신체적 증상으로 여긴다는 사실이 확인되었다. "미친 사람들이 자궁내막증에 걸릴까, 아니면 자궁내막증이 사람들을 미치게 할까?" 이 연구에 참여한 한 부인과 의사는 이렇게 묻고 나서 "아마 둘 다일 것이다"[44]라고 결론 내린다.

* * *

많은 여성들이 현대적인 산부인과 병원에서 만족스러운 치료를 받고 있는 건 분명한 사실이지만, 로런 머혼이나 미셸 호프웰 같은 여성들의 목소리는 무시하기에는 너무 큰 합창을 이룬다. 여성의 체화된 경험에 대한, 사회에 깊이 뿌리박힌 의심이나 불신이 철통같이 단단한 인종차별과 편견에 의해 증폭되는 상황에 맞서 싸우다 보면, 자궁 건강이 정신건강을 좌우하는 지경에 이르는 것이 전혀 이상하지 않다. 그런데 이 관계는 새로운 것이 아니며, 알게 모르게 깊은 뿌리를 내리고 있다. 유사 이래 남성과 의사들(수천 년 동안 이 둘은 한 몸이었다)은 자궁의 기능 장애가 여성의 기분과 정신을 지배한다고 주장해왔다. 문명이 시작된 이래 남성들은 종이에 (또는 파피루스에) 뭔가를 쓸 수 있게 되자마자 자궁이 교활하고 마구 돌아다니며 문제를 일으키는 기관이라는 자신들의 생각을 기록하기 시작했다. 오늘날 우리가 고약한 바이러스를 의인화하는 것과 마찬가지로, 남성들은 자궁을 기분 내키는 대로 몸을 휘젓고 다니며 모든 기관에 문제를 일으키다가 마침내 환자의 뇌까지 감염시키는 골칫덩이 무법자로 보았다. 문제의 자궁을 소유한 여성은 정신 착란, 발작, 환각부터 단순히 불편한 의견 차이까지 광기의 모든 징후를 보여주는 동안, 배운 방관자들은 수염을 쓰다듬으며 사려 깊게 고개를 끄덕였다.

최근인 2015년에도 이른바 서구 세계의 지도자라는 사람이 여성의 종잡을 수 없는 기분과 자궁을 결부 짓는 발언을 공개적으로 했다. 당시 도널드 트럼프는 공화당 후보 경선 TV 토론 도중 기자 메긴 켈리에게 공격받았다는 생각에 기분이 나빴고, 그래서 나중에 켈리의 불쾌한 행동은 당사자를 안하무인으로 만드는 생리 때문이었음이 틀림없다고 넌지시 말했다. 트럼프는 "그녀가 그 자리에서 내게 온갖 종류의 터무니없는 질문을 해대기 시작하는데, 그녀의 눈에서 … 아니면 다른 어딘가에서 피가 뿜어져 나오고 있는 것 같았다"⁴⁵라고 비난하기도 했다. 여성과 자궁, 그리고 여성의 난잡하고 광기에 사로잡힌 '다른 어딘가'에 대한 낙인은 시간의 역사만큼이나 오래되었고 지금도 널리 퍼져 있다.

요즘 사람들은 비웃겠지만, 기원전 1600년에 쓰인 〈에베르스 파피루스〉에는 달콤한 냄새를 풍기는 연고(일종의 자궁 진정제)로 외음부를 마사지하면 여성의 종잡을 수 없는 자궁을 제자리로 돌려놓을 수 있다는 대목이 있다. 3~4세기에 쓰인 또 다른 이집트 파피루스에는 그런 자궁의 혼란을 치료하는 마법의 주문이 나온다.

자궁이여 간청하노니, 네 자리로 돌아가라. 갈비뼈의 오른쪽으로도 왼쪽으로도 꺾지 말고, 개처럼 심장을 파먹지도 말고, 네가 있어야 할 올바른 자리에 머물러 있어라.⁴⁶

우리는 이런 기도(기도하는 사람은 '주석 서판'에 글을 쓰고 일곱 가지 색의 '옷을 입으라'는 지시를 받는다)를 읽을 때 건강에 대한 원시적 모델을 비웃고, 순진하리만큼 단순한 치료법에 신기함을 느낄 것이다. 하지만 가장 여성적인 이 기관을 질병의 원천, 무엇보다 정신병의 원천으로 보는 허황된 생각은 어찌된 일인지 수천 년 동안이나 명맥을 유지했다. 오랫동안 의사, 철학자, 시인, 대통령 들은 여성의 규범을 벗어난 행동이 자궁 때문이라고 생각해왔다. 사실 아직도 그렇다.

이렇게 자궁과 뇌를 결부시키는 것을 우리는 단순한 발상이나 여성혐오적 발상, 또는 둘 다로 치부하기 쉽다. 자궁이 뇌와 핫라인을 가지고 있으면서 마치 저택에서 하녀를 부르는 종의 줄을 당기는 영주처럼 군다고 생각했다니 얼마나 터무니없는 발상인가. 또 모든 여성의 행동을 거슬러 올라가면 결국 호르몬 결함으로 귀결되며, 여성이 생물학적 본능의 노예가 되어 실험쥐가 미로 속을 더듬거리듯 인생을 헤쳐 나간다고 상상했다니 얼마나 황당무계한 발상인가. 그런데 자궁과 뇌의 관계는 터무니없거나 황당무계하기는커녕, 오히려 무시하기에는 너무 그럴듯하고, 판도를 바꾸는 혁신적인 개념처럼 보이기까지 한다.

먼저, 자궁이 정신건강에 영향을 미친다는 개념이 어떻게 시작되었는지 알아야 한다. 우리의 집단의식을 양파라고 상상해보자. 매끈하고 윤이 나는 양파 껍질은 여성이 자신의 정신과 운명을 온전히 통제하는 진보적인 평등 세계를 상징하는 가장 새로운 층이고, 양파심은 동굴인의 무지를 상징하는 가장 오래된 핵이라면, 중간층들에는 히스테리라는 맵고 톡 쏘는 맛이 배어 있을 것이다.

자궁을 뜻하는 그리스어인 히스테라hystera에서 유래한 '히스테리hysteria'는 수천 년 동안 여성의 사회적, 의학적 규범에서 벗어난 행동을 가리키는 포괄적인 말로 사용되었다. 히스테리를 부리는 여성은 여성성에 대한 사회 주류의 이상에 배치되는 성도착증과 부적절한 생각, 심지어는 마법의 힘까지 가진 통제 불가능하고 예측할 수 없으며 위험한 존재로 여겨졌다. 현재 이런 히스테리 증상 중 일부는 단순히 특이한 성격으로 간주되고, 몇몇은 간질, 양극성 장애, 거식증, 불안, 우울증, 만성피로증후군, 섬유근육통 등의 다양한 질환과 관련이 있다고 여겨진다. 하지만 우리가 이런 '계몽'에 이르기까지는 시간이 좀 걸렸다. 수백 년 동안 남성들은(의학의 시대정신을 확립하는 특권을 누린 이들은 주로 남성이었다) 과학이라는 명목으로 여성의 행동을 조사했다. 그들은 여성들을 찌르고, 행진시키고, 물약과 처벌로 '치료'한 후 대수롭지 않게 "쯧, 히스테리로군"이라고 한숨을 섞어 말했다. 수백 년 동안(실제로 1980년까지) 히스테리는 정식 진단명으로 존중되었다.

그러면 광부들이 파업을 벌이고 촘촘한 나선형 펌이 유행했던 이 암울한 잿빛 시대에서 시간을 거슬러 올라가 히스테리 개념의 발원지인 고대 그리스의 화창한 곳으로 가보자. 당시 여성들은 아내, 딸, 노예, 하인 등과 같은 정해진 역할을 했고, 여성이 시대 규범에 어긋나는 행동이나 태도를 보이면 사람들은 대개 생식기관의 기능 장애 때문이라고 생각했다. 예를 들어 그리스 신화에 나오는 예언자이자 치료사인 멜람푸스는 아르고의 처녀들이 "남근을 거부하고 산으로 도망쳤다"며 한탄했다고 전해진다. 남근의 어떤 유혹(또는 위협)이 아르고의 여인들을 집단적으로 산으로 도망치게 했는지 우리는 상상만 할 수 있을 뿐이지만, 멜람푸스는 남성적 매력에 대한 이런 거부를 '우울한 자궁'의 확실한 징후로 여겼다. 멜람푸스에 따르면, 이런 장애는 오르가슴 부족으로 인해 발생하며, 따라서 치료법은 오직 정력적인 젊은 남성과의 성교뿐이었다. 참, 음경이 효과가 없을 경우를 대비해 허브 보충제인 헬레보어도 준비해두었다.

플라톤, 아리스토텔레스, 히포크라테스도 섹스, 자궁, 정신이상이라는 주제를 변주했다. 이들 가운데 히포크라테스는 '히스테리'라는 말을 만들어내고, 그것을 건강은 네 가지 필수 '체액'과 관계가 있다는 믿음과 통합했다. 그는 혈액, 점액, 황담즙, 흑담즙이 몸을 습하거나 건조하게, 또 따뜻하거나 차게 만듦으로써 신체건강과 정신건강을 결정한다고 생각했다. 히포크라테스는, 여성은 차고 습한 반면 남성은 따뜻하고 건조하다고 썼다. 따라서 그는 성관계가 선천적으로 차고 습하게 태어난 여성에게 균형을 되찾아줄 수 있다고 믿었다. 반대로 금욕은 그런 불운한 여성들의 '체액을 부패하게' 만들 수 있었다. 그러므로 최선의 예방이자 치료는 당연히 모든 여성이 결혼해서 사회 규범을 지키는 동시에 건강한 성생활을 누리는 것이었다. 그러면 남근의 매력을 계속 거부하는 특이한 미혼 여성은 어떻게 될까? 히스테리 환자가 된다.

이런 생각을 더욱 명확하게 주장한 사람은 2세기 의사였던 클라우디오스 갈레노스였다. 그는 페르가몬에 있는 검투사 학교의 공식 의사로 일찌감치 출세했으며, 세 명의 로마 황제를 모셨다. 갈레노스는, 여성은 혈액을 따뜻하게 하고 내부 통로를 열기 위해 남성의 정자가 필요할 뿐만 아니라, 이 끝없는 욕구가 충족되지 않을 경우 '자궁의 격노furor uterinus'에 시달리게 된다고 주장했다.[47] 이번에도 역시 치료법은 섹스였고, 덤으로 몇 가지 약초가 쓰였다. 갈레노스에게 임금을 주는, 욕정에 들끓는 전사들과 왕들에게 이 처방이 얼마나 편리했을지 상상해보라.

자궁의 격노에 시달린 여성들의 직접적인 증언이 없기 때문에 우리는 그 훌륭한 의사의 여성 환자들이 이런 진단을 받고 어떻게 느꼈는지는 추측만 할 수 있을 뿐이다. 그 격분한 여성들이 로마 거리를 습격하며 돌아다니느라 바빠서 자신의 생각을 일기장에 적을 겨를이 없었다고 상상하고 싶을지도 모르지만, 역사 기록에서 여성의 목소리는, 특히 정신적으로 불안정하다고 간주된 여성의 목소리는 수적으로 남성의 목소리에 상대가 되지 않는다.

하지만 잘 통제되지 않는 여성들은 그 후로도 수 세기 동안 계속 의료계 남성들의 뜨거운 화제였으며, 이런 종류의 용인되지 않는 행동에 대한 치료법도 잘 기록되어 있다. 어떤 치료법은 역하기 짝이 없다. 예를 들어 17세기 프랑스 의사 라자르 리비에르Lazare Rivière가 만든, 약초와 향신료에 말똥과 와인을 넣고 끓인 '자궁의 묘약'이 그런 경우였다.[48] 다른 치료법들은 전문적인 관점에서는 의심스럽지만 만족스러웠을 수도 있다. 예를 들어 리비에르의 동시대 사람이었던 이탈리아인 조반 바티스타 코드론치Giovan Battista Codronchi가 그런 치료제를 제안했다. 이 훌륭한 '도토레dottore'(의사)에 따르면, 조산사가 손을 이용해 여성을 오르가슴에 이르게 함으로써 건강한 정액의 생산을 촉진하면 히스테리를 치료할 수 있었다(당시 정액은 여성의 분비물로 여겨졌다).[49] 종교개혁이 유럽을 휩쓸면서 목매달기, 돌 던지기, 익사 등 점점 더 치명적인 '치료법'이, 허브와 묘약이 차지했던 자리를 대신함에 따라 히스테리 환자와 마녀의 경계가 점점 흐려졌다. 규범에서 조금만 벗어나도 유해하고 불편한 존재로 간주될 뿐만 아니라 사탄으로 취급받던 세계에서 자궁을 가진 여성이라는 점은 무엇보다 위험한 '혐의'가 되었다.

마침내 18세기에 '로잘리'라는 이름의 애완 원숭이를 키우던 성질이 불같은 남성이 히스테리 신화를 완전히 폭발시키기로 결심했다. 장마르탱 샤르코Jean-Martin Charcot(그는 평범한 성격이 아니었지만 '환자'가 아니라 의사였다)는 그 무엇보다 불가해한 이 여성 질환에 평생을 바쳤고, 살페트리에르병원에 있는 그의 진료소는 그 분야에서 세계적으로 유명한 곳이 되었다. 샤르코는 '히스테리' 환자들(누구 하나 예외 없이 가난하고 학대받고 취약한 삶을 사는 여성들이었다)을 대상으로 가습을 들썩이는 발작, 불가능해 보이는 경련, 에로틱한 환각, 고통과 환락을 오가는 극단적인 기분 변화를 유발하는 것을 시연해 보임으로써 전문가의 찬사와 어느 정도의 대중적 유명세를 얻었다. 이 쇼는 관습타파주의자라는 그의 평판을 더욱 굳혔고, 히스테리에 대한 그의 '현대적' 개념은 샤르코만큼이나 관습타파적이었다. 신경학이라는 새로운 분야에 지대한 관심을 가졌던 그는 히스테리 행동이 자궁이 아니라 중추신경계에서 비롯된다고 생각했다.

당신은 마침내 여성이 성 기관의 노예가 아니라고 믿는 남성이 나타났다고 생각할 것이다. 하지만 실망스럽게도 샤르코는 우리가 기대한 미래지향적인 신경학자는 아니었다. 그는 히스테리의 물리적 기원에 의문을 품었지만, 다른 한편으로는 난자에 압력을 가함으로써 히스테리 발작을 유발하거나 경감시킬 수 있다고 믿었다. 그리고 이런 목적으로 나사를 돌려 압박하는 형태의 무시무시한 거들을 설계하기까지 했다. 자궁은 히스테리에서 해방되었을지 모르지만, 샤르코는 히스테리에 대한 책임을 좌우 몇 인치에 떨어진 기관으로 전가했을 뿐이다. 샤르코의 모델에서도 여성 생식기관은 여전히 문제가 많은 곳이었다. 그런데 21세기 기준에서 보면 샤르코 자신도 문제가 많았다. 치료를 받는 여성들과의 관계는 아무리 좋게 표현해도 이해하기 어려운 것이었고, 더 정확히는 착취와 학대라고 부를 만한 것이었다.[50] 적어도 현대 윤리위원회의 가장 무성의한 조사조차

통과할 수 없을 만큼 의심스러운 것이었음은 확실하다.

샤르코는 히스테리 개념의 신뢰를 완전히 무너뜨리지는 못했을지 모르지만, 그의 연구는 자궁과 뇌를 연결하는 이미 약해질 대로 약해진 끈에서 중요한 실 몇 가닥을 풀어헤쳤다. 몇 년 후 지크문트 프로이트가 유년기의 부정적인 경험이 히스테리를 일으킬 수 있다는 견해를 제시하면서 남성도 히스테리에 걸릴 수 있다는 이론을 세웠을 때, 히스테리가 자궁에서 기인한다는 개념은 인기를 잃기 시작했다. 20세기에 심리학, 심리치료, 신경학 분야가 발전함에 따라 히스테리 개념은 계속 몰락하다가, 1980년에 마침내 그 용어가 정신질환을 연구하는 사람들의 '바이블'인 미국 정신의학회의 정신질환 진단 및 통계 매뉴얼DSM에서 삭제되었다.

* * *

다행히도 지금은 '방황하는 자궁' 이론의 오류가 과학적으로 입증되었고, 히스테리는 더 이상 정신질환으로 인정되지 않으며, 현대 이데올로기는 여성 정체성에 대한 이런 환원적 개념을 거의 선호하지 않는다. 하지만 애비 노먼이 자신의 자궁내막증 경험담에 썼듯이, 여전히 많은 여성은 현대 의학이 그들의 정체성을 제대로 반영하고 있지 않으며 그들의 필요를 적절하게 충족시키지 못한다고 생각한다.

"너무 많은 좌절을 겪다 보면 가능한 쪽으로 눈길을 돌릴 수밖에 없어요. 그래서 통증 관리에 대한 전체적인 접근 방식과 웰니스wellness를 봤을 때 나는 바로 이거다 싶었죠"라고 미셸 호프웰은 말한다.

웰니스(지금도 진화 중인 막연한 개념이며 수십억 파운드 규모의 산업이다)는 미셸 같은 사람들을 위해 생식 의료 분야의 주류가 채우지 못한 공백으로 밀려들어오고 있다. 웰니스라는 멋진 신세계에서 자궁은 수많은 트러블과 독소의 근원으로 지목되는 동시에, 신성하고 직관적인 여성 정체성의 발원지로 칭송받는다. 오늘날 병원에서 낙담한 환자들은 의료의 문이 문자 그대로나 은유적으로나 자신의 얼굴 앞에서 쾅 하고 닫히는 것을 보지만, 인터넷 브라우저를 열면 자궁에서 시작해 여성의 건강을 총체적으로 치유한다고 약속하는 자칭 '전문가'를 무수히 많이 찾을 수 있다. 그런 치료에 대한 가격표는 브롱크스 보타니카Bronx botánica(보타니카는 전통적인 치료법에서 유래한 초, 인센스, 참 등을 판매하는 가게를 가리킨다. 비술秘術과 관계되는 물건을 팔기도 한다 - 옮긴이)에서 판매하는 몇 달러짜리 허브부터, 웰니스 전문가라고 자칭하는 사람들이 맞춤화된 코칭과 보충제로 정기적으로 관리해주는 수만 달러짜리 서비스까지 천차만별이다.

물론 여성과 그들의 말을 듣지 않는 자궁에 열중했던 과거를 생각해보면, 자궁을 치료하는 기발한 방법은 전혀 새로운 게 아니다. 우리는 이미 거머리, 부항, 악취 나는 약초와 연고를 보았다. 그 외에 《여성 의약품 조제 안내서Ladies Dispensatory》(1739)에 나오는 '히스테리 시럽'(피마자, 블랙체리 음료, 박하와 헤나를 섞어서 만든 것)과, 19세기 말에서 20세기 초 런던의 육류 포장 회사에서 판매한(아마 동물 부산물을 상품화 했을 것이다) 동물 호르몬 추출물 '글라노이드 복합분비샘 주류Glanoid Multigland Liquor'도 있다.[51] 마치 너나 할 것 없이 모두가 (글라노이드의 경우에는 정육점 주인까지도) 자궁과 자궁 치료법에 대한 견해를 가지고 있는 것처럼 보이지만, 오늘날 우리가 알고 있는 웰니스 산업을 만든 사람으로 대개는 존 켈로그를 지목한다.

유명한 콘플레이크의 창시자이자 미시간주에 있는 배틀 크리크 요양원 소유주인 켈로그가 신봉한 기이한 요법을 소개한 기사들은 대체로 당혹과 애착이 담긴 어조를 띤다. 20세기 초, 미래지향적인 미국인들에게 휴식과 회복을 위한 도피처로 광고된 켈로그의 요양원은 진동 의자, 전기 선베드, 강력한 관장기 등의 '치료'를 제공했지만, 여성 건강을 위해 추천된 켈로그의 잔인한 치료들은 잘 알려져 있지 않다. 켈로그의 책 《여성들을 위한 건강과 질병 가이드: 소녀기, 처녀기, 아내기, 모성기Ladies' Guide in Health and Disease: girlhood, maidenhood, wifehood and motherhood》(1892)는 '인체'에 대한 컬러 도판으로 시작하는데, 아쉽게도 그 인체는 남성이다. 이 책의 나머지 부분도 여성의 몸을 이와 비슷하게 무시하고, 나아가 악의적으로 보일 정도로 불신한다. 켈로

그는 거의 모든 것을 자궁과 자궁의 무모한 주인 탓으로 여긴다. 부족한 근육, 자위, 낙태, 피임(질외사정과, 질에 삽입하는 고무 장치인 '자궁 베일'을 사용하는 것을 포함)은 자궁탈출증부터 암까지 많은 병의 근본 원인으로 응징된다. 켈로그는 치료법으로 식초와 붕산에 적신 '거즈'(질 페서리), '췌장과 유지'를 끓여서 만드는 관장제, 음핵에 석탄산 바르기(또는 음핵을 완전히 제거하기)를 제안한다. 하지만 어찌된 일인지 켈로그의 요양원에 체류하면서 벌어지는 가상의 해프닝을 담은 영화 〈웰빌로 가는 길The Road to Wellville〉(1994)에는 이런 잔인한 치료법이 나오지 않는다. 영화에서 켈로그는 그의 책에 암시된 폭력적일 정도로 여성혐오적인 돌팔이가 아니라, 기발한 웰니스 선구자로 등장한다.

현재 우리가 아는 '웰니스'는 1970년대에 처음 도입되었는데, 당시 존스홉킨스대학교 예방의학과의 레지던트였던 존 트래비스가 스스로 '질병-웰니스 연속체'라고 이름 붙인 도구를 개발했다.[52] 이 연속체의 한쪽 끝에는 조기 사망이, 다른 쪽 끝에는 높은 수준의 웰니스가 있고, 그 중간에 인식, 교육, 성장의 스펙트럼이 펼쳐져 있다. 트래비스는 전통적인 서양 의학의 목표는 단순히 질병이 없는 상태를 건강으로 간주하는 중립적인 중간 지점을 추구하는 것인 반면, 진정한 웰니스는 최적의 신체적, 정신적, 정서적 충족을 향한 끊임없는 여정을 의미한다고 주장했다.

동시에 2세대 페미니스트들은 자궁과 자궁의 성적, 생식적 기능을 중심에 둔 자신들만의 웰니스를 개발하기 시작했다. 건강에 대한 이 새롭고 급진적인 접근법을 가장 잘 보여주는 문서는 아마 조산사이자 활동가이며 당시 샌프란시스코에서 석사 과정을 밟고 있던 지닌 파르바티Jeannine Parvati가 펴낸《히기에이아: 여성의 약초Hygieia: a woman's herbal》(1979)일 것이다. 파르바티는 독자들을 의료화된 지식에서 끌어내 보편적이고 여성의 몸에 깊이 체화된 진리로 안내했다. "우리는 너무 오랫동안 직관을 희생시키며 이성을 신격화했다."53 파르바티는 초기 의학이 탄생한 고대 그리스 전통에서는 남성 신들과 치료사가 우위를 점했다는 사실을 지적하면서, 의학의 신 아스클레피오스의 딸인 히기에이아 여신에 뿌리를 둔 새로운 모델을 제안한다. "적어도 그리스 전통에서는 남성 치료사가 여성 치료사보다 더 나은 대접을 받았다. 그러므로 우리가 주목할 대상은 히기에이아다. 히기에이아는 건강의 은총을 아는, 우리 각자의 내면에 있는 여신이다."54 파르바티는 이러한 취지에 따라 불규칙한 생리부터 임신, 출산, 폐경에 이르기까지 생식 건강의 거의 모든 측면을 다루는 포괄적인 약초 치료 가이드를 제시한다. 모든 차, 팅크, 찜질약의 중심에는 파르바티가 "모든 사람의 첫 번째 집"이자 "여성이 자기 중심부에 있는 힘의 원천을 부르는 말"로 정의하는 기관인 자궁에 대한 근본적이고도 새로운 존중이 있다.55

파르바티가 여성에게 힘의 원천을 찾으라고 촉구한 때로

부터 40여 년이 지난 지금, 웰니스 산업(특히 수익성이 높고 문제가 많은 하위 시장인 '자궁 웰니스' 산업)은 세계에서 가장 수익성이 높은 상업 부문 중 하나로 발돋움했다. 컨설팅 회사 맥킨지는 현재 전 세계 웰니스 시장의 가치를 1조 5000억 달러(무려 조 단위다)로 추정하며, 해마다 5~10퍼센트씩 성장할 것으로 예상한다. 맥킨지는 웰니스 산업은 책과 보충제부터 휴양지, 개인 코칭, 디지털 추적기, 비침습적 치료까지 다양한 제품을 아우른다고 설명한다.[56] 이런 제품의 상당수가 비부인과적 문제에 대한 해결책으로 판매되지만, 자신의 자궁을 이해하고 통제하기 위한 오래된 싸움에 참여하고 있는 소비자들을 겨냥하는 제품도 꽤 많다(그리고 점점 증가하고 있다).

자궁 웰니스 공급자들은 두 진영 중 하나에 속한다. 하나는 지닌 파르바티의 유산을 계승하는 소박한 풀뿌리 업체들(주로 보완대체요법을 시행하는 개인이나, 소량의 허브, 페서리, 물약을 판매하는 사람들)이고, 다른 하나는 연출된 미소와 세련된 웹사이트를 갖추고 고수익 '자체 제작 상품'과 고가의 온라인 커뮤니티 멤버십을 판매하는 잘 차려입은 전문가들이다. 대중에게는 후자의 진영이 더 눈에 띌 것이다. 할리우드 배우 기네스 팰트로는 온라인 블로그이자 판매 사이트인 굽Goop을 운영하면서 대개 고가인 맞춤형 치료 제품을 판매해 명성과 악명, 그리고 수익을 동시에 얻었다. 2008년 굽이 첫발을 뗀 뒤로 많은 웰니스 후발주자가 등장했다. 이들을 쉽게 식별할 수 있는 공통점이 몇 가지 있다. 문제의 '전문가'는 날씬하고 백인이며, 윤기 나는 머리카락과 관습적인 매력을 갖추고 있다. 이들은 처음에는 '호르몬의 균형을 맞추고' 부인과 문제를 완화한다고 적혀 있는 초급 단계의 보충제에서 시작하지만, 이는 반半맞춤화된 코칭이나 회원제 멤버십이 포함된 고가의 '프로그램'으로 가는 관문인 경우가 많다. 그리고 적혀 있는 내용을 면밀히 살펴보면, 자궁 건강이 최적일 때 딸려오는 부수적인(하지만 대단히 매력적인) 효과라면서 체중 감소를 언급한다. 실리콘밸리의 기술계 형제들이 생산성과 정력을 높여주는 바이오 해킹(특히 전통의학 외부에서 일하는 개인과 집단이 생물체의 자질이나 능력을 개선하기 위해 시행하는, 유전자 편집, 약물, 이식 등을 사용한 생물학적 실험 - 옮긴이)으로 뉴스를 장식하는 동안, 주류 의료에 너무 자주 실망한 전 세계 자궁 소유자들은 월경주기의 호르몬 변화에 따라 건강을 관리할 수 있기를 바라며, 임상적으로 의심스러운 자궁 바이오 해킹에 돈을 쏟아붓고 있다.

최근 몇 년 동안 웰니스 산업의 수익성이 그렇게 높아진 이유를 짐작하기는 어렵지 않다. 이런 프로그램은 아름답고 카리스마 넘치는 지도자가 혁신적인 치유를 약속하며 소비자를 유혹한다. 맨체스터에 사는 학생 조산사인 앨리스 같은 사람들에게, 온라인 커뮤니티에 가입해서 얻는 소속감과, 대안 치료 전문가의 조언을 따르면 얻을 수 있다고 선전되는 신체적 이점은 막대한 비용을 지불할 만한 가치가 있는 것이다. 앨리스는 그런 전문가의 월경 건강 매뉴얼을 읽은 후 저자의 온라인 '공동체'에 가입해 토론 광장, 앱, 개별화된 코칭을 이용하고 있다.

"가장 마음에 드는 점 하나를 꼽기는 정말 어렵지만, 커뮤니티는 공유되는 콘텐츠만큼이나 소중해요. 코칭을 받는 사람의 이야기를 듣거나 앱에서 공감할 수 있는 게시물을 보는 등, 다른 사람의 경험담을 듣고 자신의 경험을 공유하며 서로 공감대를 이룰 수 있는 점이 큰 도움이 돼요."

이 '공감대'는 한 달에 69파운드의 비용으로 제공되는데, 앨리스는 처음에는 비용 때문에 망설였다. "자신에게 매달 너무 많은 비용을 지출하는 것이 부담스러워서 몇 달만 해볼 생각이었어요. 그런데 자기 투자의 결과와 가치를 금방 알게 되었죠"[57]라고 그녀는 말한다.

에든버러에서 활동하는 둘라이자 전통 치료사인 니컬라 구달은 자궁 웰니스 주류에 속하는 사람들의 깔끔하게 다듬어진 이미지와는 거리가 멀었다. 히잡과 링 귀걸이를 착용하고, 인종차별 반대 교육의 날만큼이나 힙합이 자주 흘러나오는 인스타그램 계정을 운영하는 니컬라는 20년에 가까운 세월 동안 자궁 마사지부터 출산 지원, 허브 팅크와 아로마테라피 오일에 이르는 종합적인 치료법을 제공해왔다. 니컬라는 여성들이 산업화된 산부인과를 멀리하는 이유를 잘 알고 있으며, 자신의 치료실을 찾는 여성들에게서 이런 헛된 치료의 폐해를 날마다 목격한다. 니컬라의 서비스는 수요가 매우 높다. "주류 의료계는 대체로 생식 기능 외에는 여성의 웰빙에 관심을 갖지 않았습니다"라고 그녀는 말한다. "아주 오랫동안 서양 의학은 다음 남성 후계자를 위한 그릇으로써의 역할 외에는 자궁에 신경 쓰지 않았어요."

소라누스와 멜람푸스부터 샤르코와 켈로그까지 여성혐오적인 의료인들이 남긴 해로운 유산을 생각하면 니컬라의 주장을 반박하기 어렵다. 따지고 보면 나도 의자에 앉은 채 공중에 떠 있다가 자궁이 노화되고 있다는 진단을 받은 불만족스러운 경험이 있기에, 나를 소중히 여기고 내게 귀 기울여주는 전문가, 내 자궁과 교감하며 자궁을 진정시키는 동시에 내 안의 원초적 여성을 존중하는 전문가가 있을지도 모른다고 생각하면 흐뭇해진다. 그리고 매달 옷 밖으로 새는 통제할 수 없는 출혈을 겪지 않아도 된다면 그것도 좋은 일이다. 그래서 나는 욕실 바닥에 미지근한 허브 냄비를 놓고 그 위에 속옷을 벗은 채 쪼그려 앉아 나름의 소박한 자궁 웰니스를 추구한다.

* * *

지금은 7월의 어느 비 내리는 월요일 오후 2시 반이다. 집에서 혼자 질 찜질을 할 시간을 찾기는 쉽지 않았다. 요즘 같은 방학 기간에는 두 아이 중 하나 또는 둘 모두가 하루 종일 곁에 붙어 있기 때문에, 혼자만의 시간을 잠깐 갖는 것이 약간 과장하면 대규모 군사훈련을 조율하는 것만큼이나 어려웠다. 따라서 나는 이 황금 같은 시간에 커피포트로 제대로 내린 커피 한 잔을, 딸들이 찾지 못하는 곳에 숨겨둔 달콤한 초콜릿을 곁들여 여유 있게 마시거나, 느긋하게 넷플릭스를 시청하며 보낼 수도 있었을 것이다. 하지만 나는 연구라는 명목으로 다시 한번 허리 밑으로 발가벗은 채 온라인에서 주문한 김이 모락모락 나는 허브 냄비를 욕실 바닥에 놓고 그 위에 쪼그리고 앉아 있다. 아래쪽은 따뜻해지고 있지만 그 밖의 모든 곳은 차가워지고 있다. 나는 창문을 최대한 활짝 열어야 했다. 흰 가운을 입은 공인된 전문가가 판매하는 것 외의 치료법에 냉소적인 남편이나, 엄마의 생식기에 대해 생각하느니 차라리 죽는 게 나을 딸들에게 이 잎과 꽃잎의 냄새를 설명하기는 어려울 테니까. 나는 몰래 대마초를 피우는 10대가 된 기분이다. 10대 자녀들이 화장실에서 건초 더미 냄새가 폴폴 나는 이유를 안다면 나를 볼 때마다 겸연쩍어할지도 모른다.

내가 하고 있는 일이 특별하게 들린다면 그건 질 찜질(외음부 찜질, V-찜질, 요니 찜질 등 치료사마다 다양한 이름으로 부른다)이 아직까지는 매니큐어와 페디큐어를 받는 것만큼 주류가 되지 못했기 때문이지만, 대중화될 날이 머지않았다. 2015년에 기네스 펠트로가 직접 언급한 후 각광을 받기 시작한[58] 질 찜질은 전 세계의 많은 원주민 문화에 뿌리를 두고 있다. 벨리즈의 마야인 케치족부터 남아프리카공화국의 쾌줄루나탈족까지 사실상 모든 대륙에서 부인과 건강, 성적 매력, 산후 치유를 위해 외음부 찜질을 사용하는 사례 증거를 찾을 수 있다. 한국에서는 '좌욕', 중앙아메리카에서는 '바호bajo', 인도네시아에서는 '강강ganggang'으로 다양하게 불리는 질 찜질은 거의 모든 감각을 동원하는 의식이다. 나이 많은 사람이나 치료사가 쑥, 세이지, 타임, 라벤더와 같은 향기로운 허브를 조제해 끓는 물에 담근다. 이 강력한 혼합물 위에 쪼그리고 앉으면, 요즘 밀레니얼 세대 용어로 '#셀프케어'라고 하는 시간을 가질 수 있다. 팰트로는 로스앤젤레스 현지의 스파를 다녀온 후 "이건 단순히 질 세정을 위한 증기가 아니라, 여성 호르몬 수치의 균형을 맞춰주는 에너지로 가득한 무언가다. 로스앤젤레스에 간다면 꼭 받아봐야 한다"라고 썼다.59

옥달걀부터 질 향초에 이르는 많은 자궁 웰니스 트렌드와 마찬가지로, 팰트로가 선도하면 곧 전 세계가 뒤따른다. V-찜질은 현재 대형 사업이고, 그건 로스앤젤레스에서만이 아니다. 진취적인 여성 사업가들이 소셜미디어에서의 막강한 판매력을 바탕으로 그것을 가내 산업으로 변화시켰다. 가디스 디톡스Goddess Detox(마지막으로 세어봤을 때 이 업체의 인스타그램 팔로워는 49만 1000명이었다)는 대표 제품인 '푸시 파워Pu$$y Power 질 세정제'와 함께 찜질용 허브와 액세서리를 판매하며, 구매자들에게 "따뜻한 사랑의 에너지가 당신의

질과 자궁에 들어갈 것"이라고 이야기한다.[60] 또 다른 온라인 판매업체인 펨매직Femmagic은 '여신을 위한 펨케어'라는 문구를 내걸고 자사 제품을 홍보한다.[61] 이 밖에도 많은 회사가 여신이라는 주제를 자유롭게 변주한 명칭의 찜질 제품을 광고한다. 예를 들어 변기처럼 보이는 플라스틱 '왕좌', 혼자 또는 친구와 함께 찜질을 할 때 입을 수 있는 보석빛을 띠는 풍성한 폴리에스테르 '가운' 등이 있다. 일부 제품에는 실용적인 요소도 있는데, 가디스 디톡스는 자사의 가운을 입으면 "서로의 쿠타 고양이(성기)를 보지 않고도 친구들과 요니('자궁', '근원'이라는 뜻의 산스크리트어. 여성의 성기를 의미하기도 한다 – 옮긴이) 찜질 파티를 할 수 있다"[62]라고 말한다. 찜질은 본질적으로 성취감을 주는 행위로 판촉된다. 올바른(올바르다고 믿게 된) 제품을 사용하면, 집단적인 유대 의식과 혼자만의 자기관리 행위를 동시에 할 수 있다는 것이다.

내가 허브를 구입한 영국 웹사이트는 할리우드의 화려함보다는 양치류, 뿌리, 가지를 초점을 흐리게 해서 찍은 사진들을 통해 영국인의 전형적인 신중함을 보여준다. 과장된 약속은 없으며, 단지 "허브 찜질이 생식 건강의 여러 영역에 도움이 된다는 주장이 많이 있다"라고 넌지시 암시할 뿐이다. 생리주기를 조절하고, 경련을 줄이고, 기분을 다스리고, 자궁내막을 강화하는 데 도움이 된다는 내용도 들어 있다.[63] 다른 사이트들에서는 질 찜질이 불임, 자궁근종, 감염,

성욕 감퇴를 치료해준다고 주장하면서 비참한 자궁 소유자에게 온갖 좋은 것을 약속한다. 한 사이트는 V-찜질 요법이 성적 학대로부터 회복할 수 있도록 돕고, 자궁 내 잔여물을 정화하며, 심지어 '음순 틈새'를 최소화할 수 있다고 주장한다. 조산사로서 나는 음순 사이에는 조금이라도 간격이 있어야 한다는 것을 확실하게 안다(그렇지만 더 큰 간격이 문제가 되는지, 문제가 된다면 왜 문제인지는 모르겠다). 하지만 다른 이점들의 매력을 부정할 수는 없다. 한 웹사이트에서는 "마음을 가라앉히고 당신의 요니와 다시 연결되어라"라고 권유하는데, 이 부분은 솔직히 내가 자궁 치료의 다른 신성한 무대인 산부인과 외래 진료실에서는 결코 할 수 없었던 일이다.

나는 지금 손수 만든 찜질장치에 쪼그리고 앉아 있지만, '마음이 가라앉고 다시 연결'되고 있는지는 잘 모르겠다. 적어도 내 안의 여신이 원하는 방식으로는 아니다. 허브와 함께 제공된 설명서에는 냄비를 사용하라고 되어 있는데, 어떤 냄비를 사용해야 하고, 얼마나 큰 냄비여야 할까? 달걀을 삶을 때 사용하는 냄비일까, 아니면 (결국 내가 선택한) 온 가족이 먹을 수 있는 분량의 볼로네제 스파게티를 만들 때 사용하는 더 큰 냄비일까? 증기를 쐬는 느낌은 누군가가 내 외음부에 부드럽고 따뜻한 입김을 부는 것과 다르지 않다. 약간 소름 끼치지만 불쾌하지는 않다. 증기가 실제로 생식기관으로 올라가는 것 같지는 않고(내 음순 틈새가 부적절한 걸까?), 10분이 지나면 혼합물이 너무 식어서 허벅지에 아주 희미한 열기가 느껴질 뿐이다. 온라인에서 몇몇 사람들이 우려하는 것처럼 심각한 화상을 입지는 않았지만, 쪼그리고 있다가 일어서며 저리는 다리를 펼 때는 약간 걱정이 된다.

시어머니가 주신 향단지 향만이 아니라 V-찜질 현상에서도 부정할 수 없는 문화적 도용의 냄새가 풍긴다. 생식기관의 건강을 회복하고 균형을 맞춰준다고 약속하는 다른 많은 대체요법과 마찬가지로, 외음부 찜질에 대한 많은 설명에서 질은 자궁과 잘 구분되지 않고, 전체 부위를 간단히 요니로 칭한다. 이 단어는 산스크리트어지만, 서양에서 이 언어를 사용하면서 '요니 건강'을 홍보하는 사람 중 실제로 인도 출신은 거의 없다. 일부 여성들은 전통적으로 남성 중심적인 서양 의학의 임상 언어에 대한 대안으로 '요니'라는 용어를 사용함으로써 언어의 전환을 시도하는 동시에 해부학의 소유권을 되찾고 싶을지 모르지만, '요니 찜질'(그리고 일반적으로 여러 자궁 웰니스 요법들)을 둘러싼 담론은 외국 언어와 관행의 이국화라는 불편한 과정을 거친다. 런던에서 활동하는 둘라이자 정골요법사인 아브니 트리베디는 이렇게 말한다. "난 인도 출신이지만 자라면서 '요니'라는 단어는 들어보지 못했어요. 내 문화의 한 버전이 다른 형태가 되어 있는 걸 보면 기분이 이상합니다. 여기에는 부적절하게 느껴지는 이국화의 요소가 있어요."[64]

외음부 찜질을 비판하는 다른 사람들은 이 관행과 그것

을 신봉하는 업계는 여성혐오적인 가치관에 뿌리를 두고 있다고 말하면서, 찜질이 시작된 많은 문화권에서는 실제로 이 의식을 질을 조임으로써 삽입하는 남성 파트너의 성적 만족을 높이는 방법으로 사용했다고 주장한다. 블로그, 팟캐스트, 책을 통해 여성 건강에 대한 해로운 신화를 폭로하는 것을 사명으로 삼고 있는 캐나다의 산부인과 전문의 젠 건터Jen Gunter 박사는 "찜질은 말 그대로 가부장제의 도구"[65]라고 주장한다. 건터 박사에 따르면, 자궁 웰니스 산업은 웰니스가 '질 대혼란'에 대한 치료를 제공한다고 주장한다. 건터 박사가 만든 표현인 '질 대혼란'[66]은, 질과 주변 구조들은 신성한 곳이 아니라 무질서한 독소와 위험할 정도로 혼란스러운 호르몬이 있는 곳이라서 찜질하고, 세정하고, 향기롭게 만들고, 씻어내고, '균형'을 맞춰 복종시켜야 한다는 잘못된 개념을 말한다. 자궁 웰니스 산업이 판매하는 상품은 여성 생식기가 특정 모양과 냄새와 맛을 지녀야 건강한 것이며, 더 정확히는 그래야만 이성에게 매력적으로 보인다는 믿음을 전제로 한다. 건터는 검증되지 않았으며 잠재적으로 해로울 수 있는 제품이나 치료법을 홍보하면서 여성의 수치심을 이용하는 모든 비즈니스는 "매우 약탈적이고 … 가부장제를 핑크색 리본으로 포장해서 페미니즘이라고 말하는 것"[67]이라고 생각한다.

실용적인 진영에서는 찜질이 신체적 해를 유발할 수 있다는 우려를 제기한다. 앤아버에 있는 미시간대학교에서 실시된 한 연구에서는, 외음부와 질 조직에는 혈류로 방출되면 위험할 수 있는 휘발성 화합물을 투과시키는 성질이 있다는 사실이 밝혀졌다.[68] 질 세정(찜질은 아니지만 비누나 세정제를 질에 직접 삽입하는 유사한 관행)에 대한 또 다른 메타분석에서는, 질 세척이 골반 염증성 질환, 자궁외임신, 자궁경부암의 위험을 높일 수 있는 것으로 나타났다.[69] 또 다른 비판자들은 적절한 주의 없이 외음부를 찜질할 경우 표재성 화상을 입을 수 있다는 단순한 사실을 지적하고, 뜨겁고 습한 생식기 환경은 해로운 박테리아와 곰팡이균이 증식하기에 이상적인 조건을 만들 수 있다고 주장한다.

어쩌면 이것이 가장 설득력 있는 주장일지도 모르는데, 어떤 비평가들은 외음부 찜질이 여성에게 끊임없는 자기 개선에 임할 것을 요구하는 심리적으로 해로운 사회적 명령을 상징한다고 말한다. 심리학자 타이코 반덴버그Tycho Vandenburg와 버지니아 브라운Virginia Braun은 〈그것은 기본적으로 질을 위한 마법이다: 질 찜질의 서구적 형태를 해독하다〉라는 에세이에서, 질 찜질은 '건강주의'라는 더 폭넓은 이데올로기의 일부라고 주장한다. 저자들은 건강주의를 "건강뿐만 아니라 건강 최적화를 도덕적 의무로 추구하는 것"으로 설명한다. "건강주의를 추구하는 사람은 자신을 개선하기 위한 전략을 찾고, 그 전략을 평가하고, 거기에 참여한다. 그런 노력 없이는 몸과 자신이 불완전하지만, 완성에는 끝이 없다."[70] 저자들은 질 찜질에 대한 90개 온라인 자료를 조사한 결과, 여성의 신체를 기본적으로 악화되고 있는 더러운 것으로 여기고 질 찜질을 자기 자신과 삶을 최적화하는 도구로 제시하는 새로운 테마를 확인할 수 있었다. 요컨대 여성들이 질 찜질을 결함 있는 몸을 정화하는 방법으로 보든, 숭배할 가치가 있는 몸을 애지중지하는 방법으로 보든, 여성들은 몸 자체로는 '충분'하지 않다는 것이다.

실제로 왕좌와 가운(요즘 의식처럼 치러지는 형태의 질 찜질에서 사용되는 '왕실' 장신구)을 벗겨내면 생각만 해도 피곤한 개념만 남는다. 즉 항상 자신의 성기를 단장하고, 정화하고, 성적으로 강화하는 것이 여성의 임무이지만 이 목표는 영원히 완성될 수 없다는 것이다. 시시포스가 끝없이 언덕 위로 바위를 밀어올리는데도 바위는 계속 굴러떨어지듯이, 산업화된 문화든 원주민 문화든, 서양이든 동양이든, 거의 모든 문화의 여성들은 자신의 몸, 나아가 자궁을 개조하고 보수하는, 보람 없지만 평생 끝이 없는 일과 씨름해야 한다. 반덴버그와 브라운이 주장하듯, 이 수고는 "자발적인 것일 뿐만 아니라 의무적인 것"이며, 육체 자체가 죽어야 끝난다.[71]

진실이 정말로 이토록 암울할 수 있을까? 수천 명의 행복한 'V-찜질러'들이 모두 틀릴 수 있을까? 분노한 의사들이 온라인에서 '사기'라고 외치고 그건 엉터리 치료라며 붉은 깃발을 흔드는 와중에도 수백 명의 만족한 고객들은 극찬하는 후기를 남긴다. 인터넷에는 찜질, 차, 세정제, 보충제, 코칭과 커뮤니티에 만족하면서 삶의 질을 개선해준 자궁 웰니스 제공자들에게 감사하는 여성들의 증언이 넘쳐난다. 보충제가 임신에 도움이 되었다고 주장하는 여성이 있는가 하면, 질 찜질을 했더니 "남친이 계속 찾아온다"고 말하는 여성도 있고, 고가의 보충제를 섭취한 덕분에 생리통이 사라졌다고 주장하는 여성도 있다. 이런 소비자들에게 자궁 웰니스는 반덴버그와 브라운이 말한 시시포스의 과제도, 건터가 '질 대혼란'이라고 부르며 비난한 가부장적 도구도 아니다. 오히려 그것은 현실적이고 지속적인 결과와 함께 만족감과 권능감을 주는 일이다.

외음부 찜질에 대한 격렬한 비판은 문화적 주류에서 벗어난 경험을 삐딱하게 보는 경향이 있는 백인 및 서구 중심적 관점에서 나온다는 점에서 본질적인 결함을 안고 있다. 이런 인식 틀에서 보면 여성의 자궁과 필요에 대한 전문 소견은 서양 의학만이 제시할 수 있고, 따라서 V-찜질을 장려하고 즐기는 여성들은 자신의 몸을 잘 모르는 '바보'가 된다. 이 서사는 영국 철학자 미란다 프리커Miranda Fricker가 '증언 부정의'라고 부르는 모델에 꼭 들어맞는다. 프리커에 따르면, "증언 부정의는 청자가 편견에 사로잡혀 화자의 말에 낮은 수준의 신뢰를 부여할 때 발생한다. … 기본 개념은, 청자가 편견으로 인해 편견이 없을 경우보다 화자의 말을 덜 신뢰하면 화자는 증언 부정의를 겪게 된다는 것이다."[72]

질 찜질과 기타 다른 형태의 자궁 웰니스를 실천하는 여성들은 주류 의료계에서 제대로 된 서비스를 받지 못한다고 느꼈던 경우가 많다. 과거에 의료 제공자에게 실망했을 수도 있고, 수치심이나 불편함을 느꼈을 수도 있고, 서비스를 이용하는 비용이 부담스러웠을 수도 있다. 따라서 의사들이 자궁 웰니스를 가장 격렬하게 반대하는 것도 놀랍지 않다. 의사들의 주장이 아무리 의도가 좋고 정보에 입각한 것이라 해도, 인기가 높지만 검증되지 않은 대체요법에 대한 그들의 시각에는 이런 '불량' 여성들에 대한 편견이 은근히 또는 분명하게 영향을 미쳤을 가능성을 배제할 수 없다. 자궁 웰니스에 대한 비판에는 프리커가 말한 증언 부정의의 요소가 있을지도 모른다. 어쩌면 의사들이 사용자가 느낀 임상적, 정서적 이점을 거부할 때 여기에는 환자와 의료 제공자 사이의 문제적 관계 역학이 작용하고 있을지도 모른다.

니컬라 구달은 이런 편견과 불신에 관한 이야기를 많은 고객으로부터 듣고 있다고 인정한다. 여성들은 부인과 문제로 대체요법을 사용했다고 말하면 주치의가 깜짝 놀랄 정도로 화를 낸다고 말한다. 니컬라는 의사들의 이런 반응을 요약하면 "치료하는 사람이 당신이냐? 책임자는 나다"라는 말이라고 설명한다. 따라서 외음부 찜질을 둘러싼 대중의 목소리에는 이색적인 명칭을 붙인 제품들과 건강에 관한 의심스러운 주장 이상의 무언가가 담겨 있을지도 모른다. 그건 여성과 의료계, 즉 직접적인 경험과 욕구를 지닌 사람들과 '올바른' 종류의 지식을 지닌 사람들 사이에 끊임없는 권력 투쟁이 일어나고 있다는 또 하나의 증거다. 어쩌면 가운과 왕좌는 경박한 장식물이 아니라, 여성의 자궁에 대한 지식과 힘을 독점하는 시스템에 맞서는 갑옷일지도 모른다. 시인이자 활동가인 오드리 로드Audre Lorde가 "나 자신을 돌보는 건 방종이 아니다. 그것은 자기 보호이며, 정치적 전쟁 행위다"[73]라고 말했을 때 로드는 V-찜질을 염두에 두지는 않았겠지만, 이 상황에 딱 들어맞는 말이다.

* * *

내가 하는 찜질 요법이 정말로 효과가 있는지는, 몇 주 뒤 오랫동안 나를 고문해온 생리가 또 시작돼봐야 알 수 있을 것이다. 피와 경련이 휘몰아치면 나는 이부프로펜의 약효가 나타날 때까지 태아 자세로 고통을 견뎌야 한다. 나는 전문가로서 의심이 들었지만, 그럼에도 불구하고 찜질이 효과가 있기를 진심으로 바랐다. 노화되고 석회화된 내 자궁이 진정되고 온화해지기를 바랐다. 물론 내가 찜질을 '제대로' 하지 않았을지도 모른다. 냄비 위에 10분 정도 쪼그리고 있는 건 파라세타몰 반 알을 복용하고 나서 뇌종양이 녹아 없어지기를 기대하는 것과 같은 수준의 웰니스일 것이다. 하지만 이것이 자궁 웰니스의 문제이자 역설이다. 즉 업계에 대한 규제가 없고 효능이 입증되지 않았기 때문에 내가 제대로 하고 있는 건지 확신할 수 없다는 것이다.

내가 자궁 웰니스를 찾는 모험에 뛰어든 건 이번이 처음이 아니었다. 이전에도 침술(긴장을 풀어주긴 했지만 임신에는 도움이 되지 않았다), 대마 성분이 들어간 탐폰(너무 아파서 삽입 후 몇 분 만에 허둥지둥 빼야 했다), 그리고 수많은 보충제(피시오일, 다시마, 달맞이꽃, 그리고 무엇보다 스코틀랜드에서 '보크'라고 부르는 구역질 증상을 유발하는 것 외에는 뚜렷한 효과가 없었던 밀싹 정제 등)를 시도한 적이 있었다. 요즘은 매달 찾아오는 시련을 웃으며 견딘다. 자궁내막을 얇게 만들기 위한 호르몬 피임, 완전한 자궁절제와 같은 주류 의학의 치료법을 시도해볼까 고민하면서 자궁절제술 쪽으로 마음이 기울다가도, 3~4일째 생리가 참을 만해지면 한 달만 더 버텨보자며 체념하게 된다.

나는 왜 계속 버틸까? 물론 히기에이아와 교신을 시도하고 있거나 내면의 어떤 여신과 교감하려는 건 아니다. 미셸 호프웰을 포함한 다른 많은 사람들과 마찬가지로, 나 역시 심하게 아픈데도 불구하고 주류 의료계가 내 고통을 내게 잘 맞는 방법으로 완화해주지 못하자 자포자기 심정이 되었을 뿐이다. 따라서 말쑥하게 차려입은 전문가와 배타적인 회원 제도를 갖춘 자궁 웰니스 산업이 치유나 실질적인 도움을 준다면 마다할 이유가 없다. 하지만 '호르몬 균형을 맞춰준다'고 막연하게 약속하는 보충제들, 그리고 '자궁을 정화하는' 진주, 페서리, 정제, 차가 넘쳐나는데도 불구하고, 이런 제품들 또는 그것을 홍보하는 사람들 중 측정 가능한 이점에 대한 확실한 임상 증거를 제시하는 경우는 거의 없다. 자궁 웰니스는 편안함과 자기통제라는 유혹적인 비전을 제시하지만, 이 산업과 거기서 파생한 분야들이 정확한 데이터도 없이 수조 달러의 수익을 벌어들이는 동안, 유일하게 빠져나가는 건 독소가 아니라 소비자의 계좌 잔액이다.

자궁 웰니스가 피해를 유발하기보다 피해를 줄이려면 믿을 수 있는 곳에서 제공하고, 안전하고 증명된 결과를 내놓아야 한다. 그리고 그런 결과를 얻을 수 있다면, 연봉의 상당 부분을 지출하거나 무한히 계속되는 '프로그램'에 가입하지 않고도 모든 사람이 합리적인 비용으로 이 서비스를 이용할 수 있어야 한다. 니컬라 구달은 그동안 자궁 웰니스의 '대가'라고 불리는 사람들이 등장했다 사라지는 것을 무수히 많이 보았다. 그런 사람들 대부분이 터무니없이 높은 비용에 걸맞은 자격을 갖추고 있지 않았다.

"알고 있는 누군가에게 물어본 게 전부이면서 '나는 대가니까 수천 파운드를 벌 수 있다'고 생각하는 건 위험합니다. 자궁 산업에서 그런 위험한 일들을 숱하게 봤어요."

내가 6개월 동안의 맞춤형 생리주기 코칭과 자궁 최적화 프로그램에 1만 파운드를 부르는 어떤 치료사에 대해 물었더니, 니컬라는 떨떠름하게 대답한다. "만 파운드요? 그럼 아래 공동주택에 사는, 먹고살기도 빠듯한 여성들은 어쩌죠? 자궁을 돌보는 일은 돈 많은 사람들만 누려야 하는 사치가 아닙니다. 그건 일상의 한 부분이고, 우리는 그것이 제대로 된 치료인지 꼭 확인해야 합니다."

가격 합리성과 직업적 책임이 따르지 않는 한, 주로 돈 많은 백인 남성이 주도하는 산부인과 세계에 대한 반발로 시작된 자궁 웰니스 산업은 자신이 반대하는 시스템이 가지고 있는 최악의 성질에서 자유롭지 못할 것이다.

폐경

: 끝이자 시작

11

넌 자유야.
더 이상 노예가 아니고,
더 이상 부품들로 이루어진
기계가 아니지.
넌 그냥 사람이야.

피비 월러브리지, BBC 시리즈 〈플리백〉

자궁은 30~40년 동안 매달, 환영받든(안도의 한숨) 불청객 취급을 받든(상실의 신호) 아랑곳하지 않고 경련과 유방 압통, 가라앉는 기분, 갑작스러운 선홍색 피로 인사를 건네며 자신의 존재를 알린다. 그러다 월간 인사의 빈도가 점점 줄어들고 들쭉날쭉해지다가 마침내 소식이 끊긴다. 이것이 폐경이다. 폐경은 마지막 생리일로부터 1년이 지났을 때를 말한다. 즉 지나고 나서야 진단할 수 있는 상태다. 폐경의 평균 연령은 대략 51세에서 52세 사이지만, 훨씬 일찍 중단되는 사람도 있고 50대 후반까지 마지막 생리를 경험하지 않는 사람도 있다.

요즘에는 폐경과, 폐경주위기라고도 하는 폐경이행기(호르몬이 출렁이다가 마지막 월경으로 이어지는 시기)의 증상이 폐경기 자궁 자체보다 언론의 주목을 훨씬 더 많이 받는다. 이는 어찌 보면 적절할 초점일 것이다. 이 단계는 자궁에 의해서가 아니라, 난소가 에스트로겐과 프로게스테론의 생산을 줄이면서 시작되기 때문이다. 마지막 생리 전 평균 7년 동안, 그리고 그 후 수년 동안 난소 기능에 일어나는 이런 변화는 불안과 기분 저하, 신경과민과 '브레인 포그'에서부터 안면 홍조, 피로, 식은땀, 두근거림, 관절통에 이르기까지 광범위한 정서적, 생리적 변화를 초래할 수 있다. 에스트로겐 수치가 감소하면 질 조직이 얇아지고 건조해질 수 있다. 이 증상은 고통스러우며 한때 금기시되었지만, 지금은 급성장하는 크림과 윤활제 산업이 이 문제를 해결해주고 있다. 한때 금지되었던 것은 이제 미디어의 핫토픽이 되었다. 매주 새로운 폐경 매뉴얼이 서점에 진열되고, '폐경 지옥'에 대한 자신의 이야기를 들려주고 싶어 하는 유명인사들이 낮 시간대 TV 토크쇼에 앞다퉈 출연한다.

그러면 자궁 자체는 어떨까? 자궁은 폐경기에 폐경 외에 실제로 무엇을 할까? 폐경기 자궁은 자궁내막을 두껍게 만들고 떨어져 나가게 하기 위한 월주기의 호르몬 변동을 더 이상 겪지 않으므로 크기와 두께가 대략 20~30퍼센트 감소한다. 많은 폐경기 여성이 이 시기에 체형 변화를 겪는데(에스트로겐이 만들어주는 몸의 곡선과 콜라겐이 서서히 처지고 줄어든다) 이때 자궁 본체와 경부의 비율도 변한다. 어떤 경우에는 자궁과 주변 구조들이 전반적으로 약해지면서 자궁이 원래 위치에서 이탈하기도 한다. 지금까지는 골반저의 인대와 근육이 자궁을 떠받쳐주었다. 이런 종류의 탈출증은 자궁이 질 통로 상단까지 내려오는 부분 탈출일 수도 있고, 질 입구에서 자궁이 보이고 느껴지는 완전한 탈출일 수도 있다.

생식 건강의 많은 측면과 마찬가지로 폐경도 사람마다 의미가 다르고 나타나는 방식도 다르다. 어떤 사람들은 폐경기의 성가신 증상을 거의 모두 경험하지만, 이를 거의 또는 아예 겪지 않는 사람도 있다. 그리고 다른 연령대나 단계와 마찬가지로, 여성의 이 정상적인 생리적 단계도 근대 역사 대부분 동안 이름이 없었고, 잘 이해되지 않았으며, 부정적으로 비쳤다. 아리스토텔레스와 소라누스는 월경의 끝과 생식력 상실 사이의 관련성을 주장하며 이 현상은 50세에서 60세 사이에 일어날 수 있다고 지적했다. 중세 독일 대수녀원의 원장이자 신비주의자였던 튀빙겐의 힐데가르트는 〈원인과 저주Causae et Curae〉라는 문서에서 여성 최초로 폐경을 설명했다. "50세부터 월경이 중단되고, 때로는 자궁이 오므라들며 수축하기 시작해서 더 이상 임신할 수 없게 되는 60세에 이르러 월경이 중단되기도 한다."[1] 스스로 오므라들며 수축하는 자궁의 평온한 이미지는 폐경기가 내면을 들여다보며 성찰하는 시기임을 암시한다. 글을 쓴 시점에 52세였던 저자의 섬세한 묘사는 어쩌면 자신의 경험을 반영한 것인지도 모른다.

여성이라는 존재의 이 단계는 오랜 시간에 걸쳐 점점 더 나쁜 별명(예를 들어 '여성의 지옥'과 '섹스의 죽음')을 얻었다. 그러다 늘 그렇듯 19세기에 이 현상이 한 남성에 의해 재명명되었다. 프랑스 의사 샤를 드가르단Charles de Gardanne은 저서《중요한 연령에 접어든 여성에게 드리는 조언Avis aux femmes qui entrent dans l'age critique》(1816)에서 '폐경la ménespausie'이라는 용어를 만들어내며[2] 이 시기를 위험과 질병에 시달리는 병리적 시기로 묘사했고, 1821년의 후속 문헌에서 그것을 지금의 'ménopause'로 줄였다.[3] 드가르단은 여성들은 자기 상태에 무지하다는 주장을 반복하면서, 이후 수십 년 동안 줄기차게 지속된 폐경 이야기의 어조를 결정했다. 구치와 그의 동시대인들이 '과민성 자궁'은 여성의 본질적 약점에서 비롯하는 정신적, 신체적 질환이라고 주장했듯이, 19세기와 20세기 초의 의사들은 폐경과 그에 수반되는 증상들이 스트레스나 나쁜 소식, 과로(생선 장수처럼 '여성스럽지 못한' 직업의 압박)로 인해 생길 수 있다고 입을 모았다. 그리고 우리가 예상할 수 있듯이, 여성들의 심리치료사이자 악명 높은 병리학자였던 프로이트는 신경증적 폐경기 여성이라는 개념을 받아들여 활용하면서, 1913년에 월경을 멈춘 한 가련하고 불운한 생명체는 곧 "이전의 여성스러운 시기에는 보이지 않던 가학적이고 항문 성애적인 특성"을 보이기 시작했다고 주장했다.[4]

폐경은 20세기 들어서도 계속 부당한 욕을 먹었고 이런 비방은 1950년대와 1960년대에 절정에 이르렀다. 당시는 서구를 지배하고 있던 사고방식이 전후 새롭게 등장한 당당한 여성이라는 개념에 강하게 반발한 시기였다. 여성해방과 브라버닝bra-burnings 시위대가 눈앞까지 와 있었지만 (1968년에 뉴욕 래디컬 위민NYRW은 1969 미스 아메리카 행사장에서 여성을 억압하는 물건을 쓰레기통에 버리는 브라버닝 시위를 주최했고, 그곳에 수백 명의 페미니스트가 모였다–옮긴이), 주류 문화는 여전히 전통적인 성역할과 특징을 고수했다. 주류 문화의 틀 안에서 폐경은 비극이었다. 즉 애도해야 할 여성성의 상실이요, 시급한 관심이 필요한 내리막길이었다. 폴란드계 미국인 심리치료사로 이민을 떠나기 전 빈에서 프로이트의 지도 아래 연구했던 헬렌 도이치Helen Deutsch는 1958년에 여성의 "종족 번식을 위한 봉사가 멈추면 … 생식 기능이 쇠퇴하면서 아름다움이 사라지고, 여성 특유의 정서적으로 따뜻하고 생명력 넘치는 기운도 대개 사라진다"[5]라고 썼다. 미국의 부인과 의사 로버트 윌슨은 저서 《영원한 여성성Feminine Forever》(1966)에서 폐경기를 호르몬 결핍이 일어나는 위험한 시기로 새로 자리매김하면서 "어떤 여성도 이런 생체가 쇠퇴하는 공포를 피할 수 없다"라고 썼고, 시들시들한 자궁과 그 주인의 성기능 쇠퇴가 유발하는 "극심한 고통과 무력감"을 치료하는 방법은 에스트로겐 대체요법밖에 없다고 주장했다.[6]

당시의 광고는 폐경기의 '고통'과 '공포'가 여성이 아니라 그들의 남편에게 가장 큰 위협임을 분명히 했다. 1960년대의 한 광고에는 불만 가득한 버스 운전사와 함께 "그는 에스트로겐 결핍으로 고통받고 있습니다"라는 문구가 나오고, 그 옆에 있는 사진에는 중년 여성 승객의 비난하는 듯한 험악한 표정과 함께 "바로 그녀 때문이다"라는 펀치라인이 등장한다.[7] 호르몬 대체요법으로 최초로 널리 사용된 약물인 프레마린은 아내가 전형적인 심술쟁이 노파로 변해가는 것을 막아주는, 결혼생활을 구원하는 기적의 치료제로 홍보되었다. 1966년의 한 프레마린 광고에는 파티에서 두 남성과 이야기하고 있는 날씬하고 매력적인 여성이 등장한다. 그 여성은 한 남성이 하는 말을 듣고 열정적으로 웃고 있으며, 그 밑에는 "이 모습을 잃지 않도록 도와주세요"[8]라는 문구가 적혀 있다. 언외의 뜻은 누가 봐도 분명하다. 내면은 늙을지언정 겉모습은 이전과 다름없이 젊고 매력적이고 상냥하다는 뜻이다. 또 다른 광고에서는 "여성에게 프레마린을 처방하는 의사는 그녀를 다시금 함께 살기 유쾌한 존재로 만들어줍니다"[9]라고 말하며 의사들에게도 결혼생활의 행복을 유지하는 데 참여하라고 격려했다. 그 여성이 어떻게 느끼는지, 또는 그녀에게 무엇이 '즐거운지'에 대한 언급은 없고, 오직 파트너에게 미치는 영향만 중요한 것이다.

다행히 1960년대 이후 과학과 사회가 변화를 겪었다. 호르몬 대체요법에 대한 연구가 계속 이루어지면서 가장 안전하고 효과적인 치료법에 대한 정보를 제공하고, 이제 폐경에 관한 담론은 폐경기를 겪는 당사자의 건강과 행복에 초점이 맞춰지고 있다. 하지만 이 전환기에 대해 가장 잘 알고 있어야 할 당사자들에게 최신 개념과 최선의 치료법이 항상 전달되는 건 아니다. 폐경과 그것을 치료하는 최선의 방법을 둘러싼 의료계의 혼란은 지금도 계속되고 있는데, 가장 많은 정보를 가진 여성 의사들조차 때때로 자신의 폐경을 알아채고 관리하는 데 어려움을 겪을 정도다.

맨체스터의 일반의인 조 호드슨Zoe Hodson 박사는 개인적으로 힘든 시기를 겪은 후 폐경기에 전문적 관심을 갖게 되었다고 말한다. "흔히 일어나는 일이지만, 밤낮으로 [폐경이행기에 대해] 공부하면서도 나 자신이 그 시기를 통과하고 있다는 사실을 몰랐어요. 폐경이 왔고 그것이 나를 쓰러뜨렸죠. 그래서 난 20년 만에 처음으로 일을 쉬어야 했어요." 자신뿐만 아니라 많은 동료들이 폐경기를 종합적이고 효과적으로 치료하는 방법을 모른다는 사실을 깨달은 조는 이 문제에 대해 이렇게 말한다. "여성도 모르고 의료 전문가도 몰라요. [일반의로서] 호르몬이 어떻게 작용하는지는 대충 알죠. 하지만 폐경기 여성들은 계속 찾아오는데, 난 제대로 대응하지 못하고 있다는 생각이 들었어요. 답답했죠. 정보를 얻으려고 할 때마다 이건 아닌데 싶었어요. 마치 업데이트가 안 되거나 새로운 정보가 없는 것처럼 느껴졌죠."

그 후 조는 폐경기에 대한 나름의 노하우를 개발했고 지금은 다른 의사들에게 이 전환기를 이해하는 교육을 하고 있지만, 이 주제가 여전히 혼란과 잘못된 정보로 가득하다는 것을 솔직하게 인정한다. 여기에 성적 특징 감소에 대한 사회적 낙인과 생식 능력 쇠퇴에 따른 예상치 못한 상실감까지 더해지면, 폐경기가 자신을 잘 아는 여성(그리고 그녀의 의사)에게도 힘든 경험인 것이 놀랍지 않다.

최근에 폐경기를 둘러싼 담론에 새로운 목소리가 등장했다. 이들은 이 단계를 문제 있는 병리적 시기로 취급하기보다는 자궁의 폭거와 매달 찾아오는 그 시녀들인 통증과 출혈에서 해방된 것을 축하하자고 제안한다. '폐경기의 힘', '폐경 선언', '여전히 뜨겁다' 같은 대담하고 자신감 넘치는 제목의 책들은 권능감, 자신감, 섹슈얼리티의 부흥을 말한다. 폐경 후의 자유를 가장 강렬하게 주장하는 선언으로, 나는 피비 월러브리지가 제작하고 각본을 쓴 BBC 시리즈 〈플리백〉의 등장인물인 벨린다의 말이 떠오른다. 서른두 살의 여성 '플리백'이 여성 사업가들을 위한 시상식에 다녀온 후 칵테일을 마시며 우울하게 앉아 있는 모습을 본 쉰여덟 살의 벨린다는 플리백에게 폐경기 여성의 지혜가 담긴 한마디를 건넨다.

"[여자들은] 오랫동안 생리로 고통을 겪어. 우리는 그 고통을 가지고 태어나지." 반면 폐경은 "세상에서 가장 멋진 것"일 것이라고 벨린다는 약속한다. 그 시점이 되면 "넌 자유야. 더 이상 노예가 아니고, 더 이상 부품들로 이루어진 기계가 아니지. 넌 그냥 사람이야."[10]

만일 벨린다의 말처럼 여성이 "고통을 내장하고" 태어나고 그 고통을 유발하는 부위가 대체로 자궁이라면, 마침내 조용해진 자궁이 여성으로서는 기뻐할 일이라는 건 하나마나 한 말이다. 자궁의 은퇴는 월경, 출산, 그리고 자궁근종이나 자궁내막증 같은 수많은 질환이 주는 신체적 고통으로부터의 자유를 선사할 뿐만 아니라, 섹스와 출산을 무엇보다 우선시하는 사회에서 여성이 짊어져야 하는 부담스러운 짐에서도 해방시켜준다. "넌 그냥 사람이야." 폐경기를 지난 여성에 대해 벨린다는 이렇게 선언한다. 호르몬의 노예도, 잠재적 생식 파트너도, 생명을 잉태하는 그릇도 아닌, 마침내 자신의 인간성을 실현할 수 있는 그냥 사람이 되었다는 것이다.

조 호드슨은 "만일 우리가 그런 방향으로 나아갈 수 있다면, 그리고 여성이 훌륭하고 유능하고 멋진 존재임을 받아들일 수 있다면 폐경기가 좀 더 수월해질 것"이라고 말한다.

폐경기의 잠재력에 대해 쓴 많은 글이 있다. 현대의 지배적 서사는 이 시기를 여성이 자신을 탈바꿈시키는 역동적인 잠재력의 시기, 즉 육아나 경력 쌓기 같은 책임에서 벗어나 자신의 욕망을 탐색하고 즐기는 시기로 받아들일 것을 권유한다. 이 대목에서, 폐경기를 일종의 은유적 자궁으로 보는 한 작가의 말을 기억하면 좋을 것 같다. 즉 폐경기는 여성이 가장 자기답고 진실한 자신을 탄생시켜야 하는 시공간이며, 젊은 여성에게 요구되는 성적, 생식적 역할과 죽음이라는 생애 마지막 전환기 사이에 주어지는 자아실현의 황금시간이라는 것이다. 상상력이 풍부하고 호평받는 과학소설 작가인 어슐러 르 귄은 에세이 〈쭈그렁 할멈The Space Crone〉에서 폐경기 여성을, 자신을 잉태한 마법적인 경계에 있는 존재로 상상한다. 르 귄은 생식력이 꺾인 후에도 여전히 충만하고 만족스러운 삶을 살고 싶은 여성은 "자기 자신을 잉태해야 한다"라고 말한다. "자기 자신, 세 번째 자아, 노년기를 홀로 진통을 겪으며 낳아야 한다. … 그 임신은 길고 출산은 힘들다. 이보다 더 힘든 건 오직 하나, 남자들도 감내하고 통과해야 하는 최종 단계뿐이다."[11]

솔직히 이런 종류의 자아실현은 인생의 어느 단계에서나 생존, 번영할 수 있는 자원과 공평한 사회적 환경을 지닌 사람들만이 누릴 수 있는 특권이다. 하지만 진정으로 완성된 쭈그렁 할멈이 되는 길에 아무리 큰 장애물이 있다 해도, 폐경기를 자궁으로 보는 비유는 이전의 다른 비유들보다 더 강렬하고 진정성 있게 느껴진다. 그건 질병과 쇠락에 맞닥뜨리는 공포스러운 경험도, 속박되지 않은 여성의 힘을 찬미하는 낙천적 비전도 아니다. '자신을 잉태한' 쭈그렁 할멈은 마침내 여성 경험의 빛과 그림자를 구현한 존재로 다시 태어난다. 폐경기 여성의 탄생도 아기의 탄생과 마찬가지로 추하면서도 아름답고, 위험하면서도 기적적이며, 한 세계에서 다음 세계로 가는 육체적, 정신적 전환이다.

자궁절제술

: 부재와 전환

12

드디어 해냈다!
스테인리스 스틸과
장갑 낀 손으로
찐득찐득한 덩어리를 파내어
멸균된 유리병에 똑같이
나누어 담았다.

필리스 도일 페페, 〈자궁절제술〉

많은 여성들이 생리적 폐경이행기의 길고 느린 작별인사가 시작되기 훨씬 전에 자신의 자궁과 헤어진다. 또 나이든 여성 중에는 마지막 월경이 끝난 지 몇 년 후 자궁 통증에 시달리는 사람들이 있다. 기존 의학으로든 대체의학으로든 약물과 신중한 관리로 해결할 수 없는 문제가 몇 가지 있다. 일부 암은 약물 치료만으로는 안심할 수 없고, 일부 산후 출혈은 약물로 지혈할 수 없다. 탈출증, 월경 과다, 또는 지속적인 자궁근종 같은 질환은 겉으로는 순해 보여도 삶의 질을 심각하게 떨어뜨릴 수 있다. 이런 경우 유일한 해결책은 자궁을 제거하는 것, 즉 자궁절제술이다.

자궁절제술은 가임기 여성이 제왕절개 다음으로 많이 받는 수술로, 전 세계에서 매년 100만 건 이상 시행된다.[1] 미국에서는 여성의 3분의 1이 60세 무렵이면 자궁절제술을 받고,[2] 자궁 없는 부상당한 도보군 무리에 편입된다. 현재 자궁절제술은 지나고 나서야 알게 되는 지혜와 역사의 교훈 덕분에, 합병증이 아예 없는 것은 아니지만 처음보다 훨씬 안전해졌다. 서기 120년 에페수스의 소라누스는 괴저성 자궁탈출증을 치료하기 위해 질을 통해 문제의 장기를 제거했다고 전해진다. 그 환자는 (이후 수 세기에 걸쳐 훨씬 더 많은 환자들이 그랬듯이) 생존하지 못했다. 일찍이 1670년에 영국의 남성 조산사였던 퍼시벌 윌러비Percival Willughby는 환자를 살린 자궁절제술을 상세하게 기록했다. 환자 자신이 직접 수술을 시행했다는 점에서 이 기록은 더욱 주목할 만하다. 지역 여성 페이스 레이워스는 '무거운 석탄'을 옮긴 후 지속적인 자궁탈출증으로 고생하다가 고육지책을 쓸 수밖에 없게 되었다. 그녀는 자궁을 제자리로 집어넣으려다 실패하자("그녀는 종종 그것을 밀어올렸지만 이내 내려왔다") 스스로 문제를 해결하기로 결심했다. 윌러비는 이렇게 쓴다.

> 통증 때문에 괴롭고 불만스럽고 지쳤던 그녀는 직접 치료하고자 정원으로 나가 그것[자신의 자궁]을 잡고 뽑아내 잘랐다.

당연히 "엄청난 피가 쏟아져 나왔으며," 페이스는 방광과 질의 일부도 절단됐다는 유쾌하지 않은 사실을 알게 되었다. 윌러비가 불려와 "이중 꼬임 실크사"로 임시 복구를 했지만 금방 실밥이 풀렸고, 페이스는 영구적인 요실금을 앓게 되었다. 윌러비는 이렇게 회상한다.

> 파열된 구멍으로 소변이 다시 흘러나왔다. 그녀는 이 고통을 안고 몇 년을 더 살다가 치료받지 못한 채 사망했다. 밤이나 낮이나 의식하지 못하는 사이에 소변이 계속 흘러내렸다.[3]

의학사가들은 고약하게도 조롱하듯 이 이야기를 하지만 (멍청한 여자 같으니라고! 이럴 줄 몰랐나?) 사실 페이스 레이워스의 사연은, 여성들이 고통스럽고 때로는 상상할 수 없을 정도로 암울한 결과를 무릅쓰고 자신의 부인과 질환을 관리하기 위해 어떤 일까지 하는지 보여주는 슬픈 증거다.

자궁절제술은 19세기까지도 계속 환자와 시술자 모두에게 문제가 되는 수술이었지만, 그 무렵 영국과 미국의 의사들이 복부를 통한 자궁절제술(질을 통해 적출하는 더 위험한 방법 대신 복부를 절개해 자궁을 제거하는 수술)을 개발해 다양한 수준의 성공을 거두었다. 1885년 에든버러의 의사 토머스 키스 Thomas Keith는 런던, 베를린, 워싱턴에서 동료 외과의사들의 노력에도 불구하고 환자 셋 중 한 명이 사망하는 현실을 개탄했다. "지금까지 자궁절제술은 득보다 실이 많았다. 그렇다면 차라리 하지 않는 편이 더 나았을 것이다. 만일 그것이 이 수술로 얻을 수 있는 최선의 결과라면 하루라도 빨리 이 수술을 그만두는 게 낫다."[4] 다행히 키스는 스코틀랜드의 소독법이 황금기를 구가하던 시기에 의사 생활을 하는 행운을 누렸고, 자궁절제술 과정에서 자궁경부를 소작하는 새로운 기법을 도입해 환자의 사망률을 약 8퍼센트로 낮췄다. 감염 관리와 소독법의 여러 혁신 덕분에 자궁절제술은 이제 죽기 직전인 사람들에게만 시행되는 최후의 수단이 아니었다. 음순 사이에 거머리를 넣는다거나(탈출중인 경우) 자궁을 석탄산으로 세척하는(심한 출혈 시) 등 당시 유행하던 치료를 받을 뻔했던 여성들에게는 더없이 반가운 소식이었을 것이다.

시간이 흐르면서 자궁절제술은 20세기 부인과 의사들의 흔한 영업 도구가 되었고, 수술 후 회복은 느려도 일반적으로는 충분히 안전했기 때문에 표준 시술로 채택되었다. 그 뒤로 이 수술에는 큰 변화가 없다가, 1988년 최초의 복강경 자궁절제 수술, 일명 '키홀keyhole 수술'이 펜실베이니아의 한 의사에 의해 시행되었다. 2002년에는 텍사스 의료진이 원격으로 제어되는 기계 '팔'을 환자의 골반 깊이까지 집어넣는 최초의 로봇 자궁절제술을 시행했다. 최소 침습적 수술이 표준이 된 지금, 자궁절제술은 소라누스가 칼을 들었던 때, 그리고 페이스 레이워스가 자신의 자궁을 스스로 끄집어냈던 때로부터 큰 발전을 이루었다.

자궁절제술을 받은 여성들에게 그 경험은 여성성을 잃었다는 상실감부터 통증과 출혈에서 해방되었다는 기쁨에 이르기까지 다양한 감정을 불러일으킬 수 있다. 켄트에 사는 예순네 살의 간호사 이본은 자궁내막암으로 진단받은 후 자궁절제술이 불가피하다는 사실을 알게 되었다. 생명을 구할 수 있는 치료를 받게 되어 안도한 것도 잠시, 이본은 슬픔을 느꼈고 심지어 배신감마저 들었다.

"내게 아름다운 가족을 선사한 자궁이 이제 내게서 등을 돌리고 나를 죽이려 하고 있었고, 내가 원치 않으며 내게 위험한 다른 생명체를 몰래 키우고 있었다는 게 슬펐어요."

이본은 내게 보낸 가슴 아플 정도로 상세한 장문의 이메일에 이렇게 썼다. 애도의 감정도 담겨 있었다. "자궁이 더 이상 필요하지 않다는 걸 알면서도 여성의 필수적인 기관을 잃는 것에 상실감을 느꼈어요." 수술 후 담당 의사가 몇 장의 사진을 보여주었을 때 이 전환이 극명하게 다가왔다. "담당 의사가 내 자궁 부위의 수술 전후 사진을 보여줬어요. 자궁이 제자리에 있는 사진은 놀라웠어요. 교과서에서 본 대로 나팔관이 골반을 향해 양옆으로 펼쳐져 있었어요. 색깔도 놀라웠어요. 이토록 완벽하다는 걸 믿을 수가 없었죠. 다음 사진에서는 그곳이 텅 비어 있었어요. 그때 엄청난 상실감과 안도감이 동시에 밀려왔던 걸로 기억해요. 정말 복잡한 감정이었죠." 이런 양가감정에도 불구하고 이본은 자기 몸을 알고 치료를 위해 끈질기게 노력한 덕분에 결국 정확한 진단과 성공적인 수술을 받을 수 있었다는 점에 자부심을 느낀다. "그 뒤로 난 여성들에게 자기 몸에 귀를 기울이고 정상적이지 않은 분비물이나 출혈을 그냥 넘기지 말라고 말하고 싶었어요. 이 이야기를 당신과 함께 나눌 수 있어서 기뻐요."[5]

다른 많은 여성들도 자신이 받은 자궁절제술 이야기를 함께 나누기 위해 내게 연락해왔는데, 수술의 목적이 생존이 아니라 삶을 개선하는 것인 경우도 있었다. 호주에 사는 은퇴한 교사 데니스는 자궁절제술로 평생 시달린 통증과 출혈에서 해방된 후 자궁절제술의 '복음'을 알리는 전도

사가 되었다고 말한다. 열두 살에 첫 생리를 시작한 뒤로 데니스는 매달 시련을 겪었다. 그녀의 말에 따르면 "고통을 멈출 뾰족한 방법이 없었다." 진통제와 처방약은 효과가 없었고, 학교와 직장을 며칠씩 빠져야 했다. 마침내 서른여덟 살이 되던 해 초음파 검사에서 자궁에 커다란 근종이 있는 것을 발견한 후 의사가 자궁절제술을 권했다.

"난 하겠다고 했어요!" 데니스는 그 무렵 아이가 둘이라서 가족이 완성되었다고 느꼈다. 회복은 느렸지만 이후 10년 동안 "생리에 대한 걱정 근심 없이" 빠르게 경력을 쌓은 데니스는 이제는 "자유롭다"라고 표현한다. 그녀는 자신의 경험을 다른 사람들과 공유하고 싶어 하며, 온라인 커뮤니티와 소셜미디어에서 자주 그렇게 한다.

"우리는 그 일에 대해 말하지 않으려는 경향이 있지만"(그때는 지금보다 더했다) 말하지 않으면 "출혈과 통증 때문에 집이나 침대에 갇혀 있다가 이렇게 해방되었다는 것을 다른 사람들이 어떻게 알겠어요?"[6]라고 데니스는 말한다.

또 다른 여성의 해방 이야기는 씁쓸하고 비극적이었고 궁극적으로는 구원을 가져다주었다는 점에서 특히 눈에 띈다. "여성, 그리고 그들의 자궁과 질을 지키고 존중하는 데 도움이 되고자 부인과 간호사가 되었어요." 뉴욕에 사는 스테퍼니는 이메일에서 이렇게 말한다. "마흔다섯 살에 자궁 탈출증 때문에 자궁절제술을 받았어요. 하지만 이 수술을 받게 되어 안도한 데는 탈출증의 불편함 말고 다른 이유도 있었어요. 난 10대 때 강간을 당했어요. 당시 생리 중이어서 이후 많은 피를 닦아내야 했죠. 그날 밤부터 매달 생리가 시작될 때마다 강간을 떠올리게 되었어요. 자궁을 제거하자 비로소 매달 되살아나는 그 기억에서 벗어날 수 있었어요. 이제는 감정적으로 힘든 자궁세포진 검사를 받지 않아도 되고요."

스테퍼니는 자신의 이야기가 끔찍하지만 생각보다 훨씬 흔한 경험일 수 있다고 지적한다. "이 일을 겪은 여성이 나만은 아닐 거예요. 하지만 입 밖으로 꺼내긴 매우 힘들죠. 그건 강간이라는 금기 안에 감추어진 또 다른 금기예요. 물론 생리 중에 성폭행을 당한 여성도 많을 거예요."7 스테퍼니의 자궁절제술은 의학적 이유로 시행되었지만, 그녀를 비롯한 수많은 여성에게 매달 반복되는 트라우마에서 벗어날 수 있는 반가운 부산물을 가져다주었다.

스테퍼니, 데니스, 이본, 그리고 이들과 비슷한 많은 여성들에게 자궁은 고통과 연결되어 있고, 따라서 자궁절제는 그들에게 자율과 평화를 가져다준다. 하지만 어떤 여성들에게 자궁절제술에 대한 이야기는 그것이 생식 능력의 반갑지 않은 조기 종말을 상징한다는 사실을 인정하지 않고는 완성될 수 없다. 리즈에 사는 법무관 나탈리아는 심각한 자궁내막증으로 인해 극심한 통증과 출혈을 겪으면서도 가족을 꾸리겠다는 희망으로 수년간 자궁을 붙들고 있었다. 골반 전체에 흩어져 있는 병변을 치료하기 위해 열 번의 복강경 수술을 받은 나탈리아는 침습적이고 값비싼 불임 치료를 끈질기게 시도했다. 처음에는 자궁 내 수정이었고 그 다음에는 시험관 수정이었다. "그때는 임신이 될 거라는 희망을 품고 있었어요. 불행히도 그런 일은 일어나지 않았고 결국 남편과 헤어졌어요."

몇 년간 통증이 악화된 후 나탈리아는 결국 견딜 수 없는 지경에 이르렀다. "30대 후반에 접어들자 격주로 생리를 했고 극심한 통증에 시달렸어요. 자궁내막증은 이제 장, 방광, 난소에도 전이되었어요. 몇 년 동안 다양한 약물로 통증을 관리했지만 이제는 일상생활에 지장을 주는 단계에 이르렀죠." 마침내 새로운 의사가 최종 복강경 수술을 시행했을 때 상태가 얼마나 심각한지 드러났다. "난소는 붕괴되었고, 장과 방광이 유착되어 있었으며 자궁은 완전히 엉망진창이었어요. 담당 의사가 본 최악의 케이스 중 하나였죠. 완전한 자궁절제술이 필요했고 그것도 아주 빨리 해야 했어요. 이제 아이를 가질 수 없게 되었죠. 난 망연자실했어요. 내가 여자처럼 느껴지지 않았고, 나 자신을 떠나보낸 것 같았죠."[8]

지금은 나탈리아도 수술 후 삶의 질이 높아진 것을 감사하게 생각한다. "즉시 통증이 사라졌어요. 그 수술은 신체적으로는 내게 최선의 선택이었어요." 하지만 자궁으로 인해, 그리고 더 이상 가질 수 없는 가족으로 인해 깊고 지속적인 상실감을 느꼈다. 그녀는 이 이야기를 하고 있으니 마음이 심란해서 당황스럽다고 말한다. "그 일이 깊은 영향을 줬나 봐요. 사실 이젠 아무렇지 않을 줄 알았어요. 이런 감정이 들다니 정말 뜻밖이에요."

나탈리아는 자궁절제술에 대한 자신의 깊은 감정에 놀랐을지 모르지만, 그녀만 그런 건 아니다. 자궁절제술 경험을 조사하는 사회학자인 안드레아 베커는 많은 여성이 수술을 받고 나서 수년 동안 자신의 여성성을 잃어버린 것에 슬픔을 느낀다고 말한다.

"내가 만난 한 여성은 거울에 '넌 아직 여자야'라고 적힌 포스트잇을 붙여놓았어요. 자궁은 자기정체성과 불가분의 관계가 있고, 따라서 자궁 제거는 자궁의 존재만큼이나 강렬한 사건임을 우리 모두에게 상기시키는 사례예요."

실제로 자궁절제술이 여성의 정신건강에 상당한 영향을 미친다는 증거가 있다. 2100명 이상의 여성을 22년 동안 추적 관찰한 조사에 따르면, 자궁절제술을 받은 여성의 경우 장기적으로 새로운 정신질환을 진단받을 위험이 높았다. 구체적으로 우울증 위험이 6.6퍼센트 더 높았고, 불안증 위험은 4.7퍼센트 더 높았다. 가임기이자 출산 적령기인 18세부터 35세 사이에 자궁절제술을 받은 여성은 우울증 위험이 12퍼센트나 더 높았다.[9] 전반적으로 말하면, 자궁절제술은 불안과 성 심리적 기능 저하에서부터 정신병에 이르는 다양한 질환과 관련이 있었다. NHS 온라인 사이트에는 자궁절제술이 삶에 미치는 영향을 한마디로 요약하고 있다. "자궁 적출은 상실감과 슬픔을 일으킬 수 있다."[10]

자궁이 있든 없든 많은 여성들은 자기정체성이 생식 능력에서 시작되고 생식 능력으로 끝난다는 말을 들으면 당연히 분개할 것이다. 자녀가 없는 사람은 스스로 써붙인 포스트잇을 구슬프게 쳐다보고 낳은 적도 없는 아기를 그리워하는 슬프고 외로운 인생을 살 것이라는 생각은 위험할 정도로 시대착오적이며, 여성의 정체성을 어떤 틀에 집어넣는 다른 모든 해로운 클리셰와 함께 역사의 쓰레기통에 던져져야 마땅하다. 데니스, 이본, 그리고 그들과 비슷한 많은 사람들은 자궁절제술이 적절한 상황에서 한 사람의 시야를 좁히기는커녕 넓힐 수 있음을 인정할 것이다. 하지만 그들이 모르고 있는 (그리고 내게도 상당히 충격적이었던) 사실은 자궁 적출이 정체성, 감정, 일상 기능의 중추인 뇌에 근본적인 영향을 미칠 수 있다는 사실을 과학자들이 이제 막 이해하기 시작했다는 것이다.

자궁과 뇌의 연결을 조사한 최신 연구를 보려면 애리조나주 투손으로 가야 한다. 선인장이 산재한 사와로국립공원과 린콘산맥의 눈 덮인 봉우리 사이에 아늑하게 자리 잡은 대학 연구실에서 행동신경과학자 팀이 쥐를 가지고 특별한 실험을 하고 있다. 애리조나대학교의 홍보에 따르면, 그곳은 "보이는 모든 것이 경이로움으로 가득하고", "석양에 물든 구름과 다이아몬드가 박힌 밤"하늘 아래 상상력이 "불붙는" "사막의 원더랜드"다.[11] 하지만 그 교수와 쥐들이 밝혀낸 사실은 이 과한 문장보다 더 기상천외하다.

이 논문의 수석 저자인 스테퍼니 코벨레Stephanie Koebele 와 그 연구팀은 쥐를 네 집단으로 나누었다. 첫 번째 집단 은 난소만 제거했고, 두 번째 집단은 자궁만 제거했으며, 세 번째 집단은 난소와 자궁을 모두 제거했고, 네 번째 대 조군 집단은 '가짜' 수술(장기를 실제로 제거하지 않고 복부를 열었 다 닫는 수술)을 받았다. 수술 6주 후 쥐들에게 미로 찾기 훈 련을 시켰는데, 결과는 충격적이었다(장마르탱 샤르코가 들었다 면 그의 멋진 몽마르트르 무덤에서 벌떡 일어났을 것이다).

자궁만 제거하는 수술을 받은 쥐들은 미로 찾기 실수를 더 많이 했고 전반적으로 미로를 더 어려워했다. 이 쥐들과 나머지 쥐들 사이에 다른 차이는 전혀 없었다. 호르몬의 결 핍이나 변화가 일어난 것도 아니었고, 특별한 약물을 투여 하거나 기타 장애가 있는 것도 아니었다. 단지 자궁을 제거 하는 것만으로도 쥐들의 인지능력에 뚜렷한 영향을 미칠 수 있었다. 이 기관이 (또는 이 기관의 부재가) 기억과 공간 인 식에 조금이라도 영향을 미친다면, 사고와 기능의 다른 측 면에도 영향을 미치지 않을까?

코벨레와 공동 저자들은 논문에서 "임신하지 않은 자궁 은 휴면 상태라는 것이 정설"이라고 말한다. 다시 말해 수 천 년 동안 우리는 자궁의 목적이 오직 생식이라고 믿었다. 자궁은 아기를 준비하기 위해 월경을 하고, 아기를 잉태해 내보낸 다음에는 쓸모없는 존재가 되어 주인의 골반에서 조용히 죽음을 기다린다고 생각했다. 하지만 애리조나대학교 연구팀은 이번 연구 결과가 '난소-자궁-뇌 시스템'의 존재를 암시한다고 주장한다. 생식기관을 떼어내면 이 시스템이 끊어져 뇌 기능에 변화가 일어난다는 것이다.[12]

연구팀은 임신하지 않은 자궁은 **"휴면 상태가 아니다"**라고 주장한다. 그 대신 자궁은 아직 잘 이해되어 있지 않은 어떤 근본적이고 강력한 방식으로 뇌와 소통하고 있다고 생각한다. 자궁과 인지 기능 사이에 모종의 중요한 대화가 이루어지고 있는 것으로 보이며, 이 대화는 (매년 수많은 자궁이 처하는 운명처럼) 자궁이 제거되어 병원 소각장으로 보내질 때 갑자기 멈춘다.

이 새로운 데이터가 여성들에게 권능감을 준다고 주장하는 사람도 있을 것이다. 자궁이 지금까지 생각하지도 못한 놀라운 일을 할 수 있다는 말이니까! 여성은 아름답고 신비로우며 다면적인 존재이고, 여성의 생식기관은 과학이 알아낸 것보다 훨씬 더 정교하다는 말이니까! 그러나 이 새로운 연구 결과에 경악하는 사람들도 있을 수 있다. 그런 사람들은 애리조나 연구를 두고, 여성의 뇌가 장난스럽고 오작동하는 자궁에 휘둘린다는 환원적인 생식 이야기의 또 다른 버전이라고 주장할 것이다. 하지만 어쩌면 이 연구는 행동과 생식기관 사이의 관계를 양자택일의 문제로가 아니라 보다 미묘한 방식으로 접근하는 사고방식의 문을 열 수 있을지도 모른다. 자궁과 뇌의 관계를 원시적이고 위험하며 부끄러운 것으로 가정하는 대신 여러 인지적, 정서적 의미를 고려하는 것이 더 생산적이고, 궁극적으로는 더 정확할지도 모른다. 최근 뇌와 장 사이의 비슷한 관계를 뒷받침하는 증거가 점점 늘고 있는데, 장은 사회적-성적 구성물이라는 부담에서 비교적 자유로운 시스템이다.[13] 조만간 자궁도 여성적 어리석음의 근원이라는 오명을 벗고, 장과 마찬가지로 생각과 감정에 영향을 미치며 이를 향상시키기까지 하는 여러 복잡한 요인 중 하나로 인식될지도 모른다.

쥐 실험은 우리가 아직 자궁절제술의 영향을 완전히 알지 못하기 때문에 항상 신중하게 접근해야 한다는 것을 의료진과 예비 환자들에게 상기시키는 일종의 교훈이 되어야 한다. 2015년 미시간대학교에서 발표한 한 논문은 주의가 필요하다는 생각에 힘을 실어준다. 양성(즉 생명을 위협하지 않는) 질환으로 인해 자궁절제술을 받은 3397명의 여성 중 18퍼센트가 자궁절제술로는 '해결되지 않는 병'을 가지고 있는 것으로 밝혀졌다.[14] 즉 이 연구 결과는 자궁절제술이 필요하다는 수술 전의 판단을 뒷받침해주지 않는다. 수술 다섯 건당 한 건은 사실상 불필요했다. 이 냉혹한 결과는 현재 법적 지침에도 반영되어 있다. 예를 들어 미국산부인과의사회는 양성 질환일 경우 자궁절제술을 고려하거나 시행하기 전에 '1차 관리'로 다른 형태의 호르몬 치료와 의학적 치료를 시행할 것을 권고한다.[15] 크리스틴 메츠 박사는 "자궁이 건강하다면 가능한 한 오래 유지해야 한다"라고 말한다.

***

건강한 자궁을 가졌음에도 자궁절제술의 사회적, 정서적 이점 때문에 신체적, 인지적 부작용을 감수하는 사람들이 있다. 라이언 샐런스도 그중 하나인데, 그의 이야기는 1986년 네브래스카주 오로라에서 시작된다. 당시 라이언은 일곱 살이었고, 면적이 8제곱킬로미터도 안 되고 인구가 겨우 5000명인 이 작은 마을에서 스스로를 '시골 아이'라고 불렀다. 오늘날 오로라는 "가능성이 무한한 곳"이라고 선전하지만, 일곱 살의 라이언은 자신의 인생이 어떻게 될지 알고 있다고 생각했다. 그는 자신이 나무를 오르고 동물과 함께 있는 것을 좋아하고, 자연 속에 혼자 있을 때 자유롭고 행복하다는 것도 알고 있었다. 다만 한 가지 문제가 있었다. 부모님과 그를 아는 모든 사람들에게 그는 아직 라이언이 아니었다. 1986년 그는 킴벌리 앤 샐런스였고 여자아이였다. 어느 날 문득, 자연을 좋아하는 이 금발의 아이는 이것이 문제라는 생각이 들었다.

 "우리 가족은 뒷마당에 수영장이 있는 주택 단지에서 나무와 정원을 가꾸며 살았어요. 난 지금과 마찬가지로 야외 활동을 좋아하는 아이였고요. 난 자연이 필요한 사람이에요." 영상통화에서 라이언은 말한다. 네브래스카는 아직 비교적 이른 시간이지만 그럼에도 그는 활기 넘치는 목소리로 자신의 경험을 나누고 싶어했다. 그의 책상은 깔끔하고,

수염은 단정하게 다듬어져 있으며, 그의 머릿속에는 자유분방했던 어린 시절에 대한 기억이 아직도 생생했다.

"나무에서 놀다가 집으로 돌아왔던 날을 기억해요." 그는 그날을 떠올린다. "저녁 식사를 하려고 화장실에서 손을 씻고 있었어요. 그러다 거울에 비친 내 모습을 보았는데 어떤 목소리가 내게 '넌 여자야. 남자가 아니야'라고 말했어요. 순간적으로 두려운 생각이 들었어요. 거슬리는 사람이 될까봐서가 아니라, 여성의 몸에 대한 두려움 때문이었어요. 그 순간 두려움이 나를 압도했죠. 그때까지 난 여자도 남자도 아니라는 환상 속에서 살고 있었거든요. 그 목소리를 듣고 마음속으로 '이런 망할'이라고 생각했죠."

인지부조화로 인한 변화가 일어난 순간이었다. 라이언의 자아 감각과, 사회와 어떤 더 높은 질서의 '목소리'가 요구하는 정체성이 충돌했다.

"왜 신이 나를 여성으로 만들었는지 이해할 수 없었어요. 그건 내가 아닌데 왜 그렇게 살아야 하죠?" 처음에는 이 여성성의 문제가 불편하긴 해도 막연한 느낌에 불과했다. 하지만 중서부의 평평한 지평선에 몰려오는 토네이도의 어두운 소용돌이처럼 사춘기가 다가오자, 자신이 여자라는 사실이 현실로 느껴졌고 앞날이 끔찍했다.

"초등학교 6학년 때였어요. 한 무리의 여자아이들이 학교 도서관에 모여 있었는데, 간호사인지 조산사인지 어떤 분이 들어오더니 생리에 대해 설명하기 시작했어요. 그때 내게도 그런 일이 일어나겠구나 생각했죠. 중학교 때는 여학생들이 자신이 생리 중이면 빨간색 펜으로 쪽지를 적어 친구 사물함에 넣어두곤 했어요. 무슨 나쁜 의도가 있어서가 아니라 일종의 생리 클럽 같은 것이었지만, 나는 절대로 그중 하나가 되고 싶지 않았어요. 생리를 원치 않았어요. 그러다 열두 살 무렵 실제로 월경을 시작했고 무서웠어요." 라이언은 매달 자신의 생물학적 정체성을 상기시키는 월경에 공포를 느꼈고, 생리가 심하고 고통스럽자 공포가 더 심해졌다. "물론 월경을 긍정적으로 경험하고 생리주기를 사랑하는 법을 배우는 사람들도 있을 거예요." 대화를 나누는 동안 그는 가능한 한 포용적이 되려고 노력했는데, 이때도 그런 순간 중 하나였다. "하지만 난 절대 그렇게 되지 않았어요. 생리가 매번 너무 심했어요. 정말 끔찍했고 당황스러웠죠."

매달 생리 트라우마가 재발했다. 시간이 갈수록 내면의 정체성이 육체적 자아와 고통스러운 불화를 일으켰다. 이 갈등은 그를 우울증에 빠뜨렸고, 점점 더 자기파괴적인 행동으로 몰아가다가 대학 시절 거식증으로 정점에 이르렀다. 라이언은 처음에는 굶으면 생리가 멈춘다는 사실이 좋았다고 말한다.

"정말 좋았던 것 중 하나는 더 이상 월경에 대해 걱정할 필요가 없다는 거였어요. 이제 살 것 같았어요. 무월경이라는 부작용이 정말 반가웠어요."

하지만 시간이 흐를수록 라이언은 여성의 해부학적 특징이 점점 더 불편해졌고, 그런 와중에 다른 선택지가 있다는 것을 알게 되었다. 일곱 살 때 화장실에서 일종의 자기계시를 받은 공포의 그날부터 그를 끈질기게 쫓아다닌 인지부조화에서 헤어날 수 있는 길이 있었다. 그는 여성으로 태어났으나 나중에 호르몬 치료와 수술을 통해 남성으로 전환한 사람들의 사진집을 발견했다. 이 강렬한 사진들을 보며 이들이 자신과 같은 사람들이며 이 길이 자신의 길임을 깨달았다. 그는 먼저 '상부 수술'[유방 조직을 제거하는 수술]을 받았고, 그다음에는 테스토스테론을 복용하면서 가장 근본적인 호르몬 수준에서 몸과 마음을 변화시켰다. 하지만 그는 자기 몸의 겉모습이 내면에서 느끼는 방식과 일치하는 날을 꿈꿨다. 이런 전환을 위해서는 그를 원치 않는 여성으로 만든 기관, 즉 매달 통증과 출혈로 그를 괴롭히는 골반 속의 꽉 쥔 작은 주먹을 제거해야 한다는 것을 직관적으로 알았다.

"궁극적인 목표는 자궁절제술이었어요. 테스토스테론을 복용하는 트랜스젠더 남성에게 흔히 있는 일인데, 경련이 점점 심해지기 시작하더니 한 달 중 3주는 밤에도 경련이 멈추지 않는 지경에 이르렀어요. 잠을 잘 수 없을 정도였죠." 몇몇 사람들(이를테면 '생리는 선택'을 외치는 집단 같은)은 경구 피임약을 연속적으로 복용해 생리와 생리통을 멈추지만, 남성으로 전환하는 사람들 대부분은 이 방법을 받아들이지 못한다. 피임약에 포함된 프로게스테론과 에스트로겐이 그들로서는 용납할 수 없는 '여성'의 기능과 특징을 지속시키기 때문이다. 라이언에게 길은 하나뿐이었다.

"난 치료도 원치 않았고 통증을 관리하는 그 어떤 방법도 원치 않았어요. 그냥 그걸 없애고 싶었어요."

라이언은 포용적인 산부인과 의사를 수소문하고 미국건강보험의 복잡한 절차와 씨름하기 시작하면서, 자신이 지금 어떤 시스템을 통과하고 있는지 알게 되었다. 그것은 광범위하게 말해, 세계 트랜스젠더 건강을 위한 전문가협회 WPATH가 정한 치료 기준을 따르는 시스템이다. 많은 의료 전문가들이 '기준'이라고 부르는 이 지침(2012)은 환자와 의료진 모두를 위해 세계적으로 일관된 경로를 만드는 것을 목표로 한다. 여성에서 남성으로 전환하는 사람들이 자궁 절제술을 받을 경우 WPATH는 다음과 같은 기준을 충족할 것을 권고한다. "지속적이고 입증된 젠더 위화감", 동의할 수 있고 정보에 입각한 선택을 할 수 있는 온전한 정신 능력, 성년 연령, 의학적 정신적 건강 문제가 있는 경우 잘 관리되고 있을 것, 수술 전 12개월 연속 호르몬 치료를 받을 것[16] 등이다. 이 조건 자체는 명확할지 모르지만, 이 경로를 통과하면서 누구나 우여곡절과 좌절감을 겪을 수 있다. 대개 긴 대기자 명단, 수많은 시술 제공자의 장황한 소견, 기관 간의 협력(일반의 및 주치의, 전문 성정체성 클리닉, 그리고 병원의 외과 및 부인과 병동)을 요구하기 때문이다. 매년 라이언 같은 남성들이 이 절차를 정확히 어떻게 헤쳐 나가는지 파악하는 것은 불가능하다. 가장 큰 이유는 의료 제공자, 규제 기관, 보험회사의 공식 데이터가 대개 환자를 성별에 따라 집계하지 않으며, 어떤 경우에는 트랜스젠더 정체성 자체를 인정하거나 포함하지 않기 때문이다. 2019년 뉴욕대학교 연구팀의 리뷰 논문에 따르면, 트랜스젠더 남성의 42~54퍼센트가 성확정수술을 받은 것으로 추정되지만, 이런 수술이 항상 자궁이나 기타 여성 생식기의 제거를 수반하는 건 아니다.[17] 2015년 미국 트랜스젠더 서베이가 미국 전역의 2만 7000명을 대상으로 실시한 사상 최대 규모의 조사에 따르면, 스스로 트랜스젠더라고 밝힌 남성 중 총 71퍼센트가 이미 자궁절제술을 받았거나 '언젠가' 받기를 원한다고 응답했다.[18]

트랜스젠더 남성이 자궁절제술을 원하는 이유는 남성 자체만큼이나 다양하다. 글래스고에 있는 샌디퍼드 성정체성 클리닉의 고문 정신과의사 데이비드 거버David Gerber 박사는 자신을 찾아오는 환자의 상당수가 라이언 샐런스처럼 테스토스테론으로 인한 극심한 통증을 호소할 뿐만 아니라, 생리와 생리가 상징하는 모든 것에 거부감을 보인다고 말한다.

"많은 트랜스젠더 남성이 월경을 한다는 사실을 싫어합니다"라고 데이비드는 말한다. 나아가 "일부 트랜스젠더 남성은 임신한다는 생각을 혐오합니다"라고 덧붙인다. 이 지점에서 지적해야 할 중요한 사실이 있다. 많은 트랜스젠더 남성이 임신이 목적이든 아니면 다른 목적을 위해서든 가지고 태어난 내부 및 외부 생식기를 유지하는 쪽을 선택한다는 것이다. 2008년 〈피플〉 표지에 임신한 배를 드러낸 토머스 비티의 사진이 실리면서 이른바 '최초의 임신한 남성'으로서 전 세계에 큰 파장을 불러일으켰지만, 다른 출처들은 트랜스젠더 남성들이 적어도 1980년대부터 아이를 임신하기 위해 자신의 자궁을 사용했음을 가리킨다.

"아이를 갖고 싶다는 욕망은 남성의 것도 여성의 것도 아닙니다"라고, 비티는 이후 오프라 윈프리와의 인터뷰에서 말했다. "그건 인간의 욕망입니다. 전 세계의 트랜스 남성인 친부모들이 계속해서 느끼고 있는 욕망이죠."[19] (데이터 수집이 불완전한 탓에 그런 부모의 실제 숫자가 가려져 있지만, 예를 들어 호주에서는 2009년부터 2019년까지 트랜스젠더 남성에 의한 출산을 250건으로 기록했다.)[20]

사회학자 안드레아 베커Andréa Becker는 사실 많은 트랜스젠더 남성이 자궁에 긍정적이거나 부정적인 감정적 의미를 부여하지 않고 오히려 중립적인 거리를 둔다고 말한다. 이런 남성들에게 자궁은 성정체성과 연결된 무언가라기보다는 맹장처럼 제거해야 할 불필요한 부분일 뿐이다.

안드레아는 "트랜스젠더 남성들 사이에 중립적인 태도가 더 널리 퍼져 있다는 것을 알 수 있습니다"라고 말한다. "그들은 이런 식으로 생각합니다. '음, 이 수술은 필요해서 하는 것뿐이야. 편도선을 제거해야 한다면 수술이 필요한 것처럼 말이야. 애초에 편도선은 없어야 하는 거였어.' 물론 긍정적인 이야기도 있습니다. 예를 들어 '수술하니 정말 좋군. 훨씬 더 나처럼 느껴져.' 하지만 내가 보기에 자궁절제술은 행정 절차와 비슷한 일인 것 같습니다."

라이언은 항상 '궁극적 목표'로 생각했을 정도로 자궁 제거를 강렬히 소망했던 사람이지만, 수술 일주일 전 예기치 않게 모순된 감정이 밀려왔다. 난소를 제거하기로 한 결정도 이런 양가감정의 물결을 부추겼다.

그는 그때를 이렇게 회상한다. "가슴 수술, 테스토스테론 투여, 베오그라드까지 날아가서 받은 하부 수술 등 많은 일을 했지만 후회는 없었어요. 좋았고, 대체로 침착했어요. 하지만 자궁절제술을 받기 일주일 전 엄청난 상실감과 의문이 나를 훑고 지나갔어요. 내 유전자를 물려줄 방법이 영영 사라진다는 걸 깨달았기 때문이죠. 스물여섯 살의 나이에 내리기에는 큰 결정이었어요. 그래서 나 자신에게 애도하고 극복할 시간을 줘야 했어요."

그 뒤로 거의 20년이 지난 지금, 라이언은 수술과 이후 회복에 대해 이야기하며 지나고 나서야 생기는 지혜를 보여준다. 그는 아직도 불쑥불쑥 올라오는 생식력 상실에 대한 슬픔을 낙관적으로 받아들이며(그는 새로 데려온 강아지와 놀다가 감정의 습격을 받았다고 말한다), 무엇보다도 감추어져 있지만 중요한 방식으로 아직 여성인 몸으로 살아가는 고통과

트라우마에서 벗어날 수 있었다는 점에 감사한다.

"6개월 동안 테스토스테론 치료를 받고 생리가 멈춘 후에도 피를 흘리는 악몽을 꿨어요. 잠에서 깨면 아직도 심장이 뛰고 있었어요. 자궁절제술을 받고 나서는 그런 악몽을 꾸지 않았어요. 나를 짓누르는 불안이 차츰 사라지면서 점점 자유로워졌죠."

그렇다고 자궁절제술이 항상 긍정적인 경험이라거나 이 여정이 항상 순탄하다는 말은 아니다. 이는 많은 트랜스젠더 남성에게 진실과는 거리가 먼 얘기다. 영국의 사회학자 루스 피어스Ruth Pearce는 저서 《트랜스젠더 건강의 이해Understanding Trans Health》에서 WPATH 지침을 적용하는 성정체성 서비스들을 신랄하게 비판한다. 루스는 성확정수술과 치료 절차를 진행하려면 당사자가 성별 위화감gender dysphoria(출생 시 지정된 자신의 신체적인 성별이나 성역할에 대해 느끼는 위화감. 성별 불쾌감이라고도 한다 – 옮긴이)이라는 '장애'를 진단받기 위해 (종종 두 명 이상의 전문가에게) 진찰을 받아야 한다는 사실을 지적하며 이렇게 주장한다. "성정체성 장애라는 새로운 명칭은, 트랜스젠더 맞춤 의료의 문지기 역할을 하는 성정체성 *전문가*[이탤릭체는 피어스가 추가한 것이다]라는 하나의 전문가 계층을 만들어냈다."[21] 영국의학협회 의료윤리위원회 위원장인 존 치점 CBE(대영제국 훈작사) 박사도 2021년 영국 젠더 인식 법률Gender Recognition Act 개혁에 관한 조사에서 증언할 때 같은 취지의 의견을 밝혔다. "내가 말하는 '나'가 진짜 '나'임을 증명하기 위해 이 모든 공격적인 질문에 답해야 한다는 건 대단히 부담스럽고 비인간적인 일입니다." 치점은 이렇게 주장했다. "우리는 성별 위화감을 의학적 문제나 심리 문제 또는 정신건강 문제로 간주하던 때로부터 많은 발전을 이루었지만, 아직도 법은 이런 패러다임으로 되돌아갈 것을 강요하고 있습니다."[22]

치점의 책을 읽으며 나는 성정체성 전문가가 나를 본다면 어떻게 생각할지 궁금해졌다. 평소 청바지와 후드티를 즐겨 입는 나는 국가가 여성으로 인정할 만큼 충분히 여성적일까? 많은 사람들과 마찬가지로 나도 종종 사회가 여성인 내게 부여하는 기대에 거세게 반발하고, 일부 사람들이 여성은 이래야 한다고 생각하는 방식으로 보이거나 느끼거나 행동하지 않는 경우가 많다. 나는 자궁을 향해 어떨 때는 아이를 달라고 애원하고 어떨 때는 심한 출혈과 통증을 일으킨다고 저주를 퍼붓기도 하면서 내 자궁과 투닥거리며 살아간다. 하지만 이렇게 요일, 주, 월 또는 해에 따라 어떨 때는 행복하고, 어떨 때는 우울하게 바뀌는 관계에 대해 그 '전문가들'은 어떻게 생각할까?

라이언 샐런스는 이 문제적인 시스템을 자신에게 도움이 되는 쪽으로 잘 헤쳐 나갔고, 마침내 킴벌리 앤으로 살며 '빨간 쪽지'를 두려워했던 때부터, 강아지와 놀다가 눈물범벅이 된 순간까지 자신이 밟아온 여정의 모든 부분에 감사할 수 있게 되었다. 현재 그는 의료 현장과 직장에서의 선택과 포용의 중요성이라는 주제로 글을 쓰고 강연을 하며 생계를 꾸려가고 있다. 그는 우리 모두와 마찬가지로 아직 갈 길이 남았음을 알고 있다.

"이 모든 일을 겪으며 난 타인에게 이야기를 들려주고 뭔가를 가르쳐줄 수 있는 사람이 되었어요. 그렇죠? 내가 바라던 대로예요. 난 지금 괜찮아요. 좋아요."

* * *

라이언이 웃으며 내게 안녕을 빌어줄 때 나는 마침내 자신과 평화롭게 지내게 된 한 남성을 보았다. 이 평화는 음미하고 공유해야 하는 것이며, 그가 겪은 개인적, 신체적 투쟁 때문에 더더욱 소중하다. 그는 자신에게 맞지 않는 부분을 잃었기 때문에 행복하고 온전하다. 그의 여정은 자궁과 자율성의 밀접한 관계를 보여주며, 그는 자궁을 제거함으로써 진정한 자신이 될 수 있었다. 불쌍한 페이스 레이워스와 그녀의 탈출된 자궁으로부터 수백 년 그리고 수천 킬로미터나 떨어져 있지만, 그에게 자궁절제술은 레이워스만큼이나 절실한 일이었고 자궁으로부터의 해방이야말로 진정한 해방이었다.

생식학살

: 권리와 권리 침해

13

우생학은 아직 건재합니다.
우리는 치안, 수감,
이민자 구금, 의료 및 교육
접근성 등 다양한 측면에서
구조적인 인종차별과
집단에 대한 통제를
목격하고 있습니다.

에리카 콘

자궁절제술에 관한 이야기는 모두 다르다. 암을 물리치기 위해서든, 질병의 증상을 완화하기 위해서든, 자아를 확인하기 위해서든 모든 수술에는 저마다의 이유가 있다. 하지만 다행히도 이런 이야기의 중심에는 한 가지 변함없는 원칙이 있다. 바로 정보에 입각한 선택이다. 자신의 자궁을 포기하는 결정은 대체로 상담과 고민 끝에 자유의사로 이루어진다. 대부분의 의사는 '어떤 해도 끼치지 않는다'는 히포크라테스 선서와 자신의 도덕적 나침반에 따라 동의서에 환자의 서명이 명확하게 적혔을 때만 메스를 든다.

하지만 안타깝게도 과거나 지금이나 이런 자율성을 부정당한 여성들이 전 세계에 너무나도 많다. 한 개인이 존엄과 인간다움을 박탈당하면 뒤따라 생식권도 빼앗기게 된다는 것을 역사는 반복적으로 보여준다. 이때 자궁을 어떻게 할지에 대한 선택은 타인에 의해 찬탈되고 왜곡되며, 자궁절제술은 대중 억압의 도구가 된다. 주류 문화에서 소외된 여성들의 경우는 말할 나위도 없다. 흑인과 황인종 여성, 소수 종교나 비난받는 종교를 가진 여성, 노예가 되었거나 감금당했거나 억류된 여성, 그리고 근거 없는 이유로 '다르고', '열등하고', '바람직하지 않은' 존재로 간주된 여성이 여기 속한다. 체계적인 억압이 있는 곳에는 어디든 강제적인 자궁절제술이 횡행한다.

성폭력을 전쟁 무기로 사용하는 일은 전쟁 자체만큼이나 오래되었다. 강간은 전쟁에 대한 역사 기록에 빈번하게 등장하며, 페르시아인, 이스라엘인, 바이킹, 몽골인 등이 전투에서(또는 전투와 함께) 강간을 무기로 사용했다는 주장이 있다. 이 관행을 격렬하게 비판한 책인《우리 몸, 그들의 전쟁터Our Bodies, Their Battlefield》(한국에서는 '관통당한 몸'이라는 제목으로 출간되었다 - 옮긴이)에서 크리스티나 램은 이렇게 설명한다. "강간이라는 단어는 '납치하다', '훔치다', '약탈하다', '낚아채다'라는 뜻의 중세 영어 'rapen,' 'rappen'에서 유래했다. 어원은 라틴어 'rapere'로, 여성을 마치 재산인 것처럼 '훔치고', '탈취하고', '빼앗는다'는 뜻을 가지고 있는데, 이는 정확히 남성들이 수 세기 동안 고려해온 일이다."[1] 인종주의와 여성혐오라는 비틀린 뿌리를 가진 현대 부인학의 출현은 압제자들에게 여성의 힘을 빼앗을 수 있는 새로운 방법(즉 삽입 성관계라는 전통적인 의미의 강간이 아니라, 종류는 다르지만 음흉하기로는 똑같은 신체적 침해 수단)을 제공했다. 여성의 생식기관은 정복해야 할 새로운 개척지였고, 자궁과 그 주변 기관은 의학적, 사회적으로 우위를 점한 남성들의 '전쟁터'가 되었다.

이 분야의 초기 혁신가 중 한 명인 J. 매리언 심스J. Marion Sims는 노예제라는 괴물 같은 제도에 의해 이미 비인간화된 여성들을 수술하면서, 오늘날에도 사용되고 있는 일부 도구와 기법을 개선했다. 원래 일반의에 가까웠던 심스는 1840년대에 여성의 몸에 대한 혐오감을 굳이 숨기지 않은 채 부인학에 거의 우연히 입문했다. 훗날 그는 앨라배마에서의 진료에 대해 "내가 증오하는 것이 있다면 그건 여성의 골반 장기를 조사하는 일이다"[2]라고 썼다. 하지만 심스가 내진을 위해 임시방편으로 발명한 새로운 종류의 질경이 그의 진로를 영원히 바꿔놓았다. 말에서 떨어져 자궁을 다친 것으로 보이는 여성을 진찰하기 위해 불려간 심스는 구부러진 백랍 숟가락을 사용해 환자의 질을 열고 자궁경부를 더 분명하게 볼 수 있었고, 나중에 "어떤 남성도 보지 못한 것을 보았다"[3]라고 자랑했다. 지금까지는 단지 혐오의 원천이었으며 진지한 의사가 관심을 갖지 않는 대상이었던 여성의 몸이 갑자기 의미 있는 무언가가 되었다. 심스는 그 운명적인 숟가락을 도입하면서 자신이 영유권을 주장할 수 있는 새로운 변경을 발견했다.

출산 과정에서 손상을 입고 요실금이 생긴 후 일터에서 '쓸모없어진' 노예 소녀와 여성들에게 불려갔을 때 심스는 그들을 부인과 탐구 및 실험을 위한 새로운 기회로 열심히 활용했다. 어린 환자/피해자 각각을 대상으로 수많은 수술이 시행되었는데, 언제나 마취는 없었으며, 주변에는 대개 감탄의 눈길로 지켜보는 다른 의사들이 있었다. 여성의 가장 은밀한 기관과 가장 극심한 고통은 모두가 볼 수 있는 구경거리가 되었다. "루시의 고통은 극심했다"[4]라고 썼을 정도로 비극적인 사례에서도 심스는 이에 굴하지 않고 더 이상 할 수 있는 게 없다고 생각될 때까지 다양한 치료 방법을 시도했다. 그는 자신의 경력을 상세히 기록했겠지만, 루시, 아나차, 베시, 그리고 그 밖에 누구나 볼 수 있도록 몸이 고정되고 까발려진 여성들의 생각과 소망은 결코 기록되지 않았다. 여성들의 목소리는 침묵당한 반면 심스는 그 분야에서 영구적인 명성을 얻었다. 그는 종종 현대 부인학의 '아버지'로 칭송받고 그의 이름을 딴 도구와 기법은 오늘날에도 널리 사용된다. 일부 역사가들은 심스가 당시의 독특한 사회적 맥락에서 최선의 일을 했을 뿐이라고 주장하지만, 그가 한 일은 의학과 억압의 위험한 결합이었으며, 비인간화되고 존중받지 못하는 여성을 사회적으로 용인되는 부인과 실험을 가장해 공격하는 선례를 남겼다. 이 사례는 이후 한 세기 동안 반복적으로 사용되는 모형이 되었다.

심스의 경력이 끝날 때쯤 노예제는 폐지되었지만, 또 다른 운동(마찬가지로 의도가 추악하고 야망이 컸던 운동)이 거침없이 일어나기 시작했다. 인류의 개선과 세계 전체의 발전을 위해 인간을 선택적으로 번식시키자고 주장한 이 운동에 영국의 지식인 프랜시스 골턴은 우생학(그리스어로 '좋은 혈통' 또는 '좋은 태생'을 뜻한다)이라는 이름을 붙였다. 골턴은 저서 《유전되는 천재성Hereditary Genius》(1869)에서 "신중한 선택 육종으로 달리기나 그 밖의 다른 능력에 재능이 있는 개나 말의 품종을 얻을 수 있듯이, 여러 세대에 걸친 신중한 결혼을 통해 재능이 뛰어난 인종을 생산하는 것도 충분히 가능한 일이다"⁵라고 썼다. 대서양 양쪽에서 이론가들이 이 아이디어를 받아들였지만 우생학은 미국에서 특히 비옥한 토양을 만났다. 당시 미국에서는 노예해방과 이민이라는 이중의 물결이 백인 중산층과 상류층 사회의 안전과 정체성을 심각하게 위협하고 있었기 때문이다. 자유의 여신상은 몰려드는 이민자를 환영하기 위해 횃불을 높이 들었는지 몰라도, 1910년 롱아일랜드에 우생학 기록 사무실 Eugenics Record Office이 설립되면서 이 음흉한 철학이 미국 해안 지역에 깃발을 단단히 꽂았다. 부인학의 어두운 얼굴은 '운동'이라는 그럴싸한 가면을 썼고, 미국 사회는 소외된 여성들의 생식을 통제하는 일을 정식으로 인정했다.

이후 수십 년에 걸쳐 우생학과 그 악랄한 시녀인 강제 불임수술을 장려하는 법이 광풍처럼 몰아쳤다. 흑인, 황인종, 빈민, 장애인, 이주자, 그리고 일반적으로 '바람직하지 않은' 여성 수천 명이 생식권을 박탈당했다. 1909년까지 다섯 개 주가 정신질환 환자들에 대한 강제 불임수술을 허용하는 법안을 통과시켰거나 통과시키려고 시도했고, 1927년 '벅 대 벨' 사건의 대법원 판결은 이 관행이 전국적으로 퍼져나갈 수 있는 물꼬를 텄다. 그 중심에는 버지니아주 샬러츠빌에 사는 젊은 여성 캐리 벅Carrie Buck이 있었다. 이 사건이 전국적인 관심을 끌기 오래전부터 캐리의 인생은 오명과 억압으로 얼룩져 있었다. 캐리의 어머니 에마

벅은 약물 남용, 류머티즘, 폐렴, 매독 병력을 지닌 매춘부였다는 소문이 있는데,[6] 버지니아주는 에마가 지적 능력이 떨어진다고 간주하고 간질 환자와 정신박약자를 위한 주립 격리기관에 그녀를 수용했다. 에마의 품을 떠난 캐리는 곧 동네 부부 존과 앨리스 돕스에게 입양되었지만 이 입양은 불행한 결과를 가져왔다. 1923년 여름 열일곱 살의 캐리는 앨리스 돕스의 조카 클래런스 갈런드에게 강간을 당했다.[7] 이 사건에 연루되기 싫었던 돕스 부부는 이 불미스러운 일을 캐리의 '구제할 수 없는 행동' 탓으로 돌리며 이 듬해 1월 캐리를 어머니 에마가 있는 시설로 보냈다. 두 달 후 캐리의 딸 비비언이 그 시설에서 태어나자, 1927년 입법자들은 국가가 승인한 불임수술만이 그런 '정신박약' 여성들이 결함 있는 핏줄을 이어가는 것을 막을 수 있다고 주장하면서 그 시범 사례로 캐리를 이용했다. 같은 해 5월 판사 올리버 웬들 홈스 2세는 사면초가에 몰린 이 젊은 여성에게 동정심은커녕 연민조차 보이지 않고 캐리(판사는 캐리를 '쓸모없는 계급'에 존재하기 마련인 '저급한 멍청이'로 묘사했다)가 강제 불임수술을 받아야 한다고 판결했다. 홈스는 "타락한 자손이 태어나 범죄로 기소당하기 전에, 또는 정신박약으로 인해 굶주리기 전에, 핏줄을 이어가는 데 명백히 부적합한 사람들을 사회가 막을 수 있다면 세상 모두를 위해 더 좋은 일"[8]이라고 선언했다. 캐리는 1927년 10월에 강제 난관절제술(자궁관 제거)을 받았다.[9] 홈스가 "3세대에 걸친 정신박약이면 충분하다"[10]라고 선언한 지 불과 다섯 달 만에 캐리는 또 한 번 존엄과 자율성 침해를 당했다. 그 잔인한 판결 전후의 많은 사례들과 마찬가지로 캐리 벅은 사회의 혐오를 고스란히 떠안은 반면, 캐리에게 불행을 가져다준 근원이었던 남자는 처벌을 면했다. 캐리는 훗날 전기작가 폴 롬바르도에게 클래런스 갈런드가 성폭행 후 결혼을 약속했지만 그 뒤 샬러츠빌을 떠나면서 범죄에 대한 책임과 함께 피해자를 버리는 쪽을 택했다고 말했다.[11]

대법원이 내린 중대한 판결과 함께 우생학이 미국 법에 당당하게 명시되면서 수천 명의 여성이 법률에 어긋나지 않지만 자기 의사에 반하는 불임수술을 받는 일이 합법이 되었다. 캐리 벅처럼 '정신박약'을 이유로 불임수술을 받은 여성들도 있었고, 위험할 정도로 방탕하거나 다른 인종의 파트너에게 비정상적으로 매력을 느낀다는 이유로 불임수술을 받은 여성들도 있었다. 캘리포니아의 한 주립 기관에서는 단순히 음핵이나 음순이 비정상적으로 크다는 이유로 불임수술을 받은 여성들도 있었다.[12] 때로는 자궁절제술, 때로는 자궁관을 자르는 시술(대개 '묶기'라는 엉뚱한 이름으로 불렸다)이 시행되었는데, 그 정확한 방법을 따지는 건 큰 의미가 없다. 둘 다 여성의 생식기관에 대한 폭력이고, 둘 다 여성의 힘과 정체성을 뿌리까지 자르는 일이다. 많은 '이유'가 발굴되었고, 많은 기법이 사용되었다. 그리고 1930년대에, 강제 불임수술을 열정적이고 효율적으로 도입한 미국의 사례가 역사상 가장 악명 높은 우생학 옹호자였던 아돌프 히틀러의 관심을 끌었다.

히틀러는 독일 제3제국의 지도자로 최고 권력에 오르기 훨씬 전부터 우수한 인종을 영속시키려는 미국의 열정적 노력을 감탄의 눈길로 바라보고 있었다. 그는 1924년에 발표한 선언문《나의 투쟁 Mein Kampf》에서 "오늘날 더 나은 (이민자의) 잉태를 향해 적어도 미약하게나마 한 걸음을 내딛은 것으로 눈에 띄는 국가가 있다"라고 썼다. "물론 그 나라는 우리 독일공화국이 아니라 미국이다."13 히틀러가 동료 나치에게 한 발언에서 우리는 미국 입법자들이 이 어두운 충동을 법제화하고 제도화한 방식에 히틀러가 특별한 관심을 가졌다는 것을 확인할 수 있다. "나는, 누군가의 자손이 인종 구성에 가치를 더하지 못하거나 해를 끼칠 가능성이 있는 경우 그들의 번식을 막는 미국 여러 주의 법률을 큰 관심을 가지고 조사해왔다."14

약 600만 명의 유대인과 그 밖에 1100만 명의 박해받은 사람들(로마인과 신티족, 장애인, 성소수자, 정치적 반체제 인사, 노동조합 조직가, 기타 바람직하지 않다고 간주된 수많은 사람들)이 나치와 그 협력자들의 손에 죽음을 맞았다. 수많은 전쟁에서와 마찬가지로 강간, 성폭행, 고문은 일상다반사였다. 하지만 미국의 체계적인 우생학 프로그램에 영감을 받은 히틀러의 캠페인, 즉 박해받는 여성들에 대한 생식적 공격은 전례를 찾아볼 수 없는 규모와 효율성을 보여주었다. 나치가 유대인과 그 밖의 사람들을 강제수용소에 수감한 조치는 산업적 규모의 학살을 가능하게 해주었지만, 나치가 수감된 여성들의 자궁을 주목했다는 사실은 비교적 잘 알려져 있지 않다.

요제프 멩겔레의 잔인한 행위는 역사 기록에 자주 등장한다. 의사였던 멩겔레는 아우슈비츠 강제수용소에서 약 1500쌍의 쌍둥이를 대상으로 고통스럽고 굴욕적인 성 '실험'(종종 자궁절제술을 포함했다)을 실시했다. 하지만 아우슈비츠와 여성 전용 수용소 라벤스브뤼크에서 대규모 불임수술 프로그램을 설계하고 실행한 부인과 의사 카를 클라우베르크Carl Clauberg에 대해서는 잘 알려져 있지 않다. 1943년 홀로코스트의 수석 설계자 중 한 명인 하인리히 힘러에게 보낸 편지에서, 클라우베르크는 "여성 유기체를 수술 없이 불임으로 만들 수 있는"[15] 새로운 방법을 열정적으로 설명했다. 용어 자체가 나치의 학대를 가능하게 만든 비인간화를 드러낸다. '사람'이나 '여성' 대신 비인격적이고 동물적인 '유기체'라는 말을 사용한 것도 그렇고, 바람직하지 않은 집단의 번식을 가능한 한 값싸고 쉽게('수술 없이') 억제하려는 욕구도 마찬가지다. 클라우베르크는 자궁 주사와 골반에 엑스선을 조사照射하는 것을 조합한 끔찍한 방법을 자신의 새로운 방법으로 설명했고, 이 정도면 힘러가 앞서 제시한 목표를 쉽게 달성할 수 있을 것이라고 자랑하며 편지를 마무리한다. "적절한 시설을 갖춘 곳에서 적절히 훈련된 한 명의 의사가 … 하루에 1000명까지는 아니더라도 수백 명을 처리할 수 있을 것입니다."[16]

클라우베르크의 생존자 중 한 명은 훗날 가슴 아픈 증언을 통해 이런 방법들이 실제로 사용되었음을 확인해주었다. 그 증인은 이렇게 말했다. "그런 실험에 동의한 여성은 한 명도 없었습니다. 한결같이 그 반대였습니다. 클라우베르크 박사는 내 동의 없이 내 몸을 상대로 불임 실험을 했습니다." 수개월에 걸쳐 반복된 자궁 '치료'로 살을 도려내는 듯한 고통과 모멸감을 겪으면서도(감금되어 의학적 고문을 받은 끔찍한 일을 당했음에도) 그 여성은 저항하지 않았다. "나는 저항하지 않았습니다. 저항해도 소용없었기 때문입니다. 어떻게 하든 일어날 일이었으니까요."[17]

나는 이런 사건을 모호하게 요약한 것조차 읽기 힘들어 그냥 지나치고 싶어진다. 나도 홀로코스트 때 나치의 손에 가족을 잃은 사람으로서 이런 잔악한 행위를 가능하면 자세히 살펴보고 싶지 않다. 하지만 자궁을 표적으로 삼은 히틀러 체제의 유례없는 방식을 모르고서는 나치의 희생자들이 겪은 고통을 인정하고 기릴 수 없을 뿐만 아니라, 이후 수십 년 동안 이른바 문명화된 세계가 수많은 방식으로 강제 불임수술의 유산을 계승 발전시켜왔다는 사실을 인지할 수 없다.

언뜻 보면 미국은 우생학적 태세에서 후퇴한 것처럼 보인다. 1942년 대법원은 해외에서 일어나고 있는 잔악 행위를 인지하고 강제 불임수술에 겁을 먹기 시작했고, '스키너 대 오클라호마' 사건에서, 유죄를 선고받은 특정 범죄자들에 대한 징벌적 조치로 불임수술을 시행할 수 없다고 판결했다.[18] 하지만 2차 세계대전 중 미국이 운영한 수용소에 수감된 일본계 미국인 여성들에게 여전히 강압적인 불임수술이 시행되고 있었음을 가리키는 증거가 있으며,[19] 심지어 전쟁이 끝난 후에도 소외된 여성들의 생식을 억제하고 통제하려는 충동은 사라지기는커녕 시대에 맞추어 진화했다. 전후 미국은 인구가 점점 다양화하는 추세를 강압적인 불임수술 프로그램으로 제지했다. 병원, 입법자, 보험회사는 평등과 존엄을 얻게 된 여성들을 공격할 새로운 방법을 발견했다. 불임수술을 때로는 합법화했고(예를 들어 1965년까지 푸에르토리코 여성의 30퍼센트가 불임수술을 받게 만든 운동, 그리고 1970년대에 3000명 이상의 아메리카 원주민 여성이 동의 없이 불임수술을 받게 만든 운동), 불임수술에 인센티브를 제공했으며(난관 결찰술보다 자궁절제술을 시행하는 의사들에게 훨씬 많은 돈을 지급한 의료보험제도), 불임수술을 도시 내 의료진을 위한 훈련 기회로 널리 활용했다.[20]

1960년대 초에는 사소한 시술을 받는 줄 알고 병원을 찾은 흑인 여성들을 대상으로 자궁절제술을 시행했는데, 이 관행은 '미시시피 맹장 수술'[21]로 불렸을 정도로 횡행했다. 한편 북부에서는 한 병원의 산부인과 과장이 시인했듯이 "레지던트 수련을 위해 가난한 흑인과 푸에르토리코 여성들을 대상으로 당사자에게는 최소한의 암시만 준 채 선택적 자궁절제술을 시행하는 것은 뉴욕시의 주요 대학병원에서 불문율에 부쳐진 정책"[22]이었다. 보스턴과 로스앤젤레스에서도 비슷한 보고가 나왔다. 이런 수술실과 나치 수용소는 물리적 거리로는 수천 킬로미터 떨어져 있었을지 몰라도, 미국 의료계가 소외된 여성들의 자궁을 무시하고 파괴한 행위는 클라우베르크의 행위와 도덕적으로 별 차이가 없다. 자궁절제술은 인구 조절의 도구이자 백인 가부장제 패권의 무기로 계속 사용되었다. 민권운동이 1960년대를 휩쓸고 페미니즘 운동이 1970년대와 1980년대에 속도를 올리는 동안에도 일부 여성들은 여전히 '유기체'로 취급되고 있었으며, 그들의 생식 능력은 권력자들에게 분명하고 실재하는 위험이었다. 최초의 흑인 대통령과 부통령이 탄생하고, 국기에 대한 맹세에 나오는 구문처럼 시대 조류가 '모든 사람에게 자유롭고 정의로운 미국'을 향하고 있는 새천년에도 미국 역사의 이 암울한 장은 계속되고 있다.

* * *

"미국의 아프리카 노예제는 도덕적, 사회적, 정치적 축복이다. ⋯ 다른 제도로는 노예제의 10분의 1만큼도 깜둥이를 유용하고 선하게 바꿀 수 없다."[23,24]

이는 남북전쟁 당시 남부군을 이끈 미국 대통령 제퍼슨

데이비스가 한 말이다. 그를 기억하기 위해 조성한 제퍼슨 데이비스 기념공원이 조지아주 애틀랜타에서 남서쪽으로 약 240킬로미터 떨어진 곳에 있다. 5헥타르가 넘는 그 기념공원에 가면, 신중하게 선별된 남부연합의 무기와 깃발과 군복이 전시된 박물관, 쾌적한 숲을 통과하는 자연 산책로, 기념품 가게, 그리고 남부 주의 지도자들이 1865년 5월 10일 북군에게 체포된 바로 그 장소에 미국 남부여성연합회가 세운 데이비스의 동상을 볼 수 있다. 기념공원의 웹사이트에 게시된 영상물은 느리고 불길한 어조로 이 습격과 뒤이은 남군의 붕괴를 '꿈의 끝'[25]으로 묘사한다.

남부연합과 그 지도자의 꿈은 1865년 그날 아침 새벽안개 속에 녹아내렸을지 모르지만, 숲속에 위치한 그 조용한 곳에서 차로 조금만 가면, 손으로나 꿈으로나 오르기에 너무 높은 가시철조망 울타리로 둘러싸인 길고 낮은 콘크리트 건물 단지가 나온다. 그곳에 흑인과 황인종에게 지속적으로 가해진 박해와 비인간화의 증거가 아직까지 잔존한다. 코튼로 132번길(주소 자체가 미국의 의심스러운 과거에 대한 흔적을 간직하고 있다)에 위치한 어윈 구치소는, 1996년의 '불법 이민 개혁 및 이민자 책임에 관한 법'에 따라 '외래인'(비원주민 이민자)의 신원을 확인하고 구금할 권한을 주와 지방 기관에 위임한 여파를 감당하기 위해 지어진 여러 시설 중 한 곳이다.[26] 이런 시설들이 대체로 그렇듯이 어윈 구치소도 민간 영리기업이 설립하고 운영했다. 구금은 큰 사업이다.

어윈 한 곳만 해도 ICE(이민 및 세관 집행국)에 의해 구금된 1200명이 넘는 사람들을 수용할 수 있는데, 이 숫자는 매년 미국으로 이주하는 20만 명 이상의 외국 태생 남성, 여성, 어린이 중 극히 일부에 불과하다. 다른 구치소와 마찬가지로 어윈 구치소도 멕시코, 나이지리아, 과테말라, 네팔, 카메룬, 파키스탄, 중국 등지에서 온 난민과 망명 신청자들을 수용하는 사실상의 유엔난민기구 시설이 되었다. 그런 시설들이 그렇듯 어윈의 황량하고 밋밋한 외관은 콘크리트 벽 안에 존재하는 다양한 인간 군상과 대비된다. 하지만 다른 시설들과 달리 어윈은 여성 거주자들에게 무자비한 생식 폭력을 가한 혐의로 악명을 떨쳤다. 40명이 넘는 여성들의 증언이 담긴 대규모 집단소송에 따르면, 어윈 구금자들은 일상적으로 '자궁 수집가'로 알려진 한 남성에게 보내져 강제 불임수술을 받았다.[27]

아자데 샤흐샤하니는 이 끔찍한 이야기를 누구보다 잘 알고 있다. 미국시민자유연맹ACLU의 국가안보 및 이민자 권리 프로젝트의 책임자였던 아자데는 현재 조지아에 본부를 둔 활동가 단체인 프로젝트 사우스Project South의 법률 및 변호 담당 책임자로 활동하고 있다. 자신도 이민자인 아자데는 열다섯 살 때 가족과 함께 이란에서 미국으로 피난을 왔다. 늦은 밤 영상통화를 하고 있는 우리는 우리 사이에 바다가 가로놓여 있음에도 같은 이민자로서 친밀감을 느낀다.

"2010년 중반 무렵부터 어원에 가기 시작했어요. 그곳은 약 10년 전부터 이민자들을 구금하기 시작했거든요. 처음에는 구금된 사람들과 직접 면회할 수 있게 허락해줬어요. 그런데 어느 순간 그들은 내가 인권 변호사인 걸 알게 되었죠." 아자데가 구슬픈 미소를 지으며 말한다. "그때부터는 투명 플라스틱 벽을 통해서만 면회를 할 수 있었어요." 구치소 당국이 우려할 만한 이유가 있었다. 아자데가 면회에서 나누는 대화는 주로 부적절한 식사, 가족이나 변호사와의 면회와 전화 통화 제한, 거의 무임에 가까운 고된 노동 등, 수감자들이 어원에서 일어나고 있다고 주장하는 수많은 학대에 초점이 맞춰져 있었기 때문이다.

열악한 보건의료는 모든 수감자들이 지적하는 문제였다. 여성 수감자들은 부적절한 부인과 진료와 산전 진료에 대해 폭로했으며, 2017년 사우스 프로젝트의 보고서에는 성기 건강을 대놓고 묵살한 것으로 보이는 정황이 기록되어 있었다.[28]

"특히 우려되는 문제는 여성들에게 깨끗한 속옷이 제공되지 않는다는 거였어요. 남이 사용했던 속옷과 젖은 속옷이 지급되었어요. 그래서 난 이 사실과 … 이것이 큰 문제라는 점을 구치소 소장에게 알렸어요. 하지만 소장은 대수롭지 않게 넘겼어요. 아무 문제도 없다는 듯한 태도였죠. 구금된 이민자들을 비인간화하지 않고는 이런 태도를 보일 수 없다고 생각해요."

2020년 어윈 구치소의 간호사였던 돈 우튼이 내부고발자로 나섰을 때 이런 비인간화의 충격적일 정도로 심각한 실상이 드러났다. 우튼과 수감자들의 증언이 담긴 프로젝트 사우스의 보고서에는 의료 기록 위조, 코로나19에 대한 부적절한 방역 조치, 전반적으로 비위생적인 생활환경 등 어윈 구치소에서 벌어진 믿기 어려울 정도로 광범위한 학대가 시간 순으로 기록되어 있다. 우튼이 보고한 가장 경악스러운 일은 마헨드라 아민이라는 지역 의사가 어윈의 수감자들을 대상으로 무분별한 자궁절제술을 시행하고 있다는 사실이었다. 우튼의 고발에 따르면, 많은 여성들이 자궁절제술에 동의하지 않았고, 검사나 사소한 시술인 줄 알고 받은 것이 자궁적출술이었음을 사후에야 알게 되었다.

우튼은 일부 여성이 자궁절제술이 필요한 심한 출혈이나 기타 증상을 겪고 있었을 가능성을 인정하면서도 "모든 사람의 자궁이 그렇게 나쁠 수는 없다"라고 말했고, 동료 간호사들은 아민의 수술 행위를 점점 더 불안하게 느끼기 시작했다고 설명했다. "우리끼리 의문을 품었어요. '세상에, 모든 사람의 자궁을 다 꺼낼 셈이군' 하고 생각했죠. … 그는 그 일을 전문적으로 하는 자궁 수집가였어요."[29] 한 수감자는 2019년 10월부터 12월까지 다섯 명의 여성이 아민 클리닉에서 자궁절제술을 받았다고 말했다. "수술을 받은 여성들을 만났을 때 난 그곳이 실험을 위한 수용소 같다고 생각했어요. 그들이 우리 몸을 가지고 실험을 하고 있는 것 같았어요."[30]

아자데는 직업상 끔찍한 일을 수없이 목격한 사람 특유의 지치고 낙담한 표정으로, 은밀하게 이루어지는 자궁절제술에 충격을 받았지만 놀라지는 않았다고 말한다.

"이미 목격한 비인간화의 한 단면이었다고 생각해요." 아자데는 말한다. "지난 수년간 어원에서 목격한 일과 처벌 수준을 보면 놀랄 일도 아니었어요."

의혹은 터져 나왔고, 프로젝트 사우스가 이 만연한 생식 학대를 목격했거나 직접 경험한 여성들의 증언을 수집하기 위해 동분서주했다. 하지만 아자데는 또 하나의 불행하지만 놀랍지 않은 장애물에 부딪혔다. 그건 이민국의 저항과 방해였다.

"ICE는 조사에 어떤 식으로도 협조하지 않았어요. 오히려 목격자와 생존자들을 추방해 자신들이 한 일을 은폐하려고 했죠. 고소장에 담을 증언을 제공하는 데 정말 중요한 역할을 한 여성들 중 한 명은 히로미였어요. 이 고소가 주목을 받기 시작하자 [ICE는] 이민자들에게 누가 변호사에게 알렸느냐고 물었고, 히로미가 앞으로 나섰어요. 얼마 후 히로미는 비행기를 타고 있었죠. 곧바로 추방당한 거예요. … 보복은 신속했어요. 그들은 의회와 변호사들이 개입해 증인과 생존자들을 추가로 추방하는 것을 막기 전에 여섯 명을 추방했어요."

***

아자데와 동료들은 방해에 굴하지 않고 어원을 떠났거나 추방된 수십 명의 여성들을 수소문 끝에 찾았고, 결국 ICE, 라셀 교정회사, 마헨드라 아민 등을 상대로 제기한 집단소송에 그들의 증언을 사용했다. 반발은 ICE의 첫 번째 보복 조치만큼이나 신속하고 거셌다. 오실라 지역의 주민 상당수가 아민은 지역에서 존경받는 인물로 많은 여성을 치료하고 능숙한 기술과 연민의 마음으로 출산을 도왔다고 주장했다. '우리는 마헨드라 아민과 함께합니다'라는 페이스북 그룹은 1500명이 넘는 팔로워를 모았고, #TeamAmin이라는 해시태그를 달았고, 아민 티셔츠를 입은 지지자들의 사진과 함께 아민의 이야기를 게재했다.[31] 어원 카운티 병원은 지지 성명을 내고, 아민이 "어원 카운티 병원 의료진 중 가장 오래되었고 어원 카운티에서 의료 서비스로 명성이 높다"[32]라고 주장했다.

이 글을 쓰는 시점에 집단소송은 아직 재판에 회부되지 않았다. 아민은 여전히 의료 행위를 하고 있으며 직업적으로 어떤 불이익도 받지 않았다. "ICE가 강제로 해야 했던 일은 구금된 이민자 여성들을 아민에게 보내는 것을 중단하는 것뿐이었어요. 하지만 그들은 능장을 부렸죠. 우리가 고소장을 낸 후에도 곧바로 멈추지 않았어요." 아자데는 ICE 구금자들에 대한 강제 불임수술 문제가 의사 한 명의 행위에 그치지 않았을 가능성이 있음을 강조한다. 오히려 훨씬 더 광범위하게 일어나고 있을 가능성이 높다.

"이건 구조적인 문제이지 한 개인의 문제가 아니에요." 프로젝트 사우스는 다른 주와 기관에서 이 문제가 어느 정도인지 조사하기 위해 정보공개청구를 했다. 아자데는 이 조사에 대해 이야기할 때 소송의 특성상 신중을 기하며 모호한 변호사 용어로 "우리는 몇몇 정보를 입수했고 지금 분석 중이에요"라고 말한다. 하지만 "지금 벌어지고 있는 일에 대해 우리가 알고 있는 사실을 고려하면, 비슷한 학대가 미국 전역의 다른 구치소, 특히 영리 기업이 운영하는 구치소에서 일어나고 있다고 해도 놀랍지 않을 것"이라고 인정한다.

가까운 과거에 미국에서 일어난 소름 끼치는 일들은 국가에 의해 인가된 자궁절제술이 결코 단독 사건이 아닐 가능성을 암시한다. 캘리포니아주에서 구금된 여성의 내부고발로 촉발된 한 조사에 따르면, 1997년부터 2013년까지 수감자들을 상대로 1400건의 강제 또는 강압적 불임수술을 시행했을 가능성이 있다.[33] 프로젝트 사우스가 고소장에서 주장했듯이, 여성들은 단순히 검사 또는 경미한 부인과 문제에 대한 치료인 줄 알고 불임수술을 받았다.

"우리는 실제로 그 행위를 이달의 수술이라고 부르곤 했어요." 캘리포니아 조사를 기록한 다큐멘터리 〈야수의 배 Belly of the Beast〉에 등장하는 한 수감자가 말한다. "그건 만병통치약 같은 거였죠."

"이건 결국 누구의 삶, 누구의 자궁이 가치 있느냐의 문제예요." 그 다큐멘터리 감독인 에리카 콘은 내게 말한다. 그리고 주 정부가 이런 학대를 인정했다 해도 법적 허점을 메우고 생식권을 잔인하게 부정당한 여성들을 위해 정의를 실현하기까지는 갈 길이 멀다고 지적한다. "이런 우생학 관행에 대해 법적 책임을 물어야 하고, 생존자를 위한 정의를 실현해야 하며, 앞으로의 학대를 막을 안전장치를 마련해야 합니다." 이 책의 집필 시점에 콘은 캘리포니아주 의회에서 느리지만 차근차근 통과하고 있는 배상 법안을 넌지시 암시한다. "우생학은 아직 건재합니다. 우리는 치안, 수감, 이민자 구금, 의료 및 교육 접근성 등 다양한 측면에서 구조적인 인종차별과 집단 통제를 목격하고 있습니다."[34]

생식 학대에 대한 보고는 세계 곳곳에서 계속 나오고 있다. 예를 들어 1966년부터 2012년까지 체코슬로바키아(현재 체코공화국)에서는 로마계 여성들에 대한 불임수술이 국가의 승인과 인센티브까지 얻어서 시행되었고,[35] 중국에서 이슬람 위구르 여성들에게 자궁절제술과 피임을 강제하고 있다는 주장이 파다하다.[36] 작가이자 생식 정의 운동가인 로레타 로스Loretta Ross는 이런 현상에 딱 맞는 냉혹한 명칭을 만들어냈다. "주로 생식 통제를 통해 대량학살이 자행되는 상황을 표현하기 위해 '생식학살reprocide'이라는 말을 만들었다."[37] 로스에 따르면 (그리고 심스에서부터 히틀러를 거쳐 '자궁 수집가'에 이르는 우리의 여정이 증명하듯) 생식학살은 사라지기는커녕 언제 어디서든 지배 문화의 필요에 따라 진화할 뿐이다. "흑인 여성들은 집단 통제 이데올로기가 세월이 가면서 변할 뿐 절대 사라지지 않는다는 걸 알고 있어요."38

따라서 생식학살은 새로운 현상이 아니다. 자궁은 과녁으로 치면 피투성이 정중앙점이다. 존재만으로도 위협이 되는 사람들을 억압하고 싶어 하는 모든 체제에 자궁은 너무도 강력하고 귀중한 표적이다. 억압 대상은 대개 생물학적 여성이다. 물론 남성도 강제 불임수술의 피해자인 것은 분명하다. 진짜 야만주의는 대상을 가리지 않으니까. 하지만 여성들만큼 많은 방법으로, 많은 장소에서, 그렇게 오랫동안 생식학살을 당하지는 않았다. 학대가 지금도 계속되고 있다는 것을 생각하면, 누군가 운명론적 관점을 취한다 해도 뭐라 할 수는 없을 것이다. 하지만 아자데 샤흐샤하니 같은 사람도 결국에는 정의가 승리할 것이라는 신중한 낙관론을 견지한다.

"이 일은 사람을 정말 지치게 해요." 우리의 대화가 끝나갈 무렵 아자데는 이렇게 털어놓는다. 그녀의 목소리에는 여전히 모국어인 이란어의 우아한 모음이 미묘하게 섞여 있어서, 모든 말이 그녀의 신념뿐만 아니라 뿌리를 상기시킨다. "그래도 견디는 수밖에 없어요. 마틴 루서 킹이 말했듯이 역사의 호는 길지만 결국 정의를 향해 구부러지니까요.39 그건 시공을 초월하는 진리예요."

우리가 통화한 다음 주에 아자데는 소셜미디어에 흥분되

는 소식을 전한다.

"속보! 여성들에게 의료 학대를 자행한, 영리 기업이 운영하는 어윈 카운티 구치소가 더 이상 이민자를 구금할 수 없게 되었다. 이 중대한 승리는 현지에서 인권 침해를 조직적으로 폭로하기 위해 수년간 기울인 노력이 맺은 결실이다. 전진 앞으로!"[40]

이 선언의 엄청난 의미를 음미하기 위해서는 잠시 시간이 필요하다. 나는 아자데가 말한 '호弧'가 온갖 역경에도 불구하고 정의를 향해 1~2도쯤 구부러졌다고 생각한다. 그 곡선은 뒤집히기 일쑤고 정의는 허약하다. 이 정의를 실현하는 길은 자궁을 가진 몸이 흑인이든 황인종이든, 부자든 가난하든, 구금 중이든 자유롭든 관계없이 몸의 자율성을 지켜내고 자궁을 생식 자유의 중심으로 존중할 수 있느냐에 달려 있다. 아직 해야 할 일이 있고, 아직 나타나지 않은 과제도 있다. 매 세대 새로운 삶의 호는 아직은 상상할 수 없는 미래를 향해 나아간다.

미래

: 혁신과 자율성

14

오, 멋진 신세계여,
저런 사람들이 살고 있다니!

월리엄 셰익스피어, 《템페스트》

칠흑같이 어두운 11월의 아침 6시. 나는 스웨덴 예테보리 대학교의 여성건강클리닉으로 들어가는 계단에 서 있다. 현관의 차가운 형광등 불빛이 어둑어둑한 외부 계단으로 흘러넘쳐 빛의 웅덩이를 만든다. 나는 그곳에 잠시 멈춰 서서 이곳에 온 이유를 떠올린다. 자궁의 미래를 엿보고, 그 미래를 만들고 있는 남성을 만나기 위해서다. 마츠 브렌스트뢤Mats Brännström은 예테보리대학교 살그렌스카 연구소의 산부인과 교수 겸 과장으로, 세계 최초로 자궁이식을 성공시킨 팀을 이끌었다. 성공이란 살아 있는 아기를 탄생시켰다는 뜻이다.[1] 그 획기적인 수술 후 예테보리대학교 팀은 자궁이식 수술을 여러 번 반복했으며, 덜 침습적인 수술을 위해 원격 조종되는 로봇 장비를 도입하기까지 했다.[2] 자궁이식(일종의 시대를 앞지르는 생식기관 교체로, 대부분의 사람들이 불가능하다고 생각했던 일)은 브렌스트뢤 박사의 전문 분야이고, 나는 이 대가의 수술을 보기 위해 여기 왔다.

클리닉 건물에 들어서서 생식의학과로 향하는 계단을 오르는 동안에도 엉뚱한 사람을 찾아왔다는 생각이 나를 끈덕지게 괴롭힌다. 물론 나는 브렌스트뢤 박사의 배경, 업적, 앞으로의 계획 등 그에 대해 가능한 한 많은 것을 알아봤고, 유튜브에서 그의 강연과 인터뷰 영상을 수없이 많이 봐서 이미 그를 알고 있는 느낌이 든다. 하지만 이 이야기의 시작을 쓴 사람은 지구 반대편에 있는 여성이다. 나는 그녀의 이름을 알지만 얼굴은 모른다. 그냥 '안젤라'라고만 알고 있다. 적어도 브렌스트룀 박사는 그렇게 부른다. 안젤라를 만나야 했을까.

나는 안젤라에 대해 아는 게 거의 없지만 한 가지는 알고 있다. 그녀가 무심코 던진 한마디가 시발점이 되어 자궁을 교체하기 위한 20년에 걸친 시도, 공상과학 영화에나 나올 법한 기법을 한발 앞서 발전시키기 위한 국제적 경쟁, 그리고 오늘 나의 살그렌스카 병원행까지 일련의 사건이 일어나게 되었다는 것이다. 1998년 마츠 브렌스트룀도 긴 여행길에 올랐다. 그는 불임 연구와 치료를 전공해 난소 기능에 대한 자신의 연구를 발전시킬 계획으로 호주 애들레이드로 갔고, 운 좋게도 자리가 빈 유일한 분야가 여성 생식기관에 생긴 암을 연구하는 학문인 부인종양학이었다.

여기서 안젤라가 등장한다. 자궁경부암 환자였던 안젤라의 치료 계획에는 자궁절제술이 포함되어 있었다. 자궁을 적출하는 목적은 암의 확산이나 재발을 방지하는 것이었지만, 이 수술로 안젤라는 임신과 출산을 할 수 없게 될 터였다. 안젤라와 같은 처지에 놓인 여성들에게는 입양이라는 선택지가 있었고 대리모 출산도 막 인기를 얻고 있었지만, 안젤라는 이 선택지에 만족하지 않았다. 그녀는 브렌스트룀 박사에게 장기이식이 현대 의학에서 널리 받아들여지고

성공률도 높아지고 있는데 왜 자궁은 이식할 수 없느냐고 물었다.[3,4]

"나는 그녀가 약간 미쳤다고 생각했어요." 브렌스트룀 박사는 이렇게 말했다.[5] 이 젊은 의사는 어떤 여성이 너무 황당무계한 말을 해서 정신이 얼떨떨할 때 많은 남성들이 하는 것처럼, 술집에 가서 동료들에게 말했다. 그런데 동료들과 얘기를 나눌수록 그는 자궁이식이 "아주 좋은 생각"이라는 생각이 확고해졌다.[6] 안젤라는 여기서 퇴장하지만, 브렌스트룀은 본격적으로 뛰어들기 전에 먼저 이 수술의 안전성과 가능성을 증명할 필요가 있다는 것을 깨달았다.

대개 그렇듯 브렌스트룀이 태어나기도 전에 이미 인간의 자궁을 이식하려는 시도가 있었다. 1931년 덴마크의 트랜스젠더 예술가 릴리 엘베가 드레스덴의 여성 클리닉에서 수술 도중 자궁을 이식받았다. 엘베는 완전한 여성으로 살고 싶은 목표를 이루기 위해 이미 음경을 제거하고 난소 조직을 이식하는 등 여러 차례 위험한 수술을 받았다. 하지만 마지막의 이 혁신적인 수술은 너무 과감한 발걸음이었다. 엘베의 마음은 오직 엄마가 되는 데 쏠려 있었겠지만, 당시는 정교한 면역억제제가 나오기 전이어서 엘베의 몸은 그 꿈을 이룰 수 없었다. 감염이 온몸으로 퍼지기 시작해, 이식 수술을 받은 지 석 달 만에 릴리 엘베는 심장마비로 사망했다.[7]

결과가 좋지 않았고 게다가 종래의 의학에서 트랜스젠더

건강이 차지하는 자리가 미미했기 때문에, 과학계는 그 뒤로 수십 년 동안 자궁을 이식하는 시도를 포기한 것 같다. 이따금 재미삼아 시도해본 연구자들은 있었다. 예를 들어 1960년대에 미시시피대학교의 과학자들이 개의 자궁이식을 시도했고, 이식받은 개는 성공적으로 임신을 유지할 수 있었다.[8] 하지만 인간 여성에게 유망한 의학 발전이 대체로 그렇듯 자궁이식 수술도 초기 성공 이후 더 이상 진전되지 못한 것으로 보인다. 아마 이런 종류의 수술은 호기심의 발로, 또는 자연의 섭리를 거스르는 일탈로 간주되었을 것이다. 전 세계 여성 중 150만 명이 본질적으로 자궁이 없거나 제대로 기능하지 않아서 발생하는, 절대적 자궁인자에 의한 불임AUFI으로 고통받고 있는 것으로 추정되지만, 여성에게 자궁이식이 어떤 의미를 갖는지 조사한 기록은 없는 듯하다.[9]

다시 앞서 나온 안젤라와 그 '미친' 제안으로 돌아가, 젊은 브렌스트룀 박사에게 초점을 맞춰보자. 그는 쥐, 양, 돼지, 그리고 (당시 스웨덴보다 동물실험에 대한 규정이 느슨했던 케냐로 가게 했던 결정적인 계기인) 개코원숭이에게 자궁이식을 시도하기 시작했다. 그런 다음에 그는 이 아프리카 영장류에서 인간 사촌에게로 필연적인 도약을 했다. 이 여성들은 이름과 얼굴은 공개되지 않았지만, 흔쾌히 자궁을 기증하거나 기증받음으로써 의학사에 당당히 한자리를 얻어냈다.

이날 스웨덴의 어둑어둑한 아침이 낮의 뿌연 빛으로 채

워졌다가 어스름한 땅거미가 내릴 때까지 나는 브렌스트 룀 박사의 수술실 옆 회의실에서 대형 스크린으로 역사가 펼쳐지는 모습을 지켜보게 되었다. 나와 함께 테이블에 둘 러앉은 사람들은 세계 전역에서 온 의사들로, 그중 상당수 가 최근 브렌스트룀 박사가 연구 결과를 발표한 클리블랜 드 학회에 참석했다. 오늘 로봇 보조 이식 수술을 참관하러 온 이 엘리트 집단은 임상시험의 다양한 단계에 이른 자국 에 지식과 기술을 전수할 수 있도록 이 자리에 초청받은 듯 하다. 내 맞은편에 앉은 대만 의사는 그의 나라처럼 대리모 출산이 불법인 나라에서는 자궁이식이 중요한 선택지가 될 수 있을 것이라고 말한다. 상석에 앉은 미국의 산부인과 의 사는 이미 자체적으로 이식 프로그램을 구축한 경험이 있 는 터라 별다른 감흥을 보이지 않는다. 내 오른쪽에 앉은 친절한 호주 의사는 내게 '양 수술을 하는' 월요일까지 머 물 것인지 묻는다. 보아하니 이 의사들은 오늘 수술을 시작 으로 마지막에 브렌스트룀 박사의 지도 아래 동물 자궁을 이식하는 실습 워크숍으로 끝나는 일종의 패키지여행에 초 대받은 것 같다.

나는 '양 수술'에는 초청받지 않았지만, 초현실적인 자궁 마술을 이 의사들과 함께 가까이에서 지켜볼 것이다. 테이 블에 놓인 안내 책자에 오늘 이식에 참여한 여성들에 관한 정보가 적혀 있다. 공여자는 세 자녀를 둔 서른일곱 살의 엄마인데, 자녀들이 모두 질식분만으로 태어났기 때문에 자궁이 원래 그대로 온전하며 수술 흉터도 없다는 것이 오늘 수술에 무엇보다 중요한 점이었다. 수혜자는 공여자의 스물한 살 된 여동생이다. 이 여성은 절대적 자궁인자 불임의 가장 흔한 원인 중 하나인 MRKH(마이어-로키탄스키-퀴스터-하우저증후군)를 가지고 있는 모양이다. 이는 선천적으로 질과 자궁이 완전히 발달하지 않거나 아예 없는 상태다.[10] 이 증후군을 가진 많은 여성(소규모지만 적극적인 목소리를 내는 온라인 커뮤니티는 스스로를 '#MRKH전사들'이라고 부른다)은 10대에 또래 친구들처럼 생리가 시작되지 않을 때 비로소 자신의 몸이 남들과 다르다는 것을 알게 된다. 성관계가 시작되면 또 다른 문제가 생길 수 있고, 많은 MRKH 여성들이 이 무렵 의학적 도움을 구하기 시작하는 듯하다. 치료의 성공 정도는 의료진의 지식과 환자를 대하는 태도에 따라 천차만별이다. 온라인 블로그와 토론 광장에는 다양한 경험담이 넘쳐난다. 환자 앞에서 MRKH의 민망한 사진을 대놓고 검색하는 의사, 여성의 내밀한 삶에 대한 외설적인 발언으로 상처를 주는 의사, 직경이 점점 커지는 질 확장기를 사용해야 하는 치료를 제대로 못 해서 허둥거리는 의사 등등. 이 밖에도 학대에 가까운 굴욕감을 줄 수 있는 여지는 실로 무궁무진해 보인다. 이 '전사들' 중 일부는 입양이나 대리모 출산을 통해 엄마가 되지만, 분명한 사실은 모두가 무지, 고통, 오해에 맞서 오랜 싸움을 해왔다는 것이다. 따라서 MRKH 여성의 상당수가 엄격한 검사와 잠재적 위험에도 불구하고 자궁이식 임상시험을 받고 싶어 하는 것은 놀라운 일이 아니다. 앞으로 만날 난관이 무엇이든 이미 겪은 것보다 힘들지는 않을 것이기 때문이다.

오늘 예테보리에 모인 우리에게 자궁이식은 현대의학이 인체의 난제를 극복하기 위해 할 수 있는 최선의 시도를 상징한다. 거의 열 시간에 걸쳐 브렌스트룀과 그의 수술팀이 공여자의 골반 안에서 작업하는 동안 우리는 몸속에 들어간 복강경 카메라가 확대해서 비춰주는 장면을 지켜본다. 자궁 제거는 공이 많이 드는 작업이다. 자궁을 성공적으로 제거하기 위해서는 자궁을 움직일 때 인대와 요관을 최대한 건드리지 않아야 한다. 그리고 그런 조건에서 자궁의 미세한 혈관들을 하나하나 분리하고, 동맥을 클립으로 고정해 혈류를 차단해야 한다.

"일반적인 자궁절제술과는 달라요. 그 경우에는 전부 잘라내고 질을 통해 자궁을 끄집어내 쓰레기통에 버리면 끝이죠." 내가 수술의 세부 장면에 감탄할 때 오른편의 친절한 호주 의사가 속삭인다. "자궁을 다시 사용하려면 모든 게 온전하고 제대로 작동해야 해요. 엄청나게 힘든 일이죠." 그 사실만큼은 점점 더 실감 나게 느껴지고 있다.

마침내 초저녁 어느 순간 참관자들의 분위기가 조용한 기대감으로 고조된다. 이 작고 낯선 극장 안에서 공기가 명징해지고 눈동자들이 다시 한곳에 모인다. 나는 분만실에서도 이와 똑같은 미묘한 분위기 변화를 느낀 적이 있다.

바로, 산모가 왜 자신이 거기 있는지 잊을 만큼 헛되이 고통의 시간을 보낸 후에 강력한 수축이 일어나 아기 머리가 아주 살짝 보이는 순간이다.

공여자의 자궁이 뒤엉킨 정맥에서 거의 완전히 분리된 모습이 대형 스크린에 비친다. 곧 자궁과 질을 연결하는 경부가 분리될 것이다. 우리는 눈이 휘둥그레져서 앉은 자리에서 몸을 앞으로 숙인다. 거기 앉아 있는 모든 사람의 동공이 확장되어 하나가 된다. 수술실에서 수천 시간을 보낸 사람들인 우리는 마치 소독을 하고 장갑을 낀 채 그 수술실 안에 들어가 있는 마음으로 스크린에 바싹 다가간다. 오후 5시 20분, 수술실의 공기가 다시 바뀌며 출산의 흥분으로 가득 찬다. 자궁이 나온다. 이제 카메라가 공여자의 복부에서 물러나, 피로 물든 외과의사의 손에 의해 높이 들어 올려진 자궁을 비춘다. 제왕절개 수술을 하는 동안 내가 숱하게 봤던 것이다. 분만의 순간, 끈적끈적한 팔다리를 버둥거리는 아이가 들어올려지고, 그 밑으로는 열려 있는 복부의 축축하고 뜨거운 구멍과 아직 이어져 있는 탯줄이 소용돌이친다. 하지만 오늘은 아기도, 아기 울음소리도 없다. 이번 분만에는 앞으로 태어날 아기에 대한 기대와 아기 울음소리의 메아리가 있을 뿐이다.

승리의 순간은 짧다. 스크린이 다시 캄캄해진다. 수혜자의 몸에 이식하는 데 적합하다고 판단될 때까지 자궁을 검사하고, 세척하고, 항응고제를 붓는 구역인 수술실의 '백 테이블'에는 카메라가 없는 모양이다. 회의실에서 우리는 안절부절못하고, 한숨을 쉬고, 괜스레 종이를 넘긴다. 눈물을 글썽거리는 사람도 있고, 긴장해서 숨죽였던 사람도 있다. 이제야 우리는 숨을 내쉬고 혀를 찬다. 그리고 슬픈 영화가 끝나고 아직 눈물이 멈추지 않았는데 조명이 켜졌을 때처럼 뭔가를 들킨 기분이다.

마침 수혜자에게 자궁을 이식하는 수술은 그 앞의 제거 수술보다 훨씬 빠르게 진행된다. 스크린이 다시 깜박이더니 수혜자의 몸이 나타난다. 공여자인 언니의 몸 내부와 똑같이 요관과 인대, 매끄럽고 반짝이는 장이 보인다. 자궁만 없다. 하지만 곧 바뀔 것이다. 아직 핏기와 생명이 없을 뿐, 그 중요한 장기가 여기 있기 때문이다. 혈관 외과의사가 그 자궁을 새로운 혈관에 이식하기 위해 골반 깊숙한 곳에 있는 혈관들에 세심하게 틈을 내 연결하고 봉합한다. 내가 스크린으로 보고 있는 것이 몇 배 확대된 모습이라는 사실을 떠올리면 그런 손동작이 더욱 대단하게 느껴진다.

그러고 나서 모든 참관자가 다음 순간을 손에 땀을 쥐고 지켜본다. 접합은 끝나고 이제 연결이 잘 되었는지 테스트할 차례다. 의사가 새로 연결된 동맥에서 클램프를 푼다. 그러자 순식간에 새로운 혈액이 인접한 혈관으로 쏟아져 들어오더니, 지금까지는 희고 창백했던 자궁에 분홍빛 홍조가 서서히 퍼져나간다. 나는 눈으로 보고 있는 것을 믿을 수가 없다. 죽은 것이 생명을 얻고, 차갑게 정지해 있던 것

이 열기로 펄떡인다. 이 순간 앞으로 태어날 아기 울음소리
의 메아리가 좀 더 커지는 것처럼 느껴진다. 불가능한 일이
온갖 역경에도 불구하고 가능할 것만 같다.

* * *

생명 없는 근육이 생명력으로 펄떡이는 광경은 믿기지 않
을 정도로 낯설지만, 훨씬 더 낯선 진실은 미래에는 자궁
없는 사람들을 위한 불임 치료에 자궁이 아예 필요하지 않
을지도 모른다는 것이다. 적어도 현재 우리가 알고 있는 자
궁은 필요 없을 것이다. 자궁이식 분야가 등장해 거의 모든
대륙에서 임상시험이 시작되던 무렵에도, 과학자들은 벌써
한발 앞서 생각하고 있었다. 그들은 인공자궁이 나와서 의
학적, 심리적으로 복잡한 인간의 장기 기증이 필요 없어지
는 날을 꿈꾸었다. 2016년에 예테보리대학교의 생명공학
및 장기재생학 부교수인 마츠 헬스트룀Mats Hellström이 이끄
는 연구팀은 실험실에서 배양한 3차원 조직 '패치'를 사용
해 손상된 쥐의 자궁을 복구하는 데 성공했다. 이 연구팀의
목표는, 헬스트룀이 나중에 한 말을 빌리면 "기증자를 대체
할 수 있는 생명공학 장기를 만드는 것"[11]이었다. 그 뒤로
실험실에서 배양한 인공자궁을 개발하기 위한 경쟁이 가
속화되었다. 스웨덴 팀이 연구 결과를 발표한 지 4년 후, 노
스캘리포니아에 있는 웨이크 포레스트 재생의학연구소 소

장 앤서니 아탈라Anthony Atala 박사는 약간 다른 기술로 토끼 자궁을 복구하기 위한 조직 패치를 만들었고, 결국 여러 마리의 새끼 토끼가 잉태되어 무사히 태어났다.[12] 이는 사실 수술실에서 일어났을 뿐이지, 마술사가 모자에서 토끼를 꺼내는 것만큼이나 놀라운 일이다.

다른 곳에서는 과학자들이 자궁 기술을 발전시키는 목표에서 인간 조직을 아예 고려하지 않기로 했다. 2017년, 필라델피아 어린이병원의 연구팀은 초미숙 양(인간 태아의 경우 몸 밖에서 생존할 수 있는 최소 연령인 23주째에 해당한다)을 비닐백 형태의 '바이오백'[13]에 넣어 안전하게 키웠다고 발표했다. 전 세계 뉴스 매체는 이 소식을 앞다투어 전하며, 새끼 양이 합성 양수가 담긴 바이오백 안에서 뒤엉킨 관과 밸브에 둘러싸인 채 둥둥 떠 있는 섬뜩한 사진을 실었다. 인간의 태아를 수정 시점부터 만삭까지 온전히 자궁 밖에서 키우는 데까지는 아직 수십 년이 더 걸릴지도 모른다. 당분간 바이오백 안에서 평화롭게 잠든 어린 양의 이미지는 흥미롭지만 불안을 자아내는 하나의 미래상으로 머물 것이다.

이런 미래상은 내가 조산사로서 보는 천태만상과 판이하게 다르다. 나는 다양한 출산 단계에 있는 여성의 몸이 만들어내는 소리, 열기, 색채에 둘러싸여 있다. 매시간 출산과 관련된 물질이 내 주변을 가득 채운다. 뚝뚝 떨어지고, 솟구치고, 쏟아지고, 응고하는 피. 교대 후에도 오랫동안 내 피부에 남아 짭짤하고 달콤한 냄새를 풍기는 양수. 이따금

병과 죽음 앞에서 속수무책이 되는 비극이 일어나기도 하지만, 그보다는 승리와 기쁨의 순간, 그리고 새로운 생명의 자리이자 원천인 자궁의 힘을 재확인하는 순간이 훨씬 더 많다. 새로운 바이오백 시대의 조산사는 실험실 기술자와 다름없는 존재가 될까? 그런 미래의 조산사는 액체로 채워진 수조들이 놓여 있는 끝없이 이어진 통로를 걸어가며 인공 수중 세계에 둥둥 뜬 채 조용히 잠자고 있는 수백 명의 아기를 지켜보게 될까? 우리가 아는 적나라하고 추하면서도 아름다운 날것 그대로의 출산은 원시인의 기이한 관습처럼 인간의 의식 속에서 먼 기억으로만 남을지도 모른다. 그 미래에는 예측 불가능한 주기와 불편한 분비물을 지닌 자궁은 더 이상 필요 없을 것이다. '굴욕의자'와 분만 병동도, 피도, 어수선함도 없을 것이다. 분만이 하기 싫은 과거지사가 된다면 조산사는 어떻게 될까? 그리고 더 들어가, 출산이 가능하지만 출산하지 않는 몸, 또는 인간과 기계의 대담한 협업으로 대체되어 더 이상 진화적 목적을 수행할 필요가 없어진 약점과 결점을 지닌 기관인 자궁 자체에 우리는 앞으로 어떤 가치를 부여하게 될까?

올더스 헉슬리는 《멋진 신세계》에서 이런 질문들에 대한 가상의 답을 제시한다. 이 소설의 배경은 임신에 대한 부담과 섹스가 완전히 분리될 정도까지 '진보한' 사회다. 헉슬리의 세계에서 아기는 태어나는 대신 병 속에서 임신되어 분만 시점에 병에서 꺼내진다. 아직 옛날 방식으로 임신을 감내하는 여성들은 개처럼 "자꾸 아기를 낳는다"라고 묘사된다. "그건 너무 역겨운 일이다."[14] 여성의 몸을 가장 본질적인 기능인 생식을 위해 사용하는 것은 이 '완벽한' 사회에서는 원시적이고 혐오스러운 일이다. 임신과 출산이 야기하는 어수선함, 신체적 혼돈, 품위 실추를 감수하는 건 자신의 가치를 구제불능의 지경까지 떨어뜨리는 일이다.

물론 이런 이야기는 아직까지는 과학소설에 불과하다. 아기가 병 속에서 자라고 출산이 육체 없이 깨끗하게 이뤄지는 이 이상한 세계는 실제로 우리가 바라는 진보의 모습일지도 모른다. 원하는 사람은 누구나 생물학적 부모가 될 수 있지만, 그런 사람들이 생식의 '짐'을 질 필요가 없는 세상 말이다. 인공자궁은 마침내 진정으로 성평등한 사회로 가는 열쇠일지도 모른다. 생식을 실험실에 맡길 수 있다면, 여자든 남자든 모두가 시간 소모적인 (그리고 어수선한) 임신과 출산이라는 장애물 없이 일하고, 놀고, 자신의 잠재력을 온전히 발휘하며 살 수 있을 것이다. 철학자 엘셀레인 킹마Elselijn Kingma와 수키 핀Suki Finn은 새로운 자궁 기술의 출현을 다룬 글에서 이런 불안정이 완전히 제거된 사회의 모습을 실감나게 그려낸다. "진정한 인공자궁은 아직 과학소설에만 등장하지만, 그것이 왜 우리를 그토록 혹하게 하는 전망인지 알기는 어렵지 않다. 임신한 여성 중 '잠깐이라도' '무겁고 둔한 몸'에서 벗어날 수 있기를 바라지 않았던 사람이 있을까? '태아를 선반 위에 올려놓고' 임신에 따르는 위험, 부담, 도덕적 신체적 제약 없이 자유롭게 뛰고, 술 마시고, 담배 피우고, 점프하고, 춤추고, 일하고, 사랑을 나눌 수 있기를 바라지 않았던 사람이 있을까?"[15]

이런 해방은, 만삭 때 속쓰림을 겪어봤거나, 냉정한 고용주에게 들키지 않으려고 점점 불러오는 배를 숨겨봤거나, 아니면 단순히 연속적인 출산에서 벗어나기를 바라본 적이 있는 모든 임산부가 은밀히 또는 그 밖의 방식으로 품어봤을 소망일 것이다. 임신 과정의 일부나 전부를 멈춘다는 생각(그동안 태아는 바이오백에서 조용히 만들어진다)은 유혹적이지만, 여기에는 중요한 생명윤리적 딜레마가 따른다.

더럼대학교의 생명과학법 조교수인 클로이 로마니스Chloe Romanis는 인공자궁이 생식의 트로이 목마라고 주장한다. 겉으로는 저항할 수 없을 정도로 매력적이지만 자세히 들여다보면 위험천만하기 때문이다.

클로이는 "남성의 시선은 측정과 통제가 가능한 몸 외부의 임신을 선호할 겁니다"라고 말한다.

우리가 영상통화로 이야기를 나누는 동안 클로이의 닥스훈트 노라가 무릎 위로 기어오르고, 내 딸은 옆방에서 숙제를 한다. 이런 인터뷰를 할 때마다 늘 그랬던 것처럼 우리는 각자 집안일로 산만하게 해서 미안하다고 사과한다. 노라의 끈질긴 방해에도 굴하지 않고 클로이는 남성적 시선이 지배하는 세계에서는 측정하고 통제할 수 있는 인공자궁을, 결함 있고 예측할 수 없으며 도덕적 기준이 불분명한 여성의 몸과 행동보다 훨씬 더 선망할 거라고 설명한다.

"아직도 여성은 믿을 수 없는 없는 존재라는 인식이 있는 것 같아요." 클로이는 이렇게 말하며, 무얼 먹고 뭘 하고 누구를 만나는지 캐물으며 임산부의 행동을 일일이 단속하려 드는 가부장적 욕구를 언급한다. 이 책을 집필하는 동안 많은 여성이 내게 자신이 겪은 일을 말해주었다. 그들은 카페인에서부터 술, 옷차림과 운동에 이르기까지 모든 것이 가족과 친구, 심지어 모르는 사람들에게도 감시의 대상이 되며, 가벼운 잔소리부터 은근한 공격까지 각양각색의 말을 듣는다고 털어놓았다.

"인간 존재가 형성되는 일은 마법과 같다는 인식이 존재하고, 그래서 우리는 임신한 여성들이 모든 것을 제대로 지키도록 단속할 필요가 있는 거죠." 클로이는 미래에는 사회 규범에 부합하지 않는 행동을 하는 여성은 강제 조산을 종용받을지도 모른다고 말한다. 이때 태아는 '더 안전한' 인공자궁으로 옮겨져 남은 잉태 기간을 채우게 될 것이다.

"논리는 이렇습니다. 그런 임산부의 경우 태아를 몸에서 꺼내야 태어났을 때 건강하게 살 확률이 높고, 그러므로 우리는 그렇게 해야 한다는 거죠. 대놓고 강요하지 않지만 사실상 강요나 마찬가지예요. 즉 이 일을 완벽하게 해내는 기계가 있으니 당신들이 그 기준에 맞추라는 거죠."

클로이는 이렇게 잉태 기간의 일부를 몸 밖에서 채우는 것을 '체외발생ectogenesis'이라고 부르는데, 이는 두 개의 그리스어 단어로 이루어진 합성어로 '외부에서의 창조'를 뜻한다. 2020년 〈의료윤리저널Journal of Medical Ethics〉에 기고한 논문에서 클로이와 공동저자들은 "이러한 기술 발전에 직면하여 우리는 통제, 갈등, 자궁을 둘러싼 악의적인 서사를 반드시 짚고 넘어가야 한다"[16]라고 경고한다.

클로이는 유산 위험이나 다른 위태로운 상황에 직면한 초미숙아를 살리는 데 체외발생이 도움이 될 수 있다는 점을 인정하면서도, 아기를 체내에 두는 것의 위험과 이익을 객관적으로 판단할 수 없는, 윤리적으로 위험한 넓은 회색지대가 존재한다고 주장한다. 이렇게 경계가 불분명한 지대에서는 착취가 일어날 가능성이 매우 높다.

클로이는 "출산에서 강압적인 개입은 항상 일어나는 일이며, 체외발생은 그것을 부추길 가능성이 매우 높다"라고 말한다.

인생의 형성기를 통과하는 취약한 시기에 임산부가 부당한 압력과 영향을 받는다고 상상하는 것이 불편할지도 모르지만, 연구 결과 그런 강요는 산과 폭력이라는 더 광범위한 현상의 일부로 널리 퍼져 있는 것 같다. 2021년에 스위스에서 발표된 한 연구에 따르면 6054명의 여성 중 26.7퍼센트(적어도 네 명 중 한 명)가 분만과 출산 과정에서 미묘한 형태의 강요를 경험한 것으로 나타났다. 특히 이주 여성과 질식분만을 원하는 여성들 사이에서는 그 비율이 훨씬 더 높았다는 사실은 주목할 만하다.[17] 유감스럽게도 나 역시 현장에서 그런 강압적인 행위를 목격한 적이 있다. 내가 일터에서 접하는 대부분의 상황에선 당사자의 결정권을 존중하지만, 많은 여성들이 선택의 상황(즉 진통제를 복용할지 말지, 제왕절개를 할지 질식분만을 할지, 또는 특정 종류의 모니터링이나 약물을 받아들일지 거부할지 등)에서 의료진이나 배우자에게 휘둘린다. 그들은 특정 선택지를 받아들일 경우 뭐가 위험하고 뭐가 유리한지, 대안이 무엇인지에 대한 충분한 설명을 듣지 못한 채 단지 그게 최선이고 가장 쉽고 가장 빠르다는 이유로 선택을 강요받는다. 이런 맥락에서 보면 가까운 미래에 여성들이 근거가 있든 없든 다양한 임상적, 윤리적 이유로 체외발생을 강요받는 시나리오를 상상하기는 그리 어렵지 않다. 주치의가 아기에게 바이오백이 '최선'이라고 강력하게 말하거나, 법원이 임신 기간에 특정 행동 기준을 따르지 않으면 체외발생을 하게 될 거라고 위협한다면, 과연 임산부가 자기 의지대로 결정할 수 있을까?

규범을 따르지 않는 엄마의 자궁에서 아기를 강제로 꺼내는 세계가 우리와는 관계없는 먼 미래처럼 느껴질지도 모르지만, 클로이는 생식 기술이 이미 여성에게 자궁을 특정 방식으로 사용하게끔 강요하는 쪽으로 이용되고 있다고 주장한다. 이런 거래는 표면적으로는 여성을 위한 '특혜'로 제시되지만, 자세히 살펴보면 그 여성의 고용주나 그들이 속한 더 넓은 자본주의 시스템의 이익을 위한 것이다.

"예를 들어 페이스북, 애플, 구글은 여성 직원에게 난자

냉동 서비스를 제공합니다. 그러면서 '우리 회사에서 일하는 이점 중 하나는 난자를 냉동시켜서 더 오래 임신할 수 있게 해주는 것'이라고 말해요. 만일 이 [인공자궁] 기술이 존재한다면, 그들은 직원에게 그걸 인센티브로 제공할 거예요. 즉 '아이를 갖는 건 좋은데 임신할 필요는 없지 않나?'라고 말할 거예요." 클로이는 체외발생이 임원에게 일종의 특전으로 제공되는 건 시간문제라고 말한다. "과장이 심한 것 아니냐고 생각할지도 모르지만, 우리가 자본주의 사회에 살고 있는 한, 사람들이 이런 기계를 사용하도록 강요받을 이유들이 존재합니다."

인공자궁이 실용화되고 목적에 부합하고 저렴해지면, 인공자궁의 사용이 임신하는 사람과 임신하지 않는 사람으로 나뉘는 새로운 계층 사회를 만들게 될까? 우량 기업이 여성 직원들에게 태아를 키울 수 있는 공간을 임대해주는 세상에서는 바이오백 아기가 전용 차량과 명당 사무실 다음으로 임원이라는 직위를 상징하는 특전이 될까? 그리고 유리와 크롬으로 번쩍이는 이사실 밖에 존재하는, 이 멋진 신세계의 그리 좋지 못한 생활환경에서는 사회적으로 바람직하지 않은 행동을 하는 여성들 앞에 항상 메스의 위협이 도사리게 될까? 위험할 정도로 결함 있는 인간의 몸에서 아기를 키우느니, 차라리 조기에 제왕절개를 해서 깨끗하고 통제 가능한 바이오 자궁으로 옮기는 것이 의학적으로나 도덕적으로 더 안전하다고 여겨질까? 만일 임신 기간을 모두 체외발생으로 채우는 것이 실현 가능한 현실이 된다면, 스스로 임신을 유지할 수 없어서 대리모를 통해 임신하고 출산하는 부부에게 소중한 희망이 될까? 동성 커플, 편부모, 건강 문제로 임신이 힘든 여성에게 인공자궁은 시험관 아기 시술로 잉태된 배아를 기르고 성장시킬 안전한 대안 '공간'이 될까?

이 글을 쓰는 시점에 이런 질문들은 아직 논쟁의 여지가 있고, 인공자궁 기술이 제기하는 윤리적 문제들은 앞으로 수년 동안 가정으로 남을 것이다. 클로이는 왜 생전에 실현되지 않을지도 모르는 '대체자궁 현실'에 몰두하느냐는 질문을 자주 받는다고 말한다.

"[사람들은] 왜 항상 이런 글만 쓰느냐고 물어요. 왜 이런 것에 집중하느냐고요? 내게는 그것이 현재 우리가 자궁에 어떤 가치를 부여하는지에 대해 생각해볼 수 있는 가설[시나리오]이기 때문이에요. 이런 질문들은 설령 완전한 가정이라 해도 정말 매혹적이라고 생각합니다."

나는 그날 오후 늦게 인터넷에서 자궁 관련 게시물을 검색하던 중 산업 현장에서나 볼 법한 기계 사진을 발견했다. 선과 스위치가 널려 있는 유리상자 안에 동그란 회전반이 놓여 있고, 회전반은 여러 구역으로 나뉘어 있다. 언뜻 총에서 총알이 들어가는 배럴처럼 보이는 이 바퀴 내부에는 매끄럽게 회전하는 각각의 영역에 유리병이 붙들려 있고, 유리병 안에는 생쥐 배아가 가짜 양수에 둥둥 떠 있다.

하지만 그것만 빼면 여느 생쥐와 다르지 않다. 이 생쥐들을 키우는 기계는 생명공학의 승리만이 아니라 상상력의 승리다. 단순한 세포 덩어리에 불과한 임신 닷새째 어미로부터 분리된 이 생쥐들은 외부 실험 환경에서 생존 한계에 도달하는 11일째까지 엿새 동안 그 작은 유리병 안에서 자라며 조직과 기관(뇌, 혈액, 그리고 박동하는 작은 심장)을 키운다. 이스라엘 바이츠만 과학연구소의 세포생물학자들이 개척한 이 새로운 자궁 기계는 아직은 쥐의 전체 임신을 재현하지는 못했지만 총 임신 기간인 19일까지 얼마 남지 않았다.[18,19]

아마 미래 자궁의 더 정확한 모습은 바이오백 안의 아기나 선반 위의 유리병이 아니라, 한 번도 들어보지 못한 어떤 생명의 리듬에 맞춰 회전하도록 완벽하게 조정된 금속 재질의 방에서 인간 배아를 키우는, 회전하는 바퀴일 것이다. 어쩌면 우리가 던지는 질문들은 가정이 아닐지도 모른다. 미래에 우리의 생식이 육체와 금속, 두 갈래로 나눠질 거라는 생각은 어쩌면 우리의 망상일지도 모른다. 길은 이미 정해졌으며 그게 '언제'인지만 남아 있을 뿐일지도 모른다.

* * *

미래에 우리의 잉태와 임신, 출산이 어떤 모습일지 누가 알겠는가? 현재의 출산은 같은 주제의 무한 반복이다. 소설

미디어상의 가식과 필터가 보태진 출산, 교도소나 이주민 수용소에서의 절망적이지만 존엄함이 느껴지는 출산, 휘몰아치듯 정신없이 진행되는 병원 주차장에서의 출산, 호르몬과 마취제에 의해 조정되는 분만 병동에서의 출산. 하지만 제니퍼 고브레히트의 경우는 달랐다. 그녀의 출산은 〈피플〉지에 센터폴드로 소개될 만큼 쾌거였다. 그 잡지의 2020년 2월 13일자에 실린 사진 속에서 제니퍼는 머리카락과 속눈썹을 완벽하게 손질한 모습으로 잠든 아들 벤을 품에 안고 있다.[20] 그 사진에서 아련한 꿈결 같은 엄마의 행복이 느껴진다. 하지만 흔한 속담처럼 보이는 게 전부가 아니다. 제니퍼의 임신은 일반적인 임신이 아니었다. 벤은 말 그대로 현대 과학의 기적이다. 반전이 있는 벤의 탄생 이야기를 들으면 누군가는 감동적인 만큼이나 오싹한 기분이 들지도 모른다. 제니퍼와 영상통화로 '만난' 날 매력적인 겉치레는 벗겨지고, 빛을 발하는 사각형 화면은 오직 놀라운 날것 그대로의 진실만을 보여준다.

"좀 늦어지고 있어요. 폭풍우에 갇혔어요." 내가 책상 앞에서 기다리는 동안 제니퍼가 이메일을 보낸다. 내가 있는 스코틀랜드는 일요일 저녁이지만, 제니퍼가 있는 펜실베이니아는 다섯 시간이 늦다. 제니퍼는 생일 파티를 마치고 이제 막 귀가한 참이다. 컴퓨터 화면이 깜박이며 살아나더니, 내가 익히 아는 모습의 아이 엄마가 나타난다. 제니퍼는 지치고 미안한 기색이다. 이마에는 젖은 머리카락이 찰싹 붙어 있고, 얼굴에는 왜 그런지 알 것 같은 조바심이 역력하다. 지금 그녀는 옆방에서 가까스로 잠든 아기가 혹시 울지는 않는지 한쪽 귀를 열어놓은 채 프로답게 보이려고 애쓰는 중이다. 제니퍼와 나는 인터뷰에 앞서 몇 주 동안 정중한 이메일을 주고받았지만, 격식은 여름 폭우에 휩쓸려가 버렸다. 벤이 깨기 전까지 시간이 얼마 없기 때문에 우리는 곧바로 본론으로 들어간다. 제니퍼는 어떻게 임신할 수 없는 몸이라는 말을 듣고도 아기를 낳게 되었는지 이야기한다. 제니퍼는 언니나 어머니의 자궁을 빌린 것도, 최첨단 바이오 자궁을 최초로 이식받은 것도 아니었다. 쉽게 구할 수 있고, 이미 완성되어 있으며, 목적에 부합하는 종류의 장기, 이미 테스트를 거쳐 임신 가능성이 입증되었지만 인간의 다른 잔해들처럼 매년 땅에 묻히거나 소각되는 종류의 장기로 벤을 낳았다. 제니퍼가 머리카락을 쓸어 넘긴다. 나는 의자를 앞으로 당겨 앉는다. 그러자 그녀는 어떻게 사망한 여성의 자궁으로 아이를 낳았는지 들려준다.

벤의 탄생 이야기는 2004년 8월 26일로 거슬러 올라가, 제니퍼가 인스타그램 게시물에서 "볼티모어 파이크의 베드 배스앤비욘드 사가 있던 곳"[21]이라고 설명한 어느 클리닉에서 시작한다. 당시 제니퍼는 열일곱 살의 고등학교 2학년 학생이었지만 또래 중 유일하게 생리를 시작하지 않은 아이였다. 제니퍼는 결국에는 아무 소용 없었던 여러 가지 거북한 검사들을 받다가, 최근 찍은 MRI 결과를 상담하기 위해 파이크의 이름 모를 건물에 있는 그 여성건강클리닉까지 가게 되었다. 할머니 생신이었기 때문에 제니퍼는 그날을 뚜렷하게 기억한다. 그날 제니퍼는 어머니와 함께 할머니를 모시고 베니건스에서 점심을 먹으러 가기 전에 잠깐 병원에 들르기로 했다.

"그런데 그날 병원에서 '거기 아무것도 없어요. 그뿐이에요'라는 말을 들었어요." 제니퍼는 내게 말한다. "당신은 자궁 없이 태어났어요. 그럼 행운을 빌어요."

브렌스트룀 박사에게 자궁을 이식받은 환자와 마찬가지로 제니퍼도 MRKH증후군 진단을 받았다. 제니퍼 모녀에게는 처음 들어보는 생소한 진단명이었고, 심지어 담당 의사조차 인터넷에서 찾아봤다고 시인했다. 그럼 임신이 불가능하냐고 묻자 의사는 딱 잘라 말하지는 않았다. "난 누구에게도 100퍼센트 확실한 진단을 내리지 않아요. 과학에는 항상 새로운 가능성이 있다고 믿기 때문이죠. 당신이 아기를 가질 수 있는 확률이 2퍼센트는 된다고 생각해요. 누가 알아요."

그날 베니건스에서의 점심 식사는 무산되었지만, 그 후 몇 년 동안 제니퍼와 그녀의 어머니는 포기하지 않고 그 2퍼센트의 가능성에 매달렸다. 2014년 제니퍼가 드루와 결혼했을 때는 입양이나 대리모를 고려했지만, 그들은 그래도 혹시 다른 새로운 기술이 나왔는지 뉴스를 계속 살펴보았다.

"우리는 과학계 소식을 주시하기 시작했어요." 제니퍼는 당시를 떠올리며 말한다. "딱 그 무렵 스웨덴에서 [자궁이식] 임상시험을 시작했어요. 그때만 해도 우린 그저 흥미롭다고 생각했을 뿐이에요."

2016년 고브레히트 부부는 드루의 정자와 제니퍼의 난소에서 채취한 난자로 시험관 아기 시술을 시도해 생존 가능한 배아를 만드는 데 성공했다(MRKH증후군이 있는 많은 여성들과 마찬가지로 제니퍼도 난소를 가지고 있었다). 그런데 대리모가 가장 현실적인 방법이라고 생각했을 무렵, 제니퍼는 집에서 고작 몇 분 거리에 있는 펜실베이니아대학교에서 새로운 이식 임상시험에 참가할 사람을 모집한다는 소식을 들었다. 전화를 걸자 인터뷰와 몇 가지 평가를 받을 수 있도록 후보 명단에 제니퍼의 이름을 올려주었다. 너무 좋은 기회라서 실현될 리가 없을 것만 같았다. 임상시험에 참여하게 된다면 제니퍼는 정교하고 값비싼 자궁 기계의 초기 모델이 아니라 사망한 기증자의 자궁을 제공받게 된다. 기증자의 생명은 짧게 끝났지만 그 자궁은 아기를 출산한 적이 있었고 그러므로 다시 출산할 가능성이 있었다.

사망한 기증자의 장기를 받는 건 새로운 일도 특별한 일도 아니다. 그런 시술이 전 세계에서 매년 수만 건씩 이루어지며 신장, 간, 심장, 폐는 영국과 미국에서 가장 많이 기증되는 장기다.[22,23] 이 목록에 자궁을 추가하면 안 될 이유가 있을까? 그렇게 한다면 살아 있는 사람의 자궁을 이식

받는 데 따르는 상당한 의학적, 심리적, 재정적 비용을 부담하지 않아도 될 것이다. 즉 조직 적합성이 높은 친척이나 친구에게 기증을 부탁하는 일의 난처함, 살아 있는 기증자를 선별하고 안전하게 수술하는 일의 어려움, 유산되거나 수혜자의 몸이 기증자의 장기를 거부할 때의 상실감, 살아 있는 기증자의 치료와 월차로 인한 경제적 비용 등을 말이다. 설령 인공자궁이 나온다 해도, 사망한 기증자의 자궁은 비용이 전혀 들지 않고 쉽게 구할 수 있다는 뚜렷한 이점이 있다. 안타깝게도 가임기 한가운데 있는 여성들이 여러 이유로 사망하지만 그 이유의 대부분은 자궁과 관련이 없다. 무료이고 제대로 기능하며 쉽게 구할 수 있는데 왜 사망자의 자궁 기증이 오랫동안 일반화되지 않았는지 이해가 되지 않았을까? 선뜻 이해하기 어렵다.

죽은 여성의 자궁에서 내 아이를 키운다고 생각하면 어쩐지 섬뜩하기 때문일까? 신장을 준 사랑하는 자매, 죽은 아들의 심장이 다른 젊은이의 가슴에서 뛰고 있다고 생각하는 아버지 등 언론 매체는 선한 장기 기증 이야기를 몹시 좋아하지만, 다른 여성의 자궁을 이식받아 아이를 키운다는 상상은 너무 지나치고 엽기적일까? 제니퍼에게 그런 고민을 해봤는지 물었더니 그녀의 대답은 실용적이고도 단호했다.

"살기 위한 목적이 아니라 더 잘 살기 위해 장기이식을 받으면 왜 안 되나요? 죽으면 몸 안의 것들을 가져갈 수 없는데, 그걸 다른 사람이 더 행복하게 살기 위해, 나아가 새 생명을 만들기 위해 이용하면 왜 안 되죠? 자궁은 정말 기적적인 장기예요. 신장은 독소를 걸러내지만, 이 장기는 **사람**을 만들죠."

이식에 대한 현실적인 관점을 지닌 덕분에 제니퍼는 펜실베이니아대학교 장기이식팀이 요구하는 엄격한 심리 검사에서 좋은 점수를 받았고, 여기에 신체적 조건도 충족되어 임상시험에 참여할 수 있었다. 이렇게 해서 제니퍼는 누군가의 죽음에 자신의 행운이 달린 많은 수혜 희망자들처럼 '연락'이 오기를 기다리게 되었다. 제니퍼의 경우 운명의 순간은 금요일 오후에 찾아왔다. 장기이식팀이 찾은 적합한 기증자는 자녀를 출산한 적이 있는 29세 여성이었다. 즉 그 여성의 자궁은 검증된 것이었다. 나중에 기증자의 어머니는 편지에서 기증자를 "내가 아는 최고의 엄마"로 묘사했다.[24]

이 젊은 여성은 자신이 고브레히트 부부에게 준 선물이 무엇인지 영원히 알지 못할 것이다. 장기이식 몇 달 후 서른두 살의 제니퍼는 첫 생리를 했다. 친구들이 오래전에 경험한 통과의례가 마침내 찾아온 것이다. 그건 자궁이 정상적으로 작동한다는 확실한 신호였다. 여섯 달 후 시험관 아기 시술로 수정된 배아 중 하나가 착상에 성공했다. 제니퍼는 이어진 임신에 대해, 거의 매일 검진을 받고 임상시험에서 요구하는 수십 가지 면역억제제를 복용해야 하는 것

외에는 순조로웠고 별다른 문제가 없었다고 설명한다. 제니퍼가 임신 30주에 급성 자간전증 진단을 받으면서 아기가 바깥세상과 만날 날이 예정보다 일찍 찾아왔다. 장기이식팀은 제왕절개에 이어 자궁절제술을 시행했는데, 이것을 제니퍼는 '달콤 씁쓸한' 사건이었다고 묘사한다. 출산 후에도 자궁을 보유하면 아직 알려지지 않은 합병증이 발생할 위험이 있고, 그럴 경우 제니퍼는 거부반응을 억제하는 약물을 계속 복용하면서 그런 약물에서 흔히 나타나는 불쾌한 부작용을 무기한 견뎌야 했다. 2017년 11월 벤 고브레히트가 세상으로 나왔고, 그를 키운 자궁도 밖으로 나왔다.

'안젤라'가 마츠 브렌스트룀에게 영감을 불어넣음으로써 생식 역사에 한 획을 그은 것처럼, 제니퍼의 기증자를 비롯해 현재 전 세계에서 비슷한 임상시험에 자궁을 제공한 많은 사망한 기증자들에 의해 생식 역사의 새로운 장이 쓰였다. 면역학자, 산부인과 의사, 전문 외과의사들이 이런 시술에 점점 더 능숙해지는 동안 우리는 그 과정에서 제기되는 윤리적 질문들에 대한 답을 찾으려 할 것이다. 어쩌면 기술적 문제보다 자궁에 대한 우리 사회의 엇갈린 감정(비난하는 동시에 추앙하는 감정)이 더 큰 장애물이 될지도 모른다. 하지만 왜 그래야 할까? 우리는 신장부터 각막까지 사실상 모든 신체 부위를 이런 방식으로 사용하는 것에 의문을 품지 않는다. 그렇다면 자궁에 어떤 종류의 신성 불가침한 의미를 부여하는 건 비합리적인 일이 아닐까? 지난 1000년 동안 과학은 자궁이 변덕스러운 영혼을 지닌 '동물 안의 동물'이 아니라 다른 모든 기관과 마찬가지로 중립적이고 기능적인 기관임을 보여주었다. 우리 목표가 최대한 많은 여성에게 출산 기회를 제공하면서도 잠재적 기증자인 산 사람의 건강을 지키는 동시에 안정적으로 공급되는 시신을 활용하는 것이라면, 다음 단계가 이전 단계보다 더 논란이 되어야 할 이유가 있을까?

물론 자궁이식을 둘러싼 초기 담론에서는 자궁이 특별한 지위를 가진 기관이라는 생각이 지배적이었다. 생명윤리학자 아서 캐플런과 공저자들은 2007년 〈자궁이식 Moving the Womb〉이라는 논문에서, 자궁이식은 다른 장기의 기증을 찬성하는 여성들에게도 감정적으로 받아들이기 힘든 극단적인 단계일 수 있다고 말한다. "미국 여성 중 장기기증 카드에 서명할 때 자궁을 기증 대상 장기로 고려한 사람은 극소수였다. 아마 여성들은 심장이나 간을 기증하는 것만큼 자궁을 흔쾌히 기증하지 않을 것이다."[25] 이런 거부감의 이유가 무엇인지는 아직 자세히 조사되지 않았지만, 여성이 자궁에 대해 갖는 본능적 느낌(다른 어떤 장기보다도 자궁은 누구도 바꿀 수 없는 내 것이라는 생각)이 그런 거부감을 충분히 설명해줄 수 있다는 암묵적인 이해가 존재하는 것 같다. 캐플런의 논문이 발표된 지 10년이 넘었지만 이 가설은 아직 체계적이고 엄격한 방식으로 검증된 적이 없다. 대규모 자궁 기증 프로그램을 구축하기 위해서는 그런 검증이 반드시 선행되어야 한다. 현재로서는 임상시험에 참여해 자궁을 기증하는 여성이 적지만 꾸준히 증가하고 있으며, 사망자의 가족이 자궁을 기증하기로 결정하는 경우도 종종 있다. 제니퍼 고브레히트에게 자궁을 기증한 여성의 어머니는 편지에서 "[내 딸이] 다른 여성에게 엄마가 되는 선물을 주도록 돕는 건 딸을 위해 정말 아름답고 더할 나위 없는 유산을 남기는 일이라고 생각해요"[26]라고 썼다.

제니퍼는 자신의 사연에 대한 대중의 반응은 일반적으로 긍정적이지만 이른바 '반발'에 대해서도 잘 알고 있다고 말한다. 제니퍼는 자신의 경험상 자궁이식에 대한 반대는 잠재적 기증자나 가족의 거부감보다는 수혜자의 이기적이거나 불합리한 요구와 더 많은 관련이 있다고 말한다.

"'왜 그런 극단적인 불임 치료를 받으려고 하는지 도무지 이해할 수 없어. 그냥 입양해'라고 말하는 사람들이 항상 있어요. 그들은 마치 상점에 가면 되는 것처럼, 정신적으로 쉬운 일인 것처럼 말해요. 겪어보지 않은 사람은 누군가가 임신과 출산을 경험하고 싶어 하는 이유를 이해하지 못해요. 그리고 사람마다 인생에서 경험하고 싶은 것이 달라요." 이런 종류의 관념적인 논쟁에서 분명한 승자는 없다. 실라 헤티는 출산 관련 선택들을 탐구한 가상 자서전인 《엄마 되기Motherhood》에서 "여성은 어떤 선택을 해도, 아무리 열심히 노력해도 항상 죄인처럼 느낀다. 엄마가 된 사람도 죄인처럼 느끼고, 엄마가 아닌 사람들도 마찬가지다"27라고 말했다. 아이를 갖겠다는 누군가의 결정과 그렇게 하기 위해 그 사람이 선택하는 방법이 같은 갈림길에 놓인 다른 누군가에게는 끔찍한 일이 될 수 있다.

제니퍼는 궁극적으로 자궁이식과 같은 기술의 가장 중요한 점은 기증자가 산 사람이든 죽은 사람이든 많은 가임기 여성에게 턱없이 부족한 선택지를 제공하는 것이라고 말한다.

"다양한 불임 조건을 가진 여성들이 이 방법을 또 하나의 선택지로 봤으면 좋겠어요. 젊은 여성들 입장에서 선택지가 별로 없다는 말을 듣는 건 몹시 힘든 일이니까요. 여성들을 위해 더 많은 선택지를 마련하는 게 정말 중요하다고 생각해요. 그런 이유에서 난 이 일을 가장 먼저 시도하는 사람이 되고 싶었어요. 내가 성공하지 못하더라도 적어도 다른 사람들은 성공할 수 있도록 개선책을 찾을 수 있을 테니까요."

또 하나 알아둬야 할 점은 이 '다른 사람들'의 범위가 앞으로 더 넓어질 수 있다는 것이다. 과학자들은 이미 생리적으로 남성인 사람의 몸에 자궁을 이식하는 일을 고려하기 시작했다. 구체적으로 말하면, 트랜스젠더 여성(태어날 때는 남성으로 남성의 해부 구조를 일부 또는 전부 보유하고 있지만 자신을 여성으로 인식하고 여성으로 살아가는 사람)도 과학과 사회가 허용한다면 자궁 수혜자가 될 수 있다고 생각한다. 2019년의 한 리뷰 논문 저자들이 내린 결론은 이렇다. "해부 구조, 호르몬, 임신, 기타 산과적 고려 사항이 많지만, 그럼에도 불구하고 … UTx[자궁이식]를 GRS[성전환수술]의 일부로 시행하는 것을 막을 압도적인 임상적 근거는 없다." 이 논문의 저자들은 생식 형평성에서 한 걸음 더 나아가, 만일 의학적 장벽을 안전하게 극복할 수 있다면 이 집단을 임신과 출산에서 배제하는 건 사실상 비도덕적인 일이라고 주장한다. "M2F[남성에서 여성으로 전환] 트랜스젠더 여성의 생식에 대한 소망도 여성으로 태어난 사람과 동등하게 고려되어야 하며, 실현 가능성이 입증된 이상 이 집단에서 UTx 시행을 고려하지 않는 건 법적으로나 윤리적으로나 허용할 수 없는 일이다."[28] 이 가상 시나리오는 제니퍼에게 자궁을 기증한 사람의 가족, 심지어 마츠 브렌스트룀의 초기 혁신에 영감을 준 '안젤라'조차 상상하지 못했던 것이지만, 우리가 죽기 전에 현실이 될지도 모른다.

내가 있는 스코틀랜드에서는 해가 점점 기울고 있고, 펜실베이니아의 제니퍼에게는 아기가 낮잠에서 깰 시간이 다가오고 있다. 나는 제니퍼가 화면 밖의 잠든 아기에게 자꾸만 눈을 돌리는 모습을 본다. 작별인사를 하고 각자 가정으로 돌아가면서, 나는 사람들(여성, 남성, 동성 커플, 논바이너리 커플, 자궁을 가졌거나 원하는 모든 사람)에게 선택지를 주는 것이 그렇게 나쁜 일인지 궁금해진다. 성관계, 가족 꾸리기, 임신 중지 같은 생식의 여러 영역에서 실행 여부, 시기, 방법을 선택할 수 있다면 여성과 자궁을 가진 모든 사람이 안전하고 만족스러운 삶을 살 수 있을 것이다. 결과적으로 그런 선택은 단순히 살아남는 것을 넘어 잘 살아갈 수 있게 하는 일이며, 행복한 개인을 만들 뿐만 아니라 지역사회에 적극적으로 참여하는 구성원을 만드는 일이기도 하다. 생식 선택은 음식, 물, 집과 마찬가지로 사치가 아니라 필수다.

* * *

자궁을 가진 모든 사람에게 자궁은 생식적 선택에 관한 논의들이 수렴하는 곳이다. 낙태만큼 이 수렴이 뚜렷하고 논란을 불러일으키는 영역도 없다. 세계 모든 정부는 개인에게 임신을 중지할 법적 권리가 있는지, 있다면 언제 어떻게 중지할 수 있는지 결정하려고 시도해왔다. 생명이 언제 시작되는지, 그 생명이 임신한 사람의 생명보다 더 가치 있는지에 대한 세계적 합의는 존재하지 않는다. 한 사람의 몸, 적어도 몸 안의 자궁만큼은 개인 고유의 영역이라는 생각은 보편적으로 받아들여지고 있지 않다. 이런 철학적 문제에도 불구하고 낙태와 낙태 약물은 (앞에서 살펴보았듯이) 그동안의 역사에서 언제 어디에나 존재했고, 낙태 시술은 지금도 여전히 생식 의료의 필수적인 부분이다. 임신을 중지함으로써 어떤 경우에는 생명을 위협하는 의학적 위기를 피할 수 있고, 또 어떤 경우에는 당장은 분명하지 않아도 임신한 사람의 육체적, 정서적, 심지어 금전적 행복에 적지

않은 도움을 줄 수 있다.[29]

낙태에 대한 세계보건기구의 입장은 분명하다. "낙태는 적절한 임신 기간에 필수적인 기술을 갖춘 사람이 세계보건기구가 권고하는 방법을 사용해 시행하면 안전하다."[30] 하지만 세계보건기구의 승인에도 불구하고 많은 국가가 낙태를 제한하는 법률 또는 전면 금지하는 법을 계속 유지하고 있다. 자궁과 그 내용물을 통제하는 이런 엄격한 법률은 원치 않는 임신을 예방하거나 낙태의 필요를 방지하지 못한다. 오히려 비위생적인 환경에서 시술하는 미숙련 의료 제공자를 찾도록 내몰고, 이로 인해 매년 수만 명의 여성이 안전하지 않은 낙태의 합병증으로 사망하는 비극적인 (어쩌면 필연적인) 결과가 발생한다.[31] 감염, 출혈, 자궁과 그 주변 장기의 손상에 시달리는[32] 이 여성들은 말 그대로 자기 자궁에 대한 통제권을 목숨 걸고 사수하고 있다.

안전하지 않은 낙태의 97퍼센트가 개발도상국에서 발생하지만,[33] 생명을 살리는 이 시술을 쉽게 이용하지 못하는 것은 제3세계만의 문제가 아니다. 세계에서 가장 부유하고 소위 '진보적'이라는 국가에서도, 임산부보다 태아의 생명을 우선시하는 법률 때문에 임신한 사람들이 죽어가고 있다. 이런 여성들의 얼굴은 신문 1면과 뉴스 게시판에 잊을 만하면 한 번씩 등장하는데, 그들의 이야기는 충격적일 정도로 비슷하다. 2012년, 임신 17주째에 유산 위기에 놓여 아일랜드의 한 병원을 찾아가 도움을 요청한 사비타 할라

파나바르의 사연에 전 세계 언론의 시선이 쏠렸다. 사비타가 자궁 내 감염으로 인한 패혈증으로 점점 위독해지는 상황에서도 의사들은 태아의 심장이 계속 뛰는 한 법적으로 임신 중지를 유도할 수 없었다. 사비타가 자연 유산할 무렵에는 임신 지속으로 인한 감염이 이미 심각한 상태에 이르러, 곧바로 패혈증 쇼크, 다발성 장기 부전, 심장마비가 찾아왔다.[34] 2012년 10월 28일 언론에 대대적으로 보도된 사비타의 죽음은 이후 아일랜드에서 실시된 낙태제한법을 폐지하는 국민투표에 영향을 미쳤지만, 사비타에게는 너무 늦은 변화였다.

사비타의 죽음 이후에도, 살 수 있었음에도 불구하고 낙태 시술을 너무 늦게 받거나 아예 받지 못해서 사망에 이른 여성들의 섬뜩할 정도로 비슷한 이야기가 계속되고 있다. 2022년 초에는 대중에게 '아그니에슈카 T'로 알려진 한 폴란드 여성이 쌍둥이 임신 1기에 유산 위기로 병원을 찾았다가 한 달여 만에 사망했다. 사망 원인은 패혈증 쇼크였다. 그녀의 가족은 아그니에슈카가 입원한 지 며칠 만에 두 태아가 자궁 내에서 사망했는데도 병원 측이 분만을 유도하는 것을 미루었기 때문이라고 주장한다.[35] 사비타 할라파나바르를 비롯한 수많은 여성들의 사례에서와 마찬가지로 이 경우에서도, 자발적으로 멈출 가능성이 높은 태아의 미약한 심장박동이 엄마의 생명보다 우선시되었다. 자궁 감염은 특히 태아가 죽은 후에는 놀라울 정도로 빠르고 강하게 몸을 장악할 수 있다. 이런 경우 의학적 또는 수술적 방법으로 자궁을 적시에 비우는 것이 무엇보다 중요하지만, 가장 징벌적인 낙태법을 보유한 국가들에서는 이런 조치가 그리 중요하게 취급되지 않는 것 같다.

아마도 자궁과 관련해 가장 소름 끼치게 퇴행적인 법률이 있는 곳은 아일랜드나 폴란드가 아니라, 세계에서 정치적으로나 사회적으로 가장 강한 국가 중 하나인 미국일 것이다. 트럼프가 메긴 켈리의 '어딘가'에서 피가 뿜어져 나오고 있다고 조롱한 뒤로 낙태를 제한하는 입법의 물결(그중 일부는 명목상으로는 아니지만 실질적으로 낙태를 전면 금지한다)이 미국을 휩쓸었다. 2021년 5월 텍사스 주지사 그레그 애벗은 태아의 심장 활동이 감지되는 즉시 낙태를 금지하는, 이른바 '심장박동법'으로 불리는 SB8에 서명했다.[36] SB8에 따르면 그 시점은 임신 6주째, 즉 마지막 생리 시작일로부터 6주 후를 말한다. 이때는 낙태를 선택하고 시행할 생각을 하기는커녕 임신 사실조차 잘 모를 때다. 많은 주가 합법적인 낙태의 시기와 상황을 극단적으로 제한하는 입법에 동참했다. 1973년 로 대 웨이드 사건의 기념비적인 판례가 미국에서 낙태권을 정식으로 인정한 이후 그 어느 해보다 많은 낙태 관련 법이 2021년에 주 의회를 통과했다.[37] 2022년 초에는 미국의 3개 주가 임신 기간 내내 낙태를 금지하려고 시도했고, 8개 주는 임신 6주부터 낙태를 금지하려 했으며,[38] 12개 주는 로 대 웨이드 판결이 번복될 경우 자동적으로 거

의 모든 낙태를 금지하는 이른바 '방아쇠법'을 제정했다.[39]

2022년 6월 24일, 미국 생식권의 지평선에 먹구름이 몰려오더니 귀청을 찢는 천둥이 울렸다. 그날 최근 우파 성향의 판사가 늘어나고 있는 미국 연방대법원은 '돕스 대 잭슨 여성보건기구' 사건에 대한 판결을 발표했다. 이 사건은 처음에는 '잭슨'이 낙태를 제한하는 미시시피주법의 합헌성을 따지기 위해 '돕스'(미시시피 보건국장)를 상대로 제기한 소송으로 시작되었지만, 결국 대법원까지 올라가 미국인의 신체 자율성에 역사상 가장 중대한 법적 위해를 가했다. 연방대법원의 6 대 3 다수결 판결을 요약하는 서면 판결문에서 대법관 새뮤얼 얼리토는 유럽과 미국의 역사를 편향적이고 선택적으로 조사한 결과를 바탕으로, 낙태금지법과 그것과 관련한 이데올로기는 중세까지 거슬러 올라가는 오랜 전통을 가지고 있다고 언급하면서 (전제가 그렇다면 아마 당연한 결론이겠지만) 다음과 같이 결론 내린다. "낙태할 권리는 헌법에 의해 보호받지 않으며 보호받은 적도 없다. 로 대 웨이드 판결은 애초에 심각하게 잘못되었다."[40]

얼리토는 펜대 한번 휘두르는 것으로 임신한 사람들과 의료 제공자들에게 얼얼한 일격을 가했다. 미국의 많은 지역에서 이제부터 자궁에 아이를 품은 미국인은 더 이상 자기 몸에 대한 통제권을 가질 수 없다. 나이, 임신 기간, 사회적 요구, 임산부의 생명의 위험, 강간이나 근친상간을 포함한 절박한 상황 등과 관계없이 미국 여성은 임신을 만삭까지 유지해야 한다. 각 주는 주법의 테두리 안에서 낙태의 합법성 여부를 결정할 수 있고, 낙태 시술을 요구하거나 돕거나 방조한 사람에게 무거운 벌금, 중죄 기소, 징역형을 포함한 처벌을 내릴 수 있다.

이 판결은 앞으로 수년 동안 반향을 불러일으킬 것이 틀림없는 충격파를 일으켰지만 그렇다고 놀랄 필요는 없다. 얼리토가 쓴 판결문의 잉크는 이제 겨우 말랐을 뿐이지만 이 판결은 따지고 보면 이미 예견된 일이었다. 낙태 반대 수사修辭는 20세기 말에서 21세기 초 미국 문화에서 점점 더 두드러지게 나타나고 있다. 온라인 광장과 시위 현수막뿐만 아니라 가족용 자동차 같은 일상적인 물건에도 그런 수사가 나붙는다. "생명을 옹호한다Choose Life"라고 적힌 차량번호판(그중 일부는 웃는 아기와 아기 발자국이 그려져 있으며, 상당수가 낙태 반대 단체를 위한 기금을 모금한다)은 현재 33개 주에서 판매되고 있다.[41] 그런데 우리가 남성의 생식권 제한을 지지하고 그것을 위해 모금할 목적으로 차량번호판이 사용되는 세상을 상상할 수 있을까? 예를 들어 강제 정관절제술 광고가 번쩍이는 가위나 외과의사의 메스와 함께 그려진 차량번호판을 상상할 수 있을까? 상상할 수 없다. 말도 안 되는 비교처럼 보일지도 모르지만, 불평등은 이 정도로 극명하고 널리 퍼져 있다. 사적인 대화, 공개 토론, 그리고 사회적 대격변을 향해 유유히 달려가는 자동차들의 거대한 물결에 이르기까지, 불평등은 언제 어디에나 도사리고 있다.

이 허약한 시대에 작가 마거릿 애트우드는 우리에게 자신의 가치관에 대해, 그리고 그런 가치관이 생식 자율성의 미래에 어떤 의미를 갖는지 잘 생각해보라고 말한다. "우리는 이렇게 물어야 한다. 어떤 종류의 국가에 살고 싶은가? 모든 개인이 자신의 건강과 몸에 대해 자유롭게 결정할 수 있는 민주적인 국가인가, 아니면 인구의 절반은 자유롭고 나머지 절반의 몸은 통제되는 국가인가?"[42] 이 질문은 한 개인이나 주에 국한된 것이 아니다. 애트우드의 '우리'는 세계 모든 지역의 모든 사람을 포함한다. 하지만 자궁을 가진 많은 사람들에게 선택의 자유는 여전히 손에 잡히지 않는다. 유엔 성·재생산건강기구UNFPA, the United Nations' sexual and reproductive health agency에서 2021년에 낸 보고서 〈내 몸은 나의 것My Body is My Own〉은 57개국 여성들에게 신체 자율성에 대해 질문한 설문조사 결과를 제시한다. 응답자의 55퍼센트만이 성관계 거절, 피임 사용, 의료 이용을 포함하는 성 및 생식에 관한 건강과 권리에 대해 스스로 결정할 수 있다고 답했다. 반대로 설문조사에 참여한 여성의 절반에 가까운 45퍼센트는 그렇지 않다고 답했다.[43] 이 무시할 수 없는 소수에게 자율성은, 가부장제 사회(정부 기관부터 가정까지)와 그 대리인들의 신체적, 성적, 생식적 요구 앞에서 그야말로 언감생심이다. 생식에 관한 선택을 위태롭게 하는 일이 거의 매주 일어나는 미국부터, 가해자가 피해자와 결혼하면 강간 유죄 판결이 뒤집힐 수 있는 20개국(바레인, 볼리비아, 러시아연방, 필리핀 등)까지,**44** 여성의 몸과 자궁은 온전히 여성의 것이 아니다. 온전히 내 것이 아니라면 전혀 내 것이 아닌 것이다. 부분적이거나 조건부인 자율, 즉 타인의 필요에 부합하는 한에서의 자유는 돌이킬 수 없는 상실이며 근본적인 불의다.

가장 진보적인 국가에서조차 어떤 음식을 먹을지, 어떤 도구를 손에 잡을지, 어떤 사적인 생각을 머릿속에 품을지 선택할 수는 있어도, 자신의 자궁으로 무엇을 할지, 또는 자신의 희망과 소망에 따라 부모가 되거나 되지 않기 위해 어떻게 할지 선택하는 건 (과거와 현재 그리고 먼 미래에도 틀림없이) 당연한 일이 아니다. 우리는 이런 기본적인 자유가 없고, 자궁의 기본적인 기능, 즉 자궁이 어떻게 성장하고, 피 흘리고, 출산하고, 삶의 조류에 따라 변화하는지도 대체로 잘 모른다. 우리 중 상당수는 자궁과 자궁이 하는 일을 설명하는 가장 간단한 말조차 모르는데, 언어가 없으면 자기 표현이 불가능하다.

이 책은 단지 그 언어일 뿐이지만 여기 건조하게 찍힌 문자와 숫자들은, 생명력이 넘치고 붉은 피로 팔딱거리고 생명으로 맥동하는 기관, 우리의 생물학적, 사회적, 정치적 운명과 불가분의 관계에 있는 기관에 대한 이야기를 담고 있다. 이 기관은 우리가 귀를 기울이기만 한다면 비극적이고 의기양양하고 끝없이 진화하는 자신의 이야기를 들려줄 것이다.

사과하지 않는 에필로그,
또는 독자에게 하는 권유

최근 작가인 한 친구가 여성 저자들이 작품 마지막에 에필로그를 쓰는 목적은 오직 앞 페이지들에 있을지 모를 결함에 대해 사과하는 거라고 말했다. 친구의 말을 듣고 보니 나도 그중 하나였다. 사실 그때까지는 그 점을 자각하지 못했다.

이 책을 쓰는 내내 나는 어떤 식으로든 내 작업의 한계를 무마하거나 변명하는 말들을 머릿속에 메모해두었다. 이 책에는 의도하지 않은 누락이 있을 것이고 심지어 (방지하기 위해 최선을 다했음에도) 부정확한 사실도 있을 테지만, 이런 결함을 강조하면서 이 책을 마무리하는 건 비생산적이며 책의 의도와도 어긋나는 일이라고 생각한다. 나는 자주 오명에 시달리고 소홀히 취급되는 기관과 그 기관을 지닌 사람들의 몸과 삶을 이해하고, 나아가 칭송하려는 목적으로 이 작업을 시작했다. 따라서 무의미한 (그리고 친구 말에 따르면 지루할 정도로 예측 가능한) 자기 채찍질에서 만족을 구하려는 허약한 본능을 억누르며, 이 여정에서 나를 인도해준 인터뷰이와 전문가들이 준 가르침을 곰곰이 생각해보고 싶다.

.

처음에 왕립외과의사회의 홀박물관에서 몸에서 분리된 자궁을 경이로운 눈으로 바라볼 때 나는 무엇을 어떻게 쓸지, 즉 책의 구조와 의도를 내 앞에 놓인 유리병 속의 포름알데히드만큼이나 투명하게 알고 있다고 생각했다. 하지만 조사와 집필을 시작했을 때 자궁, 자궁의 역사, 그리고 자궁을 사랑하는 사람들은 내게 전체적이고 정확하며 미래지향적인 이해를 얻기 위해서는 선입견을 버려야 한다는 것을 가르쳐주었다. 이 과정에서 내가 일찌감치 깨달은 점은 자궁에 대한 이해는 자궁 자체의 기능만큼이나 순환적이라는 것이다. 자궁의 어느 한 부분만 따로 떼어내어, 유리 슬라이드를 덮어 책 맨 앞장에 끼워둔 나비처럼 고정시켜둘 수는 없다. 오히려 자궁의 각 측면과 그것이 우리 삶에 미치는 중요한 영향은 다음 측면 그리고 그다음 측면으로 연결되다가 다시 처음으로 되돌아가는 과정을 무한히 반복한다. 유아기의 자궁을 먼저 살펴보지 않고는 성인의 자궁을 이해할 수 없다. 유년기를 돌아보고 폐경기를 내다보지 않고는 월경에 대해 이야기할 수 없다. 임신 초기에 일어나는 미미하지만 결코 중요성이 덜하지 않은 자궁의 맥동을 먼저 이해하지 않고는 분만 시 일어나는 자궁의 강한 수축의 진가를 알 수 없고, 유산이 드리운 어두운 그림자 속에 잠시 멈추어보지 않고는 탄생의 기쁨을 온전히 느낄 수 없다. 자궁에 관한 책이 생식 주기 자체의 리듬과 순환을 자연스럽게 따라가야 한다는 주장이 다소 뜬금없

고 관심을 끌려는 '수작'처럼 들릴 수도 있지만, 이 프로젝
트 초기부터 자궁은 나를 그렇게 이끌어왔다. 모쪼록 당신
도 이 책에 힘입어 자신의 지식을 확장하고 그것을 연결해
나가다가 다시 되돌아와 (우리 인생의 봄, 여름, 가을, 겨울을 제대
로 반영하는) 새롭고 더 흥미로운 전체로 통합할 수 있었으면
좋겠다.

이 책을 쓰면서 내가 알게 된 점들이 모두 받아들이기 쉽
거나 구미에 맞았던 건 아니다. 자궁에 대한 이해는 순환
성만큼 교차성을 지닌다는 사실을 곧바로 깨달았다. 자궁
에 대한 한 사람의 경험을 전체 인구로 일반화할 수는 없
다. 각 개인의 자궁은 그 사람이 지닌 정체성의 명암과 음
영으로 덧칠될 것이다. 당신이 백인이나 황인종이면, 자궁
이 어떤 불편을 가져오든 그것이 의료, 법, 사회에 의해 더
힘들고 더 고통스럽게 느껴질 것이고 더 자주 무시되고 심
지어 업신여김까지 당할 것이다. 그리고 당신이 어떤 식으
로든 소외된 집단, '타자화된' 집단 또는 '지배받는' 집단에
속하면(즉 가난하거나 노예이거나 수감자이거나 이주민이거나, 또는 주
변 문화의 젠더 규범에 부합하지 않는다면) 그 불편은 한층 가중된
다. 이는 내가 정치적 올바름을 과시하려고 하는 말이 아니
라 과학적, 사회적 증거에 의해 입증된 사실이다. 시스젠더
(타고난 성별과 젠더 정체성이 일치한다고 느끼는 사람 - 옮긴이)이자
이성애자이며 안정된 직업과 확실한 시민권을 가진 교육
받은 백인 여성인 내가 나도 그중 하나라고 주장한다면 솔

직하지 않은 것이겠지만, 이 책에서 나는 자궁이 억압의 고통스러운 산실인 사람들, 즉 자신의 생식력, 섹슈얼리티, 정체성, 건강이 손상되고 경우에 따라서는 파괴되기까지 하는 사람들의 목소리를 증폭시키려고 시도했다. 이 책이 그런 목소리(일부는 시끄럽고 분노에 차 있으며, 일부는 부드럽지만 끈질긴 목소리)를 담아 당신의 귀에 전달했기를 바란다. 이 목소리 중 몇몇은 당신의 목소리를 대변할지도 모르고, 당신도 이미 비슷한 불의와 불평등을 헤쳐 나갔을지도 모른다. 반대로 생리 빈곤(경제적 어려움으로 생리 기간 동안 필요한 용품이나 서비스 등을 이용할 수 없는 상태 – 옮긴이), 강제 불임수술, 의료 인종차별이 자기 일로 느껴지지 않는 사람도 있을 테지만, 그렇다고 해도 이런 문제에 영향을 받는 사람들에게 그런 문제들은 삶의 일부이며, 그 사람들은 자궁을 가지고 있다는 이유로 큰 대가를 치르고 있다는 사실을 알면 좋겠다. 그들의 경험을 읽고 듣고, 당신이 문제의 일부인지 해결책의 일부인지, 아니면 우리 중 많은 사람들이 그러하듯 그 중간의 복잡한 회색지대 어딘가에 있는지 성찰함으로써 그들의 경험을 존중하면 좋겠다.

자궁과 이 기관이 우리 삶에 미치는 영향에 대한 공공의 이해 수준을 높이는 일은 대체로 이런 분야에 연구비를 지원하는 정부 기관의 의지에 달려 있다. 안타깝게도 그런 기관의 예산을 좌지우지 하는 사람들(주로 남성)은 대체로 이런 종류의 연구를 비교적 중요하지 않고, 소수만이 관심을 갖는 '틈새'로서 수익성이 없다고 여긴다. 앞에서 크리스틴 메츠가 과학 논문을 검색해봤더니 '생리혈'(400건)보다 '정액'(1만 5000건))에 대한 결과가 훨씬 더 많았다고 말한 것을 떠올려보라. 이런 결과는 과학과 더 넓은 세계가 남성의 몸(즉 그 몸의 기능, 건강, 쾌락)에 불균형적으로 더 많은 관심을 가지고 있다는 증거일 것이다. 세계 인구의 대략 절반이 자궁을 가지고 태어나며 우리 모두가 자궁 안에서 인생 여정을 시작한다는 점을 고려하면 이런 불균형은 아무리 좋게 봐도 근시안적이고, 최악의 경우 위험하다.

여성 건강을 위한 연구비 지원의 불평등은 코로나19 팬데믹으로 인해 더 악화되었을 따름이다. 몸은 생리적 극한 상태에 처하면 혈액 공급을 당장의 생존에 영향을 덜 주는 기관에서 가장 필수적인 기관인 심장과 폐로 돌린다. 이런 식의 자원 배분이 팬데믹 기간 동안 전 세계에서 똑같이 재현되었다. 정부가 돈과 인력을 코로나19 바이러스를 예방하고 치료하는 일에 투입하는 동안 다른 치료 분야들(예를 들어 성 건강이나 산부인과)은 위축되었다. 자궁과 그 소유자들은 팬데믹 시기에 불균형하게 많은 고통을 겪었다. 몇몇 지역에서는 여성들이 피임 도구와 낙태 시술을 이용할 수 없었고, 공급 문제로 폐경기 호르몬 치료도 받지 못했다. 또한 산부인과 병원에서는 서비스가 축소되었으며 출입 제한으로 인해 임산부의 배우자가 고통을 겪었다. 조산사들은 안 그래도 자원과 인력이 부족한 시스템 안에서 중환자를 보살피며 전례 없는 수준의 스트레스와 번아웃을 경험했다. 이 모든 문제의 중심에서 자궁은 전 지구적 사건이 일어나고 있는지도 모른 채 예전과 다름없이 부지런하게 피를 흘리며 생식이라는 본연의 임무를 수행했다. 자궁의 요구는 언제나처럼 절실했다. 감염의 파도가 밀려왔다 밀려가고 바이러스 확산 추세가 올라갔다 떨어졌다 하는 동안에도 자궁은 변함없이 애쓰고 고통받았다. 역학자들은 또 다른 팬데믹이 올 거라고 주장하는데, 다음번에는 자궁의 상황이 더 나아질까? 아니면 생명을 보호하고 지키느라 급급해 그 어떤 기관보다도 필수적인 기관(바이러스가 있든 없든 우리 종의 생존에 꼭 필요한 기관)이 다시 한번 외면당할까?

* * *

나는 내 책으로 인해 이 순간이든 미래의 어느 시점에든 세계 과학계의 돈줄을 쥐고 있는 사람들이 갑자기 지갑을 열 것이라는 환상은 조금도 갖고 있지 않다. ROSE 임상시험과 같은 연구들, 마르게리타 투르코의 자궁내막 오가노이드 개발, 또는 모니카 톨로파리와 린 셰퍼드가 펼치는 옥시토신의 안전한 사용을 촉구하는 캠페인 등을 위한 자금은 "마치 돌에서 피를 뽑는 것처럼" 지금도 앞으로도 계속 구하기 어려울 것이다. 우리가 자신이나 타인, 또는 재정 담당자에게 어떤 비용도 초래하지 않고 지금 당장 할 수 있는 일은 우리 자신에 대해 더 많이 아는 것이다. 자궁을 갖는 것이 당신의 인생에 어떤 영향을 주는가? 그 기관을 설명하거나 비난하기 위해 어떤 언어를 사용하는가? 자궁이 당신에게 주는 것이 기쁨인가, 고통인가, 아니면 자궁 자체를 이루는 근섬유처럼 촘촘히 짜인, 기쁨과 고통의 복잡한 그물망인가? 당신은 자궁의 기능과 기능 장애, 자궁이 매달 그리고 출생에서 죽음까지 거치는 단계와 주기에 대해 이해하고 있는가?

리베카 피시바인은 인터뷰를 마칠 때 쌍태아수혈증후군이라는 위험하고 무서운 일을 겪으면서 자신의 몸에 대해 더 깊이 알고 이해하게 되어 감사한 마음이 든다고 말했다. 그 얘기를 듣고 나는 그동안 대화를 나눈 여성의 상당수가 비슷한 경로를 밟았다고 말했다. 즉 개인적인 트라우마가 평생에 걸친 지식 탐구로 이어졌으며, 때로는 새로운 직업으로 연결되기도 했다. 리베카는 그런 공통적인 현상에 고개를 끄덕이며 "나와 내 친구는 그것을 **나 찾기**라고 불러요"라고 말했다.

그러므로 나는 사과 대신 권유로 이 책을 마무리하려 한다. 자궁이 있거나, 자궁을 가진 사람과 함께 살거나 그런 사람을 좋아한다면, 또는 오래전 몸에 피를 묻히고 소리를 지르며 자궁에서 나온 뒤로는 자궁에 대해 별로 생각해보지 않았더라도, 당신만의 나 찾기를 해봤으면 좋겠다. 당신의 경험을 들여다보고 칭송했으면 좋겠다. 그 주먹 모양의 근육, 생명의 강력한 원천, 우리 모두가 시작된 그곳을 이해하면 좋겠다. 우리가 시작된 그곳은 나아가 우리가 어디로 가고 있는지도 수많은 방식으로 알려줄지 모른다.

지극히 사회적 존재인
한 인체기관에 대한 이야기

자궁은 기본적으로 근섬유과 결합조직으로 이루어진 근육기관이다. 한편 모든 사람의 생명이 시작되는, 탄생의 신비가 깃든 장소이기도 하다. 의학사에서는 온갖 정신질환과 바람직하지 않은 성격의 근원지로 여겨져왔다. 사회적으로는 낙태를 비롯한 생식 선택을 둘러싼 논쟁의 초점이고, 정치적으로는 남성과 여성, 국가와 개인이 그 통제권을 둘러고 다툼을 벌여온 분쟁 지역이다. 이념적으로는 수천 년간의 남성 중심적 의학과 도덕이 이해 충돌을 일으키고 있는 문화 전쟁의 최전선이다.

2019년, 조산사로 일한 경험을 재미있고 감동적으로 풀어낸 베스트셀러 《힘주세요!Hard Pushed》(2020, 현암사)로 찬사를 받은 미국 태생의 스코틀랜드 조산사 해저드는 이 책에서 아기의 자궁부터 생리, 수정, 임신, 진통, 출산, 산후조리, 폐경에 이르기까지 인생 경로에 따른 자궁의 기능 변화를 추적하는 동시에 생식 의학의 발전을 뒤쫓는다. 해저드는 자궁의 진실에 다가가기 위해 카메라를 들고 나선 다큐멘터리 감독처럼 의학의 역사를 조사하고, 전문가들을 찾아다니며 질문하고, 다양한 일반인들과 인터뷰할 뿐만 아니라, 조산사의 생생한 현장 경험으로 이야기에 생기를 불어넣는다. 그녀의 카메라워크는 자연스럽게 자궁의 과학에서 의학의 정치학을 가로질러 생식의 미래로 확장된다. 그 결과, 조산사로서의 전문 식견에 연민 어린 인간적 시선이 어우러져 자궁처럼 생명력으로 팔딱거리는 이야기가 탄생했다.

우리 대부분은 모든 인류의 기원이자 모든 사람의 첫 집인 자궁에 대해 놀라울 정도로 무지하다. 자궁에 대한 지식은 기껏해야 중고등학교 생물 시간에 배운 간단한 해부학이 전부다. 전문가의 영역으로 와도 상황은 크게 나아지지 않는다. 자궁은 오랫동안 덜 중요하고 덜 역동적인 기관으로 취급되었고, 위험할 정도로 연구가 부족했다. 자궁이 스포트라이트를 받을 때는 남성 후계자를 위한 그릇일 때뿐이었다. 하지만 이 책에서 해저드는 우리가 자궁이 어떻게 작동하는지 더 깊이 이해하면 유산을 예방하고, 불임을 해결하고, 질병을 예방하고, 의학 혁신을 이루어낼 수 있다는 사실을 알려준다. 또한 신체 자율성, 생식 정의, 인권을 지키기 위해 자궁을 이해하는 것이 얼마나 중요한지도 보여준다.

자궁 의학의 최전선에서 많은 연구자들이 혁신적인 연구 결과를 내놓고 있다. 예를 들어 자궁 내에 존재하는 미생물 군집은 임신과 불임부터 면역과 암 발병에 이르기까지 여성의 건강에 광범위한 영향을 미치는 것으로 밝혀졌다. 앞으로 자궁 미생물 군집 샘플을 검사함으로써 질병이나 감염, 심지어는 불임까지 예방할 수 있을지도 모른다. 생리혈도 자궁 건강에 대해 많은 것을 알려주는 중요한 생물학적 표본이다. 생리로 흘러나오는 물질은 불임과 임신에 관한 정보가 담긴 금맥일 뿐만 아니라, 자궁선근증, 자궁근종, 초기 암, 비정상적인 자궁 출혈, 월경곤란증에 대한 정보도 담겨 있기 때문이다.

해저드는 자궁이 생식에서 수동적인 역할을 하는 데 그친다는 통념을 반박하는 연구 결과도 소개한다. 자궁경부가 수천 개의 작은 지하실에 정자를 저장해두고 가장 적합한 정자만 통과시키는 문지기 역할을 한다는 연구 결과가 있다. 또한 오르가슴이 일어나는 동안 자궁벽이 활발하게 수축하여 정자를 난자 쪽으로 빨아들인다는 보고도 있다. 그렇다면 자궁과 나팔관은 단순히 정자를 기다리는 그릇이 아니라, 임신이 일어나는 초기에 적극적인 역할을 수행하는 주인공인 것이다.

《자궁 이야기》는 많은 부분이 성정치학을 다루고 있으며, 특히 의료·의학 영역에서의 문제에 주목한다. 고대 그리스에서 히포크라스테스가 여성은 남성과의 성관계를 통해 신체 균형을 되찾을 수 있다고 믿었던 때부터 여성의학은 성차별적 관념으로 얼룩져왔으며, 여성의 지식은 자주 무시되고 남성에게 도용당하기 일쑤였다. 일찍이 15세기에 조산사들이 호밀 다발에서 발견되는 곰팡이 에르고트가 진통 속도를 높이고 낙태약으로 쓰일 수 있다는 사실을 알아냈지만, 20세기 초 남성 의사들이 이것을 약물로 정제해 빠르고 효율적인 분만을 위해 사용하기 시작했다. 또 남성 의사 존 브랙스턴 힉스는 임신한 모든 여성이 알고 있으며 조산사들이 오랫동안 관찰해온 현상인 임신 기간의 통증 없는 진통을 '발견'했다고 주장하며 자신의 이름을 붙이기도 했다. 오늘날에도 상황은 크게 달라지지 않았다. 현대의 의료화된 출산 환경에서 자궁이 예상에서 벗어난 행동을 보이면 임산부는 '적대적'이거나 '과민성'인 자궁을 가지고 있다는 말을 듣는 등 임신과 유산을 둘러싼 의학 용어에는 암묵적인 비난이 실려 있다.

현재 의학 발전은 자궁 이식을 넘어 인공자궁으로 나아가고 있다. 2017년에 필라델피아의 연구팀은 극조산된 양을 체외에서 안전하게 키웠다. 과학의 목표는 인간 태아를 수정 시점부터 만삭까지 자궁 밖에서 키우는 것이다. 새로운 자궁 기술이 과연 여성을 임신의 굴레에서 해방시킬 수 있을까?

해저드는 이런 발전이 오용될 가능성이 있다고 경고한다. 인간이 잉태되는 장소인 자궁은 언제나 외부의 간섭에서 자유롭지 못했다. 나치의 강제 불임 수술부터 미국 이민자 구금 시설에서 동의 없이 자궁 적출술을 받은 이주 여성에 이르기까지, 여성의 생식권 침해는 오랫동안 이어져왔다. 지금도 많은 여성들이 임신·출산 과정에서 제왕절개나 유도분만을 강요당하거나 통증 완화 요청을 거부당하는 등의 강압적인 상황에 처해 있다.

이런 상황에서 인공자궁을 통한 '체외발생'이 가능해진다면, 사회규범에 부합하지 않는 여성은 강제 조산을 종용받고 태아를 더 안전한 인공자궁으로 옮기도록 강요받지 않을까? 인공자궁이 실용화된다면, 사람들이 임신하는 사람과 임신하지 않는 사람으로 나뉘는 새로운 계층 사회가 생기지는 않을까?

2022년 6월 미국 연방대법원은 여성의 낙태권을 헌법상의 권리로 보장했던 1973년의 '로 대 웨이드' 판결을 파기했다. 21세기에도 자궁은 온전히 여성의 것이 아니다. "가장 진보적인 국가에서조차 어떤 음식을 먹고 어떤 도구를 쓰고 어떤 사적인 생각을 머릿속에 품을지 선택할 수는 있어도 자신의 자궁으로 무엇을 할지"는 선택할 수 없는 현실은 우리가 자궁의 이야기에 귀 기울여야 하는 또 하나의 이유다. 해저드의《자궁 이야기》는 자궁이 우리의 "생물학적, 사회적, 정치적 운명과 불가분의 관계"에 있는 기관임을 알려준다.

2024년 2월 김명주

인용문 출처

소냐 르네 테일러Sonya Renee Taylor 《몸에 대해 사과하지 말라The Body Is Not an Apology》에서 발췌. From *The Body Is Not an Apology*, 2nd revised edition. Copyright © 2021, Berrett-Koehler Publishers, Inc., San Francisco, CA. All rights reserved. www.bkconnection.com. 저자와 출판사의 허가를 받아 전재.

레일라 차티Leila Chatti, 《대홍수Deluge》에 수록된 〈무브타디야 Mubtadiyah〉에서 발췌. *Virginia Quarterly Review* 93, No. 3 (Summer 2017)에 처음 게재. Copyright © 2017, 2020 by Leila Chatti. Copper Canyon Press, coppercanyonpress.org를 대신해 The Permissions Company, LLC의 허가를 받아 전재.

홀리 맥니시Hollie McNish, 《플럼Plum》(Picador, 2017)에 수록된 〈배 belly〉에서 발췌. Lewinsohn Literary Agency의 허가를 받아 전재.

포르테사 라티피Fortesa Latifi, 〈만성질환 Chronic Illness〉에서 발췌. Copyright © 2016 by Fortesa Latifi. 저자의 허가를 받아 전재.

필리스 도일 페페Hyllis Doyle Pepe, 〈자궁절제술Hysterectomy〉에서 발췌. 저자의 허가를 받아 전재.

감사의 말

이 책은 에이전트에게 보낸 소심한 이메일 한 통으로 시작되었고, 전문가와 팬 및 응원해준 분들 덕분에 기대 이상으로 훌륭하게 완성되었다. 이 책《자궁 이야기》가 태어날 수 있도록 옆에서 이끌어준 모든 분께 진심으로 감사드린다. 출산은 힘들었지만 조산사들은 훌륭했다.

에이전트로 말하자면, 헤일리 스티드는 최고다. 출판 신인으로 처음 만났을 때부터 나를 믿어줘서 고맙고, 앞으로도 계속 함께 일할 수 있기를 바란다. 헤일리에게 이 책이 훌륭한 기획이라고 설득해주고, 대단한 조지아나 시먼즈와 함께 전 세계에 이 기획을 홍보해준 리앤루이스 스미스에게도 감사한다.

나를 열렬히 옹호하고, 예리한 편집 능력을 지니고 있으며, 저자의 신경증을 자상하게 받아준 비라고 출판사의 로즈 토마셰프스카와 에코 출판사의 세라 버밍엄에게도 감사를 전한다. 초기 지원을 아끼지 않은 데니즈 오즈월드, 모든 것을 매끄럽게 관리해준 조 캐럴, (이번에도) 빈틈없이 교정해준 메리 체임벌린, 막바지에 도움을 준 앨리슨 그리피츠에게도 고마움을 전한다. 이 책이 가능한 한 포용과 연민을 가질 수 있도록 도와준 데이비드 오리온 페나 카르피오에게도 감사한다. 그리고 이 책을 내가 아는 몇몇 언어와 모르는 많은 언어로 소개해준 해외 출판사와 번역가에게도 감사한다.

나의 짤막한 프레젠테이션을 보고 베스트셀러의 가능성을 봐준 리 랜들과, 집필하는 과정에서 내 푸념을 들어준 제인 힐리에게 감사한다. 조산사 세계의 전설인 메리 렌프루와 수 맥도널드, 그들에게 무한한 감사와 존경을 표한다.

전문지식과 생생한 경험을 공유해준 많은 기고자와 인터뷰이들이 없었다면 이 책은 존재하지 못했을 것이다. 팬데믹 기간 동안 봉쇄조치로 집 안이 혼란한 중에도 시간과 지혜, 그리고 영혼을 아낌없이 내어준 당신들에게 아무리 감사해도 지나치지 않다. 또한 마릴렌 베너, 루이스 윌키, 제바스티안 호프바우어를 포함해, 귀중한 맥락을 제공해준 분들에게도 감사드린다.

집필하는 동안 수천 개의 목소리가 내 귓전에 메아리쳤다. 내가 조산사 일을 하며 옆에서 도와줄 수 있었던 여성들과 그 가족들의 목소리다. 그들이 들려준 말을 모두 담지는 못했지만, 그들의 힘과 재치, 존엄은 여기에 고스란히 스며들어 울려 퍼지고 있다. 언제나 그렇듯 그들은 내 공저자들이다.

이 책을 쓰는 내내 또 다른 목소리들은 내가 '본업'에 충실하도록 달래고 응원하고 인도하고 꾸짖어주었다. 바로 스승과 친구들의 목소리다. 내 동료 조산사들뿐 아니라, 분만 기계를 돌리는 의사, 보조, 환자 이동 도우미, 관련 스태

프 등 나를 참아주고 내가 현실에 단단히 발을 딛도록 붙잡아준 분들에게 감사드린다. 또한 소셜미디어에서 나를 응원해준 많은 조산사와 학생 조산사들에게도 감사드린다.

하지만 직접 지켜보는 사람보다 작가의 여정을 잘 아는 사람은 없을 것이다. 미국과 스코틀랜드에 있는 가족에게 감사하며, 특히 아버지께 감사드리고 싶다. 아버지는 이 책의 출판을 보지 못하고 세상을 떠났지만 초고를 읽은 후 "모든 사람이 이 책을 사야 한다"라고 강력히 주장하셨다.

A., S.와 A에게 사랑한다고 말하고 싶다. 내 사랑이 그들에게 닿기를.

용어 해설

가성월경Pseudomenses: 생후 1주 이내에 여아가 경험하는 '가짜' 월경. 이때 유출물은 호르몬 변동으로 인해 일시적으로 발생하는 정상적인 분비물이다.

경산부Multipara, Multip: 생존한 아기를 한 명 이상 출산한 사람.

골반저Pelvic floor(골반바닥): 골반 하부의 앞에서부터 뒤까지 걸쳐 있으며 방광, 장, 생식기관을 붕대처럼 받쳐주는 근육과 결합 조직으로 이루어진 네트워크.

기질세포Stromal cell: 여러 가지 유형의 세포로 분화 및 재조직될 수 있는 세포로, 몸 전체(예를 들어 태반 내)에서 발견된다.

나팔관Fallopian tubes: '자궁관' 항목을 보라.

낙태Abortion: 저절로 임신이 종결되거나 유도를 통해 임신을 종결하는 것. 대개 약물 또는 외과적 수단으로 임신을 종결할 때 사용하는 말.

낙태약제Abortifacient: 낙태를 시작하거나 유발하는 효과가 있는 물질.

난소Ovary: 자궁 양쪽에 위치한, 아몬드처럼 생긴 두 개의 작은 장기. 난소에는 난포들이 들어 있고, 난포는 호르몬의 영향을 받아 정자와 수정할 수 있는 난자로 성숙한다.

난자Ovum, Egg: 모체의 유전물질을 포함하고 있는 여성의 생식세포. 일반적인 월경주기에서는 매달 배란기에 난자가 배출된다.

도말 검사Smear, Smear test: 자궁경부의 암세포 또는 전암세포를 발견하기 위한 검사. 자궁경부 세포진 검사라고도 한다.

동맥Artery: 심장에서 산소가 가득한 혈액을 몸의 각 부분으로 실어 나르는 혈관.

둘라Doula: 임신부터 출산까지 또는(그리고) 산후 몇 주 또는 몇 달 동안 임산부에게 비임상적, 정서적, 실질적 도움을 제공하는 일반인.

마이어-로키탄스키-퀴스터-하우저증후군MRKH, Mayer-Rokitansky-Küster-Hauser Syndrome(뮐러관 무발생): 임신 초기에 뮐러관 발달 변이로 인해 자궁, 자궁경부, 때로는 질이 완전히 발달하지 않거나 생기지 않는 선천적 질환.

멸균Sterile: 박테리아나 바이러스와 같은 미생물이 없는 상태.

무월경Amenorrhoea: 월경이 없거나 중단된 상태. 스트레스, 과체중, 과도한 운동, 체중 감소, 질병, 호르몬 장애, 임신 등 다양한 원인이 있을 수 있다.

뮐러관Mullerian duct: 초기 배아 구조로 남성의 경우는 퇴화하고, 여성은 분화하여 비뇨생식기 및 외부 생식기를 형성한다.

미생물 군집Microbiome(마이크로바이옴): 장기 또는 생리적 환경 내에 존재하는 미생물을 통칭하는 용어. 마이크로바이옴에는 박테리아, 바이러스, 곰팡이, 효모 등 건강과 질병에 관여하는 기타 많은 미생물이 포함될 수 있다.

배반포Blastocyst: 착상 후 약 5~7일 후 형성되는 임신 초기 구조물. 이 세포 덩어리의 바깥층은 태반과 융모막을 형성하고 안쪽은 태아와 양막으로 발달한다.

배아Embryo: 임신 2주에서 8주 사이에 자궁에서 발달하는 포유류 또는 인간을 일컫는 용어.

배우자Gamete(생식세포): 여성 또는 남성의 성숙한 생식세포로, 상대 성의 생식세포와 결합해 수정란을 형성한다. 정자 또는 난자.

복강경Laparoscopy: 내부 카메라를 사용해 몸의 일부를 탐색하거나 시각화하는 시술. 수술자가 원격으로 제어할 수 있는 기구와 함께 사용한다.

부인학Gynaecology(여성의학): 여성의 생식기관을 연구하는 학문, 또는 생식기관의 건강을 유지하고 관련 질환을 치료하는 의학 분과.

분만 중Intrapartum: 출산 중.

분만 촉진제Oxytocic: 생리적으로 생성되는 옥시토신과 동일하지는 않
지만, 자궁 수축을 개시하거나 강화하기 위해 널리 사용되는 합성
약물.

분만 후 출혈Postpartum haemorrhage(산후 출혈): 분만 직후(1차 산후 출혈) 또
는 출산 후 최대 6주까지(2차 산후 출혈) 일어나는 과도한 혈액 손실.
원인은 임신 조직(태반 또는 태반막)의 잔류, 과도하게 자극된 자궁, 또
는 이완성 자궁, 생식기 외상 등이다.

분비물Discharge: 질을 통해 배출되는 정상적인 점액질 물질. 분비물은
월경주기에 따라 그리고 여성의 생애주기에 걸쳐 색, 농도, 양, 냄새
가 변한다.

불임수술Sterilisation: 외과적 수술 또는 다른 수단을 사용해 임신을 불
가능하게 만드는 과정.

브랙스턴 힉스 수축Braxton Hicks contractions: 임신 후반기에 산발적 또
는 주기적으로 찾아오는 자궁 수축. 이따금 불편할 수는 있지만 일
반적으로는 통증이 없다. 브랙스턴 힉스 수축이 자궁경부 확장을
유발하는 경우는 거의 없다.

사산(아)Stillbirth: 자궁에서 사망한 태아의 분만. 일반적으로는 독자적
생존 가능 연령 이후의 태아를 가리킨다.

산과학Obstetrics: 임신, 출산, 산후 기간에 대한 의학적 연구.

산부인과 의사Obstetrician, Gynaecologist: 임신, 출산, 여성의 생식기관을
전문으로 진료하는 의사.

산전Antenatal: 임신 중이나 출산 전.

산후 또는 분만 후Postnatal or postpartum: 출산 후.

상부 수술Top surgery: 성정체성과 일치하도록 개인의 유방 조직을 성

형하거나 재건하는 수술. 예를 들어 트랜스젠더 남성은 유방 조직을 제거해 남성처럼 보이는 평평한 가슴을 만들 수 있다. 반대로 트랜스젠더 여성은 원할 경우 유방 확대술을 할 수 있다.

상피Epithelium: 내부 장기와 혈관을 감싸고 있는 세포층.

성교Coitus: 성행위. 일반적으로 삽입 성교를 의미한다.

소독제Antiseptic: 박테리아와 바이러스 같은 위험할 수 있는 미생물의 생존 및 증식을 방지하는 물질.

수축Contraction: 자궁의 근섬유가 짧아졌다가 이완되는 것. 자궁은 임신 기간 내내 눈에 띄지 않게 수축을 계속하지만, 임신 후반에는 이러한 조임이 브랙스턴 힉스 수축으로 느껴질 수 있다. 이러한 수축은 분만 시 처음에는 자궁경부가 소실되며(자궁 문이 얇아지는 것을 자궁경부 소실이라고 한다 – 옮긴이) 팽창할 수 있도록 돕고, 나중에는 태아와 태반, 태반막이 배출되도록 돕는다.

시스젠더Cisgender: 출생 시 부여된 성별과 성정체성이 일치하는 사람.

시험관 아기, 또는 체외수정IVF, In Vitro Fertilisation: 미리 채취한 난자와 정자를 사용해 실험실의 접시나 용기('유리')에서 임신을 유도하는 보조 생식 기술.

신토시논Syntocinon: 합성 옥시토신의 한 형태에 대한 브랜드명. 자궁 수축을 개시하거나 강화하기 위해, 또는 분만 후 출혈을 관리하기 위해 사용한다. '피토신' 항목도 보라.

안저Fundus: 자궁의 가장 윗부분.

양막Amnion: 태아와 양수로 차 있는 '물주머니'인 임신낭의 내막.

양수Amniotic fluid: 임신 중 태아를 둘러싼 액체.

에르고메트린Ergometrine: 호밀에서 자라는 곰팡이인 맥각균(에르고트)에서 추출한 알칼로이드 유도체. 산후 출혈을 예방하거나 관리하는 데 사용되며, 경구, 정맥 또는 근육 내로 투여할 수 있다.

에스트로겐Oestrogen: 여성의 성 발달, 월경 기능, 임신 유지, 전반적 건강에 필수적인 호르몬. 에스트로겐은 폐경기에 감소한다. 이 시기의 웰빙을 돕기 위해 에스트로겐을 보충하는 호르몬 대체요법을 시행하기도 한다.

연동운동Peristalsis(꿈틀운동): 평활근이 일으키는 파도 같은 불수의적 수축.

영양막Trophoblast: 배반포의 외부 세포층으로, 태반과 융모막으로 발달한다. 임신 지속을 위한 혈액과 영양분을 제대로 공급하기 위해서는 배반포가 자궁내막과 복잡한 상호작용을 해야 한다.

오가노이드Organoid: 자궁이나 태반과 같은 인체 조직의 구조와 기능을 모방해서 실험실에서 키운 3차원 구조물.

옥시토신Oxytocin: 시상하부에서 생성되어 뇌하수체에서 분비되는 모르몬. 자궁근층(근육 벽)이 수축하도록 자극한다. 옥시토신은 정서적 유대감 형성에도 중요한 역할을 해서, 오르가슴이나 출산과 같은 절정의 순간에 분비될 수 있다.

외음부Vulva(음문): 여성의 외부 생식기. 질을 가리키는 말로 잘못 쓰이는 경우가 많다.

월경 과다Menorrhagia: 월경 출혈이 심한 상태.

월경 유출물Menstrual effluent: 월경 시 질을 통해 배출되는 물질. 혈액뿐만 아니라 점액, 상피세포, 미생물, 염증 물질, 면역세포 등이 포함되어 있어서 월경하는 여성의 건강 정보를 제공할 수 있다.

월경Menses: 월경 출혈이 일어나는 시기. 때로는 유출 자체를 말하기도 한다.

월경곤란증Dysmenorrhoea: 생리통.

월경주기Menstrual cycle: 생물학적으로 여성의 해부 구조를 지닌 사람의 생식적으로 성숙한 몸이 매달 임신을 준비하기 위해 거치는, 호르몬에 의해 제어되는 일련의 사건. 이 과정에서 양쪽 난소 중 하나에서 난자가 방출되고, 자궁내막이 두꺼워져 수정과 착상에 대비한다. 임신이 이루어지지 않으면 난자와 자궁내막이 월경 유출물(해당 항목을 참조하라)의 다른 성분들과 함께 자궁경부를 통해 질 밖으로 배출된다.

유산Miscarriage(임신 중지): 임신 초기 유산. 대개 태아가 독자적으로 생존 가능한 법적 연령 이전의 유산을 가리킨다(일반적으로 임신 24주로 정의하지만, 신생아 의학의 발달로 더 일찍 태어난 일부 영아의 예후가 개선되었다).

융모막Chorion: 임신낭의 외막.

음순Labia: 질 입구를 둘러싸고 있는, 살이 접힌 주름을 말한다. 가장 안쪽의 얇은 주름이 소음순이고, 가장 바깥쪽의 두툼한 주름이 대음순이다. 정상적인 음순의 겉모습은 매우 다양해서 색, 두께, 길이, 색조에서 큰 차이를 보일 수 있다.

인대Ligament: 두 뼈를 결합하거나 자궁과 같은 내부 장기를 지지하는 질긴 섬유질의 결합 조직.

자간전증Pre-eclampsia: 치명적일 수 있는 임신 질환으로, 고혈압과 단백뇨가 특징이다.

자궁 수축제Uterotonic: 자궁의 근육질 몸체에 수축 효과를 일으키는 물질.

자궁Uterus, Womb: 월경주기에 따라 내막을 두꺼워지게 했다가 떨어뜨리며, 임신과 출산 시 태아를 잉태하고 배출하는, 강한 근육으로 이루어진 기관. 인간의 생명이 시작되는 곳이며 모든 사람의 첫 번째 집이다.

자궁경 검사Hysteroscopy: 자궁경부를 통해 가느다란 망원경 장치를 통과시켜 자궁 내부를 육안으로 검사하는 절차.

자궁경부Cervix: 자궁의 가장 아랫부분인 자궁의 '목'. 자궁의 몸체와 질을 연결하는 두껍고 살이 많은 관이다. 자궁경부는 골반 내에서 앞뒤로 기울어질 수 있으며, 출산 시 얇아지고 부드러워지고 확장될 수 있다.

자궁관 묶기 Tubal ligation (난관결찰): 자궁관(난관, 나팔관)을 자르거나, 봉합사로 묶거나, 소작하거나, 클립으로 고정하는 시술.

자궁관 Uterine tubes: 난소와 자궁 몸체를 연결하는 가느다란 관. 배란후 난자는 이 관을 따라 자궁 안으로 이동해 수정되기를 기다린다. 나팔관이라고도 한다.

자궁근종 Fibroid: 자궁강 또는 자궁근층 내에서 자라는 양성 종양.

자궁근층 Myometrium: 자궁의 안쪽 근육층.

자궁내막 Endometrium: 자궁내벽. 월경주기 동안 자궁내막은 호르몬 신호에 따라 두꺼워지고 이후에는 얇아져 배출된다.

자궁내막증 Endometriosis: 자궁내막과 유사한 조직이 자궁 외부의 구조물에 붙어서 호르몬 수치 변동에 반응하며, 이로 인해 통증, 내출혈 및 염증을 유발하는 질환.

자궁선근증 Adenomyosis: 자궁내막 조직이 자궁근층으로 비정상적으로 침투하는 질환. 자궁근층의 성장을 촉진하기 때문에 마치 임신 시 자궁처럼 커질 수 있다.

자궁외막 Perimetrium: 자궁의 바깥층.

자궁외임신 Ectopic pregnancy: 자궁관이나 복강 내 어딘가처럼 자궁 밖(그러나 여전히 체내)에서 발생하는 임신. 이 경우 안전하게 임신 기간을 채울 수 없으며 산모의 생명을 위협할 수 있다.

자궁유 Uterine milk: 임신 초기에 자궁내막 내 분비샘에서 생성되어 배아에게 영양을 공급하는, 영양소가 매우 풍부한 분비물.

자궁절제술 Hysterectomy: 자궁을 외과적으로 제거하는 수술.

자궁체부 Corpus: 자궁의 몸통을 일컫는 말로, 자궁경부 위쪽에 자리한다. 역삼각형 모양의 두꺼운 근육층으로 이루어져 있으며, 안쪽에 있는 자궁강이라는 공간을 자궁내막이라는 부드러운 점막층이 덮고 있다.

자연살해세포, 또는 NK세포Natural killer cells, NK cells: 복잡한 면역학적 균형이 이루어지는 부위인 자궁내막과 태반의 경계에서 발견된다고 알려진 면역세포의 일종.

접합체Zygote: 정자와 결합해서 생성되는 수정란.

정맥Vein: 산소가 빠져나간 혈액을 심장으로 다시 운반하는 혈관.

조산술Midwifery: 임신 전, 임신 중, 분만 중, 부모가 된 첫 몇 주 동안 출산하는 사람을 보살피는 기술과 과학.

줄무늬Striae: 튼살. 급격한 성장, 체중 증가, 임신 등의 이유로 팽창한 피부의 살갗이 터져서 하얗게 된 살을 가리킨다.

중복자궁Uterus didelphys: 자궁이 두 개 존재하는 상태. 각각의 자궁이 경부를 가지고 있으며, 때로는 질도 두 개가 존재한다.

질 천장Fornix: 몸 안에 있는 아치 또는 '주머니'. 예를 들어 전질 천장은 자궁경부 앞에 있는 공간 또는 주머니이고, 후질 천장은 자궁경부 뒤에 있는 공간 또는 주머니다.

질Vagina: 자궁경부에서 신체 외부로 이어지는, 살집이 많은 내부 통로.

질경Speculum: 질벽과 자궁경부를 잘 볼 수 있도록 질을 여는 기구.

체외발생Ectogenesis: 인간의 자궁 밖에서 태아의 성장이 일어나는 것.

초경 Menarche(월경 개시): 첫 월경의 시작.

케톤Ketone: 에너지를 생산하기 위해 포도당 대신 지방이 연소될 때 체내에서 생성되는 화합물. 예를 들어 굶거나 지나친 구토를 할 때, 또는 조절되지 않은 당뇨병의 일부 단계에서 생성된다.

클리토리스Clitoris(음핵): 외음부에 있는, 발기조직으로 이루어진 민감하고 신경이 풍부한 기관. 이전에는 질 입구 앞쪽에 위치한 작은 덮개 모양의 구조물만을 음핵으로 간주했지만, 그것은 겉에서 보이는 부분일 뿐이다. 실제 음핵은 한 쌍의 피부 주름인 음순 안쪽까지 이어져 있다.

탈출증Prolapse: 장기가 몸 안의 정상 위치에서 이탈하는 현상. 자궁은 질로 내려오거나 심지어 질 밖으로 튀어나오는 등 다양한 정도로 탈출할 수 있다.

태반Placenta: 임신 중 태아를 키우고 유지하기 위해 자궁 내부에 만들어지는 기관. 혈액, 산소, 영양분, 노폐물이 정교한 혈관계를 통해 태반 안팎으로 교환된다.

태변Meconium: 태아 또는 신생아가 배설하는 첫 번째 대변. 담즙 색소, 점액, 장 내벽의 상피세포가 포함된 검고 끈적끈적한 물질이다.

태아Fetus: 임신 8주 이후 자궁 내에서 발달하는 인간 아기를 가리키는 용어.

트랜스젠더Transgender: 출생 시 부여된 성별과 성정체성이 일치하지 않는 사람.

패혈증Sepsis: 국소 감염에 대해 몸이 극단적이고 전신적인 반응을 일으키는 상태. 조직 손상, 장기 부전, 또는 사망을 초래할 수 있다.

폐경Menopause: 마지막 월경 후 12개월이 지난 시점. 완경이라고도 한다.

폐경이행기Perimenopause(폐경주위기): 폐경이 다가오고 있음을 알리는 호르몬 변화가 시작되는 생애 단계. 폐경이행기 증상은 안면홍조나 식은땀 같은 혈관운동 증상, 기분 변화, 질 조직이 얇아지고 건조해지는 것, 골밀도 감소를 포함해 신체와 정신의 모든 부분에 영향을 미칠 수 있다.

프로게스테론Progesterone: 임신하지 않은 여성의 황체, 또는 임신 중 태반에서 생성되는 호르몬. 프로게스테론은 자궁내막을 두껍게 하고 임신을 지원한다. 또한 전반적인 건강과 웰빙에도 기여한다.

피토신Pitocin: 합성 옥시토신의 브랜드명. 자궁 수축을 개시하거나 강화하기 위해, 또는 산후 출혈을 예방하거나 관리하기 위해 쓰인다. '신토시논' 항목도 보라.

하부 수술Lower surgery: 개인의 외부 생식기를 성정체성에 맞게 성형하거나 재건하는 성확정수술. 예를 들어 트랜스젠더 남성을 위한 하부 수술에서는 음부와 질을 음경과 음낭으로 성형한다. 반대로 트랜스젠더 여성은 음부와 질 구조를 외과적으로 재건할 수 있다.

하우디Howdie: 스코틀랜드에서 활동하던 지역사회 기반의 일반인 산파를 일컫는 말로, 이웃의 출산 또는 사망 시 참석했다. 1915년 조산사법(스코틀랜드)으로 규제되기 전까지 활발하게 활동했다.

황체Corpus luteum: 배란 후 난소에 남겨진 난포의 나머지 부분. 난소에서 성숙한 난자가 배출된 뒤 남아 있는 조직 덩어리. 방출된 난자가 수정될 때까지 에스트로겐과 프로게스테론을 분비한다.

황체기Luteal phase: 월경주기의 후반부로, 배란 이후를 말한다. 이 시기에는 임신을 준비하기 위해, 방출된 난자 근처에 있는 주머니에서 프로게스테론과 에스트로겐이 생성되어 임신을 대비해 자궁내막을 두껍게 만든다.

회음절개술Episiotomy: 출산 직전에 질 입구를 넓히기 위해 깊게 절개하는 시술로 겸자 분만 시 항상 시행하며, 때때로 무조력 질식분만 시에도 시행한다.

히스테리Hysteria: 생식기관이 여성을 정서적, 정신적으로 불안정하게 만든다는 것으로, 지금은 반증된 이론이다.

서문 자궁을 찾아서

1. *Vagina Dialogues press release*, the Eve Appeal, July 2016. http://eveappeal.org.uk/wp-content/uploads/2016/07/The-Eve-Appeal-Vagina-Dialogues.pdf.

2. Scott, H. 'Half of men don't know where vagina is, according to a new survey', *Metro*, 31 August 2017.

3. Sherwani, A. Y. 외, 'Hysterectomy in a male? A rare case report', *International Journal of Surgery Case Reports,* 5:12 (2014), pp. 1285-7.

4. Pleasance, C., 'Businessman to have a hysterectomy after discovering he has a WOMB as well as normal male organs', *MailOnline*, 9 February 2015. http://www.dailymail.co.uk/news/article-2952983/Pictured-time-British-businessman-set-hysterectomy-discovering-WOMB-normal-male-organs.html.

1 자궁 : 어릴 때와 쉴 때

1. Paltiel, H. J. and Phelps, A., 'US of the pediatric female pelvis', *Radiology*, 270:3 (March 2014), pp. 644-57.

2. Escherich, T. 'The intestinal bacteria of neonates and their relationship to the physiology of digestion', 이 학위논문은 1886년에 발행되었고, 다음에 인용되었다. Hacker, J., Blum-Oehler, G., 'In appreciation of Theodor Escherich', *Nature Reviews Microbiology* 5 (2007), p. 902.

3. Tissier, H., 'Recherches sur la flore intestinale des nourrissons (état normal et pathologique)', Paris: G. Carre and C. Naud. 1900. 이는 다음에 인용되었다. Kuperman, A. A., Koren, O. 'Antibiotic use during pregnancy: how bad is it?' *BMC Medicine*. 14 (June 2016) 1J: 91.

4. Parton, D., 'These Old Bones', Velvet Apple Music, 2002.

5. Jiménez, E. 외, 'Is meconium from healthy newborns actually sterile?', *Research in Microbiology*, Vol. 159, Issue 3, 2008, pp. 187-93.

6. Stinson, L. F. 외, 'The Not-so-Sterile Womb: Evidence that the Human Fetus is Exposed to Bacteria Prior to Birth', *Frontiers in Microbiology*, 10 (2019), p. 1124.

7. Benner, M. 외, 'How uterine microbiota might be responsible for a receptive, fertile endomentrium', *Human Reproduction Update*, 24: 4 (July-August 2018), pp. 393–415.

8. Perez-Muñoz, M. E., 외, 'A critical assessment of the "sterile womb" and "in utero colonization" hypotheses: implications for research on the pioneer infant microbiome'. *Microbiome* 5, 48 (2017).

9. Verstraelen, H., 외, 'Characterisation of the human uterine microbiome in non-pregnant women through deep sequencing of the V1-2 region of the 16S rRNA gene', *PeerJ*. 2016;4:e1602. 2016년 1월 19일 출간.

10. Dizzell, S. 외, 'Protective Effect of Probiotic Bacteria and Estrogen in Preventing HIV-1-Mediated Impairment of Epithelial Barrier Integrity in Female Genital Tract', *Cells*, Vol. 8, 2019, p. 1120.

11. Moayyedi, P. 외, 'Fecal Microbiota Transplantation Induces Remission in Patients With Active Ulcerative Colitis in a Randomized Controlled Trial', *Gastroenterology*, 149/1, 2015, pp. 102–9.

12. Tariq, R., 외, 'Efficacy of Fecal Microbiota Transplantation for Recurrent C. Difficile Infection in Inflammatory Bowel Disease', *Inflammatory Bowel Diseases*, 26/9, September 2020, pp. 1415–20.

13. International Clinical Trials Research Platform Search Portal, World Health Organization website, 2021년 11월 30일에 접속함. http://www.who.int/clinical-trials-registry-platform.

14. Benner 외.

15. Dinsdale, N. K., 외, 'Comparison of the Genital Microbiomes of Pregnant Aboriginal and Non-aboriginal Women', *Frontiers in Cell and Infection Microbiology*, 29 October 2020.

16. Molina, N. M., 외, 'New opportunities for endometrial health by modifying uterine microbial composition: present or future?', *Biomolecules*, 10/4 (April 2020).

2 생리 : 새빨간 조류, 금맥이 흐르는 액체

1. Fraser, I. S., 외, 'Blood and total fluid content of menstrual discharge', *Obstetrics and Gynecology* 65/2 (1985), pp. 194 – 8.
2. Cambridge Dictionary online. 〈http: dictionary.cambridge.org/dictionary/english/effluent.
3. Martin, E., 'The Egg and the Sperm: How Science Has Constructed a Romance Based on Stereotypical Male – Female Roles', *Signs*, 16/3 (1991), pp. 485 – 501.
4. Nayyar, A., 외, 'Menstrual Effluent Provides a Novel Diagnostic Window on the Pathogenesis of Endometriosis', *Frontiers in Reproductive Health*, 2/3 (2020).
5. Toksvig, S., 'And woman created . . .', *Guardian* (23 January 2004)
6. Abbink, J., 'Menstrual Synchrony Claims among Suri Girls (Southwest Ethiopia): Between Culture and Biology', *Cahiers d'Études Africaines*, 55/2018 (2015), pp. 279 – 302.
7. Gupta, A. H., and Singer, N., 'Your App Knows You Got Your Period. Guess Who It Told?' *New York Times* (28 January 2021).
8. Bhimani, A., 'Period-tracking apps: how femtech creates value for users and platforms', *LSE Business Review* (4 May 2020).
9. Dunn, S., 저자에게 보낸 온라인 메시지, 10 February 2021.
10. Bhimani.
11. Healy, C., 저자에게 보낸 온라인 메시지, 10 February 2021.
12. Gupta and Singer.
13. Clue, X(구 트위터) 게시물, 18 February 2021. http://twitter.com/clue/status/1362342890152873990.
14. Hadley, R., 외, 'Use of menstruation and fertility app trackers: A scoping review of the evidence', *BMJ Sexual and Reproductive Health*, 47/2 (April 2020).
15. Hampson, L., 'Women spend £5,000 on period products in their lifetime', *London Evening Standard* (28 November 2019).
16. Petter, O., 'Period pains responsible for five million sick days in the UK each year', *Independent* (14 October 2017).
17. Renault, M., 'Why Menstruate If You Don't Have To?', *Atlantic* (17 July 2020).
18. Walker, S., 'Contraception: the way you take the pill has more to do with the pope than your health', 22 January 2019, *The*

Conversation. http://theconversation.com/contraception-the-way-you-take-the-pill-has-more-to-do-with-the-pope-than-your-health-109392.

19. Hasson, K. A., 'Not a "Real" Period?: Social and Material Constructions', in Bobel, C. 외 (eds.), *Palgrave Handbook of Critical Menstruation Studies* (London: Palgrave), 2020, p. 7.

20. Edelman, A., 외, 'Continuous or extended cycle vs. cyclic use of combined hormonal contraceptives for contraception', *Cochrane Database Systematic Review*, 29 July 2014.

21. FSRH press release, 21 January 2019, Faculty of Sexual and Reproductive Healthcare. http://www.fsrh.org/news/fsrh-release-updated-guidance-combined-hormonal-contraception/.

22. Bradshaw, H. K., Mengelkoch, S., and Hill, S. E., 'Hormonal contraceptive use predicts decreased perseverance and therefore performance on some simple and challenging cognitive tasks', *Hormones and Behavior*, Vol. 119 (March 2020), 104652.

23. FSRH Guideline: Combined Hormonal Contraception, January 2019 (amended November 2020). Faculty of Sexual and Reproductive Healthcare. http://www.fsrh.org/standards-and-guidance/documents/combined-hormonal-contraception.

24. Hopkins, C. S. and Fasolino, T., 'Menstrual suppression in girls with disabilities', *Journal of the American Association of Nurse Practitioners*, 33/10 (October 2021), pp. 785 – 90.

25. Kirkham, Y. A., 외, 'Trends in menstrual concerns and suppression in adolescents with developmental disabilities', *Journal of Adolescent Health*: official publication of the Society for Adolescent Medicine, 53/3 (2013), pp. 407 – 12.

26. crippledscholar blog, 8 July 2016. http://crippledscholar.com/2016/07/08/lets-talk-about-disability-periods-and-alternative-menstrual-products/.

27. Wilbur, J., 외. (2019), 'Systematic review of menstrual hygiene management requirements, its barriers and strategies for disabled people', PLOS ONE 14(2): e0210974.

28. Critchley, H. O. D., 외, 'Menstruation: science and society', *American Journal of Obstetrics & Gynecology*, 223/5 (1 November 2020), pp. 624 – 64.

3 수정 : 마초 신화와 감추어진 지하실

1. Ephron, N., *When Harry Met Sally*, Columbia Pictures, 1989.
2. Singer, J., and Singer, I., 'Types of Female Orgasm', *The Journal of Sex Research*, 8/4 (1972), pp. 255 − 67.
3. Meston, C. M., 외, 'Women's Orgasm', *Annual Review of Sex Research*, Vol. 15 (2004), pp. 173 − 257.
4. Obituary of Irving Singer, 8 February 2015. MIT News. http://news.mit.edu/2015/irving−singer−obituary−0208.
5. Obituary of Josephine (Fisk) Singer, 1 October 2014. Robert J. Lawler & Crosby Funeral Home. http://www.currentobituary.com/obit/146061.
6. Matsliah, E., 'There are 8 Kinds of Female Orgasms − Here's How to Have Them All!', 26 May 2021, *YourTango* http://www.yourtango.com/experts/eyal−intimatepower/8−different−female−anatomy−orgasms−and−how−reach−them.
7. 'All About Orgasms: Why We Have Them, Why We Don't, and How to Increase Pleasure', 15 October 2011 (updated 12 September 2014) *Our Bodies, Ourselves* online. http://www.ourbodiesourselves.org/book−excerpts/health−article/all−about−orgasms/.
8. Komisaruk, B. R., 외, 'Women's clitoris, vagina, and cervix mapped on the sensory cortex: fMRI evidence', *Journal of Sexual Medicine*, 8/10 (2011), pp. 2822 − 30.
9. Roach, M., *Bonk* (Edinburgh: Canongate), 2009, pp. 87 − 108.
10. Wildt, L., 외, 'Sperm transport in the human female genital tract and its modulation by oxytocin as assessed by hysterosalpingoscintigraphy, hysterotonography, electrohysterography and Doppler sonography', *Human Reproduction Update*, 4/5 (September 1998), pp. 655 − 66.
11. Instituto Bernabeu, 9 September 2020. ⟨http: www.institutobernabeu.com/en/news/instituto−bernabeu−study−relates−progesterone−to−uterine−contractility−and−its−effect−on−patients−with−embryo−implantation−failure/.
12. Moliner, B., 저자에게 보낸 이메일, 8 April 2021.
13. Martin, E., 'The Egg and the Sperm: How Science Has Constructed a Romance Based on Stereotypical Male−Female

Roles', *Signs*, 16/3 (Spring 1991), pp. 485 –501, quoted in Martin, R., 'The idea that sperm race to the egg is just another macho myth', *Aeon Essays*, 23 August 2018. http://aeon.co/essays/the-idea-that-sperm-race-to-the-egg-is-just-another-macho-myth.

14. Bettendorf, G., 'Insler, Vaclav', in: Bettendorf, G. (ed.), *Zur Geschichte der Endokrinologie und Reproduktionsmedizin* (Berlin, Heidelberg: Springer, 1995).

15. Insler, V., 외, 'Sperm Storage in the Human Cervix: A Quantitative Study', *Fertility and Sterility*, 33/3 (1980), pp. 288 –93.

16. 'Sperm trapped in cervical crypt', Barlow, D.가 게시, on 9 May 2015. YouTube. http://www.youtube.com/watch?v=ho5u5MapiLs.

17. Bettendorf, 'Insler, Vaclav', 1995.

18. Rhimes, S., and Nowalk, P., *Grey's Anatomy*, season 7, episode 4, 2010년 10월 14일에 처음 방영됨.

19. Goerner, C., 'They Said I Have a Hostile Uterus', *Bolde.com*. http://www.bolde.com/hostile-uterus-sorry-what.

4 임신 : 태반, 그리고 가슴앓이 예방

1. Turco, M. Y., 외, 'Trophoblast organoids as a model for maternal –fetal interactions during human placentation', *Nature*, 564 (2018), pp. 263 –67.

2. Turco, M. Y., 외, 'Long-term, hormone-responsive organoid cultures of human endometrium in a chemically defined medium', *Nature Cell Biology*, 19/5 (2017), pp. 568 –77.

3. Berkers, G., 외, 'Rectal Organoids Enable Personalized Treatment of Cystic Fibrosis', *Cell Reports*, 26/7 (2019), pp. 1701 –8.

5 수축 : 브랙스턴 힉스와 과민성 자궁

1. Fraser, D. M. and M. A. Cooper, (eds.), *Myles Textbook for Midwives*, 15th edn, (London: Elsevier, 2009).

2. Dunn, P., 'John Braxton Hicks (1823–97) and painless uterine contractions', *Archives of Disease in Childhood. Fetal and neonatal edition*. 81 (1999), pp. F157–8.

3. 앞의 텍스트.

4. Hicks, J. B., 'On the contractions of the uterus throughout pregnancy: their physiological effects and their value in the diagnosis of pregnancy', *Transactions of the Obstetrical Society of London* 13 (1871), pp. 216–31.

5. 앞의 텍스트.

6. 'Robert Gooch', Royal College of Physicians Museum. http://history.rcplondon.ac.uk/inspiring-physicians/robert-gooch.

7. 앞의 텍스트.

8. Coghill, J. S., *Glasgow Medical Journal*, 7/26 (1859), pp. 177–86.

9. 앞의 텍스트.

10. Mackenzie, F. W., 'On Irritable Uterus', *London Journal of Medicine*, May 1851, pp. 385–401.

11. 앞의 텍스트.

12. 앞의 텍스트.

13. 앞의 텍스트.

14. Ferguson, R. (ed.), 'Gooch on Some of the Most Important Diseases Peculiar to Women: With Other Papers', *New Sydenham Society*, vol. 2 (1859).

15. 앞의 텍스트.

16. ICD10Data website, 2021. http://www.icd10data.com/ICD10CM/Codes/O00-O9A/O60-O77/O62-/O62.2#:~:text=12-55%20years)-,O62,ICD-10-CM%20O62.

17. Fischbein, R., 'The Irritable Uterus', in Perzynski, A., Shick, S., and Adebambo, I. (eds), *Health Disparities* (Cham: Springer, 2019), pp. 41–42.

6 진통 : 옥시토신과 골디락스 진통

1. 여기서 언급된 이름은 가명이다.

2. *NHS Maternity Statistics, England, 2020–21*, NHS Digital. http://digital.nhs.uk/data-and-information/publications/statistical/nhs-maternity-statistics/2020-21.

3. *Natality statistics 2016–2020*, Centers for Disease Control and Prevention. http://wonder.cdc.gov/controller/datarequest/D149;jsessionid=B547207CE5CE6F4EE3B52E70FB8C.

4. *Guideline for intrapartum care in third stage of labour*, National Institute for Health and Care Excellence (NICE), August 2021. http://www.nice.org.uk/guidance.

5. Farrar, D., 외, 'Care during the third stage of labour: A postal survey of UK midwives and obstetricians', *BMC Pregnancy and Childbirth* 10/23 (2010).

6. Sage-Femme Collective, 'Natural Liberty: Rediscovering Self-Induced Abortion Methods', 2008. http://we.riseup.net/assets/351138/22321349-Natural-Liberty-Rediscovering-Self-Induced-Abortion-Methods.pdf.

7. Gunther, R. T., 'The Greek Herbal of Dioscorides', (London: Hafner Publishing Company, 1968) den Hertog, C. E., de Groot, A. N. and van Dongen, P. W.에서 인용, 'History and use of oxytocics', *European Journal of Obstetrics & Gynecology and Reproductive Biology*, 94/1 (2001), pp. 8–12.

8. Handley, S., 'Abortion in the 19th Century', 2016. National Museum of Civil War Medicine. http://www.civilwarmed.org/abortion1/.

9. Schiebinger, L., 'Exotic abortifacients and lost knowledge,' *The Lancet*, 371 (1 March 2008), pp. 718–19.

10. West, E., 'Reproduction and Resistance', in *Hidden Voices: Enslaved Women in the Lowcountry and U. S. South*, Lowcountry Digital History Initiative. http://ldhi.library.cofc.edu/exhibits/show/hidden-voices/resisting-enslavement/reproduction-and-resistance.

11. Haarmann, T., 외, 'Ergot: from witchcraft to biotechnology', *Molecular Plant Pathology*, 10/4 (2009), pp. 563–77.

12. Lonitzer, A., *Kreuterbuch* (Frankfurt: Egenolff, 1482). 이는 다음 사이트에서 확인할 수 있다. http://www.digitale-sammlungen.de/de/view/bsb11200293?page=589.

13. Joachim Camerarius the Younger, *Commentary on herbal book of P. A. Mattioli* (1586). 이는 다음 사이트에서 확인할 수 있다. http://bildsuche.digitale-sammlungen.de/index.html?c=viewer&bandnummer=bsb00091089&pimage=00238&v=100&nav=.

14. Unknown author of *Codices Palatini* (Nuremberg, 1474). 이는 다음 사이트에서 확인할 수 있다. http://digi.ub.uni-heidelberg.de/diglit/cpg545/0144.

15. Rozier, F., 외, *Journal de Physique, de chimie, d'histoire naturelle et des arts*, 1774. 이는 다음 사이트에서 확인할 수 있다. http://archive.org/details/journaldephysiq03unkngoog/page/144/mode/2up.

16. Desgranges, J-B., 'Sur la propriété qu'a le Seigle ergoté d'accélérer la marche de l'accouchement, et de hâter sa terminaison', *Nouveau Journal de Médecine*, (1818). 이는 다음 사이트에서 확인할 수 있다. http://archive.org/details/BIUSante_90147x1818x01/page/n53/mode/2up.

17. Stearns, J., 'Account of the Pulvis Parturiens, a Remedy for Quickening Child-birth', *The Medical Repository*, 2/5 (1 January 1808), pp. 308-9. 이는 다음 사이트에서 확인할 수 있다. http://babel.hathitrust.org/cgi/pt?id=nyp.33433011578865&view=1up&seq=324&skin=2021.

18. Newsroom Staff, 'Medical mysteries of Scotland's medieval hospital unearthed', *The Scotsman* (25 October 2017, updated 12 December 2017).

19. Marya, R., and Patel, R., *Inflamed: Deep Medicine and the Anatomy of Injustice*. (London: Allen Lane, 2021), p. 188.

20. Stearns.

21. O'Dowd, M. J., *The History of Medications for Women* (New York, London: Parthenon, 2001).

22. Wellcome Collection. http://wellcomecollection.org/works/ehuwzq2d/items.

23. Dudley, H. W. and Moir, C., 'The Substance Responsible For The Traditional Clinical Effect of Ergot', *British Medical Journal*, 16 March 1935, pp. 520-3.

24. Hofmann, K., *Vincent du Vigneaud 1901-1978: A Biographical Memoir*, (Washington: National Academy of Sciences, 1987). 이는 다음 사이트에서 확인할 수 있다. http://www.nasonline.org/publications/biographical-memoirs/memoir-pdfs/du-vigneaud-vincent.pdf.

25. Dale, H. H., 'On some physiological actions of ergot', *Journal of Physiology*, 34/3 (1906).

26. Bell, G. H., *On Parturition and Some Related Problems of Reproduction*. University of Glasgow (United Kingdom), 1943. 이는 다음 사이트에서 확인할 수 있다. http://www.proquest.com/openview/207bd85ab4cba13ca52be52720c149d1/1?pq-origsite=gscholar&cbl=2026366&diss=y.

27. McLellan, A., 'Response of Non-Gravid Human Uterus to Posterior-Pituitary Extract: and its Fractions Oxytocin and Vasopressin', *The Lancet* (1940), pp. 919–22.

28. Bishop, E. H., 'Elective Induction of Labor', *Obstetrics & Gynecology*, 5 (1955), pp. 519–27.

29. Friedman, E., 'The graphic analysis of labor', *American Journal of Obstetrics and Gynecology*, 68/6 (1954), pp. 1568–75.

30. MacRae, D. J., 'Monitoring the fetal heart during a Pitocin drip', Royal Society of Medicine Film Unit, 196? (정확한 연도는 나와 있지 않음), Wellcome Collection을 통해 접속.

31. Nucci, M., Nakano, A. R., and Teixeira, L.A., 'Synthetic oxytocin and hastening labor: reflections on the synthesis and early use of oxytocin in Brazilian obstetrics', *História, Ciências, Saúde-Manguinhos*, 25/4 (Oct–Dec 2018), pp. 979–98.

32. 앞의 텍스트.

33. Reed, R., 'Reclaiming Childbirth as a Rite of Passage', (Yandina: Word Witch, 2021), 56.

34. Newnham, E. C., McKellar, L. V., and Pincombe, J. I., 'Paradox of the institution: findings from a hospital labour ward ethnography', *BMC Pregnancy and Childbirth*, 17/1 (3 January 2017), p. 2.

35. Middleton, P., 외, 'Induction of labour at or beyond 37 weeks' gestation', *Cochrane Database of Systematic Reviews*, 7(2020), Art. No.: CD004945.

36. Dahlen, H. G., 외, 'Intrapartum interventions and outcomes for women and children following induction of labour at term in uncomplicated pregnancies: a 16-year population-based linked data study', *BMJ Open* 11(2021), e047040.

37. Agg, J., *The Uterus Monologues*, 12 January 2021. http://uterusmonologues.com/2021/01/12/birth-after-loss/.

38. Tolofari, M., and L. Shepherd., 'Postpartum Haemorrhage and Synthetic Oxytocin Dilutions in Labour', *British Journal of*

Midwifery, 29/100 (2021), pp. 590-6.

39. *Childbearing for women born in different years, England and Wales*, Office for National Statistics. 〈http: www.ons.gov.uk/ peoplepopulationandcommunity/birthsdeathsandmarriages/ conceptionandfertilityrates/bulletins/childbearingforwomenborni ndifferentyearsenglandandwales/2019#childlessness.

40. Livingston, G., 'They're Waiting Longer, but U.S. Women Today More Likely to Have Children Than a Decade Ago', Pew Research Center, 18 January 2018. http://www.pewresearch. org/social-trends/2018/01/18/theyre-waiting-longer-but-u-s- women-today-more-likely-to-have-children-than-a-decade- ago/.

41. 'Campaign Against Painful Hysteroscopy', Hysteroscopy Action. http://hysteroscopyaction.org.uk.

42. Siricilla, S., Iwueke, C. C., and Herington, J. L., 'Drug discovery strategies for the identification of novel regulators of uterine contractility', *Current Opinion in Physiology*, 13 (February 2020), pp. 71-86.

43. Bafor, E. E., and Kupittavanant, S., 'Medicinal plants and their agents that affect uterine contractility', *Current Opinion in Physiology*, 13 (2020): pp. 20-26.

44. Reed, *Reclaiming Childbirth as a Rite of Passage*, p. 34.

7   상실 : 정지된 순간

1. Kahlo, F., translated in Garibi, G., *Querido Doctorcito. Frida Kahlo y Leo Eloesser. Correspondencia* (Mexico: Conaculta, 2007). Quoted in Espinoza, J., 'Frida Kahlo's Last Secret Finally Revealed', *Guardian*, 12 August 2007.

2. 'What causes a miscarriage?', Tommy's. http://www.tommys. org/baby-loss-support/miscarriage-information-and-support/ causes-miscarriage.

3. Riverius, L. 외. (eds.), *The Practice of Physick* (London: Peter Cole, 1658).

4. Jones, B., and Shennan, A., 'Cervical cerclage', in Critchley, H., Bennett, P. and Thornton, S. (eds.), *Preterm Birth* (RCOG Press: London, 2004).

5. 'Cervical incompetence', Tommy's. http://www.tommys.org/pregnancy-information/pregnancy-complications/cervical-incompetence.

6. Tanner, L. D., 외, 'Maternal race/ethnicity as a risk factor for cervical insufficiency', *European Journal of Obstetrics & Gynecology and Reproductive Biology*, Vol. 221 (2018), pp. 156−9.

7. 'Cervical incompetence', Tommy's.

8. C-STICH2 trial information, ISRCTN registry. 〈http: www. isrctn.com/ISRCTN12981869?q=&filters=conditionCategory:Pregnancy%20and%20Childbirth,recruitmentCountry:United%20Kingdom&sort=&offset=1&totalResults=338&page=1&pageSize=10&searchType=basic-search.

9. Morris, K., email to author, 4 October 2021.

8 제왕절개 : 자궁과 칼

1. Cameron, M., 'The Caesarean Section: With notes of a successful case', *British Medical Journal*, 26 Jan 1889, pp. 180−3.

2. 'Caesarean Section−A Brief History: Part 1', US National Library of Medicine, 27 April 1998 (updated 26 July 2013). http://www.nlm.nih.gov/exhibition/cesarean/part1.html#:~:text=Perhaps%20the%20first%20written%20record,unable%20to%20deliver%20her%20baby.

3. Dyce, R., 'Case of Cæsarean Section', *Edinburgh Medical Journal*, 7/10 (1862), p. 895.

4. Cameron, M., 'Caesarean section and its modifications: with an additional list of five cases', Glasgow Hospital Reports (1901). 이는 다음 사이트에서 확인할 수 있다. http://wellcomecollection.org/works/hh4sbm2x/items?canvas=3.

5. *Births by Caesarean section*, World Health Organization. http://apps.who.int/gho/data/node.main.BIRTHSBYCAESAREAN?lang=en.

6. *WHO Statement on Caesarean Section Rates*, World Health Organization, 2015. http://WHO_RHR_15.02_eng.pdf;jsessionid=A673C403BE2860E7837A50BABA2DD855.

7. *NHS Maternity Statistics, England − 2020−21*, NHS Digital.

http://digital.nhs.uk/data-and-information/publications/
statistical/nhs-maternity-statistics/2020-21.

8. Weaver, J., and Magill-Cuerden, J., 'Too posh to push': the rise and rise of a catchphrase', *Birth*, 40/4 (2013), pp. 264–71.

9. Weaver, J. J., Statham, H., and Richards, M., 'Are there "unnecessary" cesarean sections? Perceptions of women and obstetricians about cesarean sections for nonclinical indications', *Birth*, 34/1 (March 2007), 32–41.

10. *Cesarean Delivery on Maternal Request*, American College of Obstetricians and Gynecologists, January 2019. http://www.acog.org/clinical/clinical-guidance/committee-opinion/articles/2019/01/cesarean-delivery-on-maternal-request?utm_source=redirect&utm_medium=web&utm_campaign=otn#:~:text=After%20exploring%20the%20reasons%20behind,should%20not%20be%20performed%20before.

11. *NICE Guideline 192*: *Caesarean Birth*, National Institute for Health and Care Excellence (NICE), 31 March 2021. http://www.nice.org.uk/guidance/ng192/chapter/Recommendations#maternal-request-for-caesarean-birth.

12. Jolly, M. and Dunkley-Bent, J., 'Letter on Use of Caesarean Section Rates Data', 15 February 2022.

13. Negrini, R., 외, 'Reducing caesarean rates in a public maternity hospital by implementing a plan of action: a quality improvement report', *BMJ Open Quality*, 9 (2020), e000791.

14. Lopes, M., 'Caesarean sections in Brazil are an audience spectacle, with wedding-style parties', *Washington Post* (12 June 2019).

15. Potter, J. E., 외, 'Unwanted caesarean sections among public and private patients in Brazil: prospective study', *British Medical Journal*, 323/7322 (2001), pp. 1155–8.

16. Khazan, O., 'Why Most Brazilian Women Get C-Sections', *The Atlantic* (14 April 2014).

17. Vedam, S., 외, 'The Giving Voice to Mothers study: inequity and mistreatment during pregnancy and childbirth in the United States', *Reproductive Health*, 16 (2019), p. 77.

18. Perez D'Gregorio, R., 'Obstetric violence: A new legal term introduced in Venezuela', *International Journal of Gynecology and*

Obstetrics, 111/3 (December 2010), pp. 201 −2.

19. Sen, G., Reddy, B. and Iyer, A., 'Beyond measurement: the drivers of disrespect and abuse in obstetric care', Reproductive Health Matters, 26/53 (2018), pp. 6 − 18.

20. Perrotte, V., Chaudhary, A. and Goodman, A.,'"At Least Your Baby is Healthy", Obstetric Violence or Disrespect and Abuse in Childbirth Occurrence Worldwide: A Literature Review,' Open Journal of Obstetrics and Gynecology, 10 (2020), pp. 1544 − 62.

21. Smith, J., Plaat, F., and Fisk, N. M., 'The natural caesarean: a woman−centred technique', British Journal of Obstetrics and Gynaecology, 115/8 (2008), pp. 1037 − 42.

22. Posthuma, S., 외, 'Risk and benefits of a natural caesarean section − a retrospective cohort study', American Journal of Obstetrics and Gynecology. Supplement to January 2015, S346.

23. Zafran, N., 외, 'The impact of "Natural" cesarean delivery on peripartum maternal blood loss. A randomized controlled trial', American Journal of Obstetrics and Gynecology, Supplement to January 2019, S630.

24. Bronsgeest, K., 외, 'Short report: Post−operative wound infections after the gentle caesarean section,' European Journal of Obstetrics & Gynecology and Reproductive Biology, 241 (2019), pp. 131 − 2.

25. Young, S., 'Women who have "natural" C−section bond more with their baby, say doctors', The Independent (5 June 2017).

26. 26. Armbrust, R., 외, 'The Charité cesarean birth: a family orientated approach of cesarean section', Journal of Maternal-Fetal & Neonatal Medicine, 29/1 (2016), pp. 163 − 8.

27. Webb, R., Ayers, S., and Bogaerts, A., 'When birth is not as expected: a systematic review of the impact of a mismatch between expectations and experiences', BMC Pregnancy and Childbirth, 21, 475 (2021).

28. Tonei, V., 'Mother's mental health after childbirth: Does the delivery method matter?', Journal of Health Economics, 63 (2019), pp. 182 − 96.

29. Evans, E. and Kupper, M., 'Humanising obstetric care in operating theatres,' thebmjopinion blog, British Medical Journal. 22 April 2021. 〈http: blogs.bmj.com/bmj/2021/04/22/humanising−

obstetric-care-in-operating-theatres/.

30. Fisk, N., Plaat, F. and Smith, J., 'Natural Caesarean — a decade on', Positive Birth Movement, 30 July 2018. 〈http: www. positivebirthmovement.org/natural-caesarean-a-decade-on/.

31. 앞의 텍스트.

32. Yoder, Rachel, *Nightbitch* (London: Harvill Secker, 2021), p. 237.

9 산후 : 뼈를 닫고 공간을 허용하다

1. Athan, A. *Matresecence*. http://www.matrescence.com.

2. Mercado, T., *La Matriz Birth Services*. http://www.lamatrizbirth. com/postpartum-sealing.

3. Dennis, C. L., 외, 'Traditional postpartum practices and rituals: a qualitative systematic review', *Women's Health*, 3/4 (July 2007), pp. 487-502.

4. Mahabir, K., 'Traditional health beliefs and practices of postnatal women in Trinidad', 1997. Dissertation for the University of Florida. 이는 다음 사이트에서 확인할 수 있다. http://ufdc.ufl. edu/AA00048623/00001/163j.

5. Layla B., 'Closing the Bones (Al Shedd), The Moroccan Way!' 26 June 2018. http://www.laylab.co.uk/tnp-blog/ moroccanclosingthebones.

6. Fraser, D. M. and Cooper, A. M. (eds.), 2009, p. 656.

7. Nashar, S., 외, 'Puerperal uterine involution according to the method of delivery', *Akush Ginekol*, 46/9 (2007), pp. 14-18 Bulgarian. PMID: 18642558.

8. Negishi, H., 외, 'Changes in uterine size after vaginal delivery and cesarean section determined by vaginal sonography in the puerperium', *Archives of Gynecology and Obstetrics*, 263/1-2 (November 1999), pp. 13-16.

9. *Core Restore Postpartum Belly Band*, Lola & Lykke. http://www. lolalykke.com/products/core-restore-postpartum-support-band.

10. *Post-Pregnancy Belly Band*, MammaBump. http://mammabump. com/?gclid=CjwKCAiA4veMBhAMEiwAU4XRr208Yw zUR-bzO1XVBYx9jPsl1fDr9aeNrq6RmHZIDbNUs_ gPZu10eRoC0bIQAvD_BwE.

11. 'Brenda S' on Amazon, 23 January 2018. 〈http: www.amazon. com/ChongErfei-Postpartum-Support-Recovery-Shapewear/ dp/B01EVGLMM8/ref=sr_1_1_sspa?crid=2NN04J7JDPA35&ke ywords=3%2Bin%2B1%2Bpostpartum%2Bsupport%2Brecovery %2Bbelly%2Fwaist%2Fpelvis%2Bbelt%2Bshapewear&qid=1651 140426&sprefix=shapewear%2Bpostpartum%2Brec%2Caps%2C 180&sr=8-1-spons&smid=A1JGA7MTV6VSHK&spLa=ZW5jc nlwdGVkUXVhbGlmaWVyPUEyOEk0UDJJSldFTTExJmVuY 3J5cHRlZElkPUEwMDUwMTM4M0lRT0wzUVlXTk45QiZlb mNyeXB0ZWRBZElkPUEwNjE0MjU0MkdZUFZLMUlWTU FFRSZ3aWRnZXROYW1lPXNwX2F0ZiZhY3Rpb249Y2xpY2t SZWRpcmVjdCZkb05vdExvZ0NsaWNrPXRydWU&th=1.
12. MammaBump.
13. Karaca, I., 외, 'Influence of Abdominal Binder Usage after Cesarean Delivery on Postoperative Mobilization, Pain and Distress: A Randomized Controlled Trial', *Eurasian Journal of Medicine*, 51/3 (2019), pp. 214-18.
14. Ghana, S., 외, 'Randomized controlled trial of abdominal binders for postoperative pain, distress, and blood loss after cesarean delivery', *International Journal of Gynecology and Obstetrics*, 137/3 (June 2017), pp. 271-6.
15. Szkwara, J. M. 외, 'Effectiveness, Feasibility, and Acceptability of Dynamic Elastomeric Fabric Orthoses (DEFO) for Managing Pain, Functional Capacity, and Quality of Life during Prenatal and Postnatal Care: A Systematic Review', *International Journal of Environmental Research and Public Health*, 16/13 (6 July 2019), p. 2408.
16. Donnelly, G., 저자에게 보낸 이메일, 6 January 2022.
17. Davies, B., 저자에게 보낸 이메일, 7 January 2022.
18. Thomé, J., 'I Tried Postpartum Belly Binding and Here's What Happened', *Mom.com*, 30 May 2019. http://mom.com/ baby/202232-i-tried-postpartum-belly-binding-and-heres- what-happened.

1. *Uterine cancer statistics*, Cancer Research UK. http://www.cancerresearch.uk.org/health-professional/cancer-statistics/statistics-by-cancer-type/uterine-cancer#.

2. *Uterine Cancer: Statistics*, Cancer.Net. http://www.cancer.net/cancer-type/uterine-cancer/statistics.

3. Cancer Research UK.

4. Cervical Cancer Action for Elimination, 2021. http://www.cervicalcanceraction.org.

5. *Cervical Cancer*, Global Surgery Foundation, 2022. http://www.globalsurgeryfoundation.org/cervical-cancer.

6. *Guidelines for the Prevention and Early Detection of Cervical Cancer*, The American Cancer Society, 22 April 2012. http://www.cancer.org/cancer/cervical-cancer/detection-diagnosis-staging/cervical-cancer-screening-guidelines.

7. *When you'll be invited for cervical screening*, NHS. http://www.nhs.uk/conditions/cervical-screening-when-youll-be-invited.

8. Chantziantoniou, N., 'Lady Andromache (Mary) Papanicolaou: The Soul of Gynecological Cytopathology,' *Journal of the American Society of Cytopathology*, 3/6 (2014) pp. 319–26.

9. Kiourktsi, E., 'Lifesaver', *Greece Is*, 25 December 2017, pp. 104–7.

10. Papanicolaou, G. N., and Traut, H. F., 'The diagnostic value of vaginal smears in carcinoma of the uterus', *American Journal of Obstetrics and Gynecology*, 42/2 (1941), pp. 193–206.

11. *Cervical Cancer Screening (PDQ – Health Professional Version)*, National Cancer Institute, 25 August 2021. http://www.cancer.gov/types/cervical/hp/cervical-screening-pdq.

12. Pinnell, I., 'Behind the headlines: HPV self-sampling', Jo's Cervical Cancer Trust, 24 February 2021. http://www.jostrust.org/uk/about-us/news-and-blog/blog/behind-headlines-hpv-self-sampling.

13. *HPV Vaccination*, Cervical Cancer Action. http://www.cervicalcanceraction.org.

14. *Cervical Cancer Elimination Initiative*, World Health Organization. http://www.who.int/initiatives/cervical-cancer-elimination-initiative.

15. *YouScreen: Cervical Screening Made Easier*, Small C, 2022. http://www.smallc.org.uk/get-involved-youscreen.

16. 'Three quarters of sexual violence survivors feel unable to go for potentially life-saving test', Jo's Cervical Cancer Trust, 31 August 2018. http://www.jostrust.org.uk/node/1075195.

17. 'The impact of trauma and cervical screening,' Somerset and Avon Rape and Sexual Abuse Support, 14 June 2021. http://www.sarsas.org.uk/cervical-screening.

18. Berner, A. M., 외, 'Attitudes of transgender men and non-binary people to cervical screening: a cross-sectional mixed-methods study in the UK', *British Journal of General Practice*, 71/709 (2021), e614-e625.

19. *Screening and Treatment of Precancerous Lesions*, Cervical Cancer Action. http://www.cervicalcanceraction.org/screening-and-treating-precancerous-lesions.

20. Global Surgery Foundation.

21. 'Supporting Our Sisters: Transforming Uterine Fibroid Awareness into Action', Society for Women's Health Research, 23 March 2021. http://swhr.org/event/supporting-our-sisters-transforming-uterine-fibroid-awareness-into-action/.

22. Ghant, M. S., 외, 'Beyond the physical: a qualitative assessment of the burden of symptomatic uterine fibroids on women's emotional and psychosocial health', *Journal of Psychosomatic Research*, 78/5 (May 2015), pp. 499-503.

23. Chiuve, S. E., 외, 'Uterine fibroids and incidence of depression, anxiety and self-directed violence: a cohort study', *Journal of Epidemiology and Community Health*, no. 76(2022), pp. 92-9.

24. Roberts-Grey, G., 'The Feelings Behind Our Fibroids', *Essence*, 27 October 2020.

25. Boynton-Jarrett, R., 외, 'Abuse in childhood and risk of uterine leiomyoma: the role of emotional support in biologic resilience', *Epidemiology*, 22/1 (January 2011), pp. 6-14.

26. Hutcherson, H., 'Black Women Are Hit Hardest by Fibroid Tumors', *New York Times* (15 April 2020).

27. Baird, D. D., 외, 'High cumulative incidence of uterine leiomyoma in black and white women: Ultrasound evidence', *American Journal of Obstetrics and Gynecology*, 188/1 (2003), pp.

100 – 7.
28. Myles, R., 'Unbearable Fruit: Black Women's Experiences with Uterine Fibroids', dissertation for Georgia State University, 2013. 이는 다음 사이트에서 확인할 수 있다. http://scholarworks.gsu.edu/cgi/viewcontent.cgi?article=1071&context=sociology_diss.
29. Jones, S. T., 'Uterine fibroids: a silent epidemic', *The Hill*, 6 June 2007. http://thehill.com/homenews/news/12121-uterine-fibroidsa-silent-epidemic.
30. Dunham, L., 'In Her Own Words: Lena Dunham on Her Decision to Have a Hysterectomy at 31', *Vogue* (14 February 2018)
31. *Endometriosis Facts and Figures*, Endometriosis UK. http://www.endometriosis-uk.org/endometriosis-facts-and-figures#1.
32. Russell, W. W., 'Johns Hopkins Hospital Bulletin', Vol. 10, pp. 8 – 10, quoted in Hannant, G., 'Endometriosis: 1881 – 1940: the discovery, naming, framing and understanding of a complicated condition', B.Sc. dissertation for the University of London (2002). 이는 다음 사이트에서 확인할 수 있다. http://wellcomecollection.org/works/etvep4bg.
33. Sampson, J. A., 'Metastatic or Embolic Endometriosis, due to the Menstrual Dissemination of Endometrial Tissue into the Venous Circulation', *American Journal of Pathology*, 3/2 (1927), pp. 93 – 110.42.
34. Quoted in Hannant, p. 523.
35. Redwine, D., 'Mulleriosis not Mullerianosis', letter commenting on Signorile, P. G., 외, 'Ectopic endometrium in human foetuses is a common event and sustains the theory of müllerianosis in the pathogenesis of endometriosis, a disease that predisposes to cancer', *Journal of Experimental & Clinical Cancer Research*, 13 May 2009. http://jeccr.biomedcentral.com/articles/10.1186/1756-9966-28-49/comments.
36. Signorile, P. G., 외, 'Ectopic endometrium in human foetuses is a common event and sustains the theory of müllerianosis in the pathogenesis of endometriosis, a disease that predisposes to cancer', *Journal of Experimental & Clinical Cancer Research*, 28/1 (9 April 2009), p. 49.
37. Meike Schuster, D. O., and D. A. Mackeen, 'Fetal endometriosis: a case report', *Fertility and Sterility*, 103/1 (January 2015), pp.

160－2.

38. Osborne-Crowley, L., 'A common treatment for endometriosis could actually be making things worse', *Guardian* (2 July 2021).

39. Bougie, O., 외, 'Influence of race/ethnicity on prevalence and presentation of endometriosis: a systematic review and meta-analysis', *British Journal of Obstetrics and Gynaecology*, 126/9 (August 2019), pp. 1104－15.

40. Farland, L. V., and Horne, A. W., 'Disparity in endometriosis diagnoses between racial/ethnic groups', *British Journal of Obstetrics and Gynaecology*, 21 May 2019, pp. 1115－16.

41. Norman, A., *Ask Me About My Uterus* (New York: Bold Type Books, 2018), p. 19.

42. 'BBC research announced today is a wake-up call to provide better care for the 1.5 million with endometriosis', Endometriosis UK, 7 October 2019. http://www.endometriosis-uk.org/news/bbc-research-announced-today-wake-call-provide-better-care-15-million-endometriosis-37606.

43. Hazard, L., *What the Midwife Said* podcast, season 1, episode 4 (24 November 2020). http://open.spotify.com/episode/2zUEA0NusEx0bDTQAGgnjJ?si=fgszmfuzRF22xNsyKwolqw.

44. Young, K., Fisher, J., and Kirkman, M., 'Do mad people get endo or does endo make you mad?: Clinicians' discursive constructions of Medicine and women with endometriosis', *Feminism & Psychology*, 29/3 (2019), pp. 337－56.

45. Clip from *Don Lemon Tonight*, 8 August 2015. CNN.com. 〈http://edition.cnn.com/videos/us/2015/08/08/donald-trump-megyn-kelly-blood-lemon-intv-ctn.cnn.

46. Betz, H. D., *The Greek Magical Papyri in Translation, Including the Demotic Spells*, (Chicago: University of Chicago Press, 1992), quoted in Marino, K., *Setting the Womb in its Place: Toward a Contextual Archaeology of Graeco-Egyptian Uterine Amulets*, Doctoral Dissertation for Brown University, March 2010. 이는 다음 사이트에서 확인할 수 있다. https://repository.library.brown.edu/studio/item/bdr:11094/PDF/.

47. Wright, E., 'Magic to Heal the "Wandering Womb" in Antiquity', *Folklore Thursday*, 18 January 2018. http://folklorethursday.com/folklife/magic-to-heal-the-wandering-

womb-in-antiquity/.

48. Rivière, L., *The secrets of the famous Lazarus Riverius, councellor & physician to the French king, and professor of physick in the University of Montpelier newly translated from the Latin by E.P., M.D..* Available online from the Text Creation Partnership at http://name.umdl.umich.edu/A57364.0001.001. Prat, E. p. 73.

49. Tasca, C., 외, 'Women and hysteria in the history of mental health', *Clinical Practice and Epidemiology in Mental Health*, 8 (2012), pp. 110-19.

50. Hustvedt, A., *Medical Muses* (London: Bloomsbury, 2011).

51. *The Ladies Dispensatory* (London: Printed for James Hodges and John James, 1739) 이는 다음 사이트에서 확인할 수 있다. http://wellcomecollection.org/works/m3kfwmyk.

52. Strohecker, J., 'A New Vision of Wellness', Healthy.net, 24 September 2019. http://healthy.net/2019/09/24/a-new-vision-of-wellness/.

53. Parvati, J. *Hygieia: a woman's herbal* (Berkeley: Freestone, 1978), p. 99.

54. 앞의 텍스트, 18쪽 제사.

55. 앞의 텍스트, 주.

56. Callaghan, S., 외, 'The future of the $1.5 trillion wellness market', McKinsey, 8 April 2021. http://www.mckinsey.com/industries/consumer-packaged-goods/our-insights/feeling-good-the-future-of-the-1-5-trillion-wellness-market.

57. Alice [second name withheld at interviewee's request], online message to author, 1 June 2021.

58. 'The Infrared Sauna and Detox Spa Guide', *Goop*. http://goop.com/city-guide/infrared-saunas-detox-spas-and-the-best-spots-for-colonics/tikkun-spa/?cjevent=8c38780e574811ec809d398c0a18050f&utm_source=junction&utm_medium=affiliate&utm_campaign=100080543_500x500&cjdata=MXxZfDB8WXww.

59. 앞의 텍스트.

60. *Pu$$y Power Rose Quartz Infused Yoni & Vaginal Wash*, Goddess Detox. http://goddessdetox.org/collections/self-love-inspired-products/products/pu-y-power-crystal-infused-yoni-vaginal-wash?variant=39370179084336.

61. Femmagic. http://femmagic.com.

62. *Queen Tings Yoni & Vagina Steaming Gown*, Goddess Detox. http://goddessdetox.org/collections/self-love-inspired-products/products/queen-tings-yoni-vaginal-steaming-gown?variant=32337904042032.

63. *Yoni Steam Herbs: Women's Blend*, The Plant Path Folk. http://www.theplantpathfolk.co.uk/apothecary.

64. Trivedi, A., X에 저자가 올린 게시물에 대한 답변, 15 June 2021.

65. Gunter, J., 'No GOOP, we are most definitely not on the same side', personal blog, 26 July 2019. http://drjengunter.com/2019/07/26/no-goop-we-are-most-definitely-not-on-the-same-side/.

66. Shea, C., 'Jen Gunter On Why Vulvas Don't Need A Summer Glow-Up', *Refinery29*, 2 June 2021. http://www.refinery29.com/en-ca/2021/06/10445943/jen-gunter-menopause-manifesto-vagina-glow-up.

67. 'Dr. Jen Gunter on 'Vagina Profiteers: The Economics of the Wellness Industrial Complex', Gender and the Economy. http://www.gendereconomy.org/dr-jen-gunter/.

68. Ding, N., Batterman, S., and Park, S. K., 'Exposure to Volatile Organic Compounds and Use of Feminine Hygiene Products Among Reproductive-Aged Women in the United States', *Journal of Women's Health*, 29/1 (2020), pp. 65–73.

69. Zhang, J., Thomas, A. G., and Leybovich, E., 'Vaginal douching and adverse health effects: a meta-analysis', *American Journal of Public Health*, 87 (1997), pp. 1207–11.

70. Vandenburg, T., and Braun, V., 'Basically, it's sorcery for your vagina: unpacking Western representations of vaginal steaming', *Culture, Health & Sexuality*, 19/4 (10 October 2016), p. 472.

71. 앞의 텍스트, p. 480.

72. Fricker, M., Introduction to '*Epistemic Injustice: Power and the ethics of knowing*', (Oxford: Oxford University Press, 2007). 이는 다음 사이트에서 확인할 수 있다. http://www.mirandafricker.com/uploads/1/3/6/2/136236203/introduction.pdf.

73. Lorde, A., *A Burst of Light* (Ann Arbor: Firebrand Books, 1988).

11 폐경 : 끝이자 시작

1. Baron, Y. M., *A History of the Menopause*, University of Malta, 2012. 이는 다음 사이트에서 확인할 수 있다. http://www. researchgate.net/publication/304346490_A_History_of_the_ Menopause.

2. De Gardanne, C. P. L., *Avis aux femmes qui entrent dans l'age critique* (Paris: Imprimerie de J. Moronval, 1816). 이는 다음 사이트에서 확인할 수 있다. http://wellcomecollection.org/works/utrvvj2v/ items?canvas=9.

3. De Gardanne, C. P. L., *De la menopause: ou de l'age critique des femmes* (Méquignon-Marvis, 1821).

4. Strachey, A. (ed.), The standard edition of the complete psychological works of Sigmund Freud Vol. 12 (1911–1913), (London: Vintage, 1958), quoted in Maddison, P., 'Reclaiming menopause from the medics', *Contemporary Psychotherapy*, 11/2 (2019). 이는 다음 사이트에서 확인할 수 있다. http:// www.contemporarypsychotherapy.org/volume-11-issue-2- winter-2019/reclaiming-menopause-from-the-medics/.

5. Deutsch, H., *The Psychology of Women* (New York: Grune and Stratton, 1958), quoted in Luhrmann, T. M., 'Review of *The Slow Moon Climbs* by Susan P. Mattern', *Times Literary Supplement*, 13 March 2020.

6. Wilson, R., *Feminine Forever* (New York: M. Evans and Company, 1968), quoted in T. M. Luhrmann.

7. Doughty, M., 'Case study: The Medical Menopause', *Bodies of Difference*, 26 December 2016. http://thedifferenceofbodies. wordpress.com/2016/12/06/75/.

8. Eytan, T. 'Pharmaceutical Ads from the 20th Century', Flickr, 14 January 2018. 〈http: www.flickr.com/photos/ taedc/38798081665.

9. Benaroch, R., 'Premarin – How Marketing Popularized Treatment for Menopausal Symptoms', *Wondrium Daily*, 29 April 2019. 〈http: www.wondriumdaily.com/premarin-how- marketing-popularized-treatment-for-menopausal-symptoms.

10. Waller-Bridge, P., *Fleabag*, series 2, episode 3, 2019년 3월 18일 BBC에서 처음 방영됨.

11. Le Guin, U. K., 'The Space Crone' by Le Guin, U. K., in Formanek, R. (ed.), *The Meanings of Menopause* (London: Routledge, 1990), p. xxiii.

12 자궁절제술 : 부재와 전환

1. Wright, J. D., 외, 'Nationwide trends in the performance of inpatient hysterectomy in the United States', *Obstetrics & Gynecology*, 122/2 Pt 1 (2013), pp. 233−41.
2. Cornforth, T., 'Facts About Hysterectomy in the United States', Verywell Health, 25 November 2020. http://www.verywellhealth.com/the-facts-about-hysterectomy-in-the-united-states-3520837.
3. Willughby, P., *Observations in midwifery: as also The country midwifes opusculum or vade mecum* (Warwick: H. T. Cooke and Son, 1863), pp. 251−2. 이는 다음 사이트에서 확인할 수 있다. http://archive.org/details/observationsinmi00will/page/n5/mode/2up.
4. Keith, T., *Contributions to the Surgical Treatment of Tumours of the Abdomen*, Vol. 1, quoted in Sutton, C., 'Hysterectomy: a historical perspective', *Baillière's Clinical Obstetrics and Gynaecology*, 11/1 (March 1997), pp. 1−22.
5. Savage, Y., 저자에게 보낸 이메일, 30 April 2021.
6. Whelan, D., 저자에게 보낸 이메일, 29 April 2021.
7. 'Stephanie' [identifying details changed at interviewee's request], online message to author, 28 April 2021.
8. 'Natalya' [identifying details changed at interviewee's request], email to author, 29 April 2021.
9. Forst, J., 'Study finds women at greater risk of depression, anxiety after hysterectomy', Mayo Clinic News Network, 4 September 2019. http://newsnetwork.mayoclinic.org/discussion/study-finds-women-at-greater-risk-of-depression-anxiety-after-hysterectomy/.
10. *Hysterectomy − Recovery*, NHS. ⟨http: www.nhs.uk/conditions/hysterectomy/recovery/.
11. The University of Arizona. http://www.arizona.edu/about.
12. Koebele, S. V., 외, 'Hysterectomy Uniquely Impacts Spatial

Memory in a Rat Model: A Role for the Nonpregnant Uterus in Cognitive Processes', *Endocrinology*, 160/1 (1 January 2019), pp. 1 – 19.

13. Enders, G., *Gut: The Inside Story of Our Body's Most Underrated Organ* (*Revised Edition*), (London: Scribe, 2017).

14. Corona, L. E., 외, 'Use of other treatments before hysterectomy for benign conditions in a statewide hospital collaborative', *American Journal of Obstetrics and Gynecology*, 212/3 (March 2015), p. 304.e1 – 7.

15. 'Nearly One in Five Women Who Undergo Hysterectomy May Not Need the Procedure', Elsevier, 6 January 2015. http:// www.elsevier.com/about/press-releases/archive/research- and-journals/nearly-one-in-five-women-who-undergo- hysterectomy-may-not-need-the-procedure.

16. World Professional Association for Transgender Health, Standards of Care for the Health of Transsexual, Transgender, and Gender Nonconforming People, 7th version, 2012. http:// www.wpath.org/publications/soc.

17. Nolan, I. T., Kuhner, C. J., and Dy, G. W., 'Demographic and temporal trends in transgender identities and gender confirming surgery', *Translational Andrology and Urology*, 8/3 (2019), pp. 184 – 90.

18. James, S. E., 외, *The Report of the 2015 U.S. Transgender Survey* (Washington, DC: National Center for Transgender Equality, 2016).

19. The *Oprah Winfrey Show*, 15 April, 2008.

20. Parsons, V., 'Academic says pregnancy is "masculine" as it's revealed 22 transgender men gave birth in Australia last year', *Pink News*, 15 August 2019. http://www.pinknews. co.uk/2019/08/15/22-transgender-men-gave-birth-in- australia-last-year-pregnancy/.

21. Pearce, R., *Understanding Trans Health* (Bristol: Policy Press, 2018), p. 27.

22. Women and Equalities Committee, House of Commons, *Oral Evidence: Reform of the Gender Recognition Act HC129*, 12 May 2021. http://committees.parliament.uk/oralevidence/2177/html/.

13 생식학살 : 권리와 권리 침해

1. Lamb, C., *Our Bodies, Their Battlefield* (London: William Collins, 2021).

2. Zhang, S., 'J. Marion Sims: the Gynecologist Who Experimented on Slaves', *The Atlantic* (18 April 2018).

3. Sims, J. M., (Marion-Sims, H., ed.), *The story of my life* (New York: D. Appleton and Company, 1884). 이는 다음 사이트에서 확인할 수 있다. http://babel.hathitrust.org/cgi/pt?id=hvd.32044013687306&view=1up&seq=9&skin=2021.

4. Ojanuga, D., 'The medical ethics of "the father of gynaecology", Dr J. Marion Sims', *Journal of Medical Ethics*, 19 (1993), pp. 28–31.

5. Galton, F., *Hereditary Genius: An Inquiry into its Laws and Consequences* (London: Macmillan & Co. London, 1869).

6. Antonios, N., and Raup, C., 'Buck v. Bell (1927)', *The Embryo Project Encyclopedia*, 1 January 2012. http://www.embryo.asu.edu/pages/buck-v-bell-1927.

7. Cohen, A., *Imbeciles: The Supreme Court, American Eugenics, and the Sterilization of Carrie Buck* (New York: Penguin Press, 2016), p. 24.

8. U.S. Supreme Court, 'BUCK v. BELL, Superintendent of State Colony Epileptics and Feeble Minded', 1927. 이는 다음 사이트에서 확인할 수 있다.: http://www.law.cornell.edu/supremecourt/text/274/200.

9. Cynkar, R. J., 'Buck v. Bell: "Felt Necessities" v. Fundamental Values?', *Columbia Law Review*, 81/7 (1981), pp. 1418–61.

10. U.S. Supreme Court, 1927.

11. Lombardo, P., Transcript of 'The rape of Carrie Buck', Cold Spring Harbour Laboratory DNA Learning Center, 2020. http://dnalc.cshl.edu/view/15234/The-rape-of-Carrie-Buck-Paul-Lombardo.html.

12. Black, E., 'Eugenics and the Nazis – the California connection', *SFgate*, 9 September 2003. http://www.sfgate.com/opinion/article/Eugenics-and-the-Nazis-the-California-2549771.php.

13. Hitler, A. *Mein Kampf*, 1924, 앞의 텍스트에 언급됨.

14. 앞의 텍스트.

15. Clauberg, C., letter to Himmler, H., 1943년 6월 7일 작성된 'Nazi Letters on Sterilization'에서, *Remember.org*. http://remember.org/

witness/links-let-ster.

16. 앞의 텍스트.

17. Benedict, S., and Georges, J., 'Nurses and the sterilization experiments of Auschwitz: A postmodernist perspective', *Nursing Inquiry*, 13/4 (December 2006), pp. 277–88.

18. U.S. Supreme Court, 'SKINNER v. STATE OF OKLAHOMA ex rel. WILLIAMSON, Atty. Gen. of Oklahoma', 1942. 이는 다음 사이트에서 확인할 수 있다. http://www.law.cornell.edu/supremecourt/text/316/535.

19. Sebring, S., 'sterilization – japanese american women', *mississippi appendectomy*, 25 November 2007. ⟨http: mississippiappendectomy.wordpress.com/2007/11/25/sterilization-japanese-american-women/.

20. Garcia, S. '8 Shocking Facts About Sterilization in U. S. History', *Mic*, 7 October 2013. ⟨http: www.mic.com/articles/53723/8-shocking-facts-about-sterilization-in-u-s-history.

21. 'Fannie Lou Hamer', *PBS: American Experience*. http://www.pbs.org/wgbh/americanexperience/features/freedomsummer-hamer/.

22. Ross, L. J., and Solinger, R., *Reproductive Justice* (Berkeley: University of California Press, 2017), pp. 50–51.

23. Brown, T. B., 'Who are the Confederate Men Memorialized With Statues?' *NPR*, 18 August 2017. http://www.npr.org/2017/08/18/543626600/who-are-the-confederate-men-memorialized-with-statues?t=1638887435968.

24. Heim, J., 'How is slavery taught in America? Schools struggle to teach it well', *Washington Post* (28 August 2019).

25. *Jefferson Davis Memorial State Historic Site*, Department of Natural Resources Division, George State Parks. http://www.gastateparks.org/jeffersondavismemorial.

26. House of Representatives, 104th Congress, 2nd session, 'Illegal Immigration Reform and Immigrant Responsibility Act of 1996', 24 September, 1996. http://www.congress.gov/104/crpt/hrpt828/CRPT-104hrpt828.pdf.

27. Oldaker v. Giles, District Court, M. D. Georgia, 4 August 2021. http://casetext.com/case/oldaker-v-giles.

28. *Imprisoned Justice*, Project South. June 2017. http://projectsouth.org/wp-content/uploads/2017/06/Imprisoned_Justice_

Report-1.pdf.

29. Project South, *Complaint Re: Lack of Medical Care, Unsafe Work Practices, and Absence of Adequate Protection Against COVID-19 for Detained Immigrants and Employees Alike at the Irwin County Detention Center*, 14 September 2020. http://www. projectsouth. org/wp-content/uploads/2020/09/OIG-ICDC-Complaint-1. pdf.

30. 앞의 텍스트.

31. *We Stand With Mahendra Amin*, Facebook page. http:// www.facebook.com/We-Stand-With-Mahendra-Amin-109571914226828/.

32. Merchant, N., 'Migrant women to no longer see doctor accused of misconduct', *APNews.com* (Associated Press), 22 September 2020. http://apnews.com/article/georgia-archive-immigration-f3b100 7a9d2ef3cb6d2bd410673eae83.

33. *Belly of the Beast*, ITVS and Idlewild Films, 2020.

34. Cohn, E., 저자에게 보낸 이메일, 20 May 2021.

35. 'Czech Republic: Hard won justice for women survivors of unlawful sterilization', Amnesty International, 22 July 2021. http://www.amnesty.org/en/latest/news/2021/07/czech-republic-hard-won-justice-for-women-survivors-of-unlawful-sterilization/.

36. 'China cuts Uighur births with IUDs, abortion, sterilization', *APNews.com* (Associated Press), 29 June 2020. http://apnews.com/ article/ap-top-news-international-news-weekend-reads-china-health-269b3de1af34e17c1941a514f78d764c.

37. Ross, L., 'Conceptualizing Reproductive Theory: A Manifesto for Activism', in Ross, L. 외. (eds.), *Radical Reproductive Justice: Foundation, Theory, Practice, Critique.* (New York: The Feminist Press, 2017), eBook location 3506.

38. 앞의 텍스트.

39. Martin Luther King Jr's exact quote, from a speech given at the National Cathedral in Washington, DC, on 31 March 1968, was, 'We shall overcome because the arc of the moral universe is long but it bends toward justice.' 이는 다음 사이트에서 확인할 수 있다. http://www.youtube.com/watch?v=AFbt7cO30jQ.

40. Shahshahani, A., Twitter post on 20 May 2021. http://twitter.com/

ashahshahani/status/1395378848498339840.

14 미래 : 혁신과 자율성

1. Brännström, M., Johannesson, L., Bokström, H., 외, 'Livebirth after uterus transplantation', *Lancet*, 385 (2015), pp. 607 – 16.
2. Brännström, M., 외, 'Live birth after robotic-assisted live donor uterus transplantation', *Acta Obstetricia Gynecologica Scandinavica*, 99/9 (September 2020), pp. 1222 – 9.
3. Brännström, M., 'The Swedish uterus transplantation project: the story behind the Swedish uterus transplantation project', *Acta Obstetricia Gynecologica Scandinavica*, 94 (2015), pp. 675 – 9.
4. TEDx Talks, 'The world's first uterus transplantation from mother to daughter: Mats Brännström at TEDxGöteborg', 27 December 2013. http://www.youtube.com/watch?v=60AJPw--qwk.
5. 앞의 텍스트.
6. 앞의 텍스트.
7. Murphy, T. F., 'Assisted gestation and transgender women', *Bioethics*, 29/6 (2015), pp. 389 – 97.
8. Eraslan, S., Hamernik, R. J., and Hardy, J. D., 'Replantation of uterus and ovaries in dogs, with successful pregnancy', *Archives of Surgery*, 92/1 (1966), pp. 9 – 12.
9. Brännström, M., 'Uterus transplantation', *Current Opinion in Organ Transplantation*, 20 (2015), pp. 621 – 8.
10. 앞의 텍스트.
11. Thomasy, H., 'Scientists Think a Lab-Grown Uterus Could Help Fight Infertility', *Future Human*, 3 February 2021. http://futurehuman.medium.com/scientists-think-a-lab-grown-uterus-could-help-fight-infertility-e263ab2e397d.
12. Magalhaes, R. S., 외, 'A tissue-engineered uterus supports live births in rabbits', *Nature Biotechnology*, 38 (2020), pp. 1280-7.
13. Partridge, E., 외, 'An extra-uterine system to physiologically support the extreme premature lamb', *Nature Communications*, 8 (2017), 15112.
14. Huxley, A., *Brave New World* (London: Chatto & Windus, 1932).

15. Kingma, K., and S. Finn, 'Neonatal incubator or artificial womb? Distinguishing ectogestation and ectogenesis using the metaphysics of pregnancy', *Bioethics*, 34/4 (5 April 2020), pp. 354–63.

16. Begović, D. 외, 'Reviewing the womb', *Journal of Medical Ethics*, 47 (2021), pp. 820–9.

17. Oelhafen, S., 외, 'Informal coercion during childbirth: risk factors and prevalence estimates from a nationwide survey of women in Switzerland', *BMC Pregnancy and Childbirth*, 21 (2021), p. 369.

18. Jeffay, N., 'In breakthrough, Israelis grow hundreds of mouse embryos in artificial wombs', *The Times of Israel*, 17 March 2021.

19. Aguilera–Castrejon, A., 외, 'Ex utero mouse embryogenesis from pre-gastrulation to late organogenesis', *Nature*, 593 (2021), pp. 119–24.

20. Kantor, W. G., 'Woman Gave Birth Via Uterus Transplant', *People*, 13 February 2020.

21. Gobrecht, J., Instagram post, 17 November 2020.

22. Stewart, C., 'Number of deceased organ transplants in the UK 2020/21, by organ donated', *Statista*, 28 July 2021. http://www. statista.com/statistics/380145/number-of-organ-transplants-by-organ-donated-in-uk/.

23. *Transplant Safety*, Centers for Disease Control and Prevention. http://www.cdc.gov/transplantsafety/overview/key-facts. html#:~:text=In%20the%20United%20States%2C%20the,providing%20on%20average%203.5%20organs.

24. Syrtash, A., *Pregnantish* podcast on Apple Podcasts, 23 December 2020. http://podcasts.apple.com/gb/podcast/meet-the-3rd-person-in-the-world-to-have-a/id1461336652?i=1000503354444.

25. Caplan, A. L., 외, 'Moving the womb', Hastings Center Report, 37/3 (May–June 2007), pp. 18–20.

26. *Pregnantish* 2020.

27. Heti, S., *Motherhood* (London: Vintage, 2019), p. 44.

28. Jones, B. P., 외, 'Uterine transplantation in transgender women', *British Journal of Obstetrics and Gynaecology*, 126/2 (2019), pp. 152–6.

29. 'The harms of denying a woman a wanted abortion', Advancing

New Standards in Reproductive Health (ANSIRH) at University of California San Francisco (UCSF), 16 April 2020. http://www.ansirh.org/sites/default/files/publications/files/the_harms_of_denying_a_woman_a_wanted_abortion_4-16-2020.pdf.

30. *Abortion factsheet*, World Health Organization, 2022. http://www.who.int/health-topics/abortion#tab=tab_1.

31. Lale, S., 외, 'Global causes of maternal death: a WHO systematic analysis', *Lancet Global Health*, 2/6 (2014), pp. e323–e333.

32. *Abortion*, World Health Organization, 25 November 2021. http://www.who.int/news-room/fact-sheets/detail/abortion.

33. 앞의 텍스트.

34. Health Information and Quality Authority, *Investigation into the safety, quality and standards of services provided by the Health Service Executive to patients, including pregnant women, at risk of clinical deterioration, including those provided in University Hospital Galway, and as reflected in the care and treatment provided to Savita Halappanavar*, 7 October 2013. http://www.hiqa.ie/sites/default/files/2017-01/Patient-Safety-Investigation-UHG.pdf.

35. 'Czestochowa. Agnieszka, 37, died in the hospital. Family: decaying bodies of unborn sons were left in it, the hospital's statement', *Polish News*, 26 January 2022. http://polishnews.co.uk/czestochowa-agnieszka-37-died-in-the-hospital-family-decaying-bodies-of-unborn-sons-were-left-in-it-the-hospitals-statement/.

36. Legislature of the State of Texas, S.B. No. 8, enacted 1 September 2021. http://capitol.texas.gov/tlodocs/87R/billtext/pdf/SB00008F.pdf.

37. Society for Maternal-Fetal Medicine, Advocacy Action Center. http://www.smfm.org/advocacy/vv?vsrc=%2fcampaigns%2f86901%2frespond.

38. Guttmacher Institute, *State Bans on Abortion Throughout Pregnancy*, 1 January 2022. http://guttmacher.org/state-policy/explore/state-policies-later-abortions.

39. Guttmacher Institute, *Abortion Policy in the Absence of Roe*, 13 January 2022. http://www.guttmacher.org/state-policy/explore/abortion-policy-absence-roe.

40. Alito, Samuel, for the Supreme Court of the United States. Dobbs, State Health Officer of the Mississippi Department of Health, 외. v. Jackson Women's Health Organization 외. 24 June, 2022. http://www.supremecourt.gov/opinions/21pdf/19-1392_6j37.pdf.
41. Guttmacher Institute, 'Choose Life' License Plates, 1 January 2022. http://www.guttmacher.org/state-policy/explore/choose-life-license-plates.
42. Atwood, M., introduction to 'The Network' by Pires, C., Guardian magazine, 19 February 2022, p. 29.
43. UNFPA, My Body is My Own: Claiming the Right to Autonomy and Self-Determination, 2021. http://unfpa.org/SOWP-2021.
44. 앞의 텍스트.

WOMB : The Inside Story of Where We All Began